Weickert-Stolle

# Praktisches Maschinenrechnen

Die wichtigsten Erfahrungswerte aus der Mathematik Mechanik, Festigkeits- und Maschinenlehre in ihrer Anwendung auf den praktischen Maschinenbau

Erster Teil

# Elementar-Mathematik

Eine leichtfaßliche Darstellung der für Maschinenbauer und Elektrotechniker unentbehrlichen Gesetze

von

A. Weickert

Oberingenieur und Lehrer an höheren Fachschulen
für Maschinenbau und Elektrotechnik

Zweiter Band: **Planimetrie**

Zweite, verbesserte Auflage

Mit 348 Textabbildungen

Springer-Verlag Berlin Heidelberg GmbH
1922

ISBN 978-3-662-33619-9 ISBN 978-3-662-34017-2 (eBook)
DOI 10.1007/978-3-662-34017-2

# Vorwort zur ersten Auflage.

Der vorliegende Band „Planimetrie“ des bereits sechs weitere Bände umfassenden ganzen Buches „Praktisches Maschinenrechnen“ ist nach denselben Grundsätzen bearbeitet wie die anderen Bände.

Das Buch entstand auf Grund vielfacher Wünsche und Anregungen, welche aus Kreisen der Herren Fachkollegen und Leser wiederholt an mich gerichtet wurden.

Die Behandlung des Stoffes ist den neuzeitlichen Bestrebungen auf diesem Gebiete angepaßt. Von der sonst üblichen, strengen Beweisführung unter Voranstellung der „Lehrsätze“ ist abgesehen. Es ist vor allem Wert auf Anschaulichkeit, zeichnerische Darstellung usw. gelegt, und sind aus diesen als Folge die maßgebenden Gesetze abgeleitet. Auch sind nur die für die technischen Fächer wichtigsten Sätze behandelt.

Beispiele, Aufgaben und Übungen sind dem Bedürfnis der Praxis entsprechend reichlich vorgesehen; sie sind zum Teil der Praxis entnommen, zum Teil auf diese zugeschnitten.

Mit dem Erscheinen dieses Bandes richte ich, im voraus dankend, an die Herren Fachkollegen und Leser die Bitte, mich auf fehlende oder wünschenswerte Erweiterungen aufmerksam machen zu wollen.

Unterlassen möchte ich nicht, meinem Herrn Verleger besonderen Dank für die große Bereitwilligkeit auszusprechen, die er auch bei dieser Veröffentlichung, trotz der außerordentlich erschwerten und nur unter Aufwendung erhöhter Herstellungskosten ermöglichte, in bezug auf zweckentsprechende, würdige und den bereits erschienenen Teilen angepaßte Ausstattung dieses Bandes zeigte.

Berlin, im Januar 1917.

A. Weickert.

# Vorwort zur zweiten Auflage.

Der schnelle Absatz der ersten Auflage machte die vorliegende Neubearbeitung notwendig. Einzelne Abschnitte wurden auf vielfache Anregungen aus Interessentenkreisen erheblich erweitert, der Abschnitt über den „Kreis“ vollkommen umgearbeitet. Gänzlich neu hinzugefügt wurden die für den Techniker erforderlichen Sätze aus der „Ähnlichkeitslehre“.

Beispiele und Übungen wurden ganz erheblich vermehrt. Letztere treten bei dem Kreise und bei der Ähnlichkeitslehre mehr in den Vordergrund, da der Leser nach gewissenhaftem Durcharbeiten der vorhergehenden Abschnitte in der Lage ist, die in den Übungen enthaltenen Aufgaben selbständig zu lösen.

Wiederholt sei dem Leser die Beachtung der „Fußnoten“ empfohlen; er vermeidet dadurch Zeitverluste durch ein die Arbeit erschwerendes Herumsuchen in den anderen Bänden des ganzen Werkes. Die Bezugnahmen in diesen Fußnoten auf die einzelnen Bände betreffen:

| | | | |
|---|---|---|---|
| Arithmetik und Algebra, | IX. | Auflage, | 1920 |
| Trigonometrie, | I. | „ | 1919 |
| Stereometrie, | I. | „ | 1920 |
| Mechanik, | VIII. | „ | 1920 |

Mit der wiederholten Bitte an die Herren Fachkollegen und Leser, ihre Wünsche und Vorschläge zur Vervollkommnung und Verbesserung des Ganzen mir auch weiterhin zugehen zu lassen, verbinde ich besonderen Dank an den Herrn Verleger, welcher trotz Teuerung und Papiernot nichts unterlassen hat, um das Erscheinen dieses Bandes in der vorliegenden Form zu ermöglichen.

Berlin, im September 1922.

**A. Weickert.**

# Inhaltsverzeichnis.

## Erster Teil.

### II. Band.

### Planimetrie.

# Planimetrie.

## I. Vorbegriffe.

**1. Raum.** Jeder einzelne der im Weltenraume befindlichen Körper besteht aus einem bestimmten Stoffe; jeder dieser Körper nimmt infolge seiner begrenzten Ausdehnung einen bestimmten Raum ein.

**2. Stoff.** Von der Besprechung der dem Stoffe[1]) anhaftenden Eigenschaften: Elastizität, Farbe, Festigkeit, Härte, Gewicht, Teilbarkeit, elektrische und chemische Eigenschaften nimmt die Geometrie Abstand; dieselben werden in der Naturkunde besprochen. Wohl aber befaßt sich die Geometrie mit der Untersuchung der räumlichen Ausdehnung der Körper, da von dieser Gestalt und Größe derselben abhängig sind.

**3. Mathematische Körper. Ausdehnung.** Körper, welche man sich ohne eine einzige der vorstehend aufgeführten Eigenschaften des Stoffes vorstellt, die also nur in bezug auf ihre räumliche Ausdehnung zu beurteilen sind, bezeichnet man als mathematische Körper.

Mathematische Körper sind demnach nur in unserer Vorstellung bestehende Körper, welche gegen den allgemeinen, unbegrenzt gedachten Weltenraum nach allen Seiten begrenzt sind.

Jeder mathematische Körper ist nach drei Richtungen begrenzt; man sagt: Jeder Körper hat drei Ausdehnungen.

**4. Körper. Oberfläche.** In Abb. 1 bis 6 sind einige nach allen Seiten begrenzte Körper dargestellt:

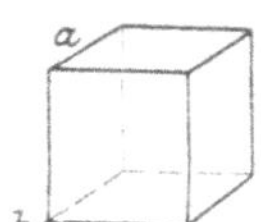

Abb. 1. Würfel.

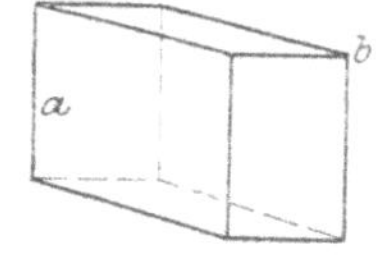

Abb. 2. Vierseitiges Prisma oder Quader.

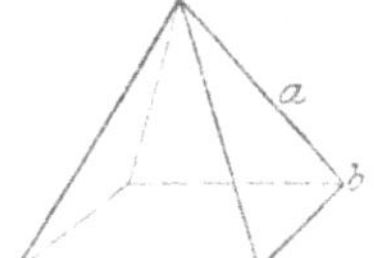

Abb. 3. Vierseitige Pyramide.

Abb. 4. Zylinder.

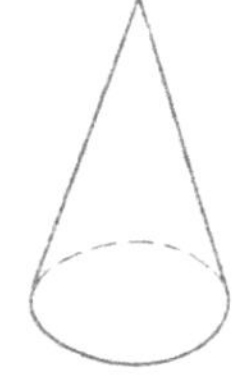
Abb. 5. Kegel.

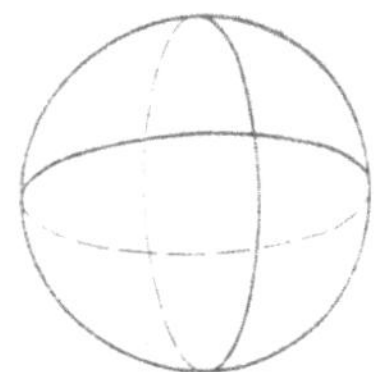
Abb. 6. Kugel.

[1]) Eisen, Holz, Stein.

Der von diesen Körpern eingenommene Raum ist gegen den umgebenden Raum durch Flächen abgegrenzt. Die einen Körper allseitig begrenzenden Flächen bilden die Oberfläche des Körpers.

**5. Fläche.** In Abb. 7 bis 10 sind einige **Flächen** dargestellt, welche die vorstehend aufgeführten Körper begrenzen:

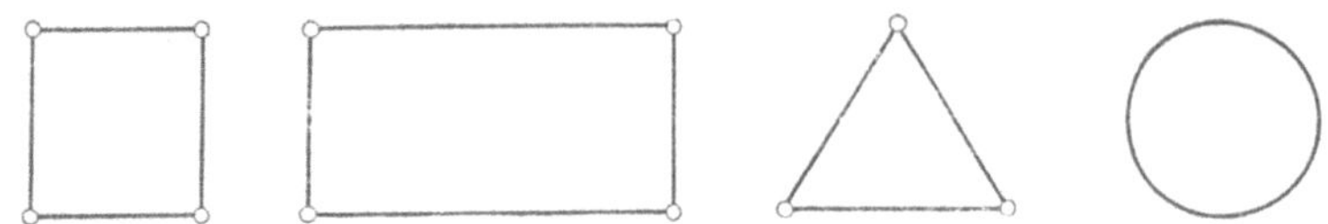

Abb. 7. Quadrat. Abb. 8. Rechteck. Abb. 9. Dreieck. Abb. 10. Kreis.

Diese ebenfalls allseitig begrenzten Flächen werden wieder von Linien begrenzt. Stoßen zwei Flächen an einem Körper zusammen, so bezeichnet man die hierbei sich bildende Linie als Kante. (Kante a in Abb. 1 bis 3).

**6. Linie.** In Abb. 11 und 12 sind zwei **Linien** dargestellt, welche die vorstehend aufgeführten Flächen begrenzen:

Abb. 11, Gerade Linie. Abb. 12. Krumme Linie.

Diese Linien werden von Punkten begrenzt. Stoßen drei Linien an einem Körper zusammen, so bezeichnet man den hierbei sich bildenden Punkt als Ecke. (Ecke b in Abb. 1 bis 3.)

**7. Punkt.** Ein Punkt läßt sich bildlich (zeichnerisch) nicht darstellen, da er nach mathematischer Auffassung eine Ausdehnung nicht besitzt.

Der Punkt dient in unserer Vorstellung lediglich zur Bezeichnung einer ganz bestimmten Stelle im Raume; er besitzt weder Gestalt noch Größe.

**8. Bewegung des Punktes.** Bewegt man einen Punkt beliebig im Raume derart, daß er ununterbrochen neue Stellen in demselben einnimmt, so bezeichnet man das durch diese Aneinanderreihung einzelner Punkte entstehende Gebilde als Linie: Durch die Bewegung eines Punktes entsteht eine Linie.

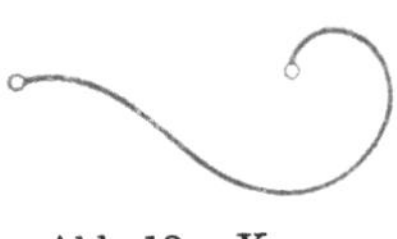

Abb. 13. Kurve.

Ändert der Punkt hierbei seine ursprüngliche Richtung nicht, so entsteht eine **gerade Linie**[1]). (Abb. 11.) Ändert der Punkt jedoch seine Richtung ununterbrochen, so entsteht eine **krumme Linie**[2]), auch Kurve genannt. (Abb. 12 u. 13).

Die gerade Linie hat demnach in allen Punkten die gleiche Richtung, die krumme Linie dagegen eine von Punkt zu Punkt sich ändernde Richtung.

---

[1]) Bleistiftspitze, an der Reißschiene entlanggleitend.

[2]) „ im Zirkel, beim Zeichnen eines Kreises.

Eine Linie, welche aus Teilen von geraden Linien verschiedener Richtung zusammengesetzt ist, nennt man eine **gebrochene Linie.** Dieselbe wird durch große Buchstaben, welche man an die Eckpunkte setzt, bezeichnet. Gebrochene Linie ABCDEF. (Abb. 14.)

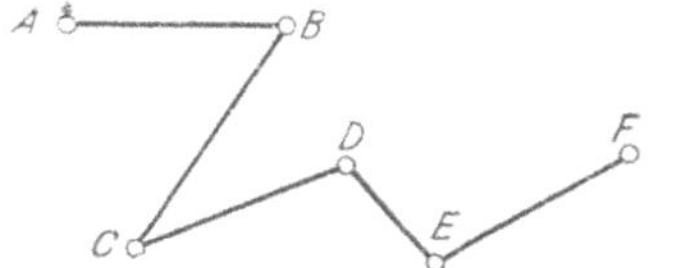


Abb. 14. Gebrochene Linie.

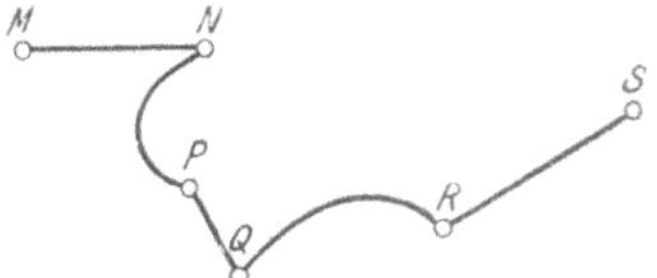


Abb. 15. Gemischte Linie.

Eine Linie, welche aus Teilen von geraden und krummen Linien zusammengesetzt ist, heißt eine **gemischte Linie.** Dieselbe wird wie eine gebrochene Linie bezeichnet. Gemischte Linie MNPQRS. (Abb. 15.)

Sämtliche Linien haben nur eine Ausdehnung: **Die Länge.**

**9. Bewegung der Linie.** Bewegt man eine Linie derart im Raume, daß sie ununterbrochen neue Stellen in demselben einnimmt, so bezeichnet man das durch diese Aneinanderreihung genau gleicher Linien entstehende Gebilde als Fläche: Durch die Bewegung einer Linie entsteht eine Fläche. (Abb. 16.)

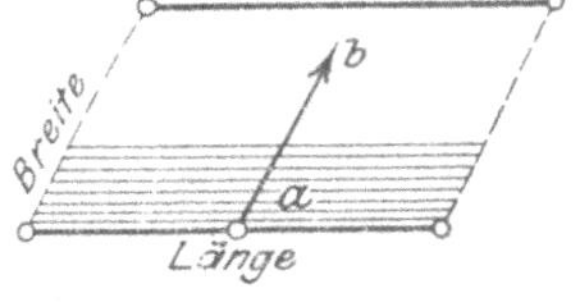


Abb. 16.

Da die bewegte Linie bereits eine Ausdehnung, die Länge, besitzt, so erhält das neu entstehende Gebilde eine zweite Ausdehnung in der Bewegungsrichtung a ÷ b: die Breite. Sämtliche Flächen haben demnach zwei Ausdehnungen, welche man allgemein mit **Länge** und **Breite** bezeichnet[1]).

**10. Bewegung der Fläche. Abmessung. Dimension.** Bewegt man eine Fläche derart im Raume, wie es in Ziffer 8 und 9 in bezug auf einen Punkt und eine Linie angegeben wurde, so bezeichnet man das durch diese Aneinanderreihung genau gleicher Flächen entstehende Gebilde als Körper: Durch die Bewegung einer Fläche entsteht ein Körper. (Abb. 17.)

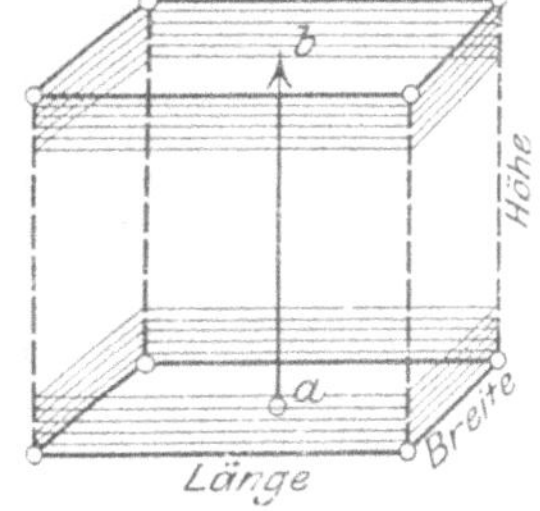


Abb. 17.

Da die bewegte Fläche bereits zwei Ausdehnungen, Länge und Breite, besitzt, so erhält das neu entstehende Gebilde eine dritte Ausdehnung in der Bewegungsrichtung a ÷ b: die Höhe. Sämtliche Körper haben demnach drei Ausdehnungen, welche man allgemein mit **Länge, Breite** und **Höhe** bezeichnet. (Abb. 17.) Je nach der Gestalt des Körpers treten an Stelle des Wortes Höhe vielfach die Bezeichnungen: Dicke bzw. Tiefe.

[1]) Unter welchen Bedingungen wird durch die Bewegung einer Linie immer wieder nur eine Linie entstehen?

Länge, Breite und Höhe bezeichnet man als die **Abmessungen oder Dimensionen der Körper**[1]).

**11. Bewegung des Körpers.** Bewegt man einen Körper im Raume, so entsteht immer wieder nur ein Körper.

**12. Teilbarkeit.** Körper, Flächen und Linien sind teilbar. Jeder kleinste Teil eines Körpers ist wieder ein Körper, jeder kleinste Teil einer Fläche ist wieder eine Fläche, und der kleinste Teil einer Linie ist wieder eine Linie. Der Punkt ist unteilbar.

Flächen, Linien und Punkte können nie für sich allein, sondern nur in Verbindung mit einem Körper bestehen.

Körper, Flächen und Linien sind Raumgrößen. Die Wissenschaft, welche sich mit ihnen beschäftigt, heißt Raumlehre oder Geometrie.

## II. Die gerade Linie.

**13. Allgemeines.** Zwischen zwei Punkten[2]) A und B sind beliebig viele gebrochene, krumme und gemischte Verbindungslinien möglich. (Abb. 18.) Außer diesen gibt es nur eine einzige Linie, welche die kürzeste Entfernung zwischen den Punkten A und B darstellt und das ist die **gerade Linie AB.**

Die gerade Linie AB kann man durch Annahme weiterer Punkte links von A und rechts von B, welche genau in die Richtung der Linie AB fallen, beliebig verlängern. (Abb. 19.) Die auf diese Weise entstehenden neuen Linienstücke AC und BD nennt man die Verlängerungen der geraden Linie AB. Die ganze Linie CD ist wieder eine gerade Linie. Da man die Punkte C und D in beliebiger Entfernung von A und B annehmen kann, so könnte man sich die Verlängerungen unendlich weit fortgesetzt denken.

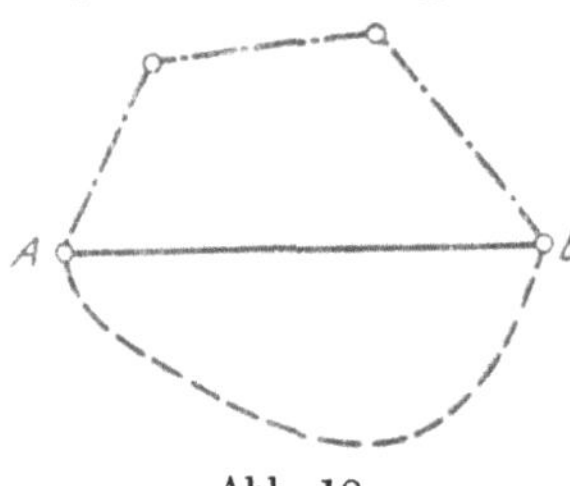

Abb. 18.

Abb. 19.

**14. Gerade. Strahl. Strecke. Vektor. Strahlenbüschel.** Eine derartige, beiderseits unbegrenzte gerade Linie, ohne Anfangs- und ohne Endpunkt, nennt man kurz eine **Gerade**. Eine Gerade bezeichnet man durch zwei beliebige Buchstaben, die man an zwei beliebige Punkte derselben setzt. Gerade XY in Abb. 20.

Ein einseitig durch einen Punkt A begrenzter, nach der anderen Seite hin aber unbegrenzt verlaufender Teil einer Geraden heißt

---

[1]) Unter welchen Bedingungen wird durch die Bewegung einer Fläche immer wieder nur eine Fläche entstehen?

[2]) Punkte bezeichnet man mit großen oder kleinen lateinischen Buchstaben.

**Strahl.** Ein Strahl besitzt also einen Anfangspunkt, aber keinen Endpunkt. Einen Strahl bezeichnet man durch zwei beliebige Buchstaben, von denen der eine am Anfangspunkte, der andere an einem beliebigen Punkte desselben steht. Strahl AY in Abb. 20.

Einen beiderseits begrenzten Teil einer Geraden nennt man eine Strecke. Eine Strecke besitzt einen Anfangs- und einen Endpunkt. Man bezeichnet eine Strecke allgemein durch zwei beliebige Buchstaben, von denen der eine an den Anfangspunkt, der andere an den Endpunkt gestellt wird[1]. Strecke AM in Abb. 20.

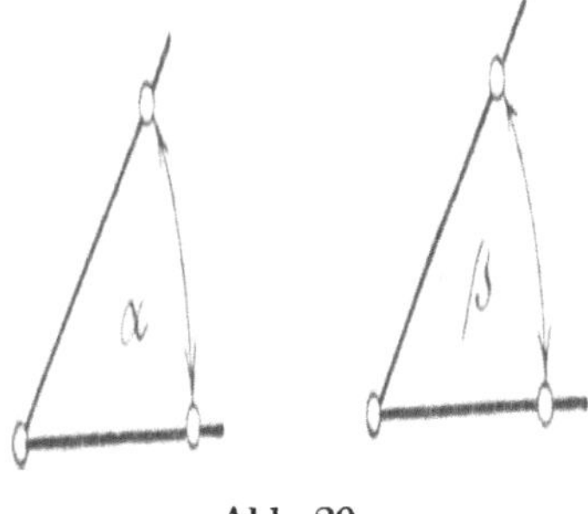

Abb. 20.

An einer Strecke sind Größe und Richtung zu unterscheiden. Die Strecke AM in Abb. 20 hat nur eine Größe, aber zwei Richtungen, nämlich die von A nach M und die umgekehrte von M nach A. Um die Richtungen von Strecken zweifelsfrei festzustellen, versieht man dieselben mit Richtungspfeilen. (Abb. 20.)

Eine Strecke, bei welcher auf Länge und Richtung zu achten ist, heißt **Vektor.**

Jede Strecke ist durch zwei Punkte genau bestimmt; sie bildet den Abstand und zugleich die kürzeste Entfernung zwischen den Punkten.

Demnach ist durch zwei Punkte auch die Lage jeder Geraden bestimmt. Gerade Linien, welche durch dieselben zwei Punkte gehen, fallen zusammen; man sagt: sie decken sich. Mithin ist von einem Punkte zu einem anderen nur eine einzige Gerade möglich.

Gehen mehrere Strahlen von demselben Punkte P aus, so bilden sie ein Strahlenbündel oder ein Strahlenbüschel. (Abb. 21.)

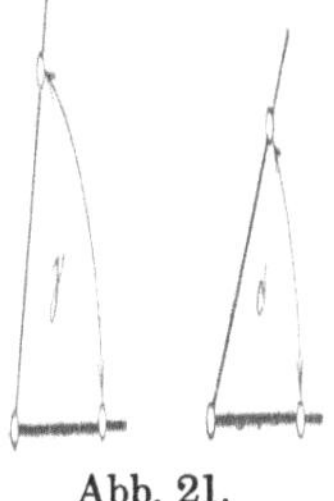

Abb. 21.

**15. Gleiche und ungleiche Strecken.** Kann man zwei Strecken AB und MN so aufeinander legen, daß sowohl ihre Anfangspunkte A und M als auch ihre Endpunkte B und N zusammenfallen, sich decken (Abb. 22), so sagt man, die beiden Strecken sind gleich und schreibt:

$$AB = MN.$$ [2]

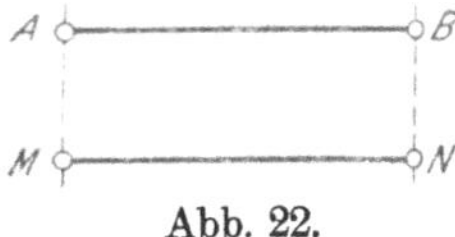


Abb. 22.

Fallen jedoch bei diesem Aufeinanderlegen die Endpunkte B und N nicht zusammen, so be-

[1] Über die Bezeichnung einer Strecke mit nur einem, gewöhnlich lateinischen kleinen Buchstaben vgl. S. 6, Ziffer 16.

[2] Vgl. W. u. St., Arithm. u. Algebra S. 1, Ziffer 2.

zeichnet man die Strecken als ungleich. In Abb. 23 wird Punkt B zwischen M und N fallen; man sagt alsdann, AB sei kleiner als MN und schreibt:

$$AB < MN,$$ [1])

oder MN sei größer als AB, und schreibt:

$$MN > AB.$$ [1])

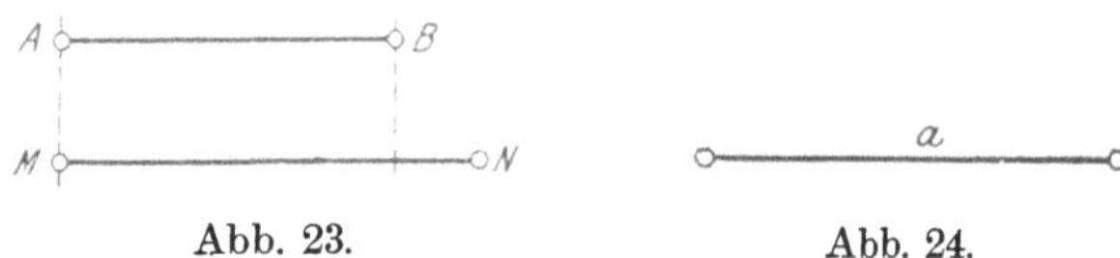


Abb. 23. Abb. 24.

**16. Messen. Längeneinheiten.** Bezeichnet man eine Strecke mit nur einem kleinen lateinischen Buchstaben, Strecke a in Abb. 24, so soll derselbe allgemein angeben, wieviel Längeneinheiten (mm, cm ...) in dieser Strecke enthalten sind. Will man die Länge einer Strecke angeben, so muß man sie messen.

Eine Strecke messen heißt, sie mit einer anderen Strecke, der **Längeneinheit**, vergleichen und untersuchen, wie oft diese Längeneinheit in der gegebenen Strecke enthalten ist.

Bei dem Messen einer Strecke sind zwei Fälle möglich:

1. Die Längeneinheit, z. B. 1 m, ist ohne Rest in der zu messenden Strecke a enthalten, in Abb. 25 genau 5 mal. Dann ist die Strecke a ein ganzes Vielfaches der Längeneinheit.

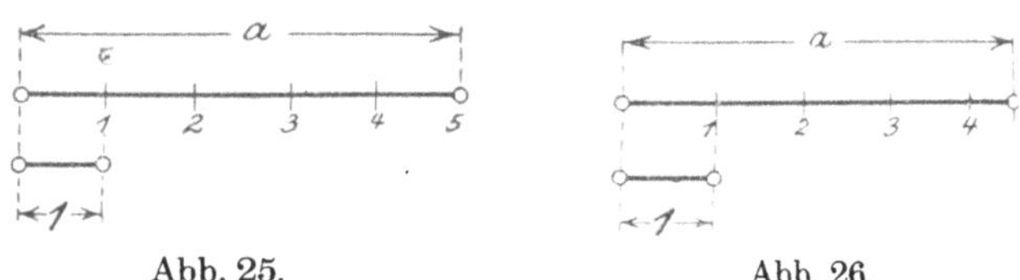


Abb. 25. Abb. 26.

2. Die Längeneinheit, z. B. 1 m, ist nicht ohne Rest in der Strecke a enthalten. In Abb. 26 findet sich rechts vom Teilpunkte 4 ein Rest. Diesen Rest mißt man alsdann mit einer zweiten, aber kleineren Längeneinheit, z. B. 1 dm; ergibt sich bei dieser Messung abermals ein Rest, so wird dieser mit einer noch kleineren Längeneinheit, z. B. 1 cm, gemessen usw.

Strecken können nur durch Strecken gemessen werden.

Welche Maßeinheit man als Längeneinheit annimmt, ist gleichgültig; jedenfalls wird dieselbe von dem Zwecke, welchem die vorzunehmende Messung dienen soll, abhängig sein.

**17. Das metrische System.** In der Praxis ist es das metrische System, nach welchem sämtliche Messungen, auch an Flächen[2])

---

[1]) Vgl. W. u. St., Arithm. u. Algebra S. 1, Ziffer 2.

[2]) „ S. 84, Ziffer 94; Fußnoten.

und Körpern[1]) vorgenommen werden. Diesem System liegt als Längeneinheit das Meter (m) mit seinen dezimalen Unterteilungen: Dezimeter (dm), Zentimeter (cm), Millimeter (mm) zugrunde. Weitere Unterteilungen sind: $^1/_{10}$ Millimeter, $^1/_{100}$ Millimeter usw.

Es ist: 1 m = 10 dm.
1 dm = 10 cm.
1 cm = 10 mm.

Folglich: 1 m = 10 dm = 100 cm = 1000 mm.
1 dm = 10 cm = 100 mm.
1 cm = 10 mm.[2])

Zum Messen größerer Strecken dient als Längeneinheit das Kilometer (km):

1 km = 1000 m.

**18. Addition und Subtraktion von Strecken.** Strecken werden addiert bzw. subtrahiert, indem man auf einer angenommenen Geraden die eine Strecke an die andere anträgt bzw. von der anderen abträgt. In Abb. 27a ist von zwei gegebenen Strecken m und n, deren

**Summe: m + n,**

in Abb. 27b deren

**Differenz: m — n**

dargestellt[3]).

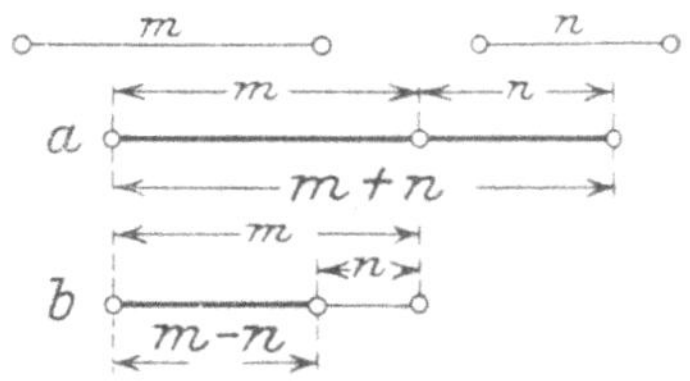

Abb. 27.

Dieses An- und Abtragen vollzieht man mit Hilfe eines Stechzirkels, Maßstabes, Bandmaßes, Papierstreifens u. ä. m. Bei diesbezüglichen Übungen ist auf genaues Zeichnen und Messen besonderer Wert zu legen!

**19. Messen gebrochener und krummer Linien.** Die Länge einer gebrochenen Linie (Abb. 14) wird gemessen, indem man die Längen der einzelnen Strecken, aus welchen dieselbe zusammengesetzt ist, mittels eines Maßstabes feststellt und addiert; oder auch, indem man die einzelnen Strecken auf einer angenommenen Geraden aneinander trägt und die so entstehende Summe aller Strecken mißt.

Die Länge einer krummen Linie A...G (Abb. 28) wird gemessen, indem man dieselbe durch beliebig angenommene

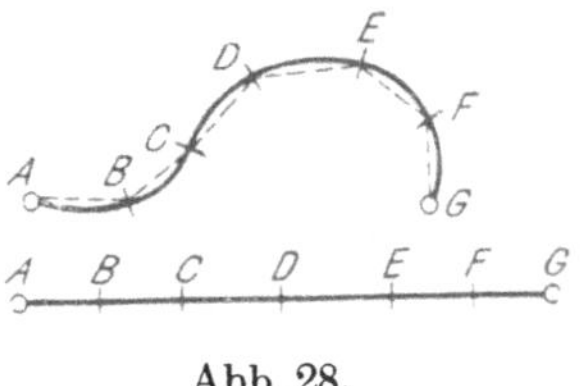

Abb. 28.

[1]) Vgl. W. u. St., Stereometrie S. 9, Ziffer 4.

[2]) Die Umrechnungszahl für Längen ist 10, d. h.
soll eine Längeneinheit in die nächst größere umgerechnet werden, so ist durch 10 zu dividieren;
soll eine Längeneinheit in die nächst kleinere umgerechnet werden, so ist mit 10 zu multiplizieren:

2375 mm = 237,5 cm = 23,75 dm = 2,375 m.
3,627 m = 36,27 dm = 362,7 cm = 3627 mm.

[3]) Vgl. W. u. St., Arithm. u. Algebra S. 8, Ziffer 14 und S. 14, Ziffer 19.

Punkte B, C, D ... derart in Teilstrecken zerlegt, daß diese von einer Geraden äußerst wenig abweichen. Trägt man jetzt die einzelnen Teilstrecken AB, BC, CD ... auf einer Geraden aneinander, so erhält man in der entstehenden Gesamtstrecke A ... G ein angenähertes Maß für die Länge der krummen Linie A ... G. Wie weit sich die Länge der Strecke A ... G der wahren Länge der Kurve A ... G nähert, hängt von der geschickten Wahl und der Anzahl der Teilstrecken ab. Je mehr Teilstrecken angenommen werden, um so genauer wird das Ergebnis ausfallen.

Die Längen von krummen Linien, welche an wirklich vorhandenen Körpern auftreten, wird man praktisch in der Weise messen, daß man den krummen Linien einen dünnen Draht, einen Faden oder ein Bandmaß so genau wie nur möglich anpaßt und diese letzteren dann zu einer geraden Linie ausstreckt, deren Länge leicht bestimmt werden kann.

## III. Die Ebene. Geraden in derselben Ebene.

**20. Ebene. Krumme Fläche.** Zieht man durch zwei beliebige Punkte einer Fläche eine Gerade, so sind zwei Fälle möglich:

1. Sämtliche Punkte der Geraden AB fallen mit der Fläche zusammen; alsdann ist die Fläche eine Ebene. (Abb. 29.)

2. Die Gerade AB hat mit der Fläche nur einen oder einzelne Punkte x, y gemeinsam, alsdann ist die Fläche eine gekrümmte oder krumme Fläche. (Abb. 30.)

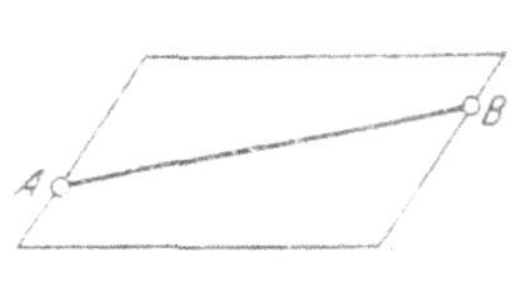


Abb. 29.

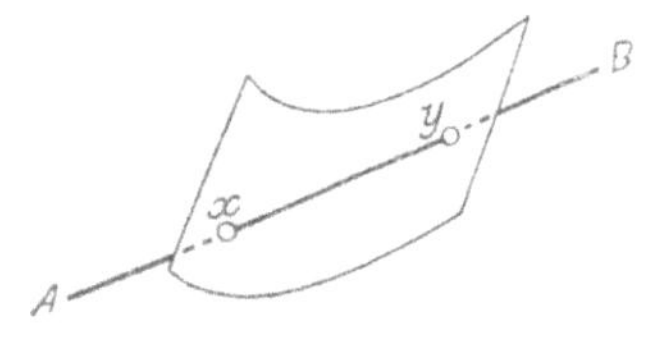


Abb. 30.

Die Ebene ist die einfachste aller an mathematischen Körpern vorkommenden Flächen. Der Würfel, das Prisma, die Pyramide (Abb. 1 bis 3) werden allseitig von Ebenen begrenzt; die Grundflächen von Zylinder und Kegel (Abb. 4 u. 5) sind gleichfalls ebene Flächen. Auf jeder der angedeuteten **ebenen Flächen** kann man gerade Linien nach allen Richtungen ziehen; auf krummen Flächen ist das nicht der Fall. So lassen sich auf der runden Oberfläche von Zylinder und Kegel (Abb. 4 u. 5) gerade Linien nur nach einer Richtung ziehen, auf der Oberfläche der Kugel (Abb. 6) sind gerade Linien unmöglich.

**21. Ebene Figur.** Jeder durch einen in sich geschlossenen, beliebigen Linienzug begrenzte Teil einer Ebene heißt eine ebene Figur: Dreick, Viereck, Vieleck, Kreis, Ellipse usw. (Vgl. Abb. 7 bis 10.) Die Geometrie der in einer Ebene möglichen Gebilde wird Planimetrie genannt.

**22. Sich schneidende Geraden.** Von zwei beliebigen Linien, welche durch zwei oder mehr gemeinsame Punkte gehen ohne zusammenzufallen, sagt man, sie schneiden sich in diesen Punkten.

Zwei gerade Linien können sich nur in einem Punkte schneiden, denn nach Seite 5, Ziffer 14 müssen gerade Linien, welche durch dieselben zwei Punkte gehen, zusammenfallen, sich decken.

Zieht man durch einen Punkt P einer Ebene zwei beliebige Geraden (Abb. 31), so ist ersichtlich, daß sie sich vom Punkte P aus mehr und mehr voneinander entfernen; man sagt: sie divergieren nach der angegebenen Richtung, sie sind divergent. Der eine Punkt P, welchen die beiden Geraden gemeinsam haben, ist der Schnittpunkt derselben.

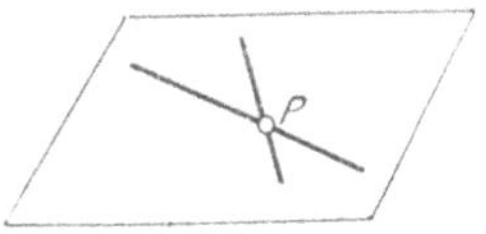

Abb. 31.

Liegen zwei gerade Linien so in einer Ebene, daß sie sich erst bei hinreichender Verlängerung schneiden würden, so sagt man, sie konvergieren nach dem Schnittpunkte, sie sind konvergent. Trotzdem der Schnittpunkt der Geraden in Abb. 32 außerhalb der als begrenzt angenommenen Ebene liegt, bezeichnet man diese Linien doch als sich schneidende Geraden.

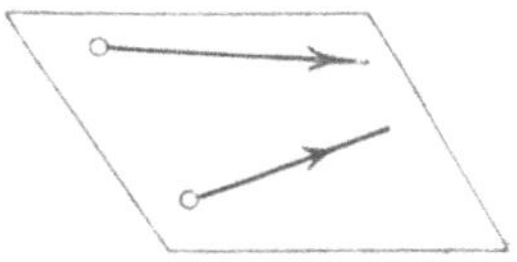

Abb. 32.

Divergierende bzw. konvergierende Linien bezeichnet man allgemein auch als geneigte Linien.

**23. Parallele Geraden.** Zwei gerade Linien in einer Ebene, welche keinen Punkt gemeinsam haben und die, soweit man sie auch verlängern möge, sich niemals schneiden würden, bezeichnet man als gleichlaufende oder parallele Geraden[1]) (Abb. 33.) Das Schriftzeichen für parallel ist: „ ‖ “.

Abb. 33. Parallele Linien.

Parallele Geraden haben gleiche Richtung; Geraden gleicher Richtung haben in allen ihren Punkten gleichen Abstand.

---

[1]) Eisenbahnschienen, Lichtstrahlen aus Scheinwerfern. Welche Kanten bilden an den Körpern in Abb. 1 bis 3 parallele Linien?

Zwei gerade Linien in ein und derselben Ebene können also nur parallel sein oder sich schneiden.

Anders verhält es sich mit zwei Geraden im Raume. Man denke sich die Schwungradwelle einer stehenden Dampfmaschine in der Nähe des Fußbodens und eine Transmissionswelle in der Nähe der Decke eines Fabriksaales. Die Mittellinien beider Wellen können wohl parallel sein, sie können sich aber niemals schneiden, d. h. einen Punkt als Schnittpunkt gemeinsam haben. Sind derartig im Raume verlaufende gerade Linien nicht parallel, so sagt man: sie kreuzen sich, oder sie sind windschief zueinander. Ein Beispiel läßt sich unter Zuhilfenahme zweier Reißschienen leicht bilden.

Welche Kanten sind in Abb. 1 windschief?

Unter dem Abstande zweier Parallelen versteht man die kürzeste Verbindungslinie zwischen je einem Punkte derselben. Man erhält diesen Abstand, wenn man in einem beliebigen Punkte einer derselben eine Senkrechte errichtet[1]): Linie mn in Abb. 34.

Sind zwei gerade Linien parallel zu einer dritten, so sind sie unter sich parallel. (Abb. 33.) Sind die Geraden AB und CD || EF, so ist auch die Gerade AB || CD.

Zwei sich schneidende Geraden haben keine gemeinsame Parallele.

**24. Parallelverschiebung.** Zwei parallele Strecken AB und CD lassen sich dadurch zur Deckung bringen, daß man sämtliche Punkte der Strecke CD um dasselbe Stück m÷n in der angegebenen Pfeilrichtung, also in gleicher Richtung, verschiebt. (Abb. 34.)

An der parallelen Lage der beiden Strecken AB und CD ändert sich nichts, wenn man die Strecke CD mit allen ihren Punkten in entgegengesetzter Richtung auf einen beliebigen aber genau gleichen Abstand von AB bringt.

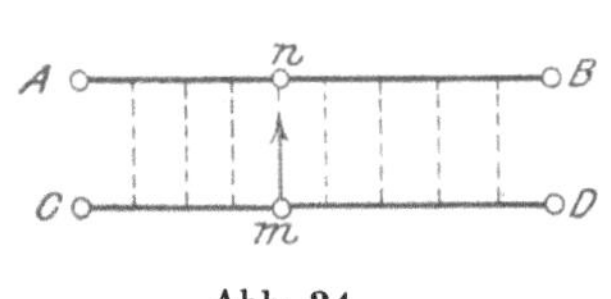

Abb. 34.

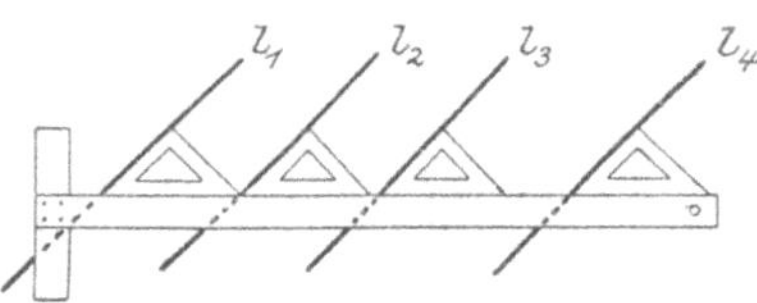

Abb. 35. Parallelverschiebung.

Praktisches Beispiel: Läßt man ein Zeichendreieck in der in Abb. 35 angedeuteten Weise an einer Reißschiene entlanggleiten, so sind die längs ein und derselben Dreieckskante gezogenen Geraden $l_1$, $l_2$, $l_3$ ... untereinander parallel.

Eine derartige Verschiebung gerader Linien, bei welcher dieselben ihre parallele Lage zueinander beibehalten, nennt man Parallelverschiebung. Aus vorstehendem folgt:

Durch Parallelverschiebung erhält eine Strecke wohl eine andere Lage, jedoch keine andere Richtung.

**25. Drehung einer Geraden.** Im allgemeinen kann man eine Strecke in einer Ebene ganz willkürliche Bewegungen ausführen lassen.

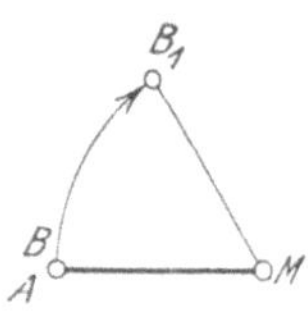

Abb. 36.

In Abb. 36 sind zwei gleiche Strecken AM und BM zur Deckung gebracht, d. h. so aufeinander gelegt, daß ihre Anfangs- und Endpunkte zusammenfallen. Hält man nun die eine Strecke AM in ihrer Lage fest und dreht die andere Strecke BM in der angegebenen Pfeilrichtung um den gemeinsamen Endpunkt M, so wird deren Anfangspunkt B eine krumme Linie — einen Kreisbogen — durchlaufen und mittels dieser Drehung in den Punkt $B_1$ gelangen. Hieraus folgt:

[1]) Vgl. S. 30, Ziffer 40a.

Durch Drehung erhält eine Streke nicht nur eine andere Lage, sondern auch eine andere Richtung.

Bei der Drehung einer Strecke um ihren Anfangs- oder Endpunkt ist auf die Richtung zu achten, in welcher die Drehung erfolgt, da jede Drehung auf zweierlei Art ausgeführt werden kann. Nach Abb. 37 kann man die Strecke AM um ihren festliegend gedachten Drehpunkt M sowohl nach oben, in die Lage MB, als auch nach unten, in die Lage $MB_1$, drehen. Die Drehungen erfolgen also in entgegengesetzten Richtungen. Die Drehung nach oben fällt mit der Drehrichtung des Uhrzeigers zusammen; man bezeichnet sie daher auch als „Zeigerdrehung". Im allgemeinen sagt man von einer Drehung im Sinne des Uhrzeigers, sie erfolge „rechts herum", von der gegensätzlichen, sie erfolge „links herum". In diesem Sinne spricht man alsdann von Rechts- und Linksdrehung.

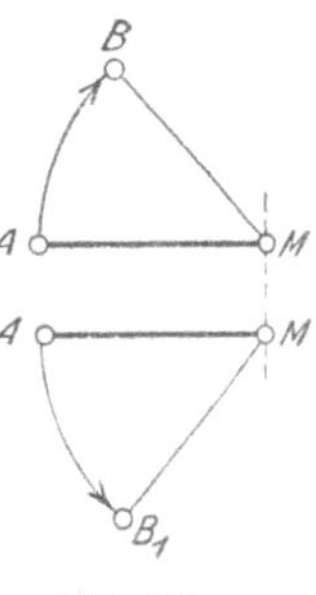

Abb. 37.

**26. Kreislinie. Kreisfläche.** Setzt man die Rechtsdrehung der Strecke AM um den festen Punkt M so weit und so lange fort, bis der Punkt A über die Punkte $B_1$, $B_2$, $B_3$ ... hinweg wieder in seine Anfangslage zurückgekehrt ist (Abb. 38), so hat der Punkt A eine krumme, in sich geschlossene Linie durchlaufen, welche **Kreislinie**, kurz: **Kreis** genannt wird. Bei dieser Bewegung hat der Punkt A stets dieselbe Entfernung von dem Punkte M beibehalten, so daß die Punkte $B_1$, $B_2$, $B_3$ ... sämtlich den gleichen Abstand von M haben.

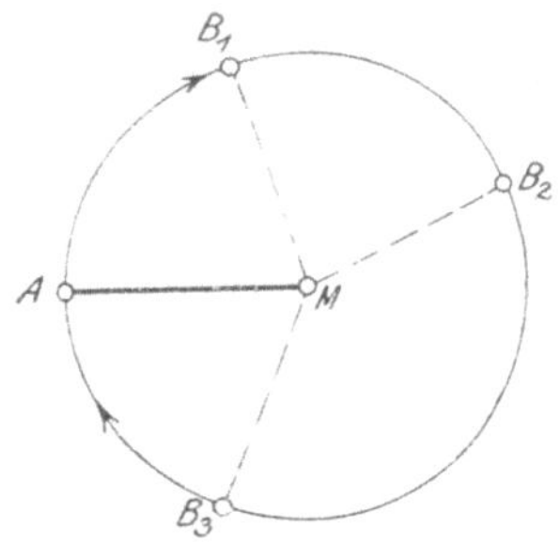

Abb. 38. Ganze oder volle Umdrehung.

Demnach ist der Kreis eine Linie, deren sämtliche Punkte von einem festen Punkte gleichen Abstand besitzen, bzw. gleich weit entfernt sind.

Der feste Punkt M, um den sich die Strecke AM dreht, heißt **Mittelpunkt** oder Zentrum; die sich drehende Strecke AM wird **Halbmesser** oder Radius genannt. Sämtliche Halbmesser eines Kreises sind mithin gleich.

Statt Kreislinie sagt man auch **Kreisumfang** oder Peripherie. Die von dieser begrenzte, von dem Halbmesser AM überstrichene Ebene, nennt man Kreisebene oder Kreisfläche.

Ein Teil der Kreislinie, z. B.: $B_2 \div B_3$, heißt **Kreisbogen**, kurz: **Bogen.**

**27. Senkrechte Geraden.** Jede Ebene wird durch eine Gerade in zwei Halbebenen geteilt. Zwei Geraden, welche durch denselben Punkt P einer Ebene gehen, zerlegen diese Ebene in vier Teilebenen. (Abb. 39.) Die durch die Strahlen PB und PC begrenzte Teilebene erscheint größer als die von den Strahlen PB und PD begrenzte.

Die beiden sich schneidenden Geraden lassen sich aber durch Drehung um den Schnittpunkt P in eine derartige Lage bringen, daß die vier Teilebenen gleich groß werden. (Abb. 40.) In diesem Falle

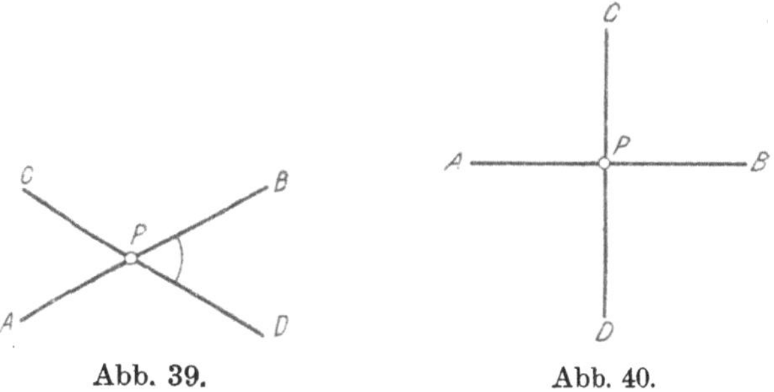


Abb. 39. Abb. 40.

sagt man, die beiden Geraden AB und CD stehen **senkrecht** oder normal aufeinander. Das Schriftzeichen für senkrecht ist: „$\perp$".

Aus Abb. 40 ist weiter ersichtlich, daß auch:

AP $\perp$ PC, PC $\perp$ PB, PB $\perp$ PD und PD $\perp$ PA ist.

## IV. Der Winkel.

28. **Winkel. Winkelraum.** Bringt man in einer Ebene durch Linksdrehung um einen Punkt den einen von zwei sich deckenden Strahlen in die Lage MB, so bildet der fest liegen gebliebene Strahl MA mit dem beweglichen Strahl MB einen **Winkel.** (Abb. 41).

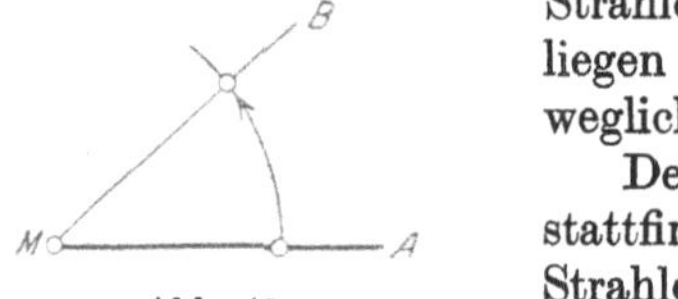


Abb. 41.

Den Punkt M, um welchen die Drehung stattfindet, und in welchem die beiden Strahlen sich schneiden, nennt man den Scheitel, die Strahlen selbst die Schenkel des Winkels. Der zwischen den Schenkeln liegende Teil der Ebene heißt Winkelebene, Winkelraum oder Winkelfläche.

Setzt man die in Abb. 41 angefangene Linksdrehung des beweglichen Schenkels MB weiter fort, so ist aus Abb. 42 ersichtlich, daß sich der Winkelraum um so mehr vergrößert, je mehr sich der Schenkel MB den neuen Lagen $MB_1$, $MB_2$ ... nähert. Je weiter also die Drehung fortschreitet, desto größer wird der Winkel. Man sagt:

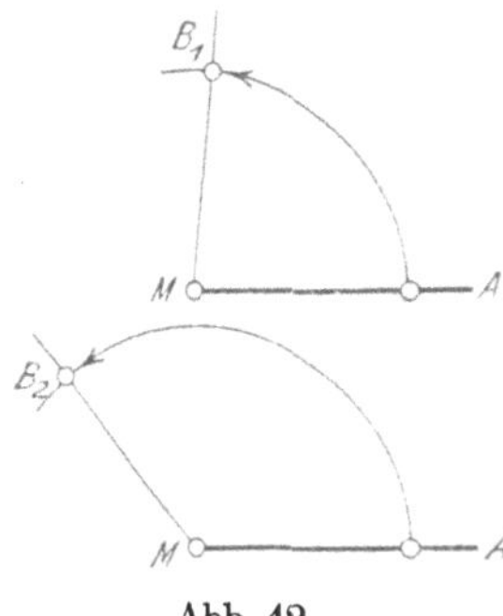


Abb. 42.

Ein Winkel ist das Maß für die Drehung, durch welche in einem Strahlenbündel[1]) ein Strahl in die Lage eines anderen gebracht wird.

---

[1]) Vgl. S. 4, Ziffer 14.

Die Größe eines Winkels hängt nur von dem Maße der Drehung des beweglichen Schenkels, nicht aber von der Länge der Schenkel ab. Man kann die Schenkel eines Winkels beliebig verlängern oder verkürzen, ohne dadurch an der Größe des Winkels etwas zu ändern.

Man zeichnet einen Winkel, indem man von seinem Scheitelpunkte aus zwei Geraden in bestimmter Richtung zieht.

Demnach gibt ein Winkel auch den Richtungsunterschied zweier von einem Punkte ausgehenden, oder zweier sich schneidenden Geraden an.

**29. Bezeichnung der Winkel.** Das Schriftzeichen für Winkel ist: „$\sphericalangle$". Außerdem bezeichnet man einen Winkel durch Buchstaben in der in Abb. 43 angegebenen Weise, und zwar:

a) Durch drei große lateinische Buchstaben, von denen der eine am Scheitel und je einer der beiden anderen an einem beliebigen Punkte der Schenkel steht. Man liest alsdann:

$$\sphericalangle \text{AMB oder } \sphericalangle \text{BMA}.$$

Der Buchstabe am Scheitel steht stets zwischen den beiden anderen.

Abb. 43. Abb. 44.

b) Durch einen einzigen großen, lateinischen Buchstaben, der am Scheitel des Winkels, außerhalb des Winkelraumes steht; man liest: $\sphericalangle$ M.

c) Durch einen einzigen, meist kleinen Buchstaben des griechischen Alphabetes[1]), der innerhalb des Winkelraumes steht; man liest: $\sphericalangle\, \alpha$.

Liegen mehrere Winkel an ein und demselben Scheitel, so zeichnet man, um Mißverständnissen über die Größe der Winkel vorzubeugen, zwischen die Schenkel jedes Winkels einen Kreisbogen, dessen Mittelpunkt im Scheitel liegt. (Abb. 44.) Der größeren Deutlichkeit wegen versieht man diese Kreisbogen mit Pfeilspitzen.

**30. Gleiche und ungleiche Winkel.** Winkel sind gleich, wenn man sie mit ihren Winkelräumen so aufeinander legen kann, daß sich die Scheitel und Schenkel vollkommen decken; sie sind ungleich, wenn diese Deckung unmöglich ist.

---

[1]) $\alpha$ = Alpha
$\beta$ = Beta
$\gamma$ = Gamma
$\delta$ = Delta
} Das griechische Alphabet befindet sich auf der letzten Seite dieses Buches.

In Abb. 45 ist der ganze Winkel AMB durch die Gerade MC in zwei genau gleiche Winkel $\alpha$ und $\beta$ zerlegt. Man schreibt in diesem Falle:

$$\sphericalangle \alpha = \sphericalangle \beta.$$

Weiter lassen sich folgende Gleichungen aufstellen:

$$\sphericalangle \alpha = {}^1/_2 \sphericalangle \mathrm{AMB}; \quad \sphericalangle \mathrm{AMB} = 2 \sphericalangle \beta \text{ usw.}$$

Man sagt: die Linie MC halbiert den Winkel AMB. Eine Gerade, welche einen beliebigen Winkel halbiert, nennt man Winkelhalbierende oder Halbierungslinie.

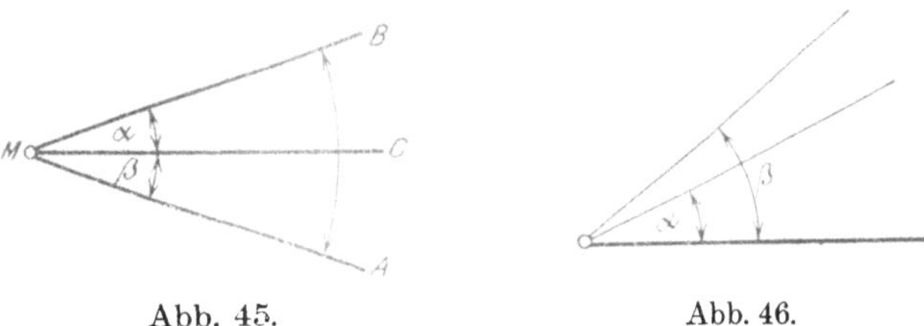


Abb. 45. Abb. 46.

Um festzustellen, ob ein Winkel $\alpha$ kleiner oder größer als ein Winkel $\beta$ ist, lege man beide Winkel mit ihren Scheiteln und einem Schenkel aufeinander und versuche die Winkelräume zur Deckung zu bringen. Derjenige Winkelraum, welcher den anderen hierbei nur zum Teil deckt, gehört dem kleineren Winkel an[1]). (Abb. 46.) In diesem Falle schreibt man[2]):

$$\sphericalangle \alpha < \sphericalangle \beta \text{ oder } \sphericalangle \beta > \sphericalangle \alpha.$$

Bei gleichen Winkeln ist also der Richtungsunterschied der Schenkel gleich groß; bei ungleichen Winkeln ist das nicht der Fall.

31. **Winkelarten.** Aus dem bisher über Winkel Gesagten geht hervor, daß man einen Winkel durch Drehung des beweglich gedachten Schenkels vergrößern oder verkleinern kann. Denn wurde in Abb. 41 u. 42 durch Linksdrehung der Winkel größer, so ist ohne weiteres ersichtlich, daß er durch Rückwärts- also Rechtsdrehung wieder kleiner werden muß.

Denkt man sich nun in Abb. 41 den beweglichen Schenkel MB so weit rechts herumgedreht, daß derselbe auf den festliegenden Schenkel MA fällt, sich also mit diesem vollkommen deckt, so ist der Winkelraum verschwunden; man bezeichnet den Winkel, dessen Schenkel sich decken, als Nullwinkel. (Abb. 47.)

Abb. 47. Nullwinkel.

Betrachtet man nunmehr den Schenkel MA dauernd als den festliegenden, den Schenkel MB als den beweglichen, so entstehen durch fortgesetzte Linksdrehung von MB folgende für die Gesetze der Geometrie maßgebende Winkel:

---

[1]) Der Leser mache den Versuch mit zwei Zeichendreiecken.

[2]) Vgl. W. u. St., Arithm. u. Algebra S. 1, Ziffer 2.

Bringt man den Schenkel MB in die Lage $MB_1$, so ist der Winkel $AMB_1$ ein spitzer Winkel. (Abb. 48.)

Dreht man weiter, bis der bewegliche Schenkel MB senkrecht auf dem festen Schenkel MA steht, bis also $MB_2 \perp MA$[1]) ist (Abb. 49),

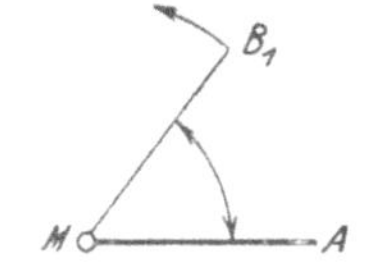


Abb. 48. Spitzer Winkel.

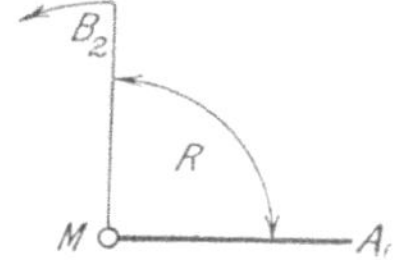


Abb. 49. Rechter Winkel.

so ist der Winkel $AMB_2$ ein rechter Winkel, kurz: ein Rechter. Schreibweise: $\sphericalangle AMB_2 = R$. Der Winkelraum eines rechten Winkels entsteht dadurch, daß der bewegliche Schenkel MB einen Viertelkreis überstreicht.

Durch Weiterdrehung von MB in die Lage $MB_3$ entsteht der Winkel $AMB_3$, welcher als stumpfer Winkel bezeichnet wird. (Abb. 50.)

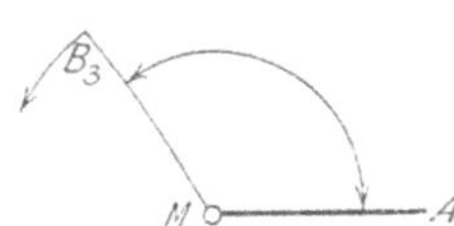


Abb. 50. Stumpfer Winkel.

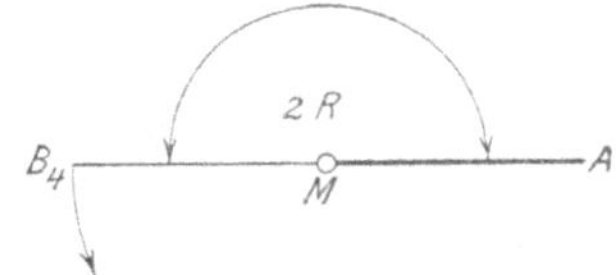


Abb. 51. Gestreckter Winkel.

Gelangt der bewegliche Schenkel MB in eine derartige Lage, daß er in die Verlängerung des festen Schenkels MA über M hinaus fällt, daß also die Linie $AB_4$ eine Gerade wird, so ist der Winkel $AMB_4$ ein gestreckter Winkel, kurz: ein Gestreckter. Der Winkelraum eines Gestreckten entsteht dadurch, daß der bewegliche Schenkel MB einen Halbkreis überstreicht. (Abb. 51.)

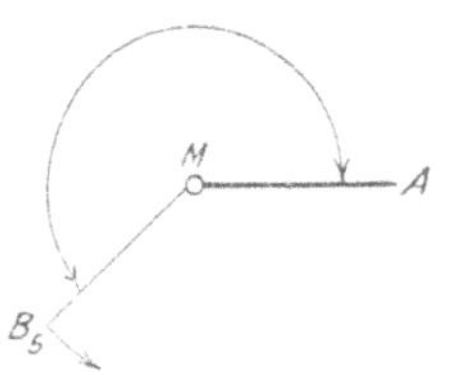


Abb. 52. Überstumpfer Winkel.

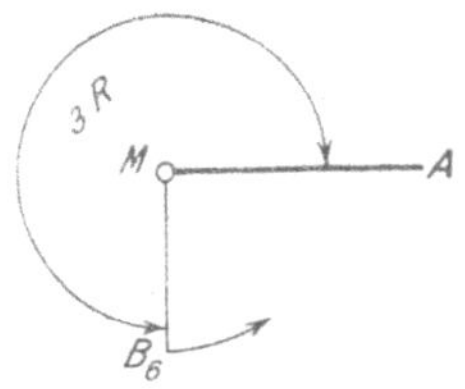


Abb. 53. 3 Rechte.

Bringt man den beweglichen Schenkel in die Lage $MB_5$, so ist der Winkel $AMB_5$ ein überstumpfer Winkel. (Abb. 52.)

Erreicht der bewegliche Schenkel eine Lage, welche genau die Verlängerung von $B_2M$ in Abb. 49 bildet, daß also $MB_6 \perp MA$ steht, so ist der $\sphericalangle AMB_6 = 3R$. (Abb. 53.)

[1]) Vgl. S. 11, Ziffer 27.

Dreht man schließlich den beweglichen Schenkel so lange weiter nach links, bis er in seine Anfangslage zurückkehrt, also mit dem fest liegen gebliebenen Schenkel MA wieder zusammenfällt, so ist der Winkel $AMB_7 = 4R$; er wird Vollwinkel genannt. (Abb. 54.)

Der Winkelraum eines Vollwinkels entsteht dadurch, daß der bewegliche Schenkel MB eine volle Umdrehung macht, also eine ganze Kreisfläche überstreicht.

32. **Gestreckte Winkel.** Legt man zwei gestreckte Winkel so aufeinander, daß ihre Scheitel und ein Schenkelpaar sich decken, so müssen auch die beiden anderen Schenkel zusammenfallen, da nach der Erklärung zu Abb. 51 die Linie $AB_4$ eine Gerade sein muß. Hieraus folgt: Gestreckte Winkel sind einander gleich.

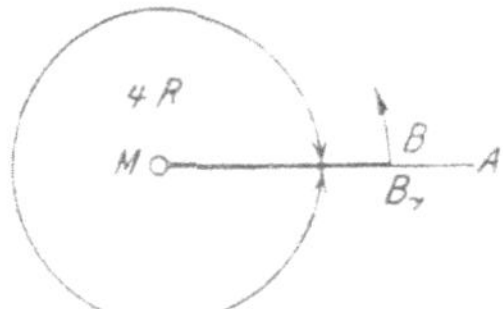


Abb. 54. 4 R oder Vollwinkel.

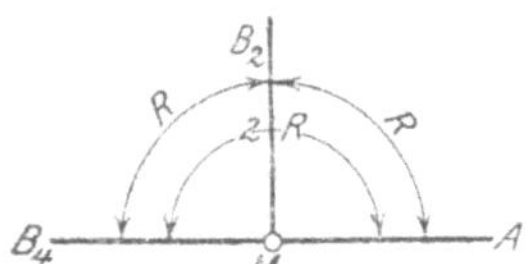


Abb. 55.

Der gestreckte Winkel entsteht durch eine halbe Umdrehung, der Rechte durch eine viertel Umdrehung seines beweglichen Schenkels. Mithin ist

der rechte Winkel die Hälfte eines Gestreckten, und damit ein gestreckter Winkel gleich zwei Rechten.

Hieraus folgt: Rechte Winkel sind einander gleich.[1])

Vereinigt man Abb. 49 u. 51 zu der neuen Abb. 55, so kann man schreiben:

$$\sphericalangle AMB_4 = 2R.$$
$$\sphericalangle AMB_2 = \sphericalangle B_4MB_2 = R.$$
$$\sphericalangle AMB_2 = \sphericalangle B_4MB_2 = \tfrac{1}{2}\sphericalangle AMB_4.$$
$$\sphericalangle AMB_4 = 2\sphericalangle AMB_2 = 2\sphericalangle B_4MB_2.$$

33. **Hohle und erhabene Winkel.** Jeder spitze Winkel (Abb. 48) ist kleiner als ein Rechter (Abb. 49):

$$\sphericalangle AMB_1 < \sphericalangle AMB_2.$$

Jeder stumpfe Winkel (Abb. 50) ist größer als ein Rechter (Abb. 49), aber kleiner als ein Gestreckter (Abb. 51):

$$\sphericalangle AMB_3 > \sphericalangle AMB_2.$$
$$\sphericalangle AMB_3 < \sphericalangle AMB_4.$$

Jeder überstumpfe Winkel (Abb. 52) ist größer als 2 R (Abb. 51), aber kleiner als 3 R (Abb. 53):

$$\sphericalangle AMB_5 > \sphericalangle AMB_4 > 2R.$$
$$\sphericalangle AMB_5 < \sphericalangle AMB_6 < 3R.$$

---

[1]) Sind die Gestreckten als Ganze gleich, so müssen auch die Rechten als Hälften gleich sein.

Jeder Winkel, der kleiner als ein Gestreckter ist, also auch der rechte Winkel, heißt ein hohler oder konkaver Winkel; jeder Winkel, der größer als ein Gestreckter ist, heißt ein erhabener oder konvexer Winkel.

Spitze und stumpfe Winkel nennt man auch schiefe Winkel.

**34. Komplement- und Supplementwinkel.** Beliebig viele Winkel, welche sich zu einem Rechten oder zu zwei Rechten ergänzen, nennt man allgemein Ergänzungswinkel. Im besonderen sagt man:

Zwei Winkel, welche sich zu einem Rechten ergänzen, heißen Komplementwinkel.

In Abb. 56 ist $\sphericalangle \alpha$ das Komplement zu $\sphericalangle \beta$, und umgekehrt. Man schreibt:

$$\sphericalangle \alpha + \sphericalangle \beta = \mathrm{R}$$ [1].

Zwei Winkel, welche sich zu zwei Rechten ergänzen, heißen Supplementwinkel.

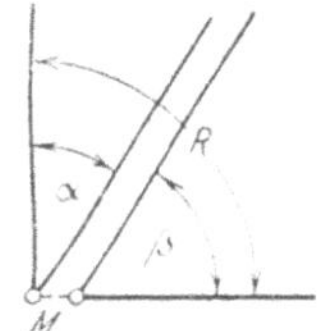

Abb. 56. Komplementwinkel.

Abb. 57. Supplementwinkel.

In Abb. 57 ist $\sphericalangle \alpha$ das Supplement zu $\sphericalangle \beta$, und umgekehrt. Man schreibt:

$$\sphericalangle \alpha + \sphericalangle \beta = 2\,\mathrm{R}.$$ [1]

Hierbei ist es nicht notwendig, daß die beiden Winkel in der in Abb. 56 u. 57 angegebenen Weise nebeneinander liegen. Es wird später noch besonders darauf hingewiesen werden.

**35. Nebenwinkel.** Zwei Winkel, welche einen Schenkel gemeinsam haben, heißen anstoßende Winkel: $\sphericalangle \alpha$ und $\sphericalangle \beta$ in Abb. 45; sie haben den Schenkel MC gemeinsam.

Zwei anstoßende Winkel, welche sich zu einem Gestreckten ergänzen, heißen Nebenwinkel. (Abb. 58.) Man schreibt:

$$\sphericalangle \alpha + \sphericalangle \beta = 2\,\mathrm{R}.$$

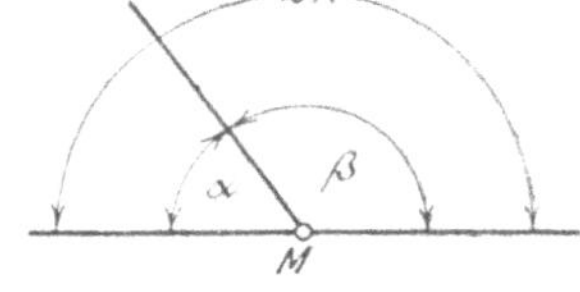

Abb. 58. Nebenwinkel.

Nebenwinkel entstehen durch Teilung eines Gestreckten in zwei beliebig große Teile; mithin sind Nebenwinkel die beiden Teile eines gestreckten Winkels.

[1]) Bringt man in Abb. 56 und 57 durch Parallelverschiebung des $\sphericalangle \beta$ nach links die Scheitel der Winkel $\alpha$ und $\beta$ zur Deckung, so werden sich diese beiden Winkel zu 1 R bzw. zu 2 R ergänzen.

Entsprechend Abb. 58 kann man Nebenwinkel auch erklären als zwei Winkel, welche den Scheitel und einen Schenkel gemeinsam haben, deren andere Schenkel jedoch eine gerade Linie bilden derart, daß der eine Schenkel die Verlängerung des anderen ist.

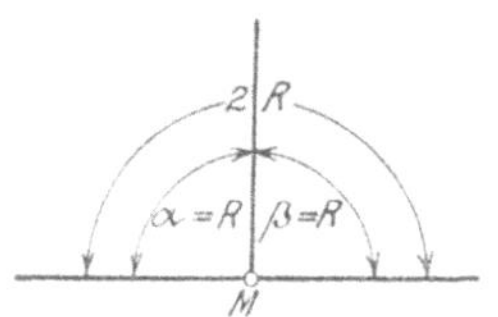

Abb. 59. Gleiche Nebenwinkel.

Will man daher zu einem gegebenen Winkel einen Nebenwinkel zeichnen, so ist nur der eine oder andere Schenkel über den Scheitel hinaus zu verlängern.

Sind zwei Nebenwinkel einander gleich, so ist jeder derselben ein Rechter; denn nach Abb. 59 ist:

$$\measuredangle \alpha = 1\,\text{R und}$$
$$\measuredangle \beta = 1\,\text{R}.$$

Addiert man diese beiden Gleichungen, so erhält man[1]):

$$\measuredangle \alpha + \measuredangle \beta = 2\,\text{R}.$$

Von ungleichen Nebenwinkeln ist der eine immer spitz, der andere mithin stumpf.

Nach der vorstehenden Erklärung werden Nebenwinkel in jedem Falle Supplementwinkel sein; jedoch sind Supplementwinkel nicht immer Nebenwinkel. Zeichne derartige Winkel![2])

**36. Scheitelwinkel.** Verlängert man die Schenkel eines Winkels $\alpha$ rückwärts über den Scheitel M, wie das in Abb. 60 dargestellt ist, so entsteht ein neuer Winkel $\beta$, welchen man als Scheitelwinkel des Winkels $\alpha$ bezeichnet.

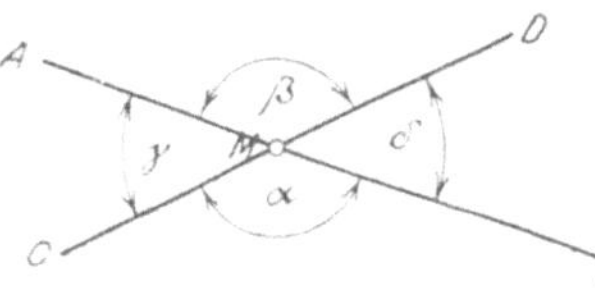

Abb. 60. Scheitelwinkel.

Durch diese Rückwärtsverlängerung entstehen aber an dem gemeinsamen Scheitel M nicht nur zwei, sondern vier Winkel: $\alpha$, $\beta$, $\gamma$ und $\delta$. Die Schenkel des Winkels $\gamma$ sind notwendigerweise zugleich die Rückwärtsverlängerung der Schenkel des Winkels $\delta$, so daß Winkel $\gamma$ und $\delta$ ebenfalls Scheitelwinkel sind.

Man wird demnach Scheitelwinkel zeichnen, indem man zwei gerade Linien sich schneiden läßt. An dem Schnittpunkt derselben bilden sich alsdann entsprechend Abb. 60 vier Paar Nebenwinkel und zwei Paar Scheitelwinkel.

Nebenwinkel sind hierbei je zwei nebeneinander liegende, Scheitelwinkel je zwei gegenüberliegende Winkel. Mithin sind:

| Nebenwinkel: | Scheitelwinkel: |
|---|---|
| $\measuredangle \alpha$ und $\measuredangle \gamma$. | $\measuredangle \alpha$ und $\measuredangle \beta$. |
| $\measuredangle \gamma$ „ $\measuredangle \beta$. | $\measuredangle \gamma$ „ $\measuredangle \delta$. |
| $\measuredangle \beta$ „ $\measuredangle \delta$. | |
| $\measuredangle \delta$ „ $\measuredangle \alpha$. | |

[1]) Vgl. W. u. St., Arithm. u. Algebra S. 133, Ziffer 109.

[2]) „ Schlußsatz zu Ziffer 34, S. 17 und S. 28, Beispiel 30.

Will man in Abb. 60 die Gerade AB mit der Geraden CD durch Drehung um den Schnittpunkt M (Scheitel aller Winkel) zur Deckung bringen, so müssen die Schenkel MA und MB gleiche Winkelräume überstreichen; die zugehörigen Winkel müssen mithin einander gleich sein. Hieraus folgt:

Scheitelwinkel sind einander gleich[1]):

$$\measuredangle\alpha = \measuredangle\beta \text{ und } \measuredangle\gamma = \measuredangle\delta.$$

**37. Zusammenfassung.** Sämtliche bisher auf Seite 14 bis 18, Ziffer 31 bis 36 besprochenen Winkel sind in Abb. 61 in einem Bilde vereinigt.

Der Leser suche die Winkel nach ihren Benennungen auf und gebe sie durch Buchstabenbezeichnungen genau an!

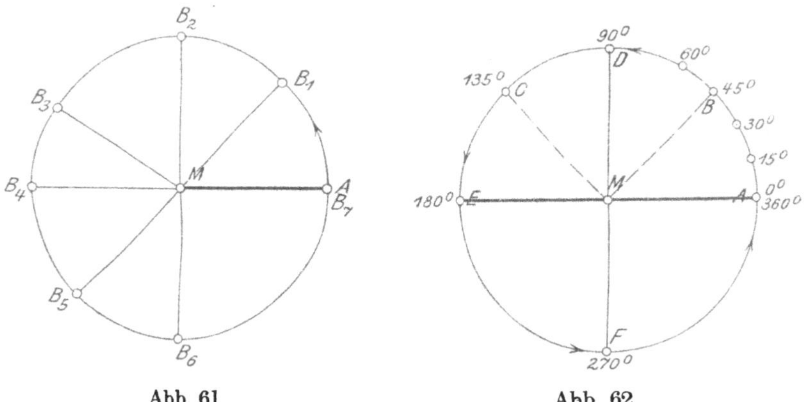


Abb. 61. Abb. 62.

**38. Messen von Winkeln.** Soll der Richtungsunterschied zweier sich schneidenden Geraden[2]) bestimmt werden, so muß man die Größe des Winkels messen, welchen sie miteinander bilden.

Die Maßeinheit zum Messen von Winkeln ist der Winkelgrad, kurz: ein Grad; geschrieben: 1°.

Ein Winkelgrad ist der 360[te] Teil eines Vollwinkels[3]). Diese Einheit wird erhalten, indem man den Umfang eines mit einem beliebig großen Halbmesser[4]) beschriebenen Kreises in 360 gleiche Teile teilt. In Abb. 62 ist diese Teilung in größeren Abständen, als sie je einem einzelnen Grade entsprechen würde, durchgeführt[5]). Verbindet man die angegebenen Teilpunkte mit dem Mittelpunkte M des

---

[1]) Einen weiteren Beweis über die Gleichheit der Scheitelwinkel siehe Seite 35, Ziffer 44.

[2]) Vgl. S. 13, Ziffer 28; Schlußsatz.

[3]) „ „ 16, Abb. 54. [4]) Vgl. S. 11, Ziffer 26.

[5]) Es mußte hier mit Rücksicht auf die Größenverhältnisse darauf verzichtet werden, bei der Teilung des Kreisumfanges in 360 gleiche Teile die Teilpunkte für die einzelnen Grade: 1°, 2°, 3° ... anzugeben. Auf dem Umfange eines Kreises von 50 mm Halbmesser sind die Teilpunkte für die einzelnen Winkelgrade nur 0,87 mm voneinander entfernt.

Kreises durch gerade Linien, so bilden diese mit der Geraden AE Winkel, deren Größe den an den einzelnen Teilpunkten stehenden **Gradzahlen** entspricht. So ist in Abb. 62:

$$\sphericalangle AMB = 45^0.$$
$$\sphericalangle AMC = 135^0.$$
$$\sphericalangle AMD = R = 90^0,$$
$$\sphericalangle AME = 2R = 180^0.$$
$$\sphericalangle AMF = 3R = 270^0.$$
$$\sphericalangle AMA = 4R = 360^0.$$

Aus dieser Aufstellung ist ohne weiteres ersichtlich:

**Alle Winkel an einem gemeinsamen Scheitel und auf nur einer Seite einer Geraden sind zusammen gleich einem Gestreckten** $= 2R = 180^0$.

**Alle Winkel an einem gemeinsamen Scheitel und auf beiden Seiten einer Geraden, oder wie man auch sagt: Alle Winkel um einen Punkt herum, sind zusammen** $= 4R = 360^0$.

Um auch kleinste Winkel möglichst genau messen zu können, hat man den Winkelgrad in 60 **Winkelminuten** und die Winkelminute in 60 **Winkelsekunden** geteilt. Bruchteile von Sekunden pflegt man in Form von Dezimalbrüchen anzugeben. Man schreibt:

1 Winkelminute, kurz: 1 Minute $= 1'$ und
1 Winkelsekunde, „ 1 Sekunde $= 1''$. Es ist also

$$1^0 = 60' \text{ und}$$
$$1' = 60''. \text{ Mithin:}$$
$$1^0 = 60' = 3600''.$$

26 Grad 17 Minuten 42 Sekunden $= 26^0\ 17'\ 42''$.

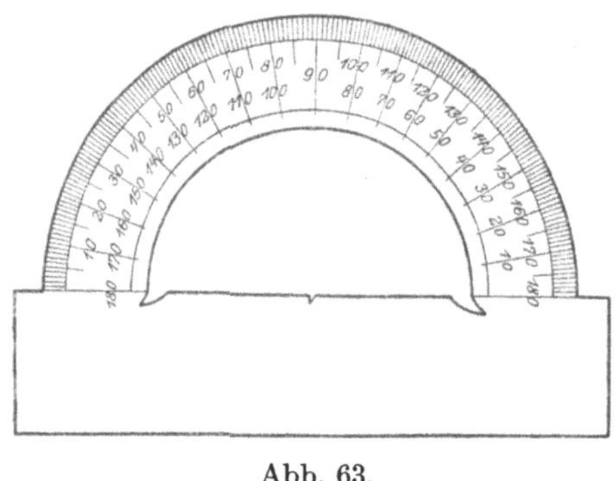

Abb. 63.

Als **Werkzeug** zum Messen von Winkeln dient der **Winkelmesser oder Transporteur**. (Abb. 63.) Derselbe ist ein aus Metall, Papier, Zelluloid u. ä. hergestellter Halbkreis, welcher in 180 gleiche Teile geteilt ist, von denen jeder, je nach Größe des Werkzeuges, noch mit Unterteilungen versehen ist. Das Werkzeug dient nicht nur zum Nachmessen vorhandener, sondern auch zum Aufzeichnen neuer Winkel[1]). Persönlicher Gebrauch macht am schnellsten mit den Eigenschaften des Werkzeuges vertraut.

---

[1]) Auf besondere Genauigkeit ist in beiden Fällen nicht zu rechnen. Will man Winkelgrößen genau bestimmen, so muß man die trigonometrische Rechnung zuhilfe nehmen. Über das genaue Aufzeichnen von Winkeln ist in »W. u. St., Trigonometrie« nachzulesen: S. 15, Beispiel 12 bis 14 und S. 36, Ziffer 27.

In neuerer Zeit machen sich Bestrebungen geltend, bei Winkelmessungen die **Hundertteilung** oder das **Zentesimalsystem** anzuwenden. Nach diesem System wäre:

$$1\,\mathrm{R} = 100^{\circ}.$$
$$1^{\circ} = 100'.$$
$$1' = 100''.\quad \text{Mithin:}$$
$$1^{\circ} = 100' = 10000''.$$

Damit ergibt sich weiter:

$$1 \text{ Gestreckter} = 2\,\mathrm{R} = 200^{\circ}.$$
$$3\,\mathrm{R} = 300^{\circ}.$$
$$1 \text{ Vollwinkel} = 4\,\mathrm{R} = 400^{\circ}.$$

Trotz der Vorteile, welche diese Teilung beim Rechnen mit Winkelgrößen bieten würde, ist in der Technik immer noch die ursprüngliche Teilung des Vollwinkels in 360° in Gebrauch.

**39. Das Rechnen mit Winkeln.** Winkel kann man, wie andere gleichartige Größen, zusammenzählen oder voneinander abziehen; man kann Winkel vervielfachen und teilen. Die nachfolgenden Beispiele geben über die einzelnen Rechnungsverfahren Aufschluß.

### Beispiele.

1. Wieviel Minuten[1]) entsprechen einem Winkel von 53 Grad? Da ein Grad 60 Minuten enthält, so enthalten

$$53 \text{ Grad} = 53 \cdot 60 = 3180 \text{ Minuten}.$$

2. Wieviel Sekunden entsprechen einem Winkel von 36′? Da $1' = 60''$ ist, so sind $36' = 36 \cdot 60 = 2160''$.

3. Wieviel Sekunden entsprechen einem Winkel von 25°? Da $1^{\circ} = 60 \cdot 60 = 3600''$ ist, so sind $25^{\circ} = 25 \cdot 3600 = 90\,000''$.

4. Wieviel Minuten entsprechen einem Winkel von 72° 36′?

$$\begin{array}{rl} \text{Es sind: } 72^{\circ} = 72 \cdot 60 = & 4320'. \\ \text{Dazu:} & 36'. \quad \text{Mithin:} \\ \hline 72^{\circ}36' = & 4356'. \end{array}$$

5. Wieviel Sekunden entsprechen einem Winkel von 69° 22′ 48″?

$$\begin{array}{rl} \text{Es sind: } 69^{\circ} = 69 \cdot 3600 = & 248\,400''. \\ 22' = 22 \cdot 60 \;\;= & 1\,320''. \\ \text{Dazu:} & 48''. \quad \text{Mithin:} \\ \hline 69^{\circ}22'48'' = & 249\,768''. \end{array}$$

6. Wieviel Grade sind in 1080′ enthalten?

$$\text{Es sind: } 60' = 1^{\circ}, \text{ folglich: } 1080' = \frac{1080'}{60} = 18^{\circ}.$$

---

[1]) In den folgenden Beispielen, Aufgaben sowie in dem weiteren Texte sollen an Stelle der Bezeichnungen: „Winkelgrade, Winkelminuten und Winkelsekunden" die kürzeren Ausdrücke: „Grade, Minuten und Sekunden bzw. deren Schriftzeichen" treten.

7. Wieviel Grade sind in 97 200″ enthalten?

$$\text{Es sind: } 3600'' = 1^\circ, \text{ folglich: } 97\,200'' = \frac{97\,200''}{3600} = 27^\circ.$$

8. Wieviel Minuten sind in 3240″ enthalten?

$$\text{Es sind: } 60'' = 1', \text{ folglich: } 3240'' = \frac{3240''}{60} = 54'.$$

9. Wieviel Grade und Minuten sind in 2556′ enthalten?

Es sind: $60' = 1^\circ$, folglich: $2556' = 2556 : 60 = 42^\circ$

$$\begin{array}{r} 240 \\ \hline 156 \\ 120 \\ \hline \end{array}$$

Rest: 36′. Mithin:

$$2556' = 42^\circ 36'.$$

10. Wieviel Grade, Minuten und Sekunden sind in 59 527″ enthalten?

Um die Anzahl der Grade zu erhalten, ist die Sekundenzahl zunächst durch 3600 zu dividieren:

$$\begin{array}{l} 59\,527'' : 3600 = 16^\circ \\ 36\,00 \\ \hline 23\,527 \\ 21\,600 \\ \hline \end{array}$$

Rest: 1 927″.

Diese 1927″ sind durch 60 zu teilen, um sie in Minuten zu verwandeln:

$$\begin{array}{l} 1927'' : 60 = 32' \\ 180 \\ \hline \phantom{0}127 \\ \phantom{0}120 \\ \hline \end{array}$$

Rest: 7″. Mithin:

$$59\,527'' = 16^\circ 32' 7''.$$

11. Wieviel Grade, Minuten und Sekunden sind in 475 257″ enthalten?

$$\begin{array}{l} 475\,257'' : 3600 = 132^\circ \\ 3600 \\ \hline 11\,525 \\ 10\,800 \\ \hline \phantom{00\,}7257 \\ \phantom{00\,}7200 \\ \hline \phantom{00\,0}57'' : 60 = 0' \end{array}$$

Rest: 57″. Mithin:

$$475\,257'' = 132^\circ 0' 57''.$$

12. Der Leser rechne folgende Werte nach:

a) $34^\circ 48' = 2088' = 125\,280''$.
b) $152^\circ 34' 18'' = 549\,258''$.
c) $12^\circ 0' 36'' = 43\,236''$.
d) $284\,400'' = 4740' = 79^\circ$.
e) $174\,960'' = 48^\circ 36'$.
f) $25\,259'' = 7^\circ 0' 59''$.

Um Winkelgrößen in das **Dezimalsystem** umzurechnen, verfahre man wie in den folgenden Beispielen 13 bis 21 angegeben.

13. Wieviel Minuten entsprechen $57''$?

Es sind: $60'' = 1'$, folglich: $57'' = 57{,}00'' : 60 = 0{,}95'$.[1]

540
300
300
„

14. Es sind $43'$ in Grade umzurechnen.

$43' = 43{,}00' : 60 = 0{,}7166^\circ \ldots$
$= 0{,}71\bar{6}^\circ$.[2]

420
100
60
400
360
40

15. Wieviel Grade sind in $10\,368''$ enthalten?

$10368'' = 10\,368{,}00'' : 3600 = 2{,}88^\circ$.

7 200
31 680
28 800
28 800
28 800
„

16. Es sind $27' 45''$ in Grade umzurechnen.

a) Es sind zunächst: $45'' = 45{,}00'' : 60 = 0{,}75'$.

42 0
3 00
3 00
„

[1]) Vgl. W. u. St., Arithm. u. Algebra S. 205, Ziffer 13.
[2]) „ „ „ „ „ „ „ „ 207, „ 16 u. 17.

Diese 0,75′ sind zu den gegebenen 27′ zu addieren; das ergibt: 27′ + 0,75′ = 27,75′. Diese sind durch 60 zu teilen, um Grade zu erhalten:

$$27{,}75' = 27{,}7500' : 60 = 0{,}4625^{\circ}.$$

```
27,7500 : 60
240
---
 375
 360
 ---
  150
  120
  ---
   300
   300
   ---
    „
```

b) Man kann auch rechnen, wie folgt: 27′ 45″ sind = 1665″; diese durch 3600 dividiert: 1665″ : 3600 = 0,4625°.

17. Wieviel Grade in Dezimalteilung entsprechen 68° 48′ 53″?

a) $53'' = 53{,}00'' : 60 = 0{,}883\overline{3}' \ldots$ dazu: $48{,}0000' \ldots$

$48{,}883\overline{3}' \ldots : 60 = 0{,}8147^{\circ} \ldots$ dazu: $68{,}0000^{\circ} \ldots$

$68{,}8147^{\circ} \ldots$

```
53,00 : 60        48,8833 : 60
480               480
---               ---
 500                88
 480                60
 ---                ---
  200               283
  180               240
  ---               ---
  200                433
                     420
                     ---
                      13
```

Mithin: 68° 48′ 53″ = 68,8147° ...

b) Diese Aufgabe läßt sich auch lösen, wie folgt:

48′ 53″ sind = 2933″ : 3600 = 0,8147° ... dazu:

68,0000° ...

Mithin: 68° 48′ 53″ = 68,8147° ...

18. Wieviel Grade in Dezimalteilung entsprechen 2° 6′ 4″?

$4'' : 60 = 0{,}06\overline{6}' \ldots$ dazu:

$6{,}000' \ldots$ .

$6{,}06\overline{6}' \ldots : 60 = 0{,}101\overline{1}^{\circ}$. Dazu:

$2{,}0000^{\circ}$.

Mithin: $2^{\circ}\, 6'\, 4'' = 2{,}101\overline{1}^{\circ}$.

19. Wieviel Sekunden entsprechen 0,85′?

Es ist 1′ = 60″, folglich: 0,85′ = 0,85 · 60 = 51,00″ = 51″.

20. Wieviel Minuten und Sekunden entsprechen $0{,}33^{\circ}$?

a) Es sind: $0{,}33^{\circ} = 0{,}33 \cdot 60 = 19{,}8' = 19' + 0{,}8'$. Die $0{,}8'$ sind noch in Sekunden umzurechnen: $0{,}8' = 0{,}8 \cdot 60 = 48''$.

Mithin: $0{,}33^{\circ} = 19'\,48''$.

b) Es sind: $0{,}33^{\circ} = 0{,}33 \cdot 3600 = 1188'' : 60 = 19'\,48''$.

21. Wieviel Grade, Minuten und Sekunden entsprechen $62{,}43^{\circ}$? Es sind: $62{,}43^{\circ} = 62{,}43 \cdot 3600 = 224748'' = 62^{\circ}\,25'\,48''$.

22. **Es soll ein Winkel zu einem anderen addiert werden:**

$$\begin{array}{rr} \text{a) } \ldots & 48^{\circ}\,16'\,22'' \\ + & 21^{\circ}\,23'\,14'' \\ \hline \text{Summe: } & 69^{\circ}\,39'\,36''. \end{array}$$

$$\begin{array}{rr} \text{b) } \ldots & 24^{\circ}\,42'\,35'' \\ + & 1^{\circ}\,38'\,42'' \\ \hline \text{Summe: } & 25^{\circ}\,80'\,77''. \end{array}$$

*α*) Da in der letzten Summe die Sekunden- und Minutenzahlen größer als „60" sind, so müssen die 77 Sekunden noch in Minuten und die 80 Minuten noch in Grade umgerechnet werden. Es sind:

$$77'' = 1'\,17''.$$

Diese $1'$ zu den vorhandenen $80'$ addiert, ergibt:

$$81' = 1^{\circ}\,21'.$$

Diesen $1^{\circ}$ zu den vorhandenen $25^{\circ}$ addiert, ergibt: $26^{\circ}$. Damit erhält man als Gesamtergebnis:

$$26^{\circ}\,21'\,17''.$$

*β*) Die Lösung läßt sich kürzer und übersichtlicher darstellen, wie folgt:

$$\begin{array}{rr} & 24^{\circ}\,42'\,35'' \\ + & 1^{\circ}\,38'\,42'' \\ & {\scriptstyle 1}\quad{\scriptstyle 1}\quad \\ \hline \text{Summe: } & 26^{\circ}\,21'\,17''. \end{array}$$

$$\begin{array}{rr} \text{c) } \ldots & 36^{\circ}\;\;0'\,58'' \\ + & 81^{\circ}\,59'\,42'' \\ & {\scriptstyle 1}\quad{\scriptstyle 1}\quad \\ \hline \text{Summe: } & 118^{\circ}\;\;0'\,40''. \end{array}$$

23. **Es soll ein Winkel von einem anderen subtrahiert werden:**

$$\begin{array}{rr} \text{a) } \ldots & 95^{\circ}\,48'\,32'' \\ - & 28^{\circ}\,12'\,17'' \\ \hline \text{Rest: } & 67^{\circ}\,36'\,15''. \end{array}$$

$$\begin{array}{rrl} \text{b) } \ldots & 62^{\circ}\;\;0'\;\;0'' & \ldots \text{ Minuend.} \\ - & 29^{\circ}\,27'\,46'' & \ldots \text{ Subtrahend}^{1)}. \\ \hline \end{array}$$

1) Vgl. W. u. St., Arithm. u. Algebra S. 14, Ziffer 19.

Im Minuenden sind die Angaben über Minuten und Sekunden $= 0$. Man nimmt in diesem Falle von den $62^\circ$ einen Grad weg und zerlegt diesen in $59'$ und $60''$; damit stellt sich die Rechnung, wie folgt:

$$\begin{array}{r} 61^\circ\,59'\,60'' \\ -\,29^\circ\,27'\,46'' \\ \hline \text{Rest: } 32^\circ\,32'\,14''. \end{array}$$

$$\begin{array}{r} \text{c)}\ \ldots\ 132^\circ\,24'\,18'' \\ -\ \ 57^\circ\,48'\,32'' \\ \hline \end{array}$$

Durch Wegnahme eines Grades von $132^\circ$, dessen Zerlegung in $59'\,60''$ und Addition derselben zu den gegebenen $24'\,18''$ ergibt sich folgende Rechnung:

$$\begin{array}{r} 131^\circ\,83'\,78'' \\ -\ \ 57^\circ\,48'\,32'' \\ \hline \text{Rest: } 74^\circ\,35'\,46''. \end{array}$$

$$\left.\begin{array}{r} \text{d)}\ \ldots\ 16^\circ\,28'\,47'' \\ -\,15^\circ\,43'\,34'' \end{array}\right\}\ \text{Dafür schreibt man:}$$

$$\begin{array}{r} 15^\circ\,88'\,47'' \\ -\,15^\circ\,43'\,34'' \\ \hline \text{Rest: } \ 0^\circ\,45'\,13''. \end{array}$$

$$\begin{array}{r} \text{e)}\ \ldots\ 1^\circ\ \ 0'\,56'' \\ -\qquad 43'\,21'' \\ \hline 0^\circ\,17'\,35''. \end{array}$$

24. **Es soll ein Winkel mit einer ganzen Zahl multipliziert werden:**

a) $14^\circ\,9'\,7''\cdot 5$.

Man multipliziert zuerst die Sekunden, dann die Minuten und nach diesen die Grade:

$$14^\circ\ \ 9'\ \ 7''\cdot 5 = \ 70^\circ\,45'\ \ 35''.$$

$$\text{b)}\ \ 21^\circ\,13'\,15''\cdot 7 = 147^\circ\,91'\,105'';$$

hier müssen die Sekunden und Minuten in gleicher Weise umgerechnet werden, wie das in Beispiel 22 b) gezeigt ist. Damit wird:

$$21^\circ\,13'\,15''\cdot\ 7 = 148^\circ\ \ 32'\ \ 45''.$$

$$\begin{aligned} \text{c)}\ \ 5^\circ\,47'\,58''\cdot 12 &= \ 60^\circ\,564'\,696'',\ \text{d. i.:} \\ &= \ 69^\circ\ \ 35'\ \ 36''. \end{aligned}$$

$$\text{d)}\ \ 1^\circ\ \ 0'\,56''\cdot 75 = \ 76^\circ\ \ 10'\ \ \ 0''.$$

25. **Es soll ein Winkel durch eine ganze Zahl dividiert werden:**

a) $48^\circ\,30'\,18'' : 6$.

Man teilt zuerst die Grade, dann die Minuten und nach diesen die Sekunden:

$$48^\circ\,30'\,18'' : 6 = 8^\circ\,5'\,3''.$$

$$\text{b)}\ 25^\circ\,15'\ \ 4'' : 8 = ?$$

Zunächst: $25^\circ : 8 = 3^\circ$, Rest: $1^\circ = 60'$; diese $60'$ zu den $15'$ der Aufgabe, gibt: $75' : 8 = 9'$, Rest: $3' = 180''$; diese $180''$ zu den $4''$ der Aufgabe, gibt: $184'' : 8 = 23''$, Rest: $= 0$. Folglich:

$$25^\circ\,15'\,4'' : 8 = 3^\circ\,9'\,23''.$$[1]

Kürzer und übersichtlicher stellt sich die Lösung, wie folgt:

$$\begin{array}{llll}
25^\circ & 15' & 4'' : 8 = 3^\circ\,9'\,23''. \\
24^\circ & \vdots & \vdots \\
\hline
1^\circ = & 60' & \vdots \\
 & 75' : 8 & \vdots \\
 & 72' & \vdots \\
 & 3' = & 180'' \\
 & & 184'' : 8
\end{array}$$

$$\begin{array}{llll}
\text{c)}\ 39^\circ & 0' & 45'' : 12 = 3^\circ\,15'\,3{,}75''. \\
36^\circ & \vdots & \vdots \\
\hline
3^\circ = & 180' & \vdots \\
 & 180' : 12 & \vdots \\
 & & 45'' : 12
\end{array}$$

26. **Es soll ein Winkel durch einen anderen dividiert werden,** mit anderen Worten: Wie oft ist ein Winkel in einem anderen enthalten?

a) Wie oft ist der Winkel $24^\circ\,16'$ in dem Winkel $72^\circ\,48'$ enthalten?

Man verwandelt beide Winkel in die kleinste gegebene Einheit, hier also in Minuten, und führt dann die Division aus:

$$72^\circ\,48' : 24^\circ\,16', \text{ oder was dasselbe ist:}$$
$$4368' : 1456' = 3.$$

Demnach ist der kleinere Winkel in dem größeren 3 mal enthalten.

$$\text{b)}\ 83^\circ\,17'\,52'' : 56^\circ\,2'\,28'', \text{ d. i.:}$$
$$299\,872'' : 201\,748'' = 1{,}4863\ \ldots$$

27. Wieviel Grade enthalten[2]:

$$\begin{array}{ccccccc}
\frac{1}{4}R; & \frac{1}{3}R; & \frac{1}{2}R; & \frac{3}{5}R; & \frac{5}{2}R; & 2\frac{5}{6}R; & \frac{7}{2}R? \\
= 22{,}5^\circ; & 30^\circ; & 45^\circ; & 54^\circ; & 225^\circ; & 255^\circ; & 315^\circ.
\end{array}$$

---

[1] Die Probe wird gemacht, indem man das Resultat: $3^\circ\,9'\,23''$ mit 8 multipliziert; dann muß sich wieder $25^\circ\,15'\,4''$ ergeben. Vgl. W. u. St., Arithmetik und Algebra S. 30, Ziffer 37.

[2] Vgl. S. 15, Ziffer 31; Text zu Abb. 49. Ein Rechter Winkel, kurz: $R = 90^\circ$. Die Resultate stehen senkrecht unter den gegebenen Winkeln.

28. Wie groß ist der Winkel a) zwischen 2 Stundenziffern, b) zwischen 2 Minutenstrichen des Ziffernblattes einer Uhr?

a) $30^\circ$; b) $6^\circ$.

29. Welchen Winkel bilden je 2 Mittellinien der Arme eines Schwungrades, welches 8 Arme besitzt?

Der Kranz des Schwungrades bildet einen Kreis. Diesen kann man bezüglich der Gradeinteilung als Vollwinkel[1]) auffassen, welcher durch die Mittellinien der Arme in 8 gleiche Teile geteilt wird. Damit wird der von je 2 Mittellinien eingeschlossene

$$\text{Winkel} = \frac{360^\circ}{8} = 45^\circ.$$

30. Wie berechnet man zu einem gegebenen Winkel den Nebenwinkel?

Man berechnet den Nebenwinkel[2]), indem man den gegebenen Winkel von 2 R abzieht. Hierbei empfiehlt es sich, zu schreiben:

$$2\,\text{R} = 180^\circ = 179^\circ\,59'\,60''.$$

a) Wie groß ist der Nebenwinkel zu $56^\circ\,18'\,27''$?

$$\begin{array}{r} 179^\circ\,59'\,60'' \\ -\;56^\circ\,18'\,27'' \\ \hline \text{Nebenwinkel} = 123^\circ\,41'\,33''. \end{array}$$

b) Wie groß sind die Nebenwinkel zu:

$43^\circ$; $89^\circ\,46'$; $179^\circ\,59'\,59''$; $0^\circ\,3'\,35''$; $0^\circ\,0'\,1''$?
$= 137^\circ$; $90^\circ\,14'$; $0^\circ\,0'\,1''$; $179^\circ\,56'\,25''$; $179^\circ\,59'\,59''$.

### Aufgaben.

1. Wieviel Sekunden entsprechen

| | | |
|---|---|---|
| einem Winkel von | $42^\circ$? | Lösung: $151200''$. |
| „ „ „ | $73^\circ\,6'$? | „ $263160''$. |
| „ „ „ | $125^\circ\,21'\,24''$? | „ $451284''$. |

2. Wieviel Grade sind enthalten in

| | | |
|---|---|---|
| einem Winkel von | $4140'$? | Lösung: $69^\circ$. |
| „ „ „ | $471600''$? | „ $131^\circ$. |

3. Wieviel Grade, Minuten und Sekunden entsprechen

| | | |
|---|---|---|
| einem Winkel von | $55719''$? | Lösung: $15^\circ\,28'\,39''$. |
| „ „ „ | $3723''$? | „ $1^\circ\,2'\,3''$. |
| „ „ „ | $348''$? | „ $0^\circ\,5'\,48''$. |

4. Die für die folgenden, in das Dezimalsystem umgerechneten Winkelwerte angegebenen Resultate sind auf ihre Richtigkeit zu prüfen:

---

[1]) Vgl. S. 16, Ziffer 31; Text zu Abb. 54.
[2]) „ „ 17, „ 35; „ „ „ 58.

a) Wieviel Grade entsprechen 49′ 30″? Lösung: 0,825°.
„ „ „ 20448″? „ 5,680°.
„ „ „ 408330″? „ 113,425°.
b) Wieviel Sekunden „ 0,65′? „ 39″.
c) Wieviel Minuten und Sekunden entsprechen 0,76°?

Lösung: $0{,}76^\circ = 45'\,36''$.

d) Wieviel Grade, Minuten und Sekunden entsprechen 125,595°?

Lösung: $125{,}595^\circ = 125^\circ\,35'\,42''$.

5. Es sind 2 Winkel gegeben:

$$\alpha = 84^\circ\,36'\,12'' \text{ und}$$
$$\beta = 12^\circ\,48'\,24'';$$

folgende Resultate sind auf ihre Richtigkeit zu prüfen:

$$4\,\alpha = 338^\circ\,24'\,48''. \qquad 5\,\beta = 64^\circ\,2'\,0''.$$
$$\frac{\alpha}{2} = 42^\circ\,18'\,6''. \qquad \frac{\beta}{3} = 4^\circ\,16'\,8''.$$
$$\frac{\beta}{12} = 1^\circ\,4'\,2''. \qquad \frac{\alpha}{24} = 3^\circ\,31'\,30{,}5''.$$
$$\alpha + \beta = 97^\circ\,24'\,36''. \qquad \alpha - \beta = 71^\circ\,47'\,48''.$$
$$2\,\alpha + 5\,\beta = 233^\circ\,14'\,24''. \qquad \alpha - 3\,\beta = 46^\circ\,11'\,0'.$$
$$\frac{\alpha+\beta}{2} = 48^\circ\,42'\,18''. \qquad \frac{\alpha-\beta}{6} = 11^\circ\,57'\,58''.$$
$$\alpha : \beta = 6{,}6061\ldots$$

6. Wie groß ist der Nebenwinkel zu:

| 1 R; | $\frac{1}{2}$ R; | $\frac{3}{4}$ R; | $\frac{5}{6}$ R; | $\frac{1}{8}$ R; | $\frac{5}{8}$ R; | $\frac{9}{10}$ R? |
|---|---|---|---|---|---|---|
| = 90°; | 135°; | 112,5°; | 105°; | 168° 45′; | 123° 45′; | 99°. |

7. Welche Winkel schließen die Uhrzeiger ein

| um | 12 Uhr | 0 Min.? | Lösung: | 0° |
|---|---|---|---|---|
| „ | 1 „ | 0 „ ? | „ | 30° |
| „ | 2 „ | 0 „ ? | „ | 60° |
| „ | 12 „ | 30 „ ? | „ | 165° |
| „ | 6 „ | 30 „ ? | „ | 15° |
| „ | 9 „ | 30 „ ? | „ | 105° |
| „ | 11 „ | 30 „ ? | „ | 165°. |

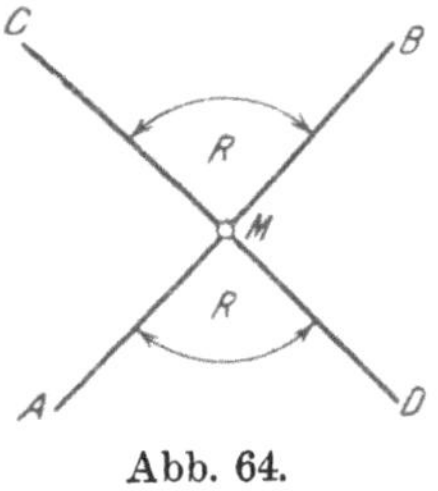

Abb. 64.

**40. Senkrecht. Lotrecht. Wagerecht. Abstand.** Schneiden sich zwei gerade Linien AB und CD unter rechten Winkeln (Abb. 64), so stehen sie senkrecht oder normal aufeinander[1]). Es ist alsdann:

$$AB \perp CD \text{ und auch } CD \perp AB.$$

Jede der beiden Linien bezeichnet man als eine „Senkrechte“ auf der anderen.

[1]) Vgl. S. 11, Ziffer 27.

Sind aber die Winkel, welche die Geraden AB und CD miteinander bilden, rechte Winkel, so müssen sich infolge der Gleichheit aller rechten Winkel[1]) ihre Schenkel, im Scheitel M aufeinander gelegt, in allen Punkten decken[2]). Hieraus folgt:

*In einem Punkte einer Geraden ist nur eine Senkrechte möglich.*

Vielfach sagt man auch, eine Gerade stehe *lotrecht* oder *vertikal* auf einer anderen Geraden. Zwischen *senkrecht* und *lotrecht* besteht ein ganz bestimmter Unterschied. *Die Richtung jedes frei fallenden Körpers ist eine lotrechte; eine durch ein Gewicht gespannte, frei hängende Schnur — Lot, Senkblei — gibt die lotrechte Richtung an.* Eine *lotrechte oder vertikale Gerade* besitzt immer die Richtung nach dem Erdmittelpunkte.

Eine zweite Gerade, welche *senkrecht* auf einer Lotrechten steht, nennt man eine *wagerechte* oder *horizontale* Gerade. Eine Gerade, welche in der Ebene eines *ruhenden* Wasserspiegels liegt, ist eine *Wagerechte* oder *Horizontale*. — *Wasserwage*. — In Abb. 62 steht die Gerade DF lotrecht, wenn die Gerade AE wagerecht liegt; in Abb. 64 ist aber AB nur senkrecht auf CD.

Rechte Winkel werden unter Benutzung der beim technischen Zeichnen verwendeten Zeichendreiecke hergestellt. Zieht man an einer Reißschiene eine Gerade und legt man ein Zeichendreieck mit einer der den rechten Winkel bildenden Kanten[3]) an die Schiene, so steht eine an der anderen Kante mit der Bleistiftspitze gezogene Gerade senkrecht auf der ersteren. Das Zeichnen von Senkrechten kann auf zwei Arten ausgeführt werden. Man kann

a) *Eine Senkrechte errichten*: Man nehme auf einer Geraden einen Punkt P an und ziehe durch diesen mittels Schiene und Zeichendreiecks in der vorbeschriebenen Weise eine Senkrechte[4]).

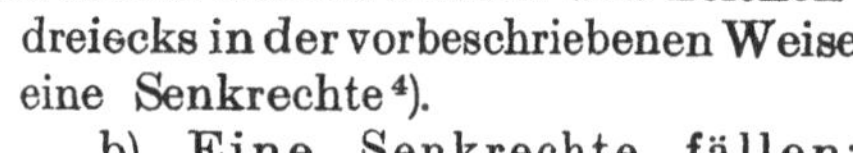

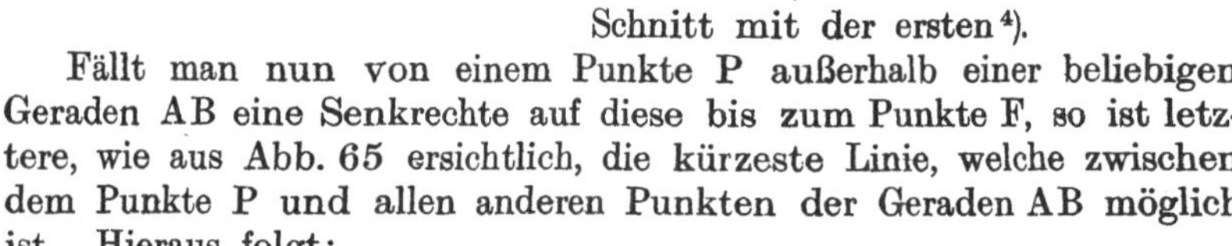

Abb. 65.

b) *Eine Senkrechte fällen*: Man nehme außerhalb einer Geraden einen Punkt P an und ziehe durch diesen in gleicher Weise, wie unter a) beschrieben, eine Gerade bis zum Schnitt mit der ersten[4]).

Fällt man nun von einem Punkte P außerhalb einer beliebigen Geraden AB eine Senkrechte auf diese bis zum Punkte F, so ist letztere, wie aus Abb. 65 ersichtlich, die kürzeste Linie, welche zwischen dem Punkte P und allen anderen Punkten der Geraden AB möglich ist. Hieraus folgt:

---

[1]) Vgl. S. 16, Ziffer 32. In Abb. 64 sind übrigens je zwei rechte Winkel gleich als Nebenwinkel und als Scheitelwinkel. Vgl. auch S. 17, Ziffer 35 und S. 18, Ziffer 36.

[2]) Vgl. S. 13, Ziffer 30.

[3]) Die den rechten Winkel einschließenden Kanten des Zeichendreiecks heißen „*Katheten*". Vgl. S. 42, Ziffer 53c; S. 38, Ziffer 48b.

[4]) Andere Konstruktionen sind auf S. 57, Aufgabe 4, 5 und 6 angegeben.

*Die Senkrechte von einem Punkte außerhalb einer Geraden auf diese ist die kürzeste Entfernung zwischen dem Punkte und der Geraden.*

Die Senkrechte PF bezeichnet man als den „*Abstand*“ des Punktes P von der Geraden AB[1]). Der Punkt F wird *Fußpunkt* der Senkrechten genannt.

**41. Kreisbogen als Winkelmaß.** Auf Seite 10 wurde in Ziffer 25 erklärt, daß durch Drehung einer Strecke MB aus ihrer Anfangslage in die neue Lage $MB_1$ der Anfangspunkt B, sowie jeder andere Punkt der Strecke MB, einen *Kreisbogen* beschreibt. Diesen Kreisbogen kann man sowohl als Maß für einen Winkel als auch *zum Vergleich mehrerer Winkel in bezug auf ihre Größen* benutzen. Wie schon die Abb. 48—54 erkennen lassen, wird der Kreisbogen in gleichem Maße größer, wie der Winkel größer wird; jedem Winkel entspricht demnach ein Kreisbogen von ganz bestimmter Länge[2]). Um also die Größen zweier Winkel zu vergleichen, beschreibe man um die Scheitel als Mittelpunkte mit einem gleich großen Halbmesser Kreisbogen zwischen den Schenkeln dieser Winkel. (Abb. 66 und 67.) Sind diese Kreisbogen gleich lang, so sind die Winkel einander gleich. (Abb. 66).

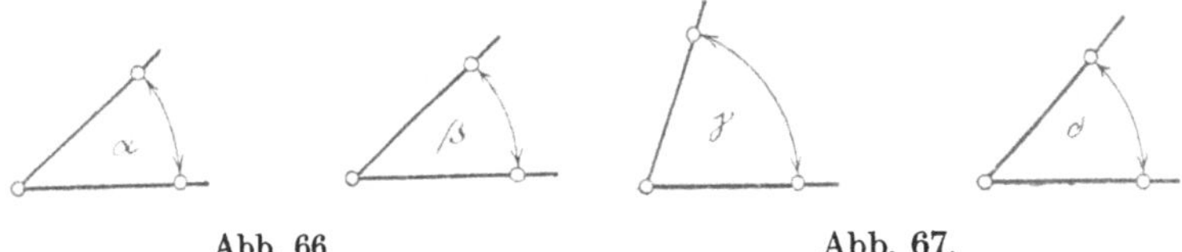


Abb. 66. Abb. 67.

Hieraus folgt: *Zu gleichen Winkeln gehören gleiche Bogen* und umgekehrt: *Zu gleichen Bogen gehören gleiche Winkel.*

Hierbei können die Winkel an getrennten Scheiteln, wie in Abb. 66, oder an einem gemeinsamen Scheitel, wie in Abb. 45 liegen.

Sind die Kreisbogen nicht gleich lang, so sind die Winkel ungleich, und zwar ist der Winkel der größere, zu welchem der größere Bogen gehört. (Abb. 67.) Man schreibt alsdann:

$$\sphericalangle \gamma > \sphericalangle \delta \quad \text{oder} \quad \sphericalangle \delta < \sphericalangle \gamma.$$

Bezüglich der Lage der Winkel sei hier auf Abb. 67 und 46 verwiesen.

**42. Kreisteilung.** Über den Kreis war das bis hierher Erforderliche bereits in Ziffer 26, Seite 11 gesagt. Es sei weiter folgendes erwähnt:

Verlängert man den Halbmesser MA eines Kreises über den Mittelpunkt M hinaus bis zum Schnittpunkte B mit der Kreislinie, so nennt man die Linie AB einen **Durchmesser** des Kreises. (Abb. 68).

---

[1]) Vgl. S. 4, Ziffer 14.

[2]) Für den vorliegenden Fall bestimmt man diese Länge, indem man mit Zirkel oder Maßstab die Entfernung der Schnittpunkte des Kreisbogens mit den Schenkeln des zugehörigen Winkels mißt.

Ein Durchmesser teilt sowohl die Kreislinie als auch die Kreisebene in **zwei gleiche** Teile; man sagt kurz: Der Kreis wird halbiert. Jede Hälfte bezeichnet man als Halbkreis. (Abb. 68.)

Durch zwei senkrecht aufeinander stehende Durchmesser AB und CD wird ein Kreis in **vier gleiche Teile** geteilt. Jeden dieser Teile nennt man einen Quadranten. (Abb. 69).

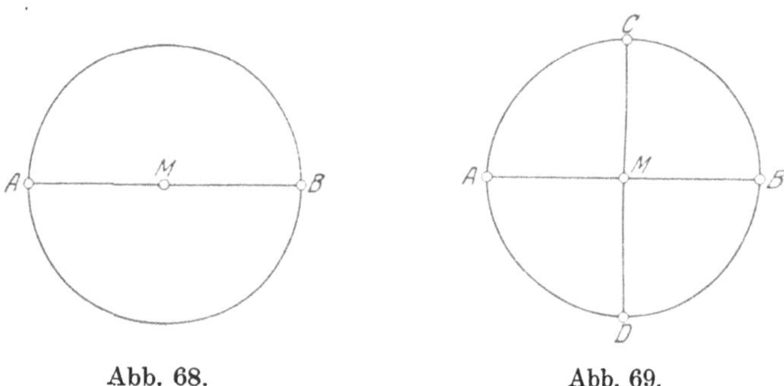


Abb. 68. Abb. 69.

Ein Kreisbogen AB wird zunächst am besten mittels eines Stechzirkels durch Probieren halbiert. In Abb. 70 ist Punkt C Halbierungspunkt des Bogens AB, d. h. es ist:

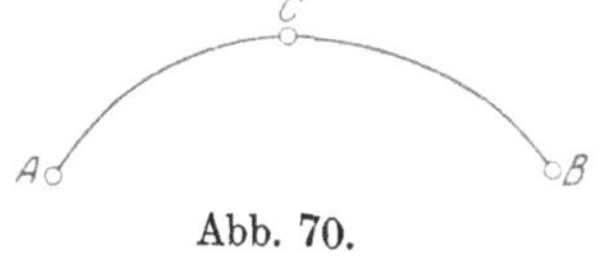


Abb. 70.

Bogen AC = Bogen BC.

Teilt man eine Kreislinie in 360 gleiche Teile, so heißt jeder Teil ein **Bogengrad**, kurz: **Grad**.

Demnach ist ein Bogengrad der $360^{te}$ Teil einer geschlossenen Kreislinie. Mithin besitzt ein Viertelkreis 90, ein Halbkreis 180, ein Dreiviertelkreis 270 und ein voller Kreis 360 Bogengrade.

Der Bogengrad wird in 60 Bogenminuten, die Bogenminute in 60 Bogensekunden eingeteilt. Die Schriftzeichen sind die gleichen wie die in Ziffer 38, Seite 19 für Winkel angegebenen.

Aus dem Vergleiche mit dem über das Messen von Winkeln in Ziffer 38 Gesagten folgt:

Ein Winkel hat soviel Winkelgrade, wie der vom Scheitel aus zwischen seine Schenkel gelegte Bogen Bogengrade besitzt; und umgekehrt.

Der Teilung des Transporteurs (Abb. 63) in 180 Winkelgrade geht also die Teilung des Halbkreises in 180 Bogengrade voraus.

**43. Addieren, Subtrahieren, Vervielfachen und Teilen von Winkeln auf graphischem Wege.**

Über die hierbei einzuschlagenden rechnerischen Verfahren ist das Erforderliche bereits in Ziffer 39, Seite 21 bis 29 gesagt. Für das graphische Verfahren soll die Form des Beispieles gewählt werden.

## Beispiele.

1. Es sind zwei gegebene Winkel $\alpha$ und $\beta$ zu **addieren**, d. h. es ist deren Summe $\alpha + \beta$ zu bilden[1]). (Abb. 71.)

Nach dem in Ziffer 41, Seite 31 über die Anwendung des Kreisbogens als Winkelmaß Gesagten wird es sich darum handeln, dem die Winkelsumme $\alpha + \beta$ darstellenden, neuen Winkel einen Kreisbogen zu geben, dessen Länge so groß ist wie die Längen der mit dem gleichen Halbmesser zwischen die Schenkel der gegebenen Winkel $\alpha$ und $\beta$ gelegten Bogen zusammen genommen.

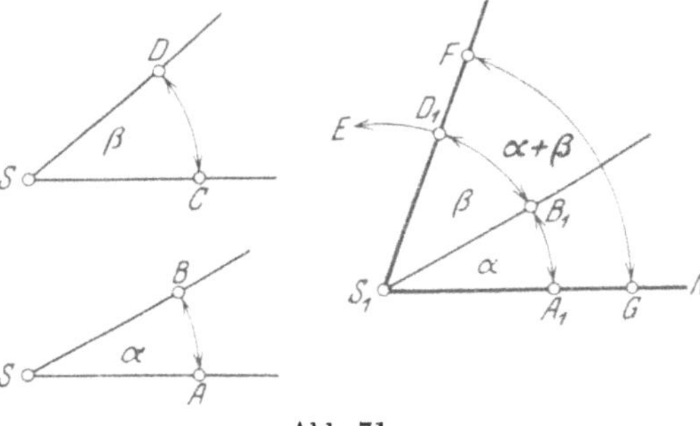

Abb. 71.

Man zeichne eine Gerade $S_1N$ und beschreibe um die Scheitel S der gegebenen Winkel $\alpha$ und $\beta$ sowie um den Scheitel $S_1$ des neu zu bildenden Winkels $\alpha + \beta$ die Kreisbogen AB, CD und $A_1E$ mit einer beliebigen, aber gleichen Zirkelöffnung, so daß

$$SA = SC = S_1A_1$$

wird. Ferner trage man von $A_1$ aus auf dem Bogen $A_1E$ den Bogen AB des Winkels $\alpha$ bis $B_1$ sowie von $B_1$ den Bogen CD des Winkels $\beta$ bis $D_1$ ab[2]) und verbinde $S_1$ mit $D_1$ durch eine Gerade. Aldann ist Winkel $FS_1G$ gleich der **Summe** der Winkel $\alpha$ und $\beta$, d. h. es ist:

$$\measuredangle FS_1G = \measuredangle \alpha + \measuredangle \beta = \alpha + \beta.^{3)}$$

2. Es ist ein Winkel $\beta$ von einem **Winkel $\alpha$ zu subtrahieren**, d. h. es ist deren Differenz $\alpha - \beta$ zu bilden[4]). (Abb. 72.)

Entsprechend den Ausführungen zu Beispiel 1 muß der zwischen den Schenkeln des neuen Winkels $\alpha - \beta$ zu zeichnende Kreisbogen gleich der Differenz der zwischen den Schenkeln der gegebenen Winkel $\alpha$ und $\beta$ liegenden Bogen werden.

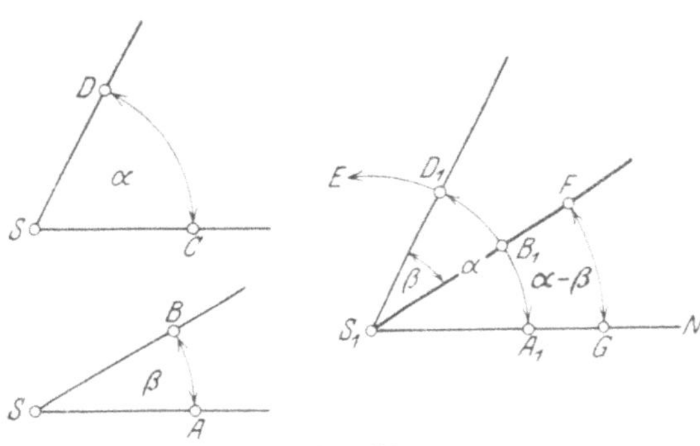

Abb. 72.

1) Vgl. S. 25, Beispiel 22.
2) Vgl. S. 31, Ziffer 41; Fußnote 2).
3) „ „ 35, Fußnote 1).
4) „ „ 25, Beispiel 23.

Man zeichne eine Gerade $S_1N$ und beschreibe um die Scheitel S der gegebenen Winkel $\alpha$ und $\beta$ sowie um den Scheitel $S_1$ des neu zu bildenden Winkels $\alpha - \beta$ die Kreisbogen AB, CD und $A_1E$ mit beliebiger, aber gleicher Zirkelöffnung, so daß

$$SA = SC = S_1A_1$$

wird. Ferner trage man von $A_1$ aus auf dem Bogen $A_1E$ den Bogen CD des Winkels $\alpha$ bis $D_1$ sowie rückwärts von $D_1$ den Bogen AB des Winkels $\beta$ bis $B_1$ ab und verbinde $S_1$ mit $B_1$ durch eine Gerade. Alsdann ist Winkel $FS_1G$ gleich der **Differenz** der Winkel $\alpha$ und $\beta$, d. h. es ist:

$$\measuredangle FS_1G = \measuredangle \alpha - \measuredangle \beta = \alpha - \beta.$$

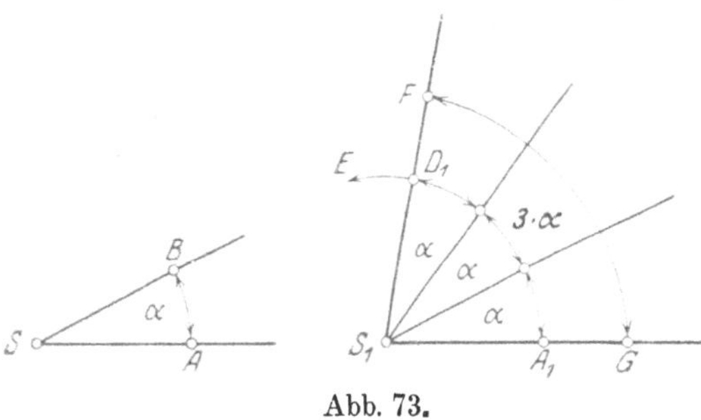

Abb. 73.

3. Es ist das **Vielfache** eines Winkels $\alpha$, d. h. es ist das Produkt $n \cdot \alpha$ zu bilden, in welchem n eine beliebige ganze Zahl, hier z. B. $= 3$, ist[1]). (Abb. 73.)

Das Verfahren ist auf dasjenige in Beispiel 1 zurückzuführen. Man zeichne eine Gerade $S_1N$, beschreibe um S und $S_1$ Kreisbogen mit beliebiger, aber gleicher Zirkelöffnung, so daß $SA = S_1A_1$ wird, trage von $A_1$ aus den Bogen AB des Winkels $\alpha$ dreimal auf den Bogen $A_1E$ bis $D_1$ ab und verbinde $S_1$ mit $D_1$ durch eine Gerade. Alsdann ist Winkel $FS_1G$ das **Dreifache** des Winkels $\alpha$, d. h. es ist:

$$\measuredangle FS_1G = 3 \cdot \measuredangle \alpha = 3 \cdot \alpha.$$

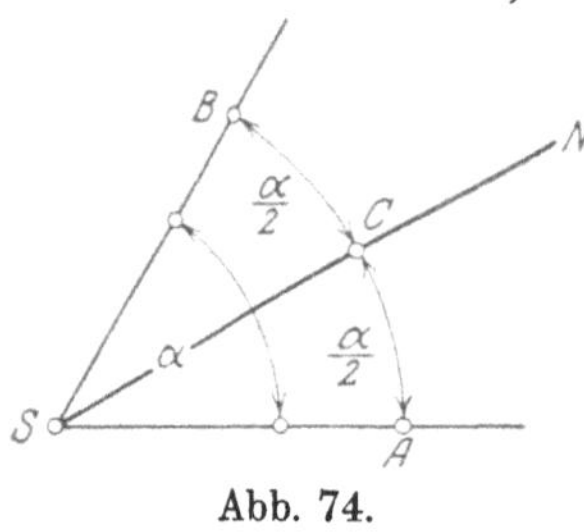

Abb. 74.

4. Es ist ein beliebiger Winkel $\alpha$ in zwei gleiche Teile zu teilen, zu **halbieren**[2]). (Abb. 74.)

Man beschreibe um den Scheitel S des Winkels $\alpha$ mit beliebigem Halbmesser einen Kreisbogen, welcher die Schenkel in den Punkten A und B schneidet und halbiere den Kreisbogen AB in der bei Abb. 70 angegebenen Weise. Punkt C sei Halbierungspunkt. Zieht man durch C die Gerade SN, so ist diese Winkelhalbierde, durch welche der Winkel $\alpha$ in zwei gleiche Teile geteilt wird, so daß

$$\measuredangle ASC = \measuredangle BSC = \frac{1}{2} \measuredangle \alpha = \frac{\alpha}{2}$$

wird[3]).

[1]) Vgl. S. 26, Beispiel 24. [2]) Vgl. S. 26, Beispiel 25.

[3]) Eine andere Konstruktion ist auf S. 56 in Grundaufgabe 2 angegeben.

**44. Zusatz über Scheitel- und Nebenwinkel.** Bei Besprechung der Scheitelwinkel auf Seite 18 in Ziffer 36 wurde die Behauptung aufgestellt: Scheitelwinkel sind einander gleich.

Dieser Satz läßt sich nunmehr nach dem vorstehend über Addition und Subtraktion von Winkeln Gesagten in bezug auf Abb. 60 leicht beweisen:

$$\left.\begin{array}{ll}\text{Es ist}^{1)}: & \alpha + \delta = 2\,\mathrm{R} \\ \text{und} & \beta + \delta = 2\,\mathrm{R}\end{array}\right\} \text{ als Nebenwinkel.}$$

In diesen beiden Gleichungen sind die rechten Seiten einander gleich, folglich müssen auch die linken Seiten gleich sein[2]), d. h. es muß

$$\alpha + \delta = \beta + \delta$$

sein. Damit ergibt sich[3]):

$$\alpha = \beta + \delta - \delta, \text{ woraus folgt:}$$
$$\alpha = \beta.$$

Daß $\sphericalangle \gamma = \sphericalangle \delta$ ist, läßt sich eben so beweisen.

Aus Abb. 60 folgt unmittelbar:

Zu gleichen Winkeln gehören sowohl gleiche Nebenwinkel als auch gleiche Scheitelwinkel.

**45. Parallelverschiebung und Drehung von Winkeln.**

Genau so wie man mit Linien eine Parallelverschiebung und Drehung vornehmen kann, lassen sich Winkel parallel verschieben und um ihre Scheitel drehen[4]). Bringt man den $\sphericalangle \alpha$ in Abb. 75 derart in die durch die gestrichelten Linien angedeuteten Lagen, daß seine Schenkel während der Bewegung keinerlei Richtungsänderung erfahren, so ist der Winkel parallel verschoben worden. Die Größe des Winkels ist hierbei unverändert geblieben.

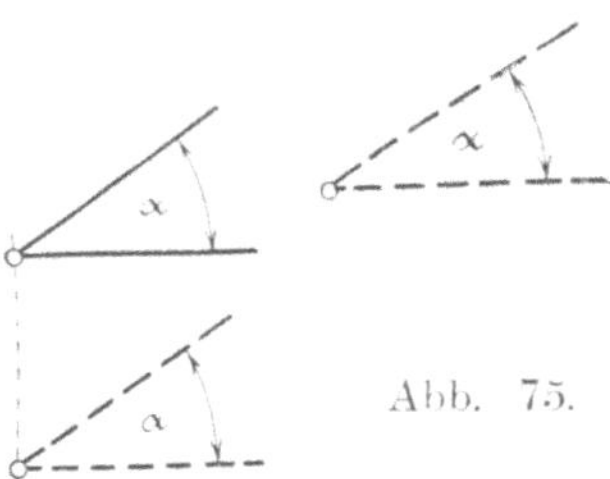


Abb. 75.

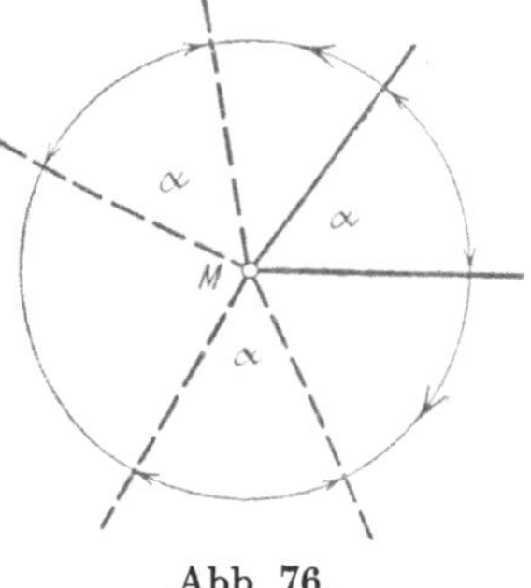


Abb. 76.

Bringt man den $\sphericalangle \alpha$ in Abb. 76 durch Rechts- oder Linksdrehung um den Scheitel M in die durch die gestrichelten Linien ange-

---

1) Bei derartigen Berechnungen läßt man vor den einzelnen Winkeln das Zeichen $\sphericalangle$ im allgemeinen fort. Man schreibt also statt: $\sphericalangle \alpha + \sphericalangle \beta$ nur: $\alpha + \beta$.

2) Vgl. W. u. St., Arithm. u. Algebra S. 130ff. Man kann auch sagen: Sind zwei Größen einer dritten gleich, so sind sie untereinander gleich.

3) Vgl. W. u. St., Arithm. u. Algebra S. 132, Ziffer 108 g.

4) „ S. 10, Ziffer 24 u. 25.

deuteten Lagen derart, daß man beide Schenkel während der Bewegung gleich große Kreisbogen durchlaufen läßt, so ist ein Richtungsunterschied der Schenkel unter sich auch hier nicht eingetreten; die Größe des Winkels ist ebenfalls unverändert geblieben. Hieraus folgt:

Durch Parallelverschiebung bzw. durch Drehung erhält ein Winkel eine andere Lage, jedoch keine andere Größe.

Würden in Abb. 76 die gestrichelten Winkel $\alpha$ von dem gemeinsamen Scheitel M gelöst und durch Parallelverschiebung in beliebige Lagen zu dem Ursprungswinkel $\alpha$ gebracht, so würde an der Größe der Winkel ebenfals nichts geändert werden.

**46. Gegenwinkel. Wechselwinkel. Entgegengesetzte Winkel.** Werden zwei gerade Linien AB und CD von einer dritten EF geschnitten, so entstehen an den beiden Schnittpunkten acht Winkel (Abb. 77), und zwar

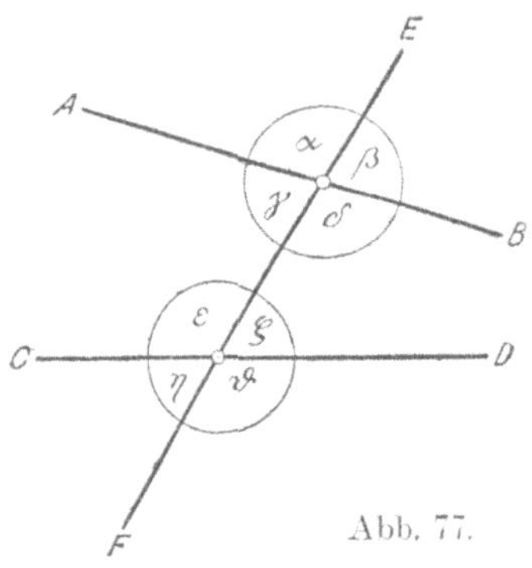

Abb. 77.

vier äußere Winkel: $\alpha$, $\beta$, $\eta$, $\vartheta$ und
vier innere Winkel: $\gamma$, $\delta$, $\varepsilon$, $\zeta$.

Die beiden Geraden AB und CD bezeichnet man als die Geschnittenen, die dritte Gerade EF als die Schneidende.

Je zwei dieser an demselben Schnittpunkte liegenden Winkel sind entweder Nebenwinkel oder Scheitelwinkel.

Je zwei an verschiedenen Schnittpunkten liegende Winkel bezeichnet man als:

a) Gegenwinkel, wenn der eine ein äußerer, der andere aber ein innerer Winkel ist und beide auf derselben Seite der Schneidenden liegen:

$$\left.\begin{matrix} \alpha \text{ und } \varepsilon \\ \beta \text{ ,, } \zeta \\ \gamma \text{ ,, } \eta \\ \delta \text{ ,, } \vartheta \end{matrix}\right\} \text{ sind Gegenwinkel.}$$

b) Wechselwinkel, wenn beide Winkel äußere oder innere Winkel sind und auf entgegengesetzten Seiten der Schneidenden liegen:

$$\left.\begin{matrix} \alpha \text{ und } \vartheta \\ \beta \text{ ,, } \eta \\ \gamma \text{ ,, } \zeta \\ \delta \text{ ,, } \varepsilon \end{matrix}\right\} \text{ sind Wechselwinkel.}$$

c) Entgegengesetzte oder Ergänzungswinkel, wenn beide Winkel äußere oder innere Winkel sind und auf derselben Seite der Schneidenden liegen:

$$\left.\begin{matrix} \alpha \text{ und } \eta \\ \beta \text{ ,, } \vartheta \\ \gamma \text{ ,, } \varepsilon \\ \delta \text{ ,, } \zeta \end{matrix}\right\} \text{ sind entgegengesetzte oder Ergänzungswinkel.}$$

**47. Winkel an Parallelen.** Werden zwei parallele Geraden AB und CD von einer dritten Geraden EF geschnitten (Abb. 78), so entstehen an den beiden Schnittpunkten ebenfalls acht Winkel. In diesem Falle sind:

a) Je zwei Gegenwinkel einander gleich.

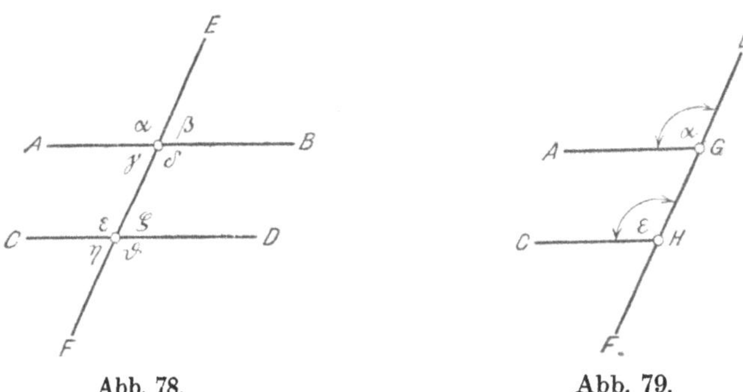


Abb. 78. Abb. 79.

Durch Parallelverschiebung von CH bis auf AG (Abb. 79) und von HG in Richtung der Schneidenden EF kommen der Scheitel und die Schenkel des Winkels $\varepsilon$ zur Deckung mit denen des Winkels $\alpha$. Nach Seite 13, Ziffer 30 sind aber Winkel, deren Winkelräume sich vollkommen decken, einander gleich. Folglich:

$$\sphericalangle \alpha = \sphericalangle \varepsilon$$ als Gegenwinkel.

Aus demselben Grunde ist:

$$\sphericalangle \beta = \sphericalangle \zeta; \quad \sphericalangle \gamma = \sphericalangle \eta; \quad \sphericalangle \delta = \sphericalangle \vartheta.$$

b) Je zwei Wechselwinkel einander gleich. Durch Parallelverschiebung des Winkels $\vartheta$ derart, daß dessen Scheitel H auf den Scheitel G des Winkels $\alpha$ fällt, werden die Winkel $\alpha$ und $\vartheta$ zu Scheitelwinkeln (Abb. 80); als solche müssen sie nach Seite 18, Ziffer 36 einander gleich sein. Folglich:

$$\sphericalangle \alpha = \sphericalangle \vartheta$$
als Wechselwinkel.

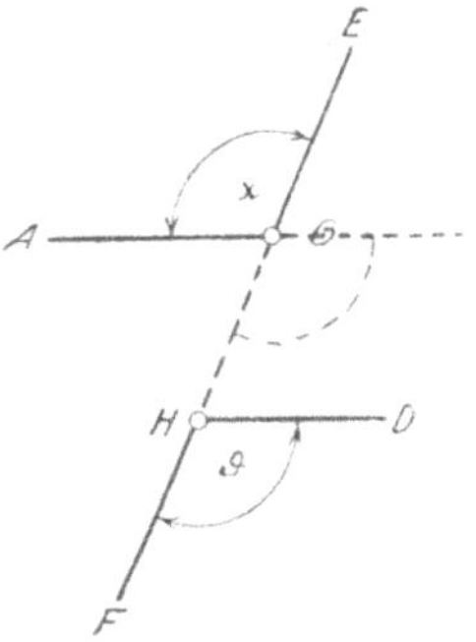

Abb. 80. 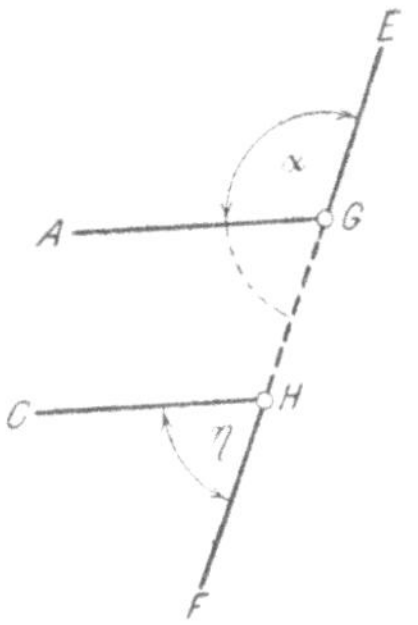 Abb. 81.

Aus demselben Grunde ist in Abb. 78:

$$\sphericalangle \beta = \sphericalangle \eta; \quad \sphericalangle \gamma = \sphericalangle \zeta; \quad \sphericalangle \delta = \sphericalangle \varepsilon.$$

c) Je zwei entgegengesetzte Winkel zusammen $= 2R = 180^\circ$.

Bringt man in Abb. 81 durch Parallelverschiebung des Winkels $\eta$ dessen Scheitel H zur Deckung mit dem Scheitel G des Winkels $\alpha$, so werden die Winkel $\alpha$ und $\eta$ Nebenwinkel. Nach Seite 17, Ziffer 35 ergänzen sich aber Nebenwinkel zu 2R. Folglich:

$$\sphericalangle \alpha + \sphericalangle \eta = 2R = 180^0$$ als entgegengesetzte Winkel.

Entsprechend Abb. 78 ist aus demselben Grunde:

$$\beta + \vartheta = \gamma + \varepsilon = \delta + \zeta = 2R = 180^0.$$

Aus dem vorstehenden ist ersichtlich, daß die Größe aller Winkel an geschnittenen Parallelen bestimmt ist, sobald ein einziger derselben zahlenmäßig gegeben ist.

Ist ferner ein einziger der acht Winkel an geschnittenen Parallelen ein Rechter, so sind auch die anderen Winkel rechte Winkel. Hieraus folgt, daß der Abstand zweier Parallelen auf beiden zugleich senkrecht steht.

**48. Folgerungen.** a) Sind an zwei von einer dritten geschnittenen Geraden

je zwei Gegenwinkel gleich, oder
je zwei Wechselwinkel gleich, oder betragen
je zwei entgegengesetzte Winkel zusammen 2R,

so sind die geschnittenen Geraden parallel.

b) Stehen zwei oder mehrere gerade Linien senkrecht auf einer dritten, so sind sie untereinander parallel; denn nach Abb. 82 werden die Gegenwinkel hier zu rechten Winkeln, und rechte Winkel sind einander gleich. Gleiche Gegenwinkel sind aber nach dem vorstehenden nur an parallelen Linien möglich.

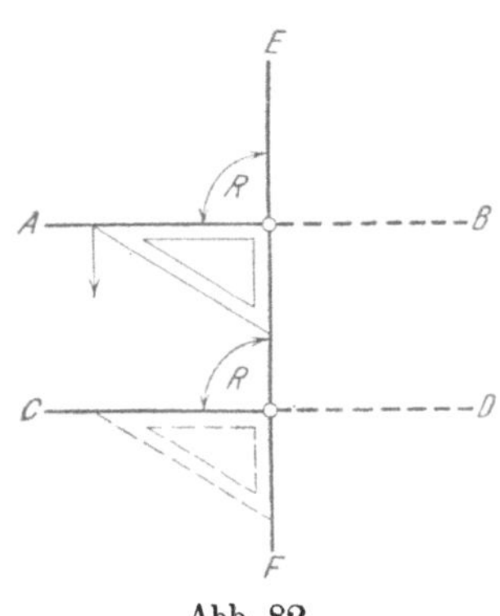

Abb. 82.

In Abb. 35 und 82 ist gezeigt, wie man mittels Reißschiene und Zeichendreiecks beliebig viele parallele Linien zeichnen kann[1]).

c) Aus Abb. 78 geht ohne weiteres hervor:

$\alpha$) Winkel mit parallel und gleich gerichteten, oder mit parallel und entgegengesetzt gerichteten Schenkeln sind gleich.

$\beta$) Winkel mit parallelen Schenkeln, von denen das eine Paar gleich, das andere aber entgegengesetzt gerichtet ist, ergänzen einander zu einem Gestreckten $= 2R = 180^0$.

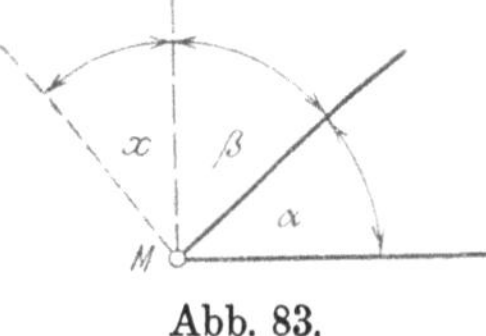

Abb. 83.

**49. Senkrechte auf Winkelschenkeln.** a) Errichtet man im Scheitel M eines beliebigen Winkels $\alpha$ Senkrechten auf den Schenkeln nach ein und derselben Richtung, wie das in Abb. 83 dargestellt ist, so

[1]) Zum Zeichnen sehr vieler paralleler Linien bedient sich der Techniker einer sog. Stellschiene, d. i. eine Reißschiene mit beweglichem Kopfe.

ist der hierdurch entstehende Winkel x gleich dem gegebenen Winkel $\alpha$:

$$\sphericalangle x = \sphericalangle \alpha.$$

Zwischen dem gegebenen Winkel $\alpha$ und dem von den gestrichelt gezeichneten Senkrechten gebildeten Winkel x liegt der Winkel $\beta$. Nun ist nach Konstruktion:

$$x + \beta = R \text{ und ebenso}$$
$$\alpha + \beta = R.$$

Sind aber die rechten Seiten zweier Gleichungen einander gleich, so sind es auch die linken; folglich:

$$x + \beta = \alpha + \beta. \text{ Hieraus folgt}^{1)}\text{:}$$
$$x = \alpha + \beta - \beta. \text{ Mithin:}$$
$$\sphericalangle x = \sphericalangle \alpha,$$

womit die Richtigkeit des unter a) angegebenen Satzes erwiesen ist.

b) Errichtet man in zwei beliebigen Punkten A und B der Schenkel eines Winkels $\alpha$ Senkrechten nach ein und derselben Richtung, so ist der hierdurch entstehende Winkel x ebenfalls gleich dem gegebenen Winkel $\alpha$:

$$\sphericalangle x = \sphericalangle \alpha.$$

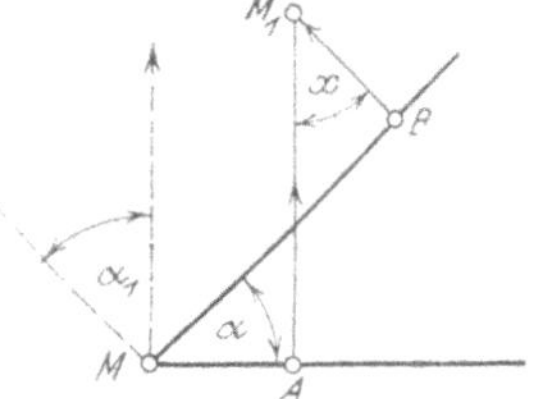

Abb. 84.

Hierbei liegt der Scheitel $M_1$ des neu gebildeten Winkels x außerhalb des Winkelraumes des gegebenen Winkels $\alpha$. (Abb. 84.)

Errichtet man auch im Scheitel M des Winkels $\alpha$ Senkrechten auf dessen Schenkeln, wie unter a) angegeben, so ist erstens

$$\sphericalangle \alpha = \sphericalangle \alpha_1$$

und sind zweitens nach Seite 38, Ziffer 48 b) die Schenkel des Winkels $\alpha_1$ (gestrichelt) parallel zu den Schenkeln des Winkels x. Nach Seite 38, Ziffer 48 c, $\alpha$) muß dann aber auch

$$\sphericalangle x = \sphericalangle \alpha_1$$

sein. Aus den letzten beiden Gleichungen folgt:

$$\sphericalangle \alpha = \sphericalangle x \text{ oder auch } \sphericalangle x = \sphericalangle \alpha.^{2)}$$

c) Errichtet man in zwei beliebigen Punkten A und B der Schenkel eines Winkels $\alpha$ Senkrechten nach entgegengesetzten Richtungen, so ergänzt der hierdurch entstehende Winkel x den gegebenen Winkel $\alpha$ zu $2\,R = 180^\circ$:

$$\sphericalangle \alpha + \sphericalangle x = 2R = 180^\circ.$$

---

1) Vgl. W. u. St., Arithm. u. Algebra S. 131, Ziffer 108 g.
2) „ „ „ „ „ „ „ „ 131, „ 108 a.

Hierbei liegt der Scheitel $M_1$ des neu gebildeten Winkels x innerhalb des Winkelraumes des gegebenen Winkels $\alpha$. (Abb. 85.)

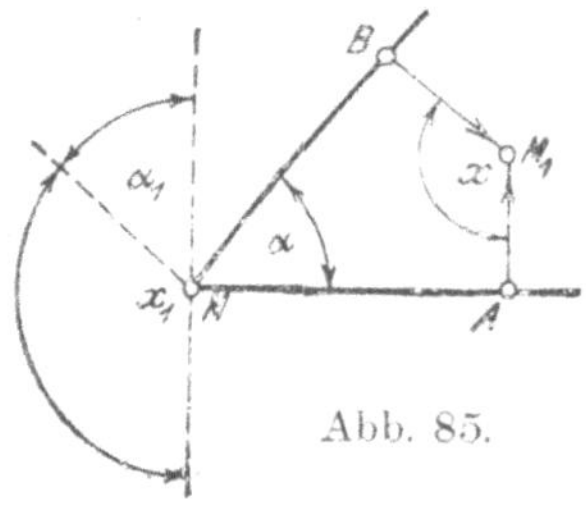

Abb. 85.

Der Beweis ist, wie unter b), mit Hilfe der Sätze in Ziffer 48b) und 48c) zu führen. Nach den dort abgegebenen Erklärungen ist:

$$\sphericalangle \alpha_1 = \sphericalangle \alpha \text{ und}$$
$$\sphericalangle x_1 = \sphericalangle x.$$

Addiert man beide Gleichungen, so folgt[1]):

$$\sphericalangle \alpha_1 + \sphericalangle x_1 = \sphericalangle \alpha + \sphericalangle x.$$

Entsprechend Abb. 58 sind aber Winkel $\alpha_1$ und $x_1$ Nebenwinkel und als solche zusammen $= 2\,R$. Folglich müssen die ihnen gleichen Winkel $\alpha$ und x ebenfalls zusammen $= 2\,R$ sein, d. h.:

$$\sphericalangle \alpha + \sphericalangle x = 2\,R = 180^\circ.$$

Aus den unter a), b) und c) bewiesenen Sätzen folgt:

Stehen die Schenkel eines Winkels senkrecht auf den Schenkeln eines anderen, so sind die beiden Winkel entweder gleich oder sie ergänzen sich zu 2R.

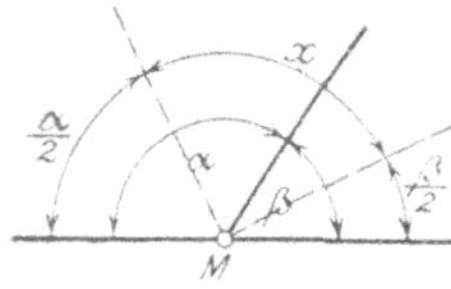

Abb. 86.

**50. Halbierte Nebenwinkel.** In Abb. 86 ist jeder der beiden Nebenwinkel $\alpha$ und $\beta$ in zwei gleiche Teile geteilt — halbiert; die gestrichelt gezeichneten Halbierungslinien schließen den Winkel x ein. Damit wird[2]):

$$\frac{\alpha}{2} + x + \frac{\beta}{2} = 2\,R \text{ oder, was dasselbe ist:}$$

$$x + \frac{\alpha}{2} + \frac{\beta}{2} = 2\,R \quad \ldots \ldots \ldots \ldots \quad \text{I)}$$

Ferner ist: $\alpha + \beta = 2\,R$ als Nebenwinkel.

Dividiert man beide Seiten der letzten Gleichung durch 2, so erhält man[3]):

$$\frac{\alpha}{2} + \frac{\beta}{2} = R.$$

Setzt man an Stelle von $\frac{\alpha}{2} + \frac{\beta}{2}$ den Wert R in Gleichung I) ein, so wird:

$$x + R = 2\,R \text{ und damit}$$
$$x = 2\,R - R. \quad \text{Mithin:}$$
$$\sphericalangle x = R = 90^\circ. \quad \text{Hieraus folgt:}$$

Die Halbierungslinien zweier Nebenwinkel stehen senkrecht aufeinander.

---

1) Vgl. W. u. St., Arithm. u. Algebra S. 133, Ziffer 109.
2) „ S. 19, Ziffer 38.
3) „ W. u. St., Arithm. u. Algebra S. 35, Ziffer 42 u. S. 131, Ziffer 108c.

# V. Das Dreieck.

**51. Allgemeines.** Eine Ebene kann man allseitig durch gerade und krumme Linien begrenzen. Jeder Teil einer Ebene, welcher durch einen geschlossenen Linienzug begrenzt wird, heißt eine ebene Figur. (Abb. 87.)

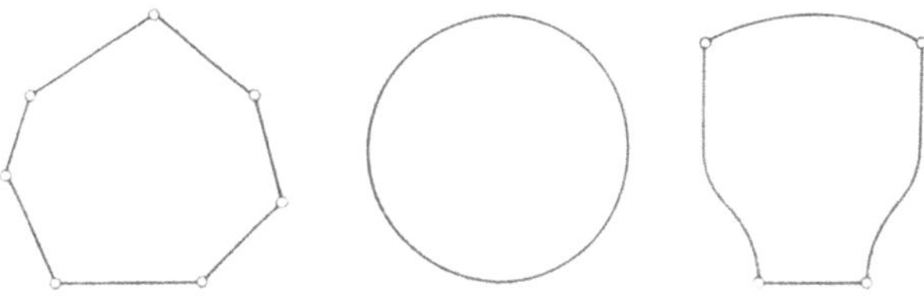

Abb. 87.

Die Größe des begrenzten Teiles einer Ebene heißt Flächeninhalt, kurz: Inhalt der Figur. Die Summe der Längen aller Begrenzungslinien bezeichnet man als den Umfang der Figur.

Sind sämtliche Begrenzungslinien gerade Linien, so heißt die Figur: Dreieck, Viereck, Fünfeck ... Vieleck, je nachdem 3, 4, 5 ... Geraden die Figur begrenzen. (Abb. 88.)

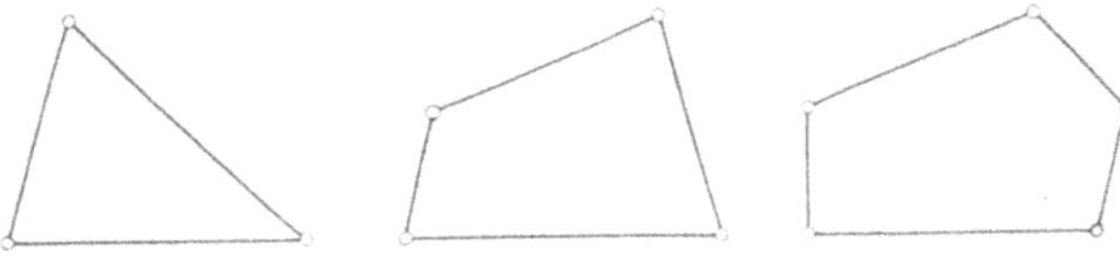

Abb. 88.

Die Strecken, welche eine geradlinige Figur begrenzen, heißen Seiten. Die einfachste geradlinig begrenzte, ebene Figur ist das Dreieck.

**52. Allgemeine Bezeichnungen am Dreieck.** Jede durch drei Strecken begrenzte, ebene Figur heißt ein Dreieck. Ein Dreieck entsteht, wenn man drei Punkte A, B und C, welche nicht in einer Geraden liegen, durch gerade Linien miteinander verbindet. (Abb. 89.)

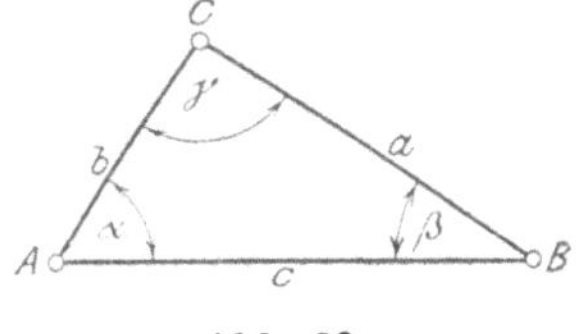


Abb. 89.

Die Strecken AB, BC und AC nennt man die Seiten, ihre Schnittpunkte A, B und C die Ecken des Dreiecks.

Die Seiten eines Dreiecks bezeichnet man auch durch kleine lateinische Buchstaben derart, daß

der Ecke A die Seite a
„ „ B „ „ b und
„ „ C „ „ c

gegenüberliegt.

Die von den Seiten eines Dreiecks eingeschlossenen Winkel bezeichnet man durch kleine griechische Buchstaben derart, daß

an der Ecke A der $\sphericalangle \alpha$,
„ „ „ B „ $\sphericalangle \beta$ und
„ „ „ C „ $\sphericalangle \gamma$

liegt. (Abb. 89.)

Diese Bezeichnungen gelten für Dreiecke jeder Art; es ist also an jedem beliebigen Dreieck:

$$AB = c, \quad BC = a \text{ und } AC = b.$$

Ferner schließen an jedem Dreieck

die Seiten a und b den Winkel $\gamma$,
„ „ b „ c „ „ $\alpha$ und
„ „ c „ a „ „ $\beta$ ein.

**53. Bezeichnungen nach Seiten und Winkeln.** a) Ein Dreieck

mit 3 gleichen Seiten heißt gleichseitig (Abb. 90),
„ 2 „ „ „ gleichschenklig ( „ 91 u. 92),
„ ungleichen „ „ ungleichseitig ( „ 93).

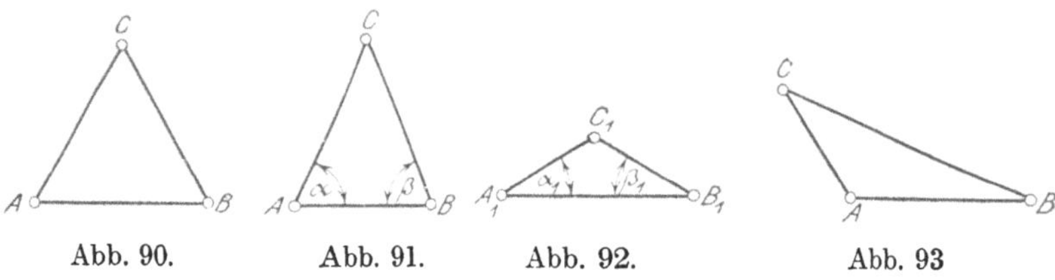


Abb. 90. Abb. 91. Abb. 92. Abb. 93

Die beiden gleichen Seiten AC und BC eines gleichschenkligen Dreiecks werden als Schenkel, die dritte Seite AB wird als Grundlinie oder Basis bezeichnet. Die der Grundlinie gegenüberliegende Ecke C heißt die Spitze des Dreiecks; die an der Grundlinie liegenden gleichen Winkel $\alpha$ und $\beta$ nennt man Basiswinkel.

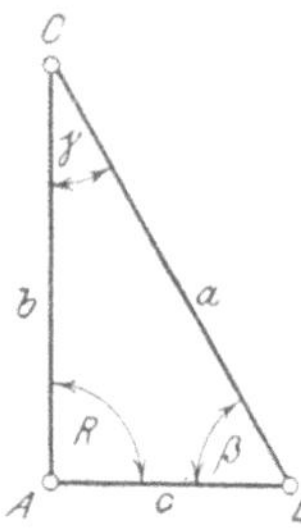


Abb. 94.

Das gleichseitige Dreieck bildet einen besonderen Fall des gleichschenkligen: Die Grundlinie ist gleich den Schenkeln! In Abb. 90 ist also: $AB = BC = AC$.

Am gleichseitigen oder ungleichseitigen Dreieck kann jede Seite als Grundlinie angenommen werden. Allgemein bezeichnet man eine wagerecht oder angenähert wagerecht liegende Dreieckseite als Grundlinie jedes beliebigen Dreiecks.

b) Ein Dreieck, welches

drei spitze Winkel enthält, heißt spitzwinklig (Abb. 90 u. 91),

einen rechten und zwei spitze Winkel enthält, heißt rechtwinklig (Abb. 94),

einen stumpfen und zwei spitze Winkel enthält, heißt stumpfwinklig (Abb. 92 u. 93).

c) Im rechtwinkligen Dreieck (Abb. 94) heißt die dem rechten Winkel R gegenüberliegende Seite a Hypotenuse; die den rechten Winkel einschließenden Seiten b und c nennt man Katheten[1]).

Die spitzen Winkel eines rechtwinkligen Dreiecks sind Komplementwinkel[2]).

**54. Winkelsumme im Dreieck.** a) Zieht man durch die Ecke C des Dreiecks ABC (Abb. 95) eine Parallele zur Grundlinie AB, so entstehen zwei neue Winkel: $\delta$ und $\varepsilon$. Nach den Sätzen über Winkel an Parallelen[3]) ist nun:

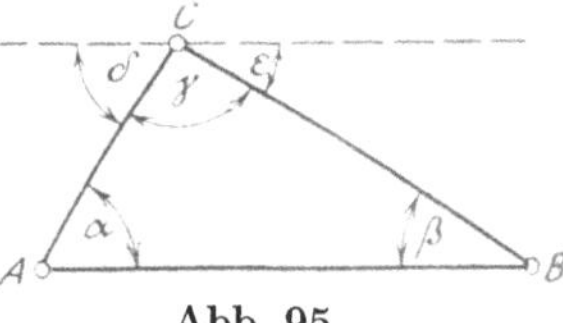

Abb. 95.

$\delta = \alpha$ als Wechselwinkel[4]),
$\gamma = \gamma$ und
$\varepsilon = \beta$ als Wechselwinkel.

Addiert man diese drei Gleichungen, so erhält man[5]):

$$\delta + \gamma + \varepsilon = \alpha + \gamma + \beta.$$

Die Winkel $\delta$, $\gamma$ und $\varepsilon$ bilden zusammen einen Gestreckten; ihre Summe ist also:

$$\delta + \gamma + \varepsilon = 2\,\mathrm{R} = 180^\circ;$$

folglich muß auch ihr Gleichwert, das ist die Summe:

$$\alpha + \beta + \gamma = 2\,\mathrm{R} = 180^\circ \quad \ldots\ldots\ldots\ldots \quad 1)$$

sein. Aus dieser Gleichung folgt:

**In jedem Dreieck ist die Summe der drei Winkel $= 180^\circ = 2\,\mathrm{R}$.**

b) Sind in einem beliebigen Dreieck zwei Winkel bekannt, so kann der dritte aus Gleichung 1) berechnet werden. Kennt man z. B. die Winkel $\alpha = 45^\circ$ und $\beta = 72^\circ$, so ergibt sich aus Gleichung $\alpha + \beta + \gamma = 180^\circ$ für den Winkel $\gamma$:[6])

$$\gamma = 180^\circ - \alpha - \beta; \text{ in Zahlen:}$$
$$\gamma = 180^\circ - 45^\circ - 72^\circ = 63^\circ.$$

Hieraus folgt: Stimmen zwei Dreiecke in zwei Paar Winkeln überein, so stimmen sie auch im dritten Paar überein; denn die dritten Winkel werden gleich als Reste, welche sich ergeben, wenn man gleiche Winkelsummen von 180° abzieht.

c) Aus dem vorstehenden ist weiter ersichtlich, daß ein Dreieck nur einen rechten und ebenso nur einen stumpfen Winkel enthalten kann; die beiden anderen Winkel müssen spitze Winkel sein. (Vgl. Abb. 92, 93 u. 94.)

Im rechtwinkligen Dreieck sind die beiden spitzen Winkel zusammen $= 90^\circ = \mathrm{R}$; sie sind also Komplementwinkel.

**55. Außenwinkel.** Die von den Seiten eines Dreiecks eingeschlossenen Winkel $\alpha$, $\beta$ und $\gamma$ (Abb. 95) bezeichnet man als Innenwinkel des Dreiecks.

---

[1]) Hypotenuse, ohne h; Kathete, mit h!
[2]) Vgl. S. 17, Ziffer 34. [3]) Vgl. S. 37, Ziffer 47b. [4]) Vgl. S. 35, Fußnote[1]).
[5]) „ W. u. St., Arithm. u. Algebra S. 133, Ziffer 109.
[6]) „ „ „ „ „ „ „ „ 132, „ 108g.

Verlängert man eine Dreieckseite, z. B. AB in Abb. 96 über B hinaus, so entsteht ein neuer Winkel $\delta$, welcher Außenwinkel des Dreiecks genannt wird.

Jeder Außenwinkel ist Nebenwinkel eines Innenwinkels, also: $\beta + \delta = 180°$.

Die Innenwinkel eines Dreiecks, welche nicht Nebenwinkel eines Außenwinkels sind, also die Winkel $\alpha$ und $\gamma$ in Abb. 96, bezeichnet man als die dem Außenwinkel gegenüberliegenden Winkel.

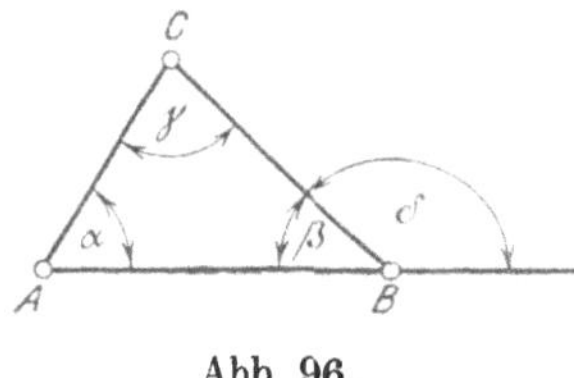

Abb. 96.

**56. Berechnung des Außenwinkels.** Die Größe eines Außenwinkels berechnet man in folgender Weise. Es ist nach Abb. 96:

$\beta + \delta = 2R$ als Nebenwinkel,
$\alpha + \beta + \gamma = 2R$ als Winkelsumme im Dreieck.

Aus diesen beiden Gleichungen folgt:

$$\beta + \delta = \alpha + \beta + \gamma.$$

Subtrahiert man auf beiden Seiten dieser Gleichung den Winkel $\beta$, so wird:

$$\delta = \alpha + \gamma. \quad \ldots\ldots\ldots\ldots\ldots \quad 2)$$

In Worten:

**Jeder Außenwinkel eines Dreiecks ist gleich der Summe der ihm gegenüberliegenden Innenwinkel.**

Da nach vorstehendem auch $\beta + \delta = 180°$ ist, so ergibt sich für die Größe des Außenwinkels weiter:

$$\delta = 180° - \beta,$$

d. h. man kann einen Außenwinkel auch berechnen, indem man den anliegenden Innenwinkel von 180° abzieht.

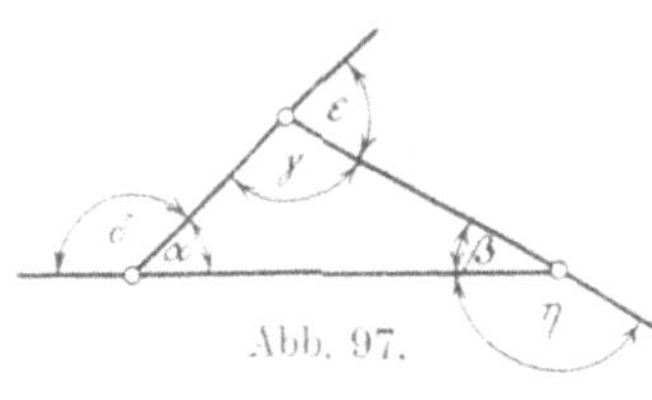
Abb. 97.

**57. Summe der Außenwinkel.** Jedes Dreieck hat sechs Außenwinkel, von denen jedoch immer zwei an ein und derselben Ecke liegende als Scheitelwinkel einander gleich sind[1]). Demnach hat jedes Dreieck nur drei voneinander verschiedene Außenwinkel: $\delta$, $\varepsilon$ und $\eta$ in Abb. 97.

Aus dieser Abbildung folgt entsprechend Gleichung 2:

$$\delta = \beta + \gamma,$$
$$\varepsilon = \alpha + \beta \text{ und}$$
$$\eta = \alpha + \gamma.$$

Addiert man diese 3 Gleichungen, so erhält man:

$$\delta + \varepsilon + \eta = \beta + \gamma + \alpha + \beta + \alpha + \gamma \text{ oder:}$$
$$\delta + \varepsilon + \eta = 2\alpha + 2\beta + 2\gamma,$$

[1]) Der Leser zeichne ein beliebiges Dreieck und verlängere jede der Dreieckseiten über beide Ecken.

wofür man schreiben kann[1]):

$$\delta + \varepsilon + \eta = 2 \cdot (\alpha + \beta + \gamma). \text{ Nun ist aber:}$$
$$\alpha + \beta + \gamma = 2R \text{ als Winkelsumme im Dreieck,}$$
$$\text{folglich: } \delta + \varepsilon + \eta = 2 \cdot 2R. \text{ Mithin:}$$
$$\delta + \varepsilon + \eta = 4R. \text{ In Worten:}$$

Die Summe der 3 Außenwinkel eines jeden Dreiecks ist $= 4R = 360°$.

**Beispiele.**

1. In einem beliebigen Dreieck ist $\sphericalangle \alpha = 30°$ und $\sphericalangle \beta = 50°$. Wie groß ist $\sphericalangle \gamma$? (Abb. 89.)

Die Winkelsumme eines jeden Dreiecks ist $= 180°$, d. h.:

$$\alpha + \beta + \gamma = 180°. \text{ Folglich:}$$
$$\gamma = 180° - \alpha - \beta, \text{ d. i.:}$$
$$\gamma = 180° - (\alpha + \beta).$$

Man findet also den dritten Winkel eines Dreiecks, indem man die Summe der beiden anderen Winkel von 180° abzieht. In Zahlen:

$$\gamma = 180° - (30° + 50°).$$
$$\gamma = 180° - 80° = 100°.$$

2. Gegeben $\sphericalangle \alpha = 46°\ 23'\ 12''$ und $\sphericalangle \gamma = 83°\ 14'\ 26''$. Wie groß ist $\sphericalangle \beta$? (Abb. 89.)

Aus Gleich. 1): $\alpha + \beta + \gamma = 180°$ folgt:

$$\beta = 180° - (\alpha + \gamma).$$
$$\text{Nun ist: } \alpha = 46°\ 23'\ 12'' \text{ und}$$
$$\gamma = 83°\ 14'\ 26''. \text{ Mithin:}$$
$$\alpha + \gamma = 129°\ 37'\ 38''.$$

Statt 180° schreibt man in diesem Falle[2]):

$$180° = 179°\ 59'\ 60''. \text{ Davon ab:}$$
$$\alpha + \gamma = 129°\ 37'\ 38''. \text{ Folglich:}$$
$$\beta = 50°\ 22'\ 22''.$$

3. In einem rechtwinkligen Dreieck ist der eine spitze Winkel $\beta = 47°\,16'\,25''$. Wie groß ist der andere spitze Winkel $\gamma$? (Abb. 94.)

Nach Seite 42, Ziffer 53c) u. 54 sind die Winkel $\beta$ und $\gamma$ Komplementwinkel, ihre Summe ist also $= 90°$, d. h.:

$$\beta + \gamma = 90°. \text{ Hieraus folgt:}$$
$$\gamma = 90° - \beta.$$

Man findet also im rechtwinkligen Dreieck die Größe eines spitzen Winkels, indem man den anderen von 90° abzieht.

---

[1]) Vgl. W. u. St., Arithm. u. Algebra S. 36, Ziffer 43 A, a.

[2]) „ S. 25, Beispiel 23.

In Zahlen: $90^\circ = 89^\circ\,59'\,60''$. Davon ab:
$\beta = 47^\circ\,16'\,25''$. Mithin:
$\gamma = 42^\circ\,43'\,35''$.

4. An dem in Abb. 96 dargestellten Dreieck ist der Außenwinkel $\delta = 115^\circ$, der eine seiner gegenüberliegenden Innenwinkel $\alpha = 36^\circ$. Wie groß sind die Innenwinkel $\beta$ und $\gamma$?

Winkel $\beta$ und $\delta$ sind Nebenwinkel, also zusammen $= 180^\circ$, d. h.:

$\beta + \delta = 180^\circ$. Mithin:
$\beta = 180^\circ - \delta$. In Zahlen:
$\beta = 180^\circ - 115^\circ = 65^\circ$.

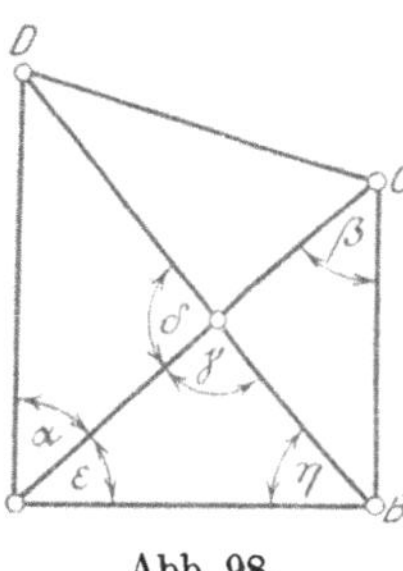

Abb. 98.

Nach dem auf Seite 44 in Ziffer 56 über die Berechnung des Außenwinkels Gesagten ist nach Gleichung 2):

$\delta = \alpha + \gamma$. Folglich:
$\gamma = \delta - \alpha$. In Zahlen:
$\gamma = 115^\circ - 36^\circ = 79^\circ$.

Probe: $\alpha + \beta + \gamma = 36^\circ + 65^\circ + 79^\circ = 180^\circ = 2R$.

5. Bei der Aufmessung eines Fabrikgrundstückes ABCD ergab sich: $\sphericalangle\,\varepsilon = 45^\circ\,16'\,31''$ und $\sphericalangle\,\eta = 56^\circ\,48'\,54''$; $\sphericalangle$ ABC und $\sphericalangle$ BAD sind jeder $= R$. Wie groß werden die Winkel $\alpha$, $\beta$, $\gamma$ und $\delta$? (Abb. 98.)

Es ist zunächst: $\varepsilon = 45^\circ\,16'\,31''$ und
$\eta = 56^\circ\,48'\,54''$. Folglich:
$\varepsilon + \eta = 102^\circ\;\;5'\,25''$.

Nun ist: $\gamma + \varepsilon + \eta = 179^\circ\,59'\,60''$. Davon ab
$\varepsilon + \eta = 102^\circ\;\;5'\,25''$; ergibt:
$\gamma = 77^\circ\,54'\,35''$.

Weiter ist: $\gamma + \delta = 179^\circ\,59'\,60''$. Davon ab
$\gamma = 77^\circ\,54'\,35''$; ergibt:
$\delta = 102^\circ\;\;5'\,25''$.

Nach der Aufgabe war: $\alpha + \varepsilon = 89^\circ\,59'\,60''$. Davon ab
$\varepsilon = 45^\circ\,16'\,31''$; ergibt:
$\alpha = 44^\circ\,43'\,29''$.

Endlich ist: $\beta = \alpha = 44^\circ\,43'\,29''$ als Wechselwinkel an Parallelen[1]).

## Aufgaben.

1. Von den Innenwinkeln eines Dreiecks sind 2 gegeben; gesucht ist der dritte.

a) Gegeben: $\begin{cases} \alpha = 20^\circ\,52'\;\;3'', \\ \beta = 69^\circ\;\;7'\,57''. \end{cases}$ Lösung: $\gamma = 90^\circ = R$.

b) „ $\begin{cases} \alpha = 109^\circ, \\ \beta = 62^\circ\,28'\,52''. \end{cases}$ „ $\gamma = 8^\circ\,31'\;\;8''$.

[1]) Vgl. S. 37, Ziffer 47b.

c) Gegeben: $\begin{cases} \alpha = 87^\circ\,33'\,19'', \\ \gamma = 28^\circ\,21'\,\;2''. \end{cases}$ Lösung: $\beta = 64^\circ\;\;5'\,39''$.

d) „ $\begin{cases} \beta = 0^\circ\;\;6'\;\;3'', \\ \gamma = 6^\circ\,57'\,59''. \end{cases}$ „ $\alpha = 172^\circ\,55'\,58''$.

2. In einem rechtwinkligen Dreieck ist ein spitzer Winkel gegeben, der andere gesucht.

a) Gegeben: $\beta = 48^\circ\,30'\,17''$. Lösung: $\gamma = 41^\circ\,29'\,43''$.
b) „ $\gamma = 67^\circ\,14'\,32''$. „ $\beta = 22^\circ\,45'\,28''$.

3. Der Außenwinkel eines Dreiecks ist $= 83^\circ\,17'\,54''$, ein gegenüberliegender Innenwinkel $= 42^\circ\,3'\,32''$. Wie groß sind die beiden anderen Innenwinkel?

Lösung: $96^\circ\,42'\,6''$ und $41^\circ\,14'\,22''$.
Mache die Probe!

**58. Kongruenz oder Deckungsgleichheit.** Raumgrößen, welche gleichen Inhalt und gleiche Gestalt haben, nennt man kongruent.

Zwei ebene Figuren sind kongruent, wenn man sie so aufeinander legen kann, daß sie sich in allen Teilen vollständig decken. Statt kongruent sagt man auch „deckungsgleich". Das Zeichen für deckungsgleich bzw. kongruent ist: „$\cong$".

Die Deckungsgleichheit ist nicht zu verwechseln mit der Flächengleichheit! Zwei ebene Figuren können genau denselben Flächeninhalt haben, ohne dabei dieselbe Gestalt zu besitzen: Dreieck und Viereck, Gebäudegrundrisse usw.

Ebene Figuren, welche gleichen Flächeninhalt, aber verschiedene Gestalt haben, nennt man „inhaltsgleich"; Schriftzeichen: „$=$".

Ebene Figuren, welche dagegen gleiche Gestalt, aber nicht gleichen Flächeninhalt besitzen, heißen „ähnlich"; Schriftzeichen: „$\sim$"[1].

Das Schriftzeichen der Kongruenz ($\cong$) ist demnach ein Doppelzeichen; es deutet an, daß kongruente Figuren sowohl flächengleich ($=$) als auch ähnlich ($\sim$) sind.

**59. Kongruenz der Strecken und Winkel.** Gleiche Strecken sind kongruent, denn sie lassen sich durch Aufeinanderlegen vollkommen zur Deckung bringen. (Vgl. Seite 5, Ziffer 15, Abb. 22.)

Gleiche Winkel sind kongruent, denn ihre Winkelräume lassen sich durch Aufeinanderlegen der Scheitel und Schenkel ebenfalls vollkommen zur Deckung bringen. (Vgl. Seite 13, Ziffer 30.)

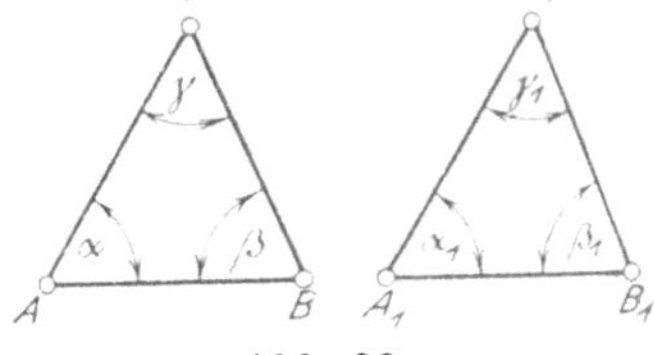

Abb. 99.

**60. Kongruenz der Dreiecke.** Um zu beweisen, daß zwei Dreiecke ABC und $A_1B_1C_1$ (Abb. 99) kongruent sind, könnte man den Nachweis erbringen, daß

$$\measuredangle\,\alpha = \measuredangle\,\alpha_1, \quad \measuredangle\,\beta = \measuredangle\,\beta_1, \quad \measuredangle\,\gamma = \measuredangle\,\gamma_1 \text{ und}$$
$$AB = A_1B_1, \quad BC = B_1C_1, \quad AC = A_1C_1 \text{ ist.}$$

[1]) Vgl. Ziffer 189 u. ff.

Man nennt die hier aufgeführten, in beiden Dreiecken durch ihre Lage einander entsprechenden 3 Winkel und 3 Seiten gleichliegende oder homologe Stücke.

Stimmen nun zwei Dreiecke in allen gleichliegenden Winkeln und Seiten überein, so müssen sie sich naturgemäß zur Deckung bringen lassen. Es genügt jedoch bereits die Übereinstimmung von nur drei bestimmten gleichliegenden Stücken, um die Deckungsgleichheit zweier Dreiecke herbeizuführen [1]).

Von den hierbei in Betracht kommenden fünf verschiedenen Möglichkeiten sollen nur die drei für die Praxis wichtigsten in Form von drei Konstruktionsaufgaben behandelt werden.

Für die Konstruktion kongruenter Dreiecke sind von den vorstehend erwähnten drei homologen Stücken maßgebend:

a) 2 Seiten und der eingeschlossene Winkel.
b) 1 Seite und die beiden anliegenden Winkel.
c) 3 Seiten.

**61. Kongruenzsätze oder Deckungsgesetze.**

**Aufgabe 1.** Es ist ein Dreieck zu konstruieren aus zwei Seiten $AB = c$, $AC = b$ und dem von diesen eingeschlossenen Winkel $BAC = \alpha$. (Abb. 100.)

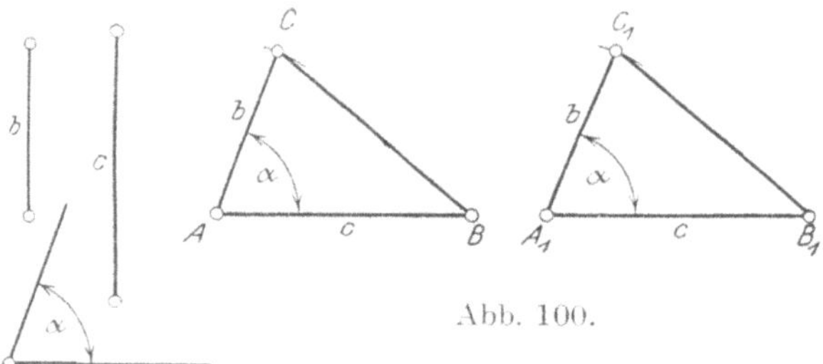


Abb. 100.

Konstruktion: Man zeichne eine Gerade $AB = c$, trage im Punkte A als Scheitel den $\measuredangle BAC = \alpha$ an [2]) und mache den freien Schenkel $AC = b$. Verbindet man jetzt B mit C, so ist das Dreieck ABC das verlangte.

Konstruiert man in gleicher Weise aus denselben gegebenen Stücken: b, c und $\measuredangle \alpha$ ein zweites Dreieck $A_1B_1C_1$, so erhält man ein mit dem Dreieck ABC genau übereinstimmendes Dreieck. Hieraus folgt:

Durch zwei Seiten und dem von diesen eingeschlossenen Winkel ist ein Dreieck bestimmt.

Legt man das Dreieck $A_1B_1C_1$ auf das Dreieck ABC, so werden sich die Dreiecke vollkommen decken. Dasselbe wird der Fall sein mit sämtlichen Dreiecken, welche man noch weiter aus den gegebenen Stücken konstruieren könnte. Hieraus ergibt sich:

---

[1]) Diese drei voneinander unabhängigen Stücke dürfen nur nicht drei Winkel sein. — Warum?

[2]) Vgl. S. 33, Ziffer 43; Beispiel 1.

**Erster Kongruenzsatz: Dreiecke sind kongruent, wenn sie in zwei Seiten und dem von diesen eingeschlossenen Winkel übereinstimmen.**

Aus der Deckungsgleichheit der beiden Dreiecke in Abb. 100 folgt ohne weiteres, daß außer den drei gegebenen Stücken auch die drei anderen Stücke einander gleich sein müssen, daß also

$$BC = B_1C_1,$$
$$\sphericalangle ABC = \sphericalangle A_1B_1C_1 \text{ und}$$
$$\sphericalangle ACB = \sphericalangle A_1C_1B_1 \text{ ist.}$$

**Aufgabe 2.** Es ist ein Dreieck zu konstruieren aus einer Seite $AB = c$ und den beiden an dieser Seite liegenden Winkeln $BAC = \alpha$ und $ABC = \beta$. (Abb. 101.)

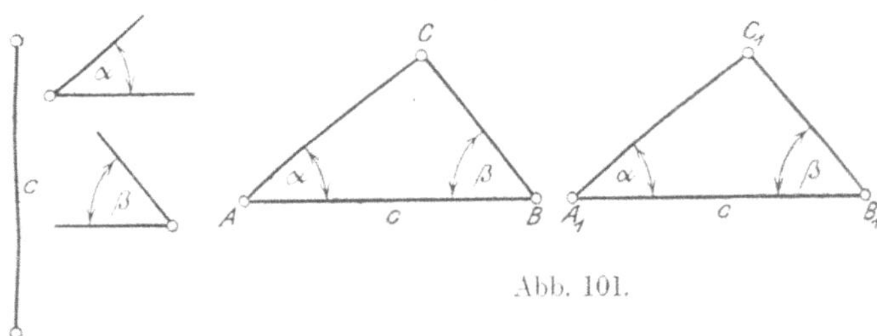


Abb. 101.

Konstruktion: Man zeichne eine Gerade $AB = c$; alsdann trage man in A als Scheitel den $\sphericalangle BAC = \alpha$ und in B als Scheitel den $\sphericalangle ABC = \beta$ an. Die freien Schenkel dieser Winkel schneiden sich im Punkte C, welcher die dritte Ecke des Dreiecks bildet. Mithin ist das Dreieck ABC das verlangte.

Ein zweites, aus denselben gegebenen Stücken gezeichnetes Dreieck $A_1B_1C_1$ wird mit dem ersten Dreieck ABC genau übereinstimmen. Hieraus folgt:

Durch eine Seite und die beiden an dieser liegenden Winkel ist ein Dreieck bestimmt.

Legt man das Dreieck $A_1B_1C_1$ auf das Dreieck ABC, so werden sich die Dreiecke vollkommen decken. Dasselbe wird der Fall sein mit jedem weiteren, in genau gleicher Weise konstruierten Dreieck. Hieraus ergibt sich:

**Zweiter Kongruenzsatz: Dreiecke sind kongruent, wenn sie in einer Seite und den beiden anliegenden Winkeln übereinstimmen.**

Aus der Deckungsgleichheit der beiden Dreiecke in Abb. 101 folgt auch hier ohne weiteres:

$$AC = A_1C_1,$$
$$BC = B_1C_1 \text{ und}$$
$$\sphericalangle ACB = \sphericalangle A_1C_1B_1.$$

**Aufgabe 3.** Es ist ein Dreieck zu konstruieren aus den drei Seiten BC = a, AC = b und AB = c. (Abb. 102.)

Konstruktion: Man zeichne eine Gerade AB = c, nehme die Seite a in den Zirkel und beschreibe um Punkt B einen Kreisbogen, ebenso mit der Seite b um Punkt A. Diese Kreisbogen schneiden sich im Punkte C, welcher die dritte Ecke des gesuchten Dreiecks bildet. Verbindet man jetzt A und B mit C, so ist das Dreieck ABC das verlangte.

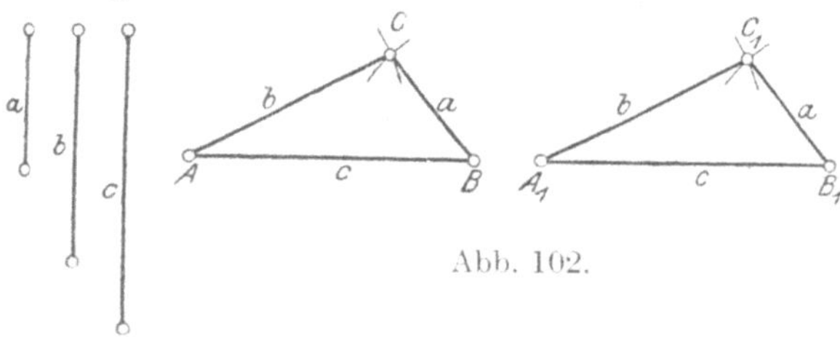


Abb. 102.

Ein zweites Dreieck $A_1B_1C_1$ und ebenso alle weiteren, aus denselben gegebenen Stücken konstruierten Dreiecke lassen sich mit dem Dreieck ABC vollkommen zur Deckung bringen. Damit ist erwiesen:

Durch drei Seiten ist ein Dreieck bestimmt. Hieraus ergibt sich:

**Dritter Kongruenzsatz: Dreiecke sind kongruent, wenn sie in den drei Seiten übereinstimmen.**

Auch hier folgt aus der Deckungsgleichheit der beiden Dreiecke in Abb. 102 ohne weiteres:

$$\sphericalangle CAB = \sphericalangle C_1A_1B_1,$$
$$\sphericalangle ABC = \sphericalangle A_1B_1C_1 \text{ und}$$
$$\sphericalangle ACB = \sphericalangle A_1C_1B_1.$$

Die Kongruenzsätze sind ein wichtiges Mittel der Beweisführung für die nunmehr folgenden weiteren Sätze der Planimetrie. Mittels der Folgerungen und Schlüsse, welche man aus der Kongruenz ebener Figuren, insbesondere derjenigen der Dreiecke ziehen kann, beweist man, daß Linien und Winkel anderer Figuren gleich sind. Auch läßt sich mit Hilfe der Kongruenzsätze zu einer gegebenen Figur eine derselben genau gleiche — kongruente — d. h. nach Größe und Gestalt vollkommen übereinstimmende Figur herstellen.

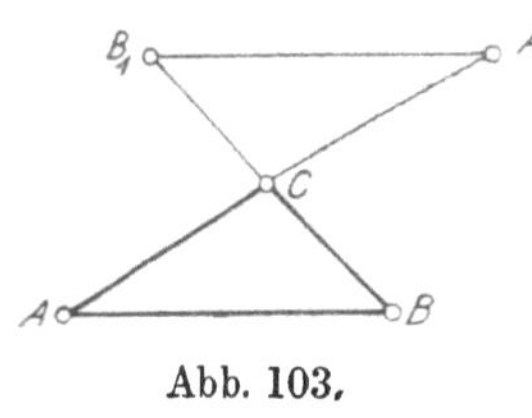


Abb. 103.

**62. Folgerungen aus den Kongruenzsätzen.**

a) Rechtwinklige Dreiecke sind kongruent, wenn sie in den Katheten[1]) übereinstimmen. (1. Kongruenzsatz).

b) Werden die Seiten AC und BC eines beliebigen Dreiecks über die gemeinsame Ecke C hinaus um ihre eigene Länge verlängert bis zu den Punkten $A_1$ und $B_1$ (Abb. 103), und werden diese Punkte

[1]) Die Katheten schließen den rechten Winkel ein!

miteinander verbunden, so ist das neu entstandene Dreieck $A_1B_1C$ kongruent dem gegebenen Dreieck ABC, denn es ist:

$$\left.\begin{array}{l} B_1C = BC, \\ A_1C = AC \end{array}\right\} \text{nach Konstruktion und}$$
$$\sphericalangle A_1CB_1 = \sphericalangle ACB \text{ als Scheitelwinkel.}$$

Mithin: $\triangle A_1B_1C \cong \triangle ABC$[1]. Folglich:
$A_1B_1 = AB$[2].

c) Dreiecke sind auch kongruent, wenn sie in einer Seite, einem anliegenden und dem dieser Seite gegenüberliegenden Winkel übereinstimmen. Nach Seite 43, Ziffer 54 b) sind alsdann auch die dritten Winkel bekannt, welche zu der gegebenen Seite den zweiten anliegenden Winkel bilden. Damit sind aber die Bedingungen des zweiten Kongruenzsatzes erfüllt.

d) Dreiecke sind kongruent, wenn sie in zwei Seiten und dem der größeren Seite gegenüberliegenden Winkel übereinstimmen.

e) **In kongruenten Dreiecken liegen gleichen Seiten gleiche Winkel und umgekehrt, gleichen Winkeln gleiche Seiten gegenüber.**

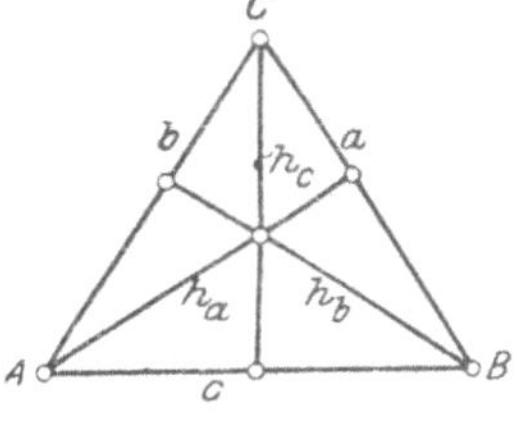

Abb. 104.

**63. Höhen, Winkelhalbierende und Seitenhalbierende im Dreieck.**

a) Die von den Ecken eines Dreiecks auf die gegenüberliegenden Seiten gefällten Senkrechten[3]) nennt man die Höhen des Dreiecks. Man bezeichnet entsprechend Abb. 104

die Höhe von der Ecke A auf die Seite a mit $h_a$,
„ „ „ „ „ B „ „ „ b „ $h_b$ und
„ „ „ „ „ C „ „ „ c „ $h_c$.

Die zu irgendeiner Höhe gehörende Seite bezeichnet man allgemein als Grundlinie, die der Grundlinie gegenüberliegende Ecke als Spitze oder Scheitel des Dreiecks.

**Die drei Höhen eines Dreiecks schneiden sich in einem Punkte.** (Abb. 104.)

b) Die Linien, welche die Innenwinkel eines Dreiecks halbieren, heißen Winkelhalbierende. Man bezeichnet

die Winkelhalbierende des $\sphericalangle \alpha$ mit $w_a$,
„ „ „ $\sphericalangle \beta$ „ $w_b$ und
„ „ „ $\sphericalangle \gamma$ „ $w_c$.

---

[1]) Das Schriftzeichen für Dreieck ist: „△". Die Dreiecke sind kongruent nach dem 1. Kongruenzsatze.

[2]) Bei Aufmessungen im Gelände macht man von der Kongruenz dieser Dreiecke Gebrauch, wenn z. B. die Entfernung zweier Punkte $A_1$ und $B_1$ gemessen werden soll, welche durch ein Hindernis: See, Berg, Gebäude u. ä. m. voneinander getrennt sind.

[3]) Vgl. S. 30, Ziffer 40 b).

**Die drei Winkelhalbierenden eines Dreiecks schneiden sich in einem Punkte**[1]. (Abb. 105.)

c) Die von den Ecken eines Dreiecks nach den Mitten der gegenüberliegenden Seiten gezogenen Linien nennt man Seitenhalbierende oder Mittellinien des Dreiecks. Man bezeichnet

die Seitenhalbierende von a mit $m_a$,
" " " b " $m_b$ und
" " " c " $m_c$.

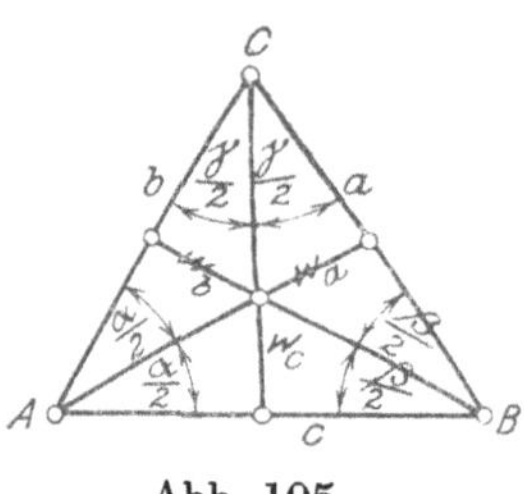

Abb. 105.

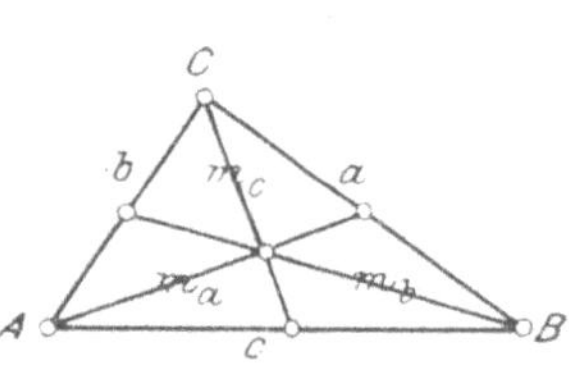

Abb. 106.

**Die drei Seitenhalbierenden bzw. die drei Mittellinien eines Dreiecks schneiden sich in einem Punkte.** (Abb. 106.)

d) Daß sich die drei Mittelsenkrechten auf den Seiten eines Dreiecks in einem Punkte schneiden, ist auf Seite 152, Ziffer 162 nachgewiesen.

**64. Das gleichschenklige Dreieck**[2]. Zieht man im gleichschenkligen Dreieck ABC (Abb. 107) die Winkelhalbierende CD, so entstehen zwei Dreiecke ACD und BCD, in welchen

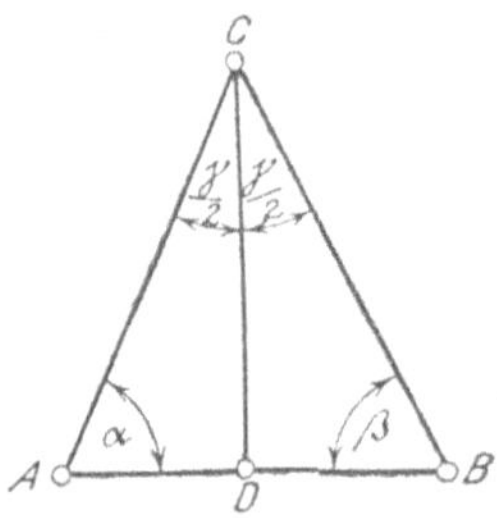

Abb. 107.

$\sphericalangle ACD = \sphericalangle BCD = \frac{\gamma}{2}$ nach Konstruktion,
AC = BC als Schenkel und
CD = CD ist.

Mithin: $\triangle ACD \cong \triangle BCD$[3].

Aus der Kongruenz dieser Dreiecke folgt:

1. $\sphericalangle \alpha = \sphericalangle \beta$. In Worten:

Im gleichschenkligen Dreieck sind die Winkel an der Grundlinie — die Basiswinkel — einander gleich.

Die Umkehrung lautet:

Sind in einem Dreieck zwei Winkel gleich, so ist das Dreieck gleichschenklig.

Im gleichschenkligen Dreieck liegen den gleichen Seiten gleiche Winkel gegenüber.

**2. AD = DB.** In Worten:

---

[1] Vgl. Ziffer 159, Aufgabe 3. [2] Vgl. S. 42, Ziffer 53; Text zu Abb. 91 u. 92.
[3] 1. Kongruenzsatz.

Im gleichschenkligen Dreieck teilt die Halbierende des Winkels an der Spitze die Grundlinie in zwei gleiche Teile. In diesem Falle ist die Winkelhalbierende zugleich Seitenhalbierende. Und umgekehrt:

Die Mittellinie von der Grundlinie zur Spitze eines gleichschenkligen Dreiecks halbiert den Winkel an der Spitze.

3. $\sphericalangle ADC = \sphericalangle BDC = R$. Mithin:
$CD \perp AB$[1]).

Die Winkelhalbierende CD muß senkrecht auf der Grundlinie AB stehen, da die Winkel ADC und BDC nicht nur gleich, sondern auch Nebenwinkel sind. Nach Seite 18, Ziffer 35, Abb. 59 müssen aber gleiche Nebenwinkel stets rechte Winkel sein. Hieraus folgt:

Die Halbierungslinie des Winkels an der Spitze eines gleichschenkligen Dreiecks steht senkrecht auf der Mitte der Basis. Und umgekehrt:

Die Senkrechte auf der Mitte der Basis geht durch die Spitze und halbiert den Winkel an der Spitze.

Die vorstehenden Sätze über das gleichschenklige Dreieck lassen sich zusammenfassen wie folgt:

Im gleichschenkligen Dreieck fallen die von der Spitze ausgehende Winkelhalbierende, Seitenhalbierende und Höhe in ein und dieselbe Gerade zusammen.

**65. Gleichschenklige Dreiecke mit gemeinsamer Basis.** In Abb. 108 und 109 sind über einer gemeinsamen Grundlinie AB zwei

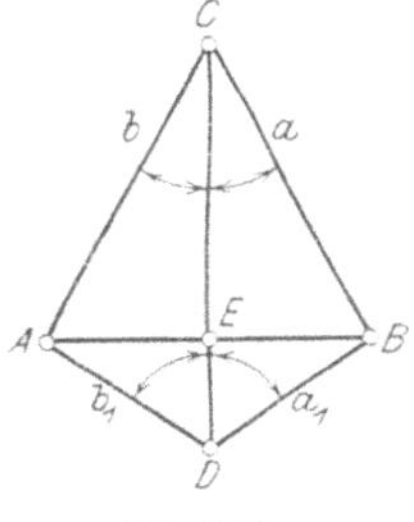


Abb. 108.

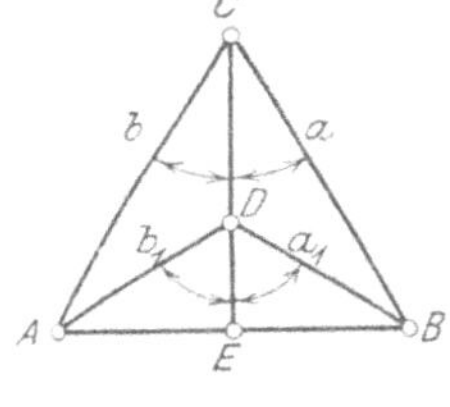


Abb. 109.

verschiedene gleichschenklige Dreiecke ABC und ABD gezeichnet derart, daß in Abb. 108 die Spitzen auf verschiedenen Seiten, in Abb. 109 aber auf derselben Seite der Grundlinie liegen. Verbindet man C mit D, so ist in beiden Fällen:

$$\begin{aligned} a &= b \text{ als Schenkel,} \\ a_1 &= b_1 \text{ „ „ und} \\ CD &= CD. \\ \hline \end{aligned}$$

Mithin: $\triangle BCD \cong \triangle ACD$[2]). Hieraus folgt:

[1]) Vgl. S. 11, Ziffer 27. [2]) 3. Kongruenzsatz.

1. $\sphericalangle BCD = \sphericalangle ACD$.
2. $\sphericalangle BDC = \sphericalangle ADC$.

Ferner ist: a = b als Schenkel,
CE = CE und
$\sphericalangle BCE = \sphericalangle ACE$, wie eben bewiesen.

Mithin: $\triangle BCE \cong \triangle ACE$[1]. Hieraus folgt:

3. BE = AE und
4. $\sphericalangle BEC = \sphericalangle AEC = R.$[2]

Aus den Folgerungen 1 bis 4 geht hervor:

Die Verbindungslinie der Spitzen zweier gleichschenkliger Dreiecke mit gemeinsamer Grundlinie ist zugleich Winkelhalbierende, Seitenhalbierende und Höhe.

**66. Das gleichseitige Dreieck**[3]. Da im gleichseitigen Dreieck die Seiten gleich sind, so kann jede als Grundlinie eines gleichschenkligen Dreiecks angesehen werden. Damit wird in bezug auf Abb. 110:

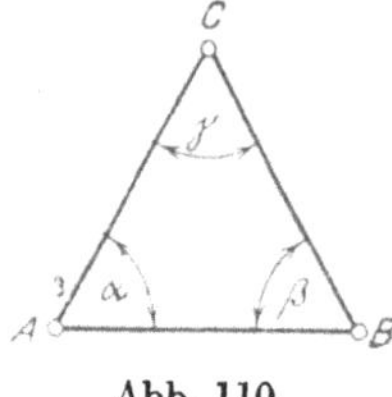

Abb. 110.

$\sphericalangle\alpha = \sphericalangle\beta$ an Grundlinie AB und
$\sphericalangle\alpha = \sphericalangle\gamma$ an „ AC.

Nach dem Satze über die Winkelsumme im Dreieck ist aber

$$\alpha + \beta + \gamma = 180^\circ.$$

Setzt man in dieser Gleichung an Stelle der Winkel $\beta$ und $\gamma$ den gleichen Winkel $\alpha$, so wird:

$$\alpha + \alpha + \alpha = 180^\circ \text{ oder}$$
$$3\alpha = 180^\circ. \text{ Folglich:}$$
$$\alpha = \frac{180^\circ}{3} = 60^\circ. \text{ In Worten:}$$

Im gleichseitigen Dreieck sind die drei Innenwinkel gleich groß und jeder $= 60^\circ$; oder auch:

Das gleichseitige Dreieck ist gleichwinklig.

**67. Winkel am Zeichendreieck.** In bezug auf die beim Zeichnen benutzten „Zeichendreiecke" ist folgendes zu bemerken:

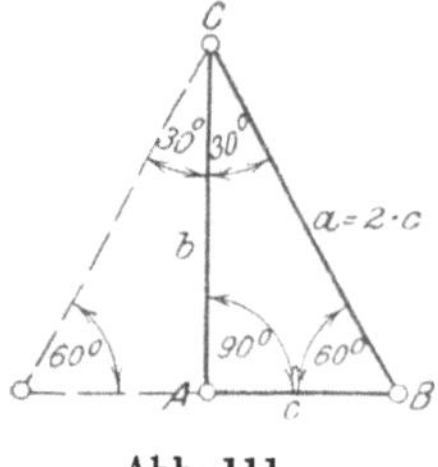

Abb. 111.

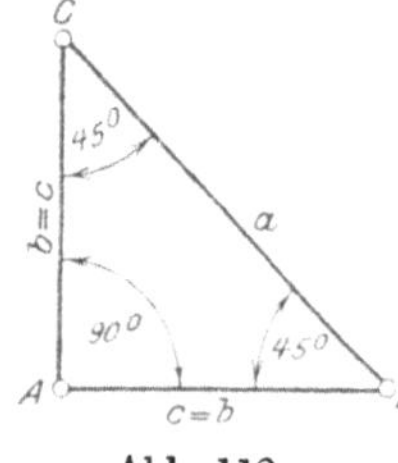

Abb. 112.

Ist in einem rechtwinkligen Dreieck ein spitzer Winkel $= 30^\circ$, so ist der andere $= 60^\circ$ und das Dreieck selbst die Hälfte eines gleichseitigen. Die Hypotenuse ist doppelt so lang wie die kleinere Kathete. (Abb. 111.)

Schließen die Schenkel eines gleichschenkligen Dreiecks einen rechten Winkel ein, so ist jeder Basiswinkel $= 45^\circ$. (Abb. 112.)

[1]) 1. Kongruenzsatz. [2]) Vgl. S. 53, Ziffer 64; Text zu Folgerung 3.
[3]) Vgl. S. 42, Ziffer 53; Text zu Abb. 90.

## Beispiele.

1. In einem gleichschenkligen Dreieck ist der Winkel an der Spitze $= 25^\circ\ 32'$. Wie groß ist jeder Basiswinkel? (Abb. 107.)

Es ist: $\alpha + \beta + \gamma = 180^\circ$. Folglich:
$\alpha + \beta = 180^\circ - \gamma = 180^\circ - 25^\circ\ 32' = 154^\circ\ 28'$.

Da nun $\measuredangle \alpha = \measuredangle \beta$ ist, so muß jeder gleich der Hälfte[1]) des Winkels von $154^\circ\ 28'$ sein. Mithin:

$$\measuredangle \alpha = \measuredangle \beta = \frac{154^\circ\ 28'}{2} = 77^\circ\ 14'.$$

2. In einem gleichschenkligen Dreieck ist ein Basiswinkel $= 28^\circ\ 22'$. Wie groß ist der Winkel an der Spitze? (Abb. 107.)

Es ist: $\alpha + \beta + \gamma = 180^\circ$. Folglich[2]):
$\gamma = 180^\circ - (\alpha + \beta)$. In Zahlen:
$\gamma = 180^\circ - (28^\circ\ 22' + 28^\circ\ 22')$. Mithin:
$\gamma = 180^\circ - 56^\circ\ 44' = 123^\circ\ 16'$.

3. Wie groß wird in Abb. 113 der Winkel $\delta$, wenn Dreieck ABC gleichschenklig ist?

Winkel $\delta$ ist Außenwinkel, mithin[3]):

$$\delta = 42^\circ\ 45' + 42^\circ\ 45' = 85^\circ\ 30'.$$

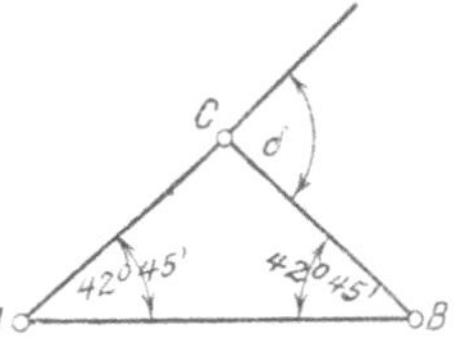

Abb. 113.

Hieraus folgt:

**Der Außenwinkel an der Spitze eines gleichschenkligen Dreiecks ist doppelt so groß als ein Basiswinkel.**

## Aufgaben.

1. Ist in einem gleichschenkligen Dreieck (Abb. 107) der Winkel an der Spitze
$\gamma = 42^\circ\ 24'\ 16''$; $76^\circ\ 36'\ \ 8''$, so ist
jeder Basiswinkel $= \alpha = \beta = 68^\circ\ 47'\ 52''$; $51^\circ\ 41'\ 56''$.

2. Ist in einem gleichschenkligen Dreieck (Abb. 107) ein Basiswinkel
$\alpha = \beta = 36^\circ\ 48'\ \ 4''$; $82^\circ\ 37'\ 13''$,
so ist der Winkel an der Spitze
$= \gamma = 106^\circ\ 23'\ 52''$; $14^\circ\ 45'\ 34''$.

3. An einem Fabrikgrundstück (Abb. 114) soll die Ecke bei C durch eine Gerade AB so abgetrennt werden, daß $\measuredangle \alpha = \measuredangle \beta$ wird. Wie groß wird jeder dieser Winkel?

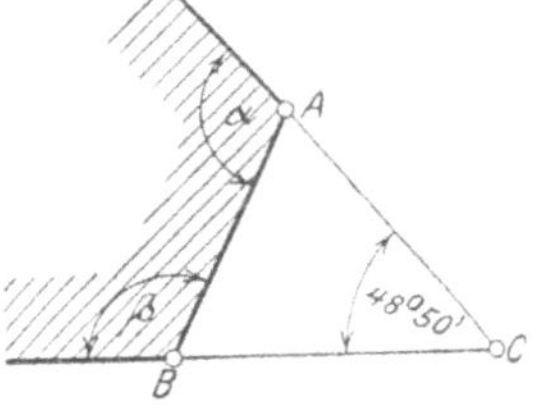

Abb. 114.

Lösung: $\measuredangle \alpha = \measuredangle \beta = 114^\circ\ 25'$.

---

1) Vgl. S. 26, Beispiel 25. 2) Vgl. S. 45, Beispiel 1.
3) „ „ 44, Ziffer 56.

## Übungen[1]).

1. Es ist zu beweisen, daß die Höhen, welche man von den Endpunkten der Basis eines gleichschenkligen Dreiecks auf die Schenkel fällt, gleich sind.

2. Es ist zu beweisen, daß die Verbindungslinien der Schenkelmitten eines gleichschenkligen Dreiecks mit den Endpunkten der Basis gleich sind.

3. Es sind die Basiswinkel eines gleichschenkligen Dreiecks zu halbieren. Nachzuweisen ist, daß die Halbierungslinien gleich sind.

4. Es ist zu beweisen, daß die Höhe aus dem Scheitel des rechten Winkels eines gleichschenklig-rechtwinkligen Dreiecks halb so groß ist als die Grundlinie.

5. Es ist zu beweisen, daß im gleichseitigen Dreieck die drei Höhen gleich sind.

## Konstruktionsaufgaben.

68. **Grundaufgaben. Es wird dem Leser dringend empfohlen, sämtliche Konstruktionsaufgaben durchzuzeichnen.**

1. An eine gegebene Gerade CN ist in einem gegebenen Punkte C derselben ein gegebener Winkel $\gamma$ anzutragen. (Abb. 115.)

Abb. 115.

Man beschreibe um den Scheitel S des gegebenen Winkels und um den gegebenen Punkt C Kreisbogen mit beliebigem, aber gleichem Halbmesser[2]). Der Kreisbogen um S schneidet die Schenkel des Winkels $\gamma$ in den Punkten A und B, derjenige um C die gegebene Gerade im Punkte D. Jetzt nehme man die Länge AB in den Zirkel und beschreibe mit dieser einen Kreisbogen um D, welcher den Kreisbogen um C in E schneidet. Verbindet man C mit E durch eine Gerade, so ist der Winkel DCE der verlangte, d. h. es ist

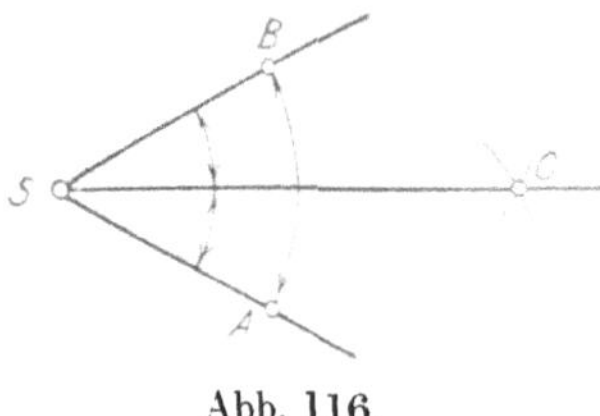


Abb. 116.

$$\sphericalangle DCE = \sphericalangle \gamma.$$

2. Es soll ein gegebener Winkel ASB halbiert werden. (Abb. 116).

Man beschreibe um den Scheitel S des Winkels einen Kreisbogen mit beliebigem Halbmesser, welcher die Schenkel in A und B schneidet.

---

[1]) Die Übungen 1 bis 5 sollen dem Leser Gelegenheit zur Anwendung der Kongruenzsätze geben.

[2]) Vgl. S. 11, Ziffer 26; Text zu Abb. 38.

Um diese Punkte beschreibe man wieder mit beliebigem, aber gleichem Halbmesser Kreisbogen, welche sich im Punkte C schneiden. Verbindet man S und C durch eine Gerade, so ist diese Halbierende des Winkels ASB und es ist

$$\sphericalangle ASC = \sphericalangle BSC.$$

3. Es soll eine gegebene Strecke AB halbiert werden. (Abb. 117).

Man beschreibe um den Anfangspunkt A und den Endpunkt B der Strecke Kreisbogen mit beliebigem, aber gleichem Halbmesser, welche sich oberhalb und unterhalb der Strecke in den Punkten C und D schneiden. Verbindet man diese Punkte durch die Gerade CD, so ist deren Schnittpunkt E mit der gegebenen Strecke AB der Halbierungspunkt derselben und es ist

$$AE = EB.$$

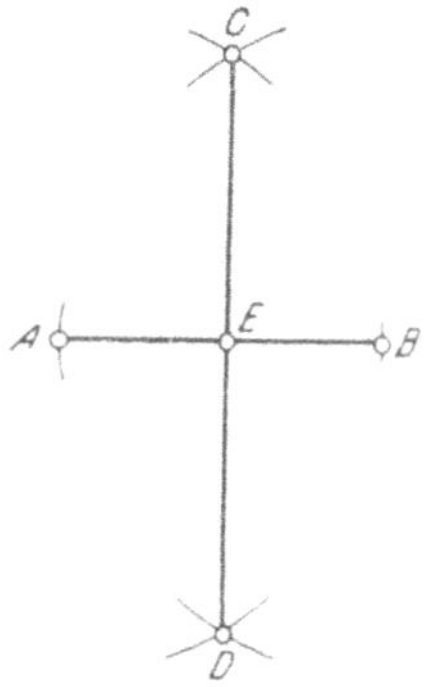

Abb. 117.

4. In einem gegebenen Punkte F einer Geraden MN ist auf derselben **eine Senkrechte zu errichten**[1]. (Abb. 118).

Man schneide auf MN durch Kreisbogen von F aus nach beiden Seiten gleiche Strecken AF und BF ab. Aldann beschreibe man um A und B Kreisbogen mit beliebigem, aber gleichem Halbmesser[2], welche sich im Punkte P schneiden. Verbindet man jetzt F mit P durch eine Gerade, so ist

$$\sphericalangle AFP = BFP = R. \quad \text{Mithin: } FP \perp MN.$$

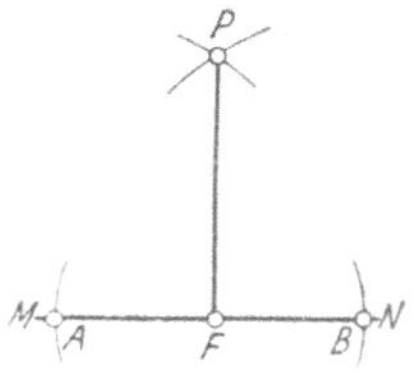

Abb. 118.

In bezug auf die Grundaufgaben 3 und 4 ist zu bemerken, daß eine Linie, welche auf der Mitte einer anderen Linie senkrecht steht, als „Mittelsenkrechte" bezeichnet wird.

5. Im Endpunkte F einer gegebenen Geraden AF ist **eine Senkrechte zu errichten.** (Abb. 119.)

a) Man verlängere die gegebene Gerade AF über F hinaus um ihre eigene Länge bis zum Punkte B, mache also BF = AF. Damit ist diese Aufgabe auf Grundaufgabe 4 zurückgeführt.

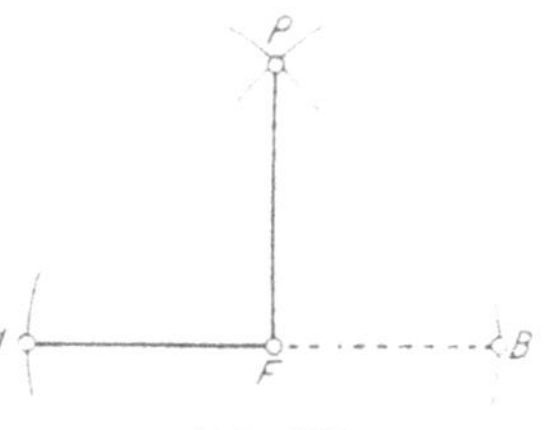

Abb. 119.

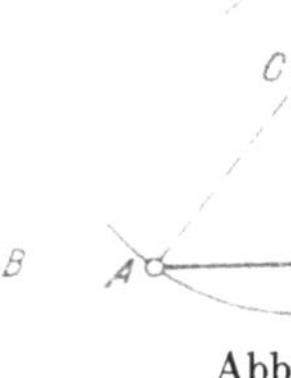
Abb. 120.

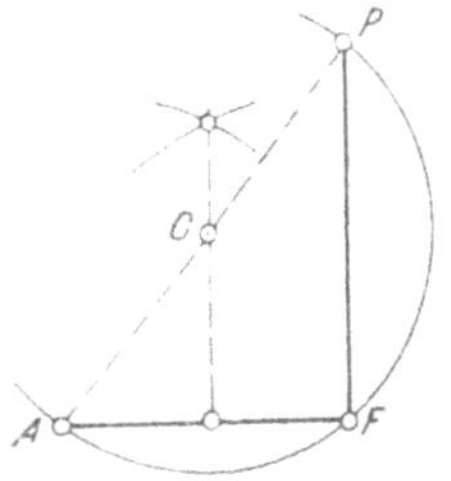

Eine andere Konstruktion zeigt die in Abb. 120 dargestellte.

[1]) Vgl. S. 30, Ziffer 40a.

[2]) Dieser Halbmesser muß größer als BF sein!

b) Man errichte auf der gegebenen Geraden AF die „Mittelsenkrechte", nehme auf derselben einen beliebigen Punkt C an und beschreibe um diesen einen Kreis, welcher durch die beiden Punkte A und F der gegebenen Geraden geht. Weiter verbinde man A mit C und verlängere AC über C hinaus bis zum Schnittpunkte P mit dem Kreise. Zieht man jetzt die Gerade FP, so ist

$$\measuredangle AFP = R^{1)} \text{ und } FP \perp AF \text{ im Punkte F.}$$

6. Von einem gegebenen Punkte P außerhalb einer gegebenen Geraden MN ist **eine Senkrechte auf diese zu fällen**[2]. (Abb. 121.)

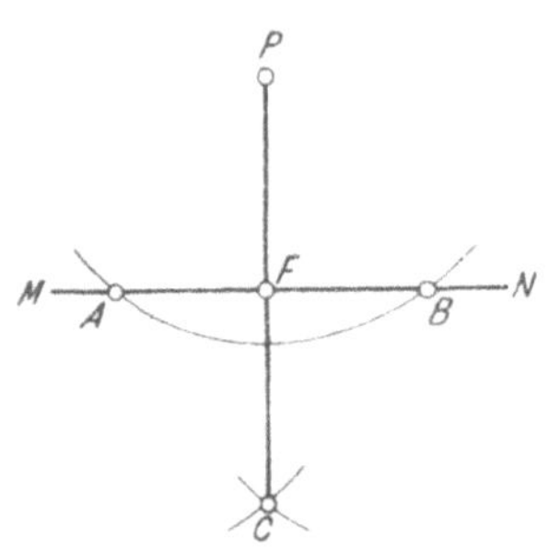

Abb. 121.

Man beschreibe von dem gegebenen Punkte P aus einen Kreisbogen, welcher die gegebene Gerade MN in A und B schneidet. Um diese Punkte beschreibe man alsdann Kreisbogen mit beliebigem, aber gleichem Halbmesser, die sich im Punkte C schneiden. Verbindet man C und P durch die Gerade PC, so ist

$$PC \perp MN.$$

7. Zu einer gegebenen Geraden MN soll durch einen außerhalb derselben gelegenen Punkt P eine Parallele[3] gezogen werden. (Abb. 122 und 123.)

a) Man ziehe durch den Punkt P eine beliebige Gerade xy, welche die Gerade MN im Punkte B schneidet. Trägt man den so entstandenen Winkel $\beta$ im Punkte P an die Gerade xy an[4], so bildet der freie Schenkel PZ desselben die verlangte Parallele zu MN durch den Punkt P[5].

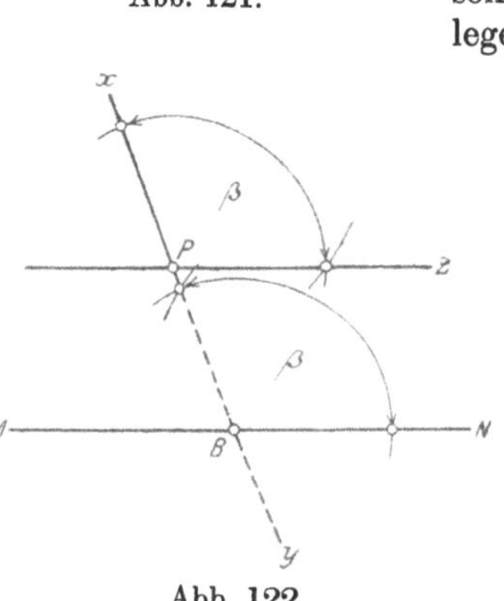

Abb. 122.

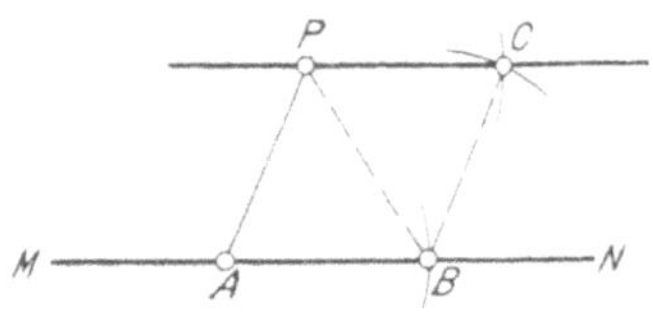

Abb. 123.

b) Man verbinde in Abb. 123 den Punkt P mit einem auf der Geraden MN beliebig angenommenen Punkte A, trage von A aus die Länge AP auf MN bis B ab und beschreibe um die Punkte P und B mit der Länge AP als Halbmesser Kreisbogen, welche sich im Punkte C

[1]) Als Winkel im Halbkreise, wie in Ziffer 157, S. 146 nachgewiesen wird.
[2]) Vgl. S. 30, Ziffer 40b.
[3]) „ „ 9, „ 23; Text zu Abb. 33.
[4]) „ „ 56, „ 68; Grundaufgabe 1.
[5]) „ „ 37, „ 47a und S. 38, Ziffer 48a.

schneiden. Verbindet man P und C durch die Gerade PC, so ist diese die verlangte Parallele zu MN durch P.

8. Zu einer gegebenen Geraden MN ist in einem beliebigen Abstande eine Parallele zu ziehen. (Abb. 124 und 125.)

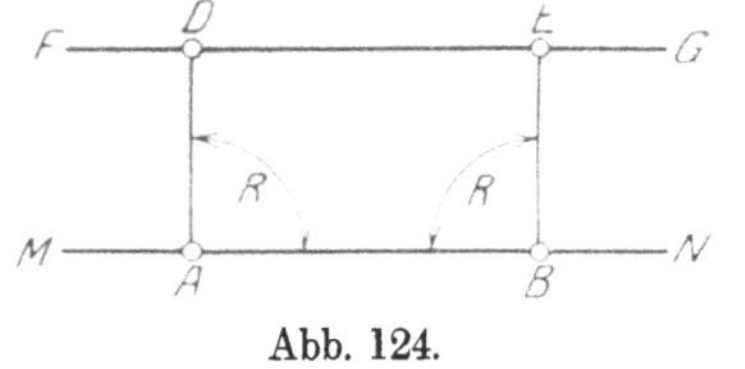

Abb. 124.

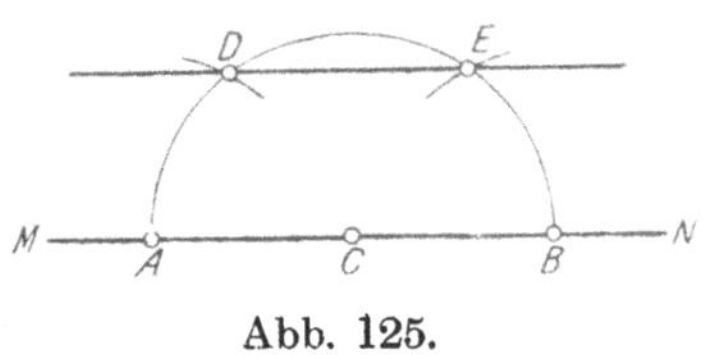

Abb. 125.

a) Man errichte in zwei beliebigen Punkten A und B der gegebenen Geraden MN die Senkrechten AD und BE[1]) und mache dieselben gleich lang, so daß AD = BE wird. Verbindet man D und E durch die Gerade FG, so ist diese parallel zu der gegebenen Geraden MN. (Abb. 124.)

b) Man beschreibe um den auf der Geraden MN beliebig angenommenen Punkt C einen Halbkreis mit beliebigem Halbmesser, welcher MN in A und B schneidet. Um diese Punkte beschreibe man Kreisbogen mit beliebigem, aber gleichem Halbmesser, welche den Halbkreis in D und E schneiden. Verbindet man D und E durch die Gerade DE, so ist diese parallel zu der gegebenen Geraden MN. (Abb. 125.)

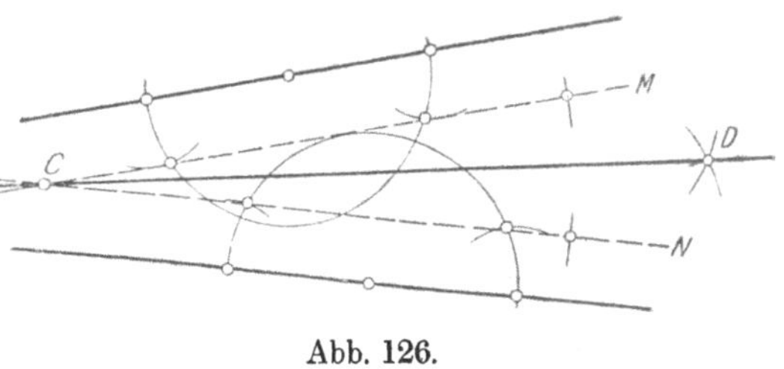

Abb. 126.

9. Es ist ein Winkel zu halbieren, dessen Scheitel nicht in der Zeichenebene liegt. (Abb. 126.)

Man zeichne nach den Angaben unter 8b) zu den Schenkeln des gegebenen Winkels die beliebigen Parallelen CM und CN, welche sich im Punkte C schneiden derart, daß Punkt C in die Zeichenebene fällt. Alsdann ist der Winkel MCN gleich dem gegebenen Winkel, welcher nun nach der unter 2. angegebenen Konstruktion halbiert werden muß. In Abb. 126 ist die Gerade CD Winkelhalbierende.

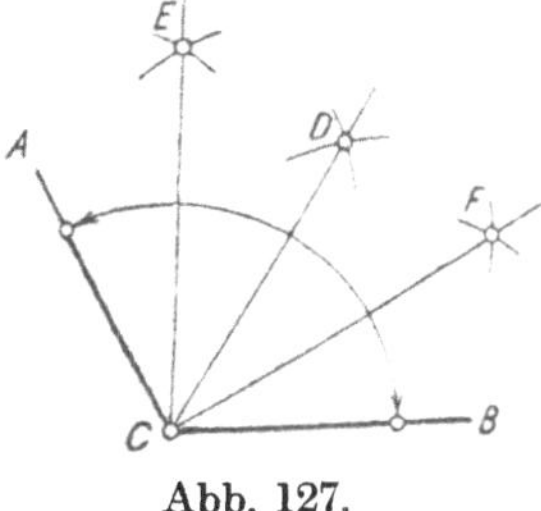

Abb. 127.

10. Ein beliebiger Winkel ACB ist in vier gleiche Teile zu teilen. (Abb. 127.)

---

[1]) Vgl. S. 30, Ziffer 40a und S. 57, Grundaufgabe 4.

Nach der unter 2. angegebenen Konstruktion halbiere man zunächst den Winkel ACB durch die Halbierende CD. Halbiert man jetzt die beiden gleichen Winkel ACD und BCD durch die Halbierenden CE und CF, so ist

$$\sphericalangle ACE = \sphericalangle ECD = \sphericalangle DCF = \sphericalangle FCB$$

und damit der gegebene Winkel in vier gleiche Teile geteilt.

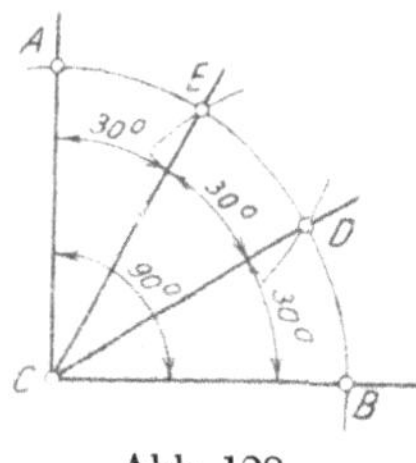

Abb. 128.

Durch fortgesetzte weitere Halbierung der Teilwinkel könnte man den gegebenen Winkel in eine beliebige **gerade Anzahl** gleicher Teile teilen.

11. Es soll ein rechter Winkel in drei gleiche Teile geteilt werden. (Abb. 128.)

Man zeichne nach einer der unter 4. und 5. angegebenen Konstruktionen einen rechten Winkel und beschreibe um dessen Scheitel C mit beliebigem Halbmesser AC einen Kreisbogen, welcher die Schenkel in A und B schneidet.

Nun beschreibe man **mit derselben Zirkelöffnung** AC Kreisbogen um A und B, welche den Viertelkreis AB in D und E schneiden. Alsdann ist

$$\sphericalangle ACE = \sphericalangle ECD = \sphericalangle DCB = \tfrac{1}{3}R = 30^\circ$$

und damit der rechte Winkel ACB in drei gleiche Teile geteilt.

Durch weitere Halbierung eines Winkels von $30^\circ$ erhält man Winkel von $15^\circ$, $7^1/_2{}^\circ$ usw.

12. Nach den unter 2., 10. und 11. angegebenen Konstruktionen sind Winkel zu zeichnen von: $15^\circ$; $22^1/_2{}^\circ$; $30^\circ$; $45^\circ$; $60^\circ$; $75^\circ$; $105^\circ$; $120^\circ$; $150^\circ$; $210^\circ$; $225^\circ$; $285^\circ$; $315^\circ$.

## 69. Aufgaben über das Dreieck.

Bei der Besprechung der Kongruenzsätze, Seite 48, Ziffer 61 wurde bereits gezeigt, daß jedes Dreieck durch drei Stücke derart bestimmt ist, daß es aufgezeichnet werden kann. Diese drei Stücke können Seiten sein oder Winkel; zu letzteren muß jedoch immer eine Seite mitgegeben sein.

Nach den Bestimmungsstücken der Kongruenzsätze läßt sich ein Dreieck zeichnen, wenn von demselben gegeben sind:

1. zwei Seiten und der eingeschlossene Winkel,
2. eine Seite und die beiden anliegenden Winkel,
3. die drei Seiten[1]).

Außer diesen Bedingungen gibt es aber noch viele andere, welche ein Dreieck aus drei Stücken zu zeichnen ermöglichen. Von diesen sollen die für die Praxis wichtigsten nachstehend behandelt werden.

---

[1]) Vgl. S. 47, Ziffer 60 u. 61; Aufgabe 1, 2 u. 3.

## a) Das rechtwinklige Dreieck.

1. Es ist ein rechtwinkliges Dreieck zu zeichnen, von welchem die beiden Katheten b und c gegeben sind. (Abb. 129.)

Man zeichne einen rechten Winkel R, mache den einen Schenkel AB = c, den anderen AC = b und verbinde B mit C, so ist Dreieck ABC das verlangte.

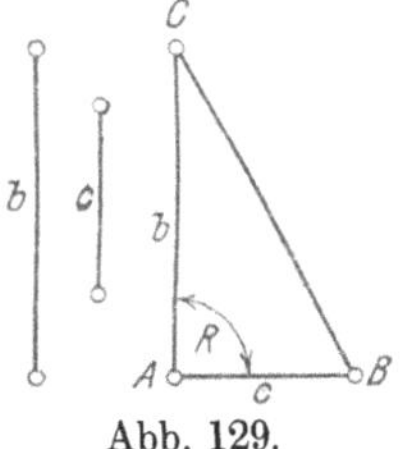


Abb. 129.

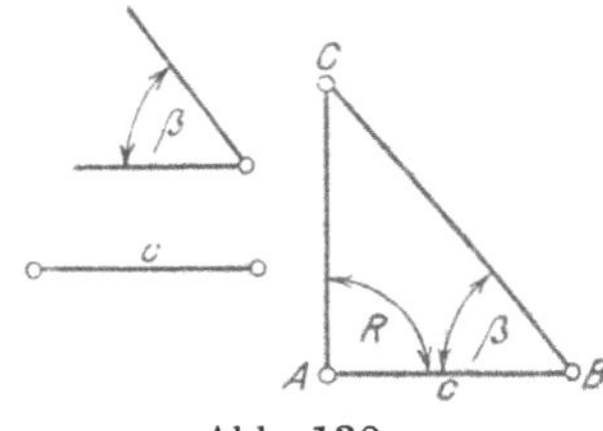


Abb. 130.

2. Es ist ein rechtwinkliges Dreieck zu zeichnen, von welchem die Kathete c und der anliegende spitze Winkel $\beta$ gegeben sind. (Abb. 130.)

Man zeichne einen rechten Winkel R und mache den einen Schenkel AB = c. In B trage man an AB den gegebenen Winkel $\beta$ an und verlängere dessen freien Schenkel bis zum Schnittpunkte C mit dem freien Schenkel des rechten Winkels. Alsdann ist Punkt C der dritte Punkt des Dreiecks und Dreieck ABC das verlangte.

## b) Das gleichschenklige Dreieck.

3. Es ist ein gleichschenkliges Dreieck zu zeichnen, von welchem die Grundlinie c und ein Schenkel a gegeben sind. (Abb. 131.)

Da im gleichschenkligen Dreieck die Schenkel gleich sind, so genügt es, daß nur der eine Schenkel a gegeben ist.

Man zeichne eine Gerade AB und mache diese gleich der gegebenen Grundlinie c. Beschreibt man um A und B mit der Schenkellänge a Kreisbogen, so erhält man in deren Schnittpunkt C den dritten

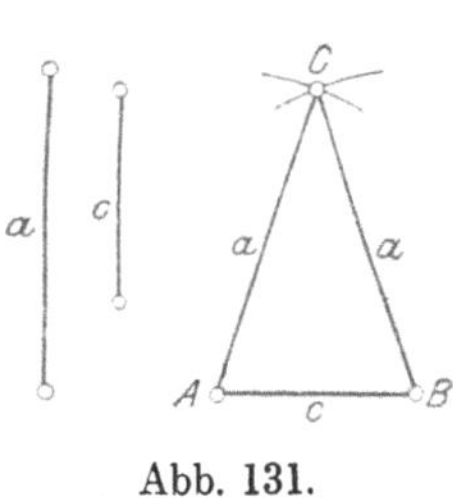


Abb. 131.

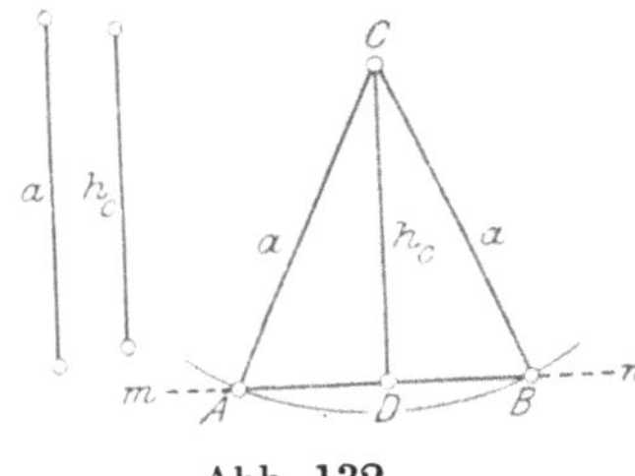


Abb. 132.

Punkt des gesuchten Dreiecks. Verbindet man jetzt C mit A und B durch gerade Linien, so ist Dreieck ABC das verlangte.

4. Es ist ein gleichschenkliges Dreieck zu zeichnen, von welchem ein Schenkel a und die Höhe $h_c$ auf die Grundlinie[1]) gegeben sind. (Abb. 132.)

---

[1]) Vgl. S. 51, Ziffer 63a; Text zu Abb. 104.

Man zeichne eine Gerade mn und errichte in einem beliebigen Punkte D derselben eine Senkrechte DC, welche man gleich der gegebenen Höhe $h_c$ macht. Von C aus beschreibe man mit der Schenkellänge a einen Kreisbogen, welcher die Gerade mn in A und B schneidet. Verbindet man A und B mit C durch gerade Linien, so ist Dreieck ABC das verlangte.

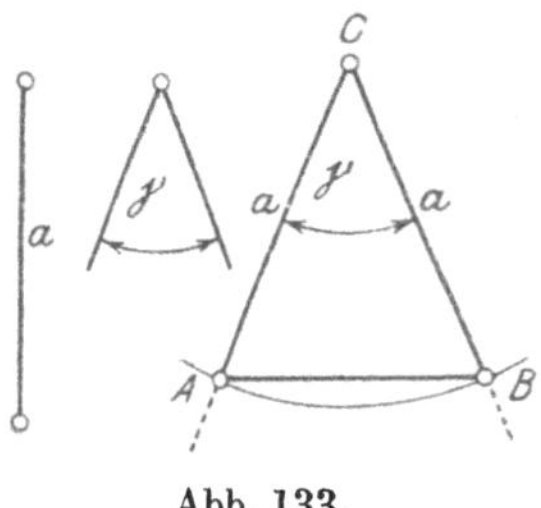

Abb. 133.

5. Es ist ein gleichschenkliges Dreieck zu zeichnen, von welchem ein Schenkel a und der Winkel $\gamma$ an der Spitze gegeben sind. (Abb. 133.)

Man zeichne an einen beliebigen Scheitel C den gegebenen Winkel $\gamma$ und beschreibe um C mit der Schenkellänge a einen Kreisbogen, welcher die Schenkel des Winkels $\gamma$ in A und B schneidet. Verbindet man A und B durch eine Gerade, so ist Dreieck ABC das verlangte.

### c) Das gleichseitige Dreieck.

6. Es ist ein gleichseitiges Dreieck zu zeichnen, von welchem eine Seite a gegeben ist.

Da im gleichseitigen Dreieck die Seiten einander gleich sind, so genügt es, wenn eine Seite a gegeben ist. Diese Aufgabe ist daher entsprechend Aufgabe 3, Seite 50 zu lösen.

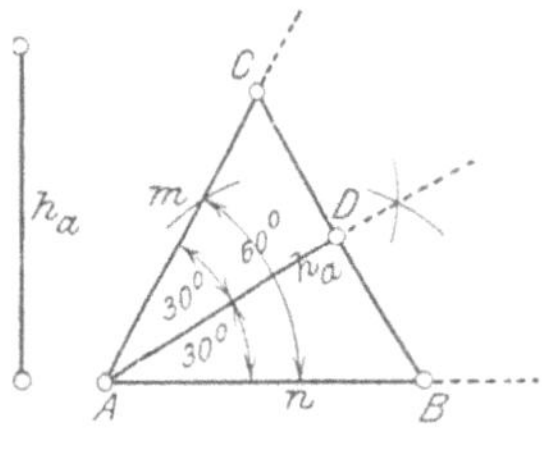

Abb. 134.

7. Es ist ein gleichseitiges Dreieck zu zeichnen, von welchem eine Höhe $h_a$ gegeben ist. (Abb. 134.)

Im gleichseitigen Dreieck ist jeder Winkel $= 60^{\circ}$.[1])

Man zeichne an einen beliebigen Scheitel A einen Winkel $mAn = 60^{\circ}$ und halbiere diesen Winkel[2]); die Halbierende AD mache man gleich der gegebenen Höhe $h_a$. Errichtet man jetzt im Punkte D eine Senkrechte und verlängert diese nach beiden Seiten bis zum Schnitt mit den freien Schenkeln des Winkels von $60^{\circ}$ in B und C, so sind diese Punkte Eckpunkte des gesuchten Dreiecks und ist Dreieck ABC das verlangte.

### d) Das allgemeine Dreieck.

8. Es ist ein Dreieck zu zeichnen, von welchem zwei Seiten $a = 36$ mm, $c = 28$ mm und der von diesen eingeschlossene Winkel $\beta = 75^{\circ}$ gegeben sind.

Die gegebenen drei Stücke entsprechen den Bestimmungsstücken des 1. Kongruenzsatzes. Dieses Dreieck ist mithin nach den Konstruktionsangaben in Aufgabe 1, Seite 48 zu zeichnen.

---

[1]) Vgl. S. 54, Ziffer 66; Text zu Abb. 110.

[2]) „ „ 53, „ 64; letzten, gesperrt gedruckten Satz.

9. Es ist ein Dreieck zu zeichnen, von welchem eine Seite a = 52 mm sowie die beiden an dieser Seite liegenden Winkel $\beta = 37^\circ\, 30'$ und $\gamma = 60^\circ$ gegeben sind.

Die Bestimmungsstücke dieser Aufgabe sind diejenigen des 2. Kongruenzsatzes. Es ist deshalb beim Zeichnen des Dreiecks entsprechend den Konstruktionsangaben in Aufgabe 2, Seite 49 zu verfahren.

10. Es ist ein Dreieck zu zeichnen, von welchem die drei Seiten a = 4 cm, b = 5 cm und c = 7 cm gegeben sind.

Die gegebenen drei Seiten bilden die Bestimmungsstücke des 3. Kongruenzsatzes. Es ist demnach für dieses Dreieck die Konstruktion in Aufgabe 3, S. 50 anzuwenden.

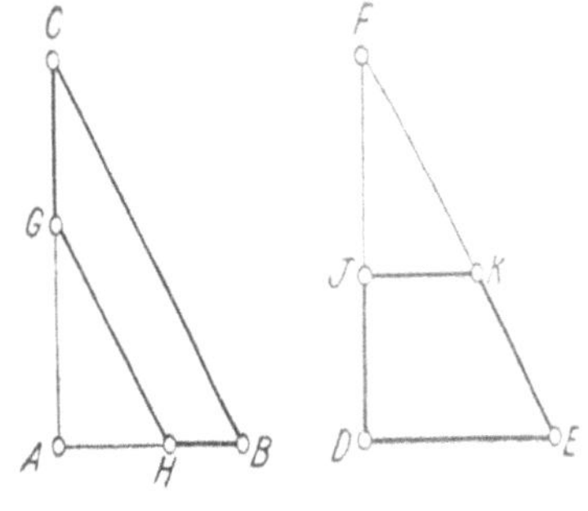

Abb. 135.

11. Es ist ein Dreieck zu zeichnen, von welchem eine Seite c, eine größere Seite a und der dieser größeren Seite gegenüberliegende Winkel $\alpha$ gegeben sind. (Abb. 135.)

Man zeichne eine Gerade AB = c und trage in A den Winkel $\alpha$ an. Beschreibt man um B mit der Länge a der größeren Seite einen Kreisbogen, welcher den freien Schenkel des Winkels $\alpha$ im Punkte C schneidet, so ist dieser der dritte Eckpunkt des gesuchten Dreiecks. Verbindet man B und C durch eine Gerade, so ist Dreieck ABC das verlangte.

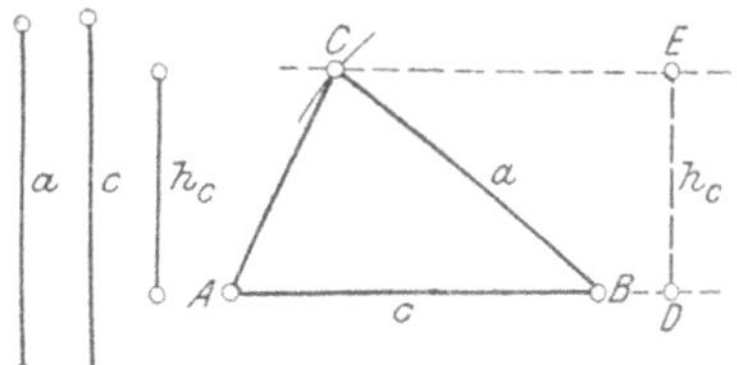

Abb. 136.

12. Es ist ein Dreieck zu zeichnen, von welchem außer den Seiten a und c die Höhe $h_c$ gegeben ist. (Abb. 136.)

Man zeichne eine Gerade AB = c und zu dieser im Abstande $h_c$ eine Parallele CE[1]). Beschreibt man um B mit der Länge a einen Kreisbogen, welcher die Parallele im Punkte C schneidet, so ist dieser der dritte Eckpunkt des gesuchten Dreiecks. Verbindet man C mit A, so ist Dreieck ABC das verlangte.

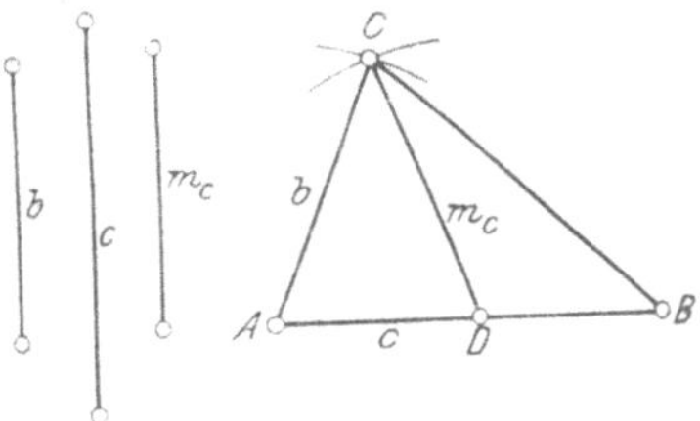

Abb. 137.

13. Es ist ein Dreieck zu zeichnen, von welchem außer den Seiten b und c die Mittellinie[2]) $m_c$ gegeben ist. (Abb. 137.)

---

[1]) Errichte in einem beliebigen Punkte D auf AB oder deren Verlängerung eine Senkrechte DE = $h_c$. Durch den Punkt E lege alsdann eine Parallele nach den Angaben auf S. 58, Aufgabe 7 und 8.

[2]) Vgl. S. 52, Ziffer 63c; Text zu Abb. 106.

Man zeichne eine Gerade $AB = c$ und halbiere[1]) diese in D. Um D beschreibe man mit $m_c$, und um A mit b je einen Kreisbogen, welche sich in C schneiden. Dieser Punkt C ist der dritte Eckpunkt des Dreiecks. Verbindet man C mit A und B, so ist Dreieck ABC das verlangte.

## 70. Übungen[2]).

1. Es ist ein rechtwinkliges Dreieck zu zeichnen, von welchem gegeben sind:
   a) die Kathete c und die Hypotenuse a;
   b) die Hypotenuse a und der anliegende $\measuredangle \beta$;
   c) die Hypotenuse a und die Höhe $h_a$.
   } Beachte hierzu Abb. 94, S. 42.
2. Es ist ein gleichschenkliges Dreieck zu zeichnen, von welchem gegeben sind:
   a) die Grundlinie c und ein anliegender $\measuredangle \alpha$;
   b) die Grundlinie c und die Höhe $h_c$;
   c) der Schenkel a und ein Basiswinkel $\alpha$;
   d) die Höhe $h_c$ und der Winkel $\gamma$ an der Spitze.
   } Beachte hierzu Abb. 131, S. 61.
3. Es ist ein gleichseitiges Dreieck zu zeichnen, von welchem gegeben sind:
   a) eine Seite $a = 50$ mm; $b = 4$ cm; $c = 0{,}45$ dm;[3])
   b) eine Höhe $h_a = 0{,}62$ dm; $h_b = 7$ cm; $h_c = 38$ mm.[3])
   } Beachte hierzu Abb. 110, S. 54.
4. Es ist ein allgemeines Dreieck zu zeichnen, von welchem gegeben sind:
   a) zwei Seiten $a = 55$ mm, $b = 68$ mm und der eingeschlossene Winkel $\gamma = 52^\circ\, 30'$, (Abb. 100);
   b) wie unter a): $b = 6{,}2$ cm, $c = 8$ cm, $\measuredangle \alpha = 105^\circ$;
   c) eine Seite $b = 75$ mm und die beiden anliegenden Winkel $\alpha = 105^\circ$ und $\gamma = 45^\circ$, (Abb. 101);
   d) wie unter c): $c = 5{,}5$ cm, $\measuredangle \alpha = 75^\circ$, $\measuredangle \beta = 37^\circ\, 30'$;
   e) drei Seiten $a = 5{,}2$ cm, $b = 6{,}5$ cm, $c = 7{,}8$ cm;
      „ „ $a = 28$ mm, $b = 48$ mm, $c = 68$ mm;
   f) eine Seite $a = 0{,}5$ dm, eine größere Seite $b = 0{,}7$ dm und der $\measuredangle \beta = 75^\circ$, (Abb. 135);
   g) wie unter f): $b = 42$ mm, $c = 65$ mm, $\measuredangle \gamma = 120^\circ$;
   h) zwei Seiten a, b und die Höhe $h_c$ zur dritten Seite;
   i) eine Seite c, die zugehörige Höhe $h_c$ und der $\measuredangle \alpha$;
   k) zwei Seiten b, c und die Höhe $h_c$;
   l) zwei Seiten $a = 3$ cm, $b = 4$ cm und die Mittellinie $m_c = 3{,}5$ cm, (Abb. 137);
   m) eine Seite $a = 30$ mm, $\measuredangle \beta = 60^\circ$ und die Mittellinie $m_c = 35$ mm.

---

[1]) Vgl. S. 57, Grundaufgabe 3.

[2]) Die folgenden „Übungen" sollen dem Leser Gelegenheit geben, sich in der Ausführung geometrischer Konstruktionen genügende Sicherheit anzueignen. Die Lösungen sind deshalb fortgelassen und von dem Leser selbst zu suchen.

[3]) Jede der Zeilen a) und b) enthält 3 verschiedene Aufgaben.

5. Im II. Teile dieses Buches „**Allgemeine Mechanik**“, Seite 56 bis 65 und im III. Teile „**Festigkeitslehre**“, Seite 174 bis 180 ist **„Das einfache Kurbelgetriebe“** eingehend besprochen. Für den mit der Anordnung eines Kurbelgetriebes weniger Vertrauten ist dasselbe nochmals in Abb 138 dargestellt. Der Zweck des Kurbelgetriebes besteht darin, die geradlinig hin und her gehende Bewegung des Kolbens in die gleichförmige Drehbewegung der Kurbel umzusetzen. Kreuzkopf und Kurbel sind dazu durch die Treibstange gelenkartig verbunden.

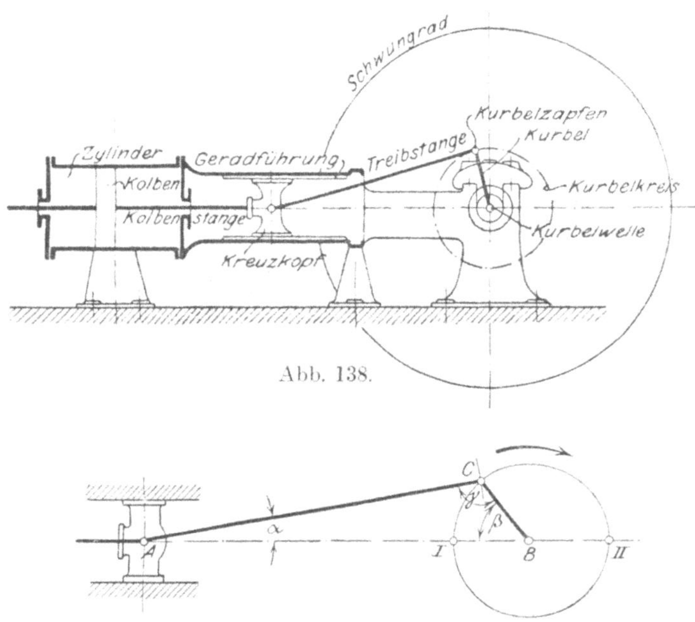


Abb. 138.

Abb. 139.

Aus der in Abb. 138 u. 139 gezeichneten Stellung ist ersichtlich, daß die wagerechte Mittellinie AB der ganzen Maschine mit der Mittellinie AC der Treibstange und der Mittellinie BC der Kurbel ein Dreieck bildet.

Es soll nun im Anschluß an das vorstehend über Dreiecke Gesagte untersucht werden, in welcher Weise sich mit der Änderung der einzelnen Kurbelstellungen die Seitenlänge AB und die Winkelgrößen des Dreiecks ABC gleichzeitig ändern. Die Treibstangenlänge AC zwischen Kreuzkopf und Kurbelzapfenmitte soll, wie allgemein üblich, 5**mal** so lang wie die Länge des Kurbelarmes BC sein, also AC = 5 · BC.

a) Zeichne entsprechend Abb. 139 bei angenommener Rechtsdrehung der Maschine das Kurbelgetriebe, hier also das Dreieck ABC, in den Lagen, in welchen der Winkel

$\beta = 0^\circ, 30^\circ, 45^\circ, 60^\circ, 90^\circ, 135^\circ, 180^\circ, 270^\circ, 300^\circ, 360^\circ$

ist und bestimme dazu die Größen der Winkel $\alpha$ und $\gamma$[1]) sowie der Dreieckseite AB[2]).

b) Die Punkte I und II des Kurbelkreises in Abb. 139 bezeichnet man als „Totpunkte". Wie groß wird AB in den Kurbelstellungen I und II, also in den Totpunktlagen?

c) Wie groß wird AB, wenn das eine Mal der $\sphericalangle\, \gamma$ und das andere Mal der $\sphericalangle\, \beta = 90^\circ$ ist?

d) In welcher Kurbelstellung erreicht der $\sphericalangle\, \alpha$ seinen größten Wert, und wie groß ist er in dieser Stellung?

e) In welchen Kurbelstellungen lassen sich die Winkel $\alpha$ und $\gamma$ ohne Transporteur bestimmen, also genau berechnen?

# VI. Das Viereck.

**71. Bezeichnungen am Viereck.** Jede durch vier gerade Linien begrenzte, ebene Figur heißt ein Viereck. Ein Viereck ensteht, wenn man zwei Dreicke ABC und ADC, welche eine gleiche Seite AC haben, mit dieser aneinander legt. (Abb. 140.)

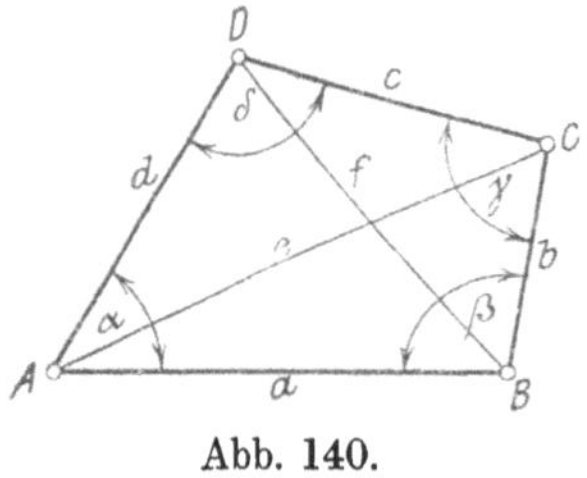

Abb. 140.

Die Geraden AB, BC, CD und DA nennt man die Seiten, ihre Schnittpunkte A, B, C und D die Ecken des Vierecks.

Die Seiten bezeichnet man auch durch kleine lateinische Buchstaben: a, b, c, d und die an den Ecken liegenden Innenwinkel mit kleinen griechischen Buchstaben: $\alpha$, $\beta$, $\gamma$ und $\delta$. (Abb. 140.) Man nennt

die Ecken A und B aufeinanderfolgende Ecken,
„ „ A „ C gegenüberliegende „
„ Winkel $\beta$ „ $\gamma$ aufeinanderfolgende Winkel,
„ „ $\beta$ „ $\delta$ gegenüberliegende „
„ Seiten c „ d anliegende Seiten,
„ „ c „ a Gegenseiten.

Die hier nicht aufgeführten übrigen Stücke werden entsprechend bezeichnet.

Die Verbindungslinie zweier gegenüberliegender Ecken nennt man Diagonale oder Eckenlinie. Jedes Viereck hat zwei Diagonalen: AC und BD, welche man ebenfalls mit kleinen lateinischen Buchstaben, hier e und f, bezeichnet. (Abb. 140.)

---

[1]) Diese Winkelmessung muß da, wo erforderlich, mittels eines Transporteurs vorgenommen werden. Vgl. S. 20, Ziffer 38; Text zu Abb. 63.

[2]) Es wird sich empfehlen, die Länge BC in runder Millimeterzahl anzunehmen, etwa BC = 25 mm; dann wird AC = 5 · 25 = 125 mm lang.

Vgl. hierzu auch „W. u. St., Trigonometrie 1919, S. 63 bis 68". Hier sind die Winkelbeziehungen am Kurbelgetriebe eingehend besprochen!

**72. Einteilung der Vierecke.** Nach der Lage der Seiten zueinander unterscheidet man drei Arten von Vierecken:

a) das Parallelogramm, ein Viereck, in welchem je zwei Gegenseiten parallel sind. (Abb. 141.)

b) das Trapez, ein Viereck, in welchem nur ein Paar Gegenseiten parallel sind. (Abb. 152.)

c) das allgemeine Viereck oder Trapezoid, ein Viereck, in welchem kein Seitenpaar unter sich parallel ist. (Abb. 140.)

**73. Winkelsumme im Viereck.** In Abb. 140 teilt jede der beiden Diagonalen das Viereck ABCD in zwei Dreiecke. Durch die Diagonale AC entstehen die Dreiecke ABC und ADC. Nun ist nach Seite 43, Ziffer 54

die Winkelsumme im Dreieck ABC $= 180^\circ = 2R$ und
" " " " ADC $= 180^\circ = 2R$. Folglich ist

die Winkelsumme im Viereck ABCD $= 360^\circ = 4R$.

Teilt man das Viereck durch die Diagonale BD in die Dreiecke ABD und CBD, so kommt man zu genau demselben Ergebnis. Hieraus folgt:

**In jedem Viereck ist die Summe der Innenwinkel $= 360^\circ = 4R$.**

**74. Das Parallelogramm.** Im Parallelogramm ABCD (Abb. 141) kann man jede der vier Seiten als Grundlinie auffassen; im allgemeinen bezeichnet man die Seite als Grundlinie, welche dem Beschauer gegenüber wagerecht oder angenähert wagerecht erscheint.

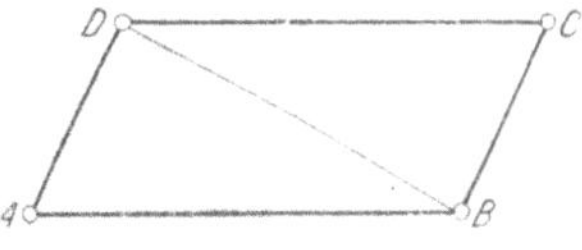

Abb. 141.

Den Abstand[1]) der Grundlinie von der parallelen Gegenseite nennt man die Höhe des Parallelogramms.

Jedes Parallelogramm hat demnach zwei Höhen.

Zieht man in Abb. 141 die Diagonale BD, so entstehen die Dreiecke ABD und CBD. In diesen ist

$$BD = BD,$$
$$\sphericalangle ADB = \sphericalangle CBD \quad \text{als Wechselwinkel an}$$
$$\sphericalangle ABD = \sphericalangle CDB \quad \text{Parallelen. Mithin:}$$
$$\triangle ABD \cong \triangle CDB.^{2)}$$

Hieraus folgt:

**Jede Diagonale teilt das Parallelogramm in zwei kongruente Dreiecke.**

**75. Folgerungen.** a) Aus der Kongruenz der Dreiecke ABD und CDB folgt:

1. **AB = DC** und **AD = BC**. In Worten:

**In jedem Parallelogramm sind die Gegenseiten gleich.**

2. $\sphericalangle$ **DAB** = $\sphericalangle$ **BCD.** In Worten:

[1]) Vgl. S. 30, Ziffer 40; Text zu Abb. 65.
[2]) 2. Kongruenzsatz.

**In jedem Parallelogramm sind die gegenüberliegenden Winkel gleich.**

Ebenso muß auch $\sphericalangle ABC = \sphericalangle CDA$ sein, denn es ist nach Abb. 141:

$$\left.\begin{array}{l}\sphericalangle ABD = \sphericalangle CDB\\ \sphericalangle DBC = \sphericalangle BDA\end{array}\right\}\begin{array}{l}\text{als Wechselwinkel,}\\ \text{folglich}^{1)}\text{:}\end{array}$$

$\sphericalangle ABD + \sphericalangle DBC = \sphericalangle CDB + \sphericalangle BDA$. Das heißt aber:

3. $\sphericalangle ABC = \sphericalangle CDA$.

Zu demselben Schlusse kommt man, wenn man in Abb. 141 die Diagonale AC zieht und den Inhalt des Satzes in Ziffer 62 d) Seite 51 anwendet.

b) Bringt man in Abb. 142 durch Parallelverschiebung[2]) den Winkel $\alpha$ in die Lage $\alpha_1$, daß sich also der Scheitel A mit dem Scheitel B des Winkels $\beta$ deckt, so decken sich auch die Schenkel AD und BC, und der Schenkel AB des Winkels $\alpha$ fällt in die punktierte Verlängerung des Schenkels BA von Winkel $\beta$. Damit wird $\sphericalangle \alpha$ Nebenwinkel zu $\sphericalangle \beta$. Nach Seite 17, Ziffer 35 betragen aber Nebenwinkel zusammen $180^\circ = 2R$; folglich:

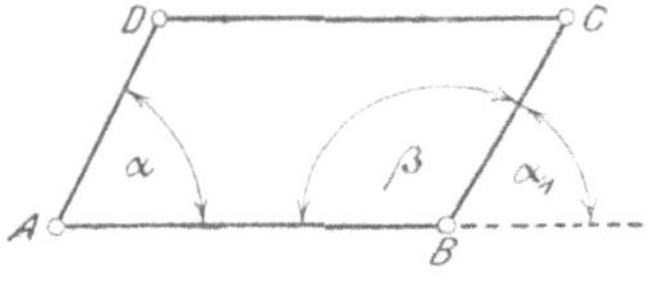

Abb. 142.

4. $\alpha + \beta = 180^\circ = 2R$. In Worten:

**In jedem Parallelogramm ist die Summe zweier aufeinanderfolgender Winkel $= 180^\circ = 2R$.**

Der Nachweis dieses Satzes folgt auch unmittelbar aus Ziffer 48 c, $\beta$), Seite 38.

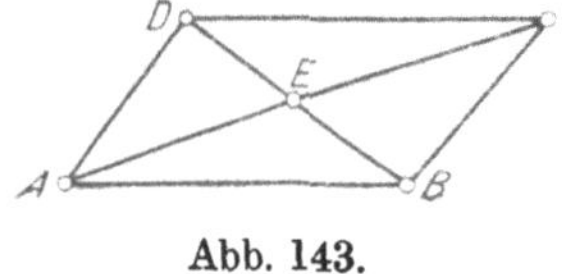

Abb. 143.

Aus den Folgerungen 2 und 3 geht ohne weiteres hervor, daß in einem Parallelogramm durch einen Winkel alle anderen mitbestimmt werden.

Ist in einem Parallelogramm ein Winkel ein Rechter, so sind alle Winkel rechte Winkel.

c) Zieht man in Abb. 143 beide Diagonalen AC und BD, so ist in den hierdurch entstehenden Dreiecken AEB und CED:

$$AB = DC \text{ als Gegenseiten,}$$
$$\left.\begin{array}{l}\sphericalangle EBA = \sphericalangle EDC\\ \sphericalangle EAB = \sphericalangle ECD\end{array}\right\}\text{ als Wechselwinkel. Mithin:}$$
$$\triangle AEB \cong \triangle CED.^{3)}$$

Aus der Kongruenz dieser Dreiecke folgt:

5. $AE = EC$ und $BE = ED$. In Worten:

---

[1]) Vgl. W. u. St., Arithm. u. Algebra S. 133, Ziffer 109.
[2]) „ S. 37, Ziffer 47. [3]) 2. Kongruenzsatz.

**In jedem Parallelogramm halbieren sich die Diagonalen gegenseitig.**

**76. Einteilung der Parallelogramme.** Je nachdem die Seiten eines Parallelogramms gleich oder ungleich, die Winkel rechte, oder spitze und stumpfe Winkel sind, unterscheidet man 4 Arten von Parallelogrammen:

1. Das Quadrat, ein gleichseitig-rechtwinkliges Parallelogramm. (Abb. 144).

2. Das Rechteck, ein ungleichseitig-rechtwinkliges Parallelogramm. (Abb. 145).

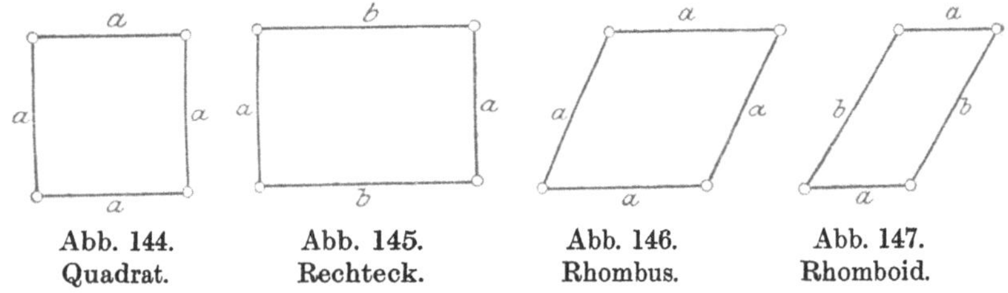


Abb. 144. Quadrat. Abb. 145. Rechteck. Abb. 146. Rhombus. Abb. 147. Rhomboid.

3. Die Raute oder der Rhombus, ein gleichseitig-schiefwinkliges Parallelogramm. (Abb. 146.)

4. Das Rhomboid, ein ungleichseitig-schiefwinkliges Parallelogramm; das allgemeine Parallelogramm. (Abb. 147.)

Die Eigenschaften des letzteren sind bereits in Ziffer 74 und 75 besprochen.

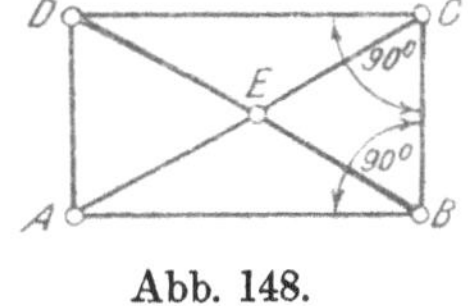


Abb. 148.

Verbindet man in den Parallelogrammen (Abb. 144 bis 147) die Mitten gegenüberliegender Seiten durch gerade Linien, so werden diese als „Mittellinien“ bezeichnet.

**77. Das Rechteck.** Im Rechteck sind sämtliche Winkel rechte Winkel, also jeder $= R = 90^{\circ}$; je zwei Gegenseiten sind einander gleich. (Abb. 148.)

Zieht man in Abb. 148 die Diagonalen, so ist

$$\begin{array}{l} AB = DC \text{ als Gegenseiten,} \\ BC = BC \text{ und} \\ \underline{\sphericalangle ABC = \sphericalangle DCB \text{ als Rechte. Mithin:}} \\ \triangle ABC \cong \triangle DCB.^{1)} \end{array}$$

Aus der Kongruenz dieser Dreiecke folgt:

$AC = BD$. In Worten:

**In jedem Rechteck sind die Diagonalen einander gleich.**

Da das Rechteck ein Parallelogramm ist, so besitzt es auch ohne weiteres die sonstigen Eigenschaften desselben. (Vgl. Ziffer 74 und 75).

---

[1]) 1. Kongruenzsatz.

Es werden sich mithin auch die Diagonalen in demselben gegenseitig halbieren; die vier Stücke derselben müssen untereinander gleich sein, d. h. es muß AE = BE = CE = DE sein. Der Schnittpunkt E der Diagonalen in Abb. 148 ist demnach der Mittelpunkt eines Kreises, den man durch die Ecken des Rechtecks legen kann.

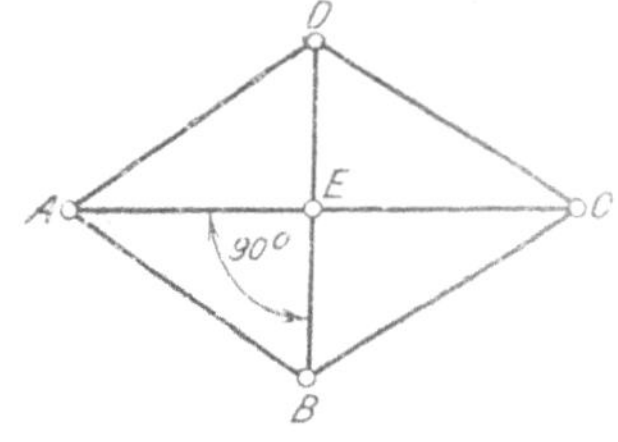

Abb. 149.

**78. Die Raute** oder **der Rhombus.** Im Rhombus sind sämtliche Seiten und je zwei gegenüberliegende Winkel gleich. (Abb. 149.)

Zieht man in Abb. 149 beide Diagonalen, so sind die auf diese Weise entstehenden Dreiecke ABE, BEC, CED und DEA kongruent nach dem 3. Kongruenzsatze. Aus dieser Kongruenz folgt:

1. $\measuredangle$ AEB = $\measuredangle$ CEB = $\measuredangle$ CED = $\measuredangle$ AED = R = 90°[1]).
2. $\measuredangle$ BAE = $\measuredangle$ DAE = $\measuredangle$ DCE = $\measuredangle$ BCE.
3. $\measuredangle$ ABE = $\measuredangle$ CBE = $\measuredangle$ CDE = $\measuredangle$ ADE. In Worten:

**In jedem Rhombus stehen die Diagonalen senkrecht aufeinander und halbieren die Innenwinkel desselben.**

Die Raute oder der Rhombus besitzt als Parallelogramm auch die sonstigen Eigenschaften desselben.

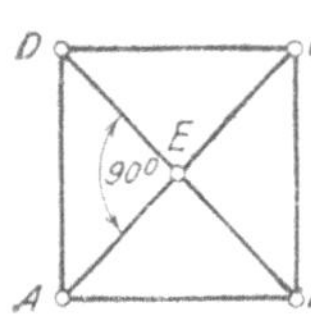

Abb. 150.

**79. Das Quadrat.** Ein Quadrat kann man auffassen als ein Rechteck mit gleichen Seiten, oder auch als einen Rhombus mit rechten Winkeln. (Abb. 150.)

Da demnach ein Quadrat zugleich Parallelogramm, Rechteck und Rhombus ist, so besitzt es auch ohne weiteres sämtliche Eigenschaften dieser Vierecke. (Vgl. Ziffer 74 bis 78.)

In bezug auf die Diagonalen gilt folgendes:

**In jedem Quadrat sind die Diagonalen einander gleich, stehen senkrecht aufeinander. halbieren sich gegenseitig und die Innenwinkel des Quadrates.**

Der Schnittpunkt E der Diagonalen ist auch aus dem beim Rechteck angegebenen Grunde Mittelpunkt des durch die Ecken des Quadrates gehenden Kreises.

**80. Umkehrungen.** Sämtliche vorstehend über Parallelogramme entwickelten Sätze lassen sich umkehren:

Ein Viereck ist ein Parallelogramm,

1. wenn die gegenüberliegenden Seiten gleich sind;
2. wenn die gegenüberliegenden Winkel gleich sind;
3. wenn die Summe zweier aufeinander folgender Winkel gleich 180° = 2R ist;
4. wenn sich die Diagonalen gegenseitig halbieren;
5. wenn zwei Gegenseiten gleich und parallel sind;

[1]) Vgl. S. 54, Ziffer 65; letzten Satz.

6. wenn zwei Gegenseiten parallel und zwei gegenüberliegende Winkel gleich sind.

Die für das Rechteck, den Rhombus und das Quadrat geltenden sinngemäßen Umkehrungen möge der Leser selbst bilden!

81. **Parallelen zwischen Parallelen.** Werden in einem Parallelogramm sämtliche Seiten über die Ecken hinaus verlängert (Abb. 151), so kann man annehmen, daß zwei Parallelen von zwei anderen Parallelen geschnitten werden. Der Satz in Ziffer 75a): „In jedem Parallelogramm sind die Gegenseiten gleich", läßt sich alsdann abändern in:

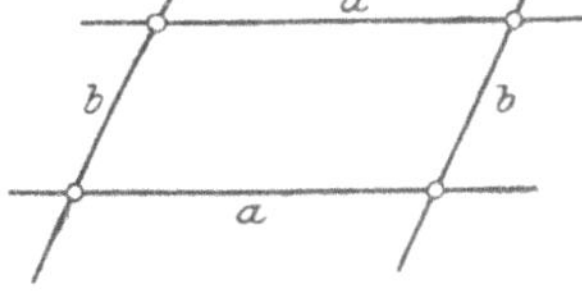

Abb. 151.

Parallelen zwischen Parallelen sind einander gleich.

Weiter folgt hieraus:

Sind in einem Viereck zwei gegenüberliegende Seiten **gleich und parallel**, so sind es auch die anderen Seiten.

82. **Das Trapez.** a) Ein Viereck, in welchem nur ein Paar Gegenseiten parallel sind, nennt man Trapez. Ein Trapez ABCD entsteht, wenn man von einem beliebigen Dreieck ABE durch eine Parallele DC zu der Seite AB die Spitze, d. i. das $\triangle$ CDE, abschneidet. (Abb. 152.)

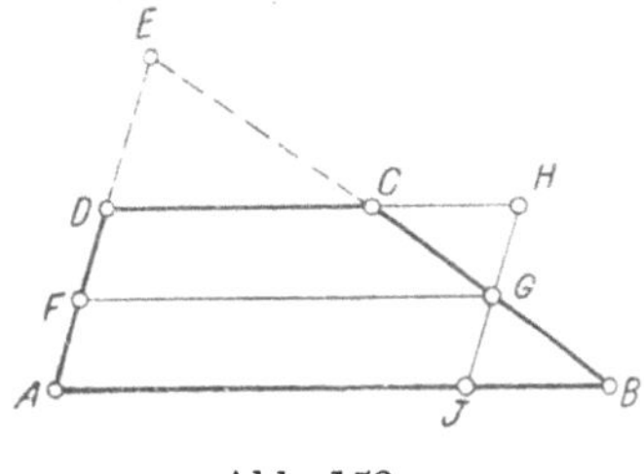

Abb. 152.

Die parallelen Seiten AB und DC werden als Grundlinien bezeichnet; hierbei ist im besonderen AB die große, DC die kleine Grundlinie. Die nicht parallelen Seiten AD und BC bilden die Schenkel des Trapezes. Der Abstand der beiden Grundlinien heißt Höhe; die Verbindungslinie FG der Mitten der nicht parallelen Seiten wird Mittellinie genannt.

b) Sind die Schenkel AD und BC gleich lang, ist also AD = BC, so heißt das Trapez gleichschenklig. (Abb. 153.) Ein gleichschenkliges Trapez entsteht, wenn man von einem gleichschenkligen Dreieck durch eine Parallele zur Grundlinie die Spitze abschneidet.

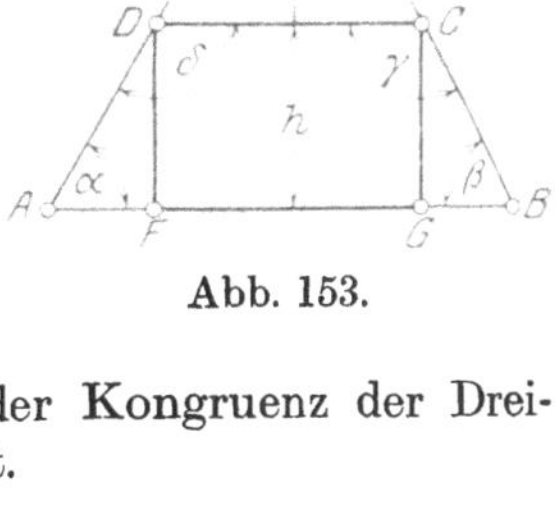

Da im gleichschenkligen Dreieck die Basiswinkel gleich sind, so müssen auch die Winkel an der großen Grundlinie AB des gleichschenkligen Trapezes gleich sein, d. h. es muß

$$\measuredangle \alpha = \measuredangle \beta \text{ sein.}$$

Daß auch $\measuredangle \gamma = \measuredangle \delta$

Abb. 153.

ist, möge der Leser selbst beweisen. Ebenso, daß AF = BG ist, was sich mit Hilfe der Kongruenz der Dreiecke AFD und BGC leicht durchführen läßt.

**83. Die Mittellinie im Trapez.** a) Halbiert man in Abb. 152 den Schenkel AD in F und zieht man durch F eine Parallele zu den Grundlinien des Trapezes, so schneidet diese den anderen Schenkel in G. Zieht man weiter durch G die Parallele HI zu dem Schenkel AD, so entstehen zwei Parallelogramme AFGI und FDHG, in welchen, da nach Konstruktion AF = FD war, auch

IG = GH sein muß. Ferner ist
$\sphericalangle$ GHC = $\sphericalangle$ GIB als Wechselwinkel und
$\sphericalangle$ CGH = $\sphericalangle$ BGI als Scheitelwinkel. Mithin:

$\triangle$ CGH $\cong$ $\triangle$ BGI.

Aus der Kongruenz dieser Dreiecke folgt:

1. **BG = GC.** In Worten:

**Die Parallele durch die Mitte eines Schenkels eines Trapezes geht auch durch die Mitte des anderen Schenkels.**

Die Mittellinie eines Trapezes ist also stets parallel zu dessen Grundlinien.

2. **IB = CH.**

b) Für die Größe der Mittellinie m eines Trapezes ergibt sich mit den Bezeichnungen in Abb. 154 folgendes: Es ist

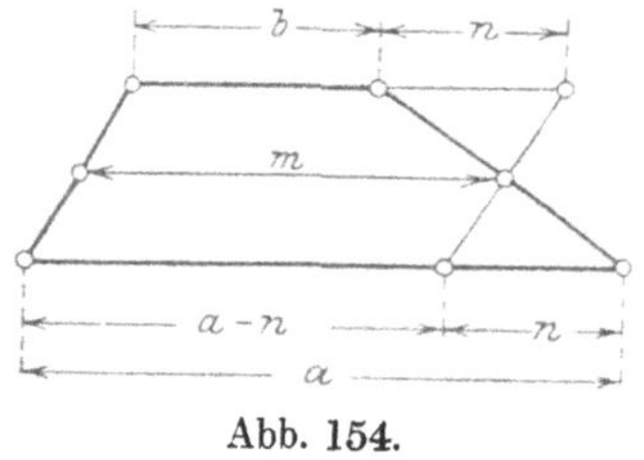


Abb. 154.

m = b + n und ebenso
m = a — n. Folglich[1]):

2m = a — n + b + n, oder
2m = a + b. Mithin:

$$m = \frac{a+b}{2}.$$ In Worten:

**Die Mittellinie eines Trapezes ist gleich der halben Summe seiner Grundlinien,** oder auch:

Die Mittellinie eines Trapezes ist gleich dem arithmetischen Mittel[2]) seiner Grundlinien.

Aus Abb. 154 ergibt sich weiter:

b + n = a — n, oder[3])
2n = a — b. Folglich:

$$n = \frac{a-b}{2}.$$

c) Macht man den Abstand der Grundlinien a und b in Abb. 154 größer und größer derart, daß b sich immer mehr der Spitze des Dreiecks nähert, aus welchem das Trapez entstanden ist, so wird die Grundlinie b und auch die Mittellinie m immer kleiner und kleiner; die Grundlinie b wird = Null, wenn sie durch die Spitze E des Drei-

---

[1]) Vgl. W. u. St., Arithm. u. Algebra S. 133, Ziffer 109.
[2]) „ „ „ „ „ „ „ „ 196, Fußnote 1.
[3]) „ „ „ „ „ „ „ „ 132, Ziffer 108g.

ecks ABE in Abb. 155 geht. Setzt man in der vorstehenden Gleichung für m den Wert 0 an die Stelle von b, so erhält man:

$$m = \frac{a + 0}{2} \text{ oder auch}^{1)}$$

$$m = \frac{a}{2}, \text{ d. h. in bezug auf Abb. 155:}$$

α) Die Verbindungslinie der Mitten zweier Dreieckseiten ist parallel zur dritten Seite und halb so groß als diese.

β) Die Parallele zu einer Dreieckseite durch die Mitte einer zweiten Seite halbiert auch die dritte Seite.

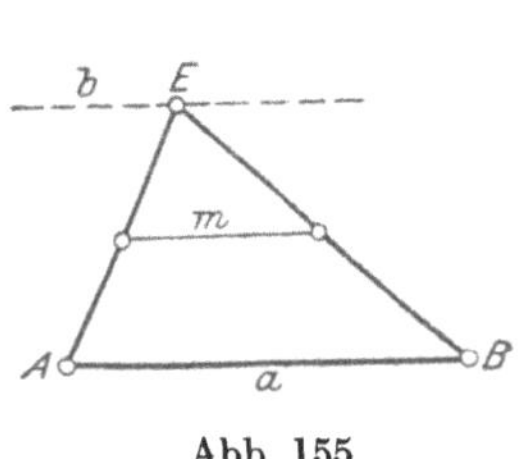


Abb. 155.

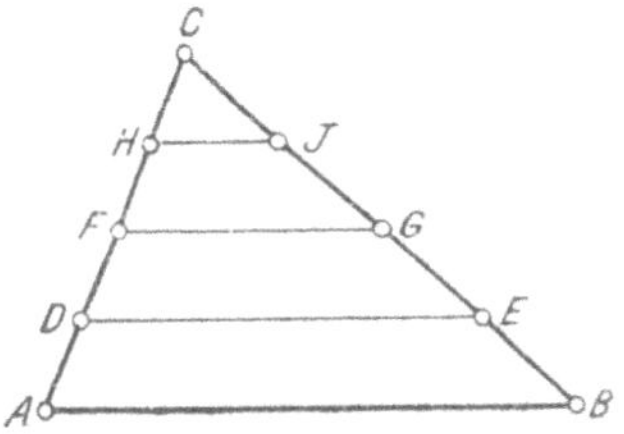

Abb. 156.

**84. Teilung einer Dreieckseite.** In dem Dreieck ABC (Abb. 156) ist die Seite AC in vier gleiche Teile geteilt, so daß

$$AD = DF = FH = HC$$

ist. Zieht man durch die Teilpunkte D, F und H Parallelen zur Grundlinie AB, so muß nach Ziffer 83c)

im Dreieck FCG: CJ = JG, ferner nach Ziffer 83a)
„ Trapez DHJE: JG = GE und ebenso
„ „ AFGB: GE = EB sein.

Aus diesen 3 Gleichungen folgt:

CJ = JG = GE = EB. In Worten:

Teilt man eine Dreieckseite in eine beliebige Anzahl gleicher Teile und zieht man durch die Teilpunkte Parallelen zu einer der beiden anderen Seiten, so wird die dritte Seite in dieselbe Anzahl gleicher Teile geteilt.

Hätte man also durch die Punkte D, F und H Parallelen zur Seite BC gezogen, so wäre die Seite AB in vier gleiche Teile geteilt worden; würde man die Seite AC in 5, 6, 7 ... n gleiche Teile teilen, so würden auch die Seiten BC bzw. AB in 5, 6, 7 ... n gleiche Teile geteilt werden.

**85. Teilung einer Geraden.** Vielfach angewendet wird der vorstehende Satz bei der Lösung der Aufgabe:

---

1) Vgl. W. u. St., Arithm. u. Algebra S. 60, Ziffer 61; 1.

Eine gegebene gerade Linie ist in beliebig viele gleiche Teile zu teilen. (Abb. 157.)

Ist AB die zu teilende Gerade, welche hier z. B. in 10 gleiche Teile geteilt werden soll, so ziehe man durch B unter einem beliebigen Winkel eine Gerade BC, trage auf dieser eine beliebige Länge 10 mal auf bis zum Punkte C und verbinde C mit A. Zieht man jetzt durch die Teilpunkte 1, 2, 3 . . . 10 der Geraden BC Parallelen zu AC, so teilen diese die gegebene Linie AB in 10 gleiche Teile.

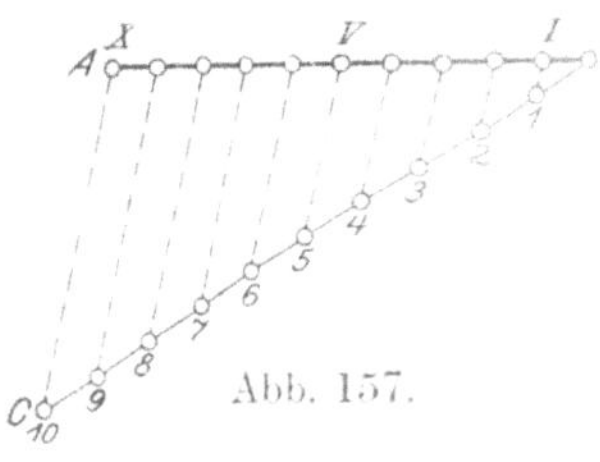

Abb. 157.

Die Anzahl der Teile ist ohne Einfluß auf das Verfahren.

Zu bemerken ist hierbei, daß die Längen der Parallelen durch die Teilpunkte in ganz bestimmter Weise zunehmen. Setzt man

die Länge der Parallelen durch 1 = n, so ist
„ „ „ „ „ 2 = 2 · n,
„ „ „ „ „ 5 = 5 · n und
„ „ „ „ „ 10 = 10 · n.

Die Längen der einzelnen Parallelen sind sämtlich Vielfache der kleinsten Parallelen 1 bis I.

86. **Kongruenz der Vierecke.** Vierecke, welche in drei Seiten und den von diesen eingeschlossenen Winkeln übereinstimmen, sind kongruent.

## 87. Aufgaben über das Viereck.

Jedes Viereck wird durch eine Diagonale in zwei Dreiecke zerlegt. Zur Konstruktion eines dieser Dreiecke sind nach Seite 60, Ziffer 69 **drei** Stücke erforderlich. An dem zweiten Dreieck bildet die Diagonale eine Seite; demnach sind zu dessen Bestimmung nur noch zwei Stücke notwendig. Es sind mithin zur Konstruktion eines allgemeinen Vierecks **fünf** Stücke erforderlich.

Jedes Parallelogramm wird durch eine Diagonale in zwei kongruente[1]) Dreiecke zerlegt. Es genügen mithin zur Konstruktion eines Parallelogramms **drei** Stücke, da, wenn ein Teildreieck bekannt ist, dieses leicht zum Parallelogramm vervollständigt werden kann.

Jedes Rechteck wird durch eine Diagonale in zwei rechtwinklige, kongruente Dreiecke und

Jeder Rhombus wird durch seine Diagonalen in vier rechtwinklige, kongruente Dreiecke zerlegt; ein rechtwinkliges Dreieck ist aber durch zwei Stücke bestimmt[2]). Es sind mithin zur Konstruktion eines Rechtecks oder eines Rhombus nur **zwei** Stücke erforderlich.

---

[1]) Vgl. S. 67, Ziffer 74.

[2]) „ „ 61, „ 69a. Der rechte Winkel ist als drittes Stück stillschweigend mitgegeben.

Ein Quadrat ist durch **ein** Stück bestimmt.

Jedes Trapez hat parallele Grundlinien; diese Eigenschaft ersetzt ein Bestimmungsstück. Zur Konstruktion eines Trapezes sind mithin nur **vier** Stücke erforderlich.

Zur Konstruktion eines gleichschenkligen[1]) Trapezes sind, da hier sowohl die Gleichheit der Schenkel als auch die der Basiswinkel je ein weiteres Bestimmungsstück ersetzen, nur **drei** Stücke erforderlich.

**88. Bezeichnungen für die Konstruktionsaufgaben.** Die Abbildungen zu den folgenden Konstruktionsaufgaben über das Quadrat, das Rechteck, den Rhombus, das Parallelogramm, das Trapez und das allgemeine Viereck sollen durchweg nachstehende Bezeichnungen erhalten:

Die Ecken des Vierecks heißen in jedem Falle A, B, C, D mit den sinngemäß zugehörigen Innenwinkeln $\alpha$, $\beta$, $\gamma$, $\delta$. Die Seiten sind AB = a, BC = b, CD = c und DA = d. Die Diagonalen heißen AC = e, BD = f und der Winkel, welchen dieselben miteinander einschließen, sei = $\varepsilon$. Weitere Winkel werden besonders bezeichnet. Höhen tragen je nach ihrer Zugehörigkeit zu bestimmten Seiten die Bezeichnungen $h_a$, $h_b$ ... usw. (Vgl. auch Abb. **140**, Seite 66).

### 89. Konstruktionsaufgaben.

1. Es ist ein Quadrat zu zeichnen, von welchem die Seite a gegeben ist. (Abb. 158.)

Man zeichne eine Gerade AB = a, errichte in A und B die Senkrechten[2]) AD und BC, welche man ebenfalls gleich a macht. Verbindet man C mit D, so ist Quadrat ABCD das verlangte.

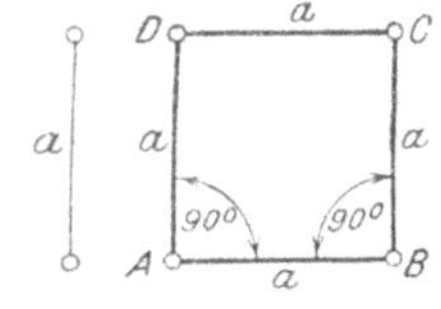

Abb. 158.

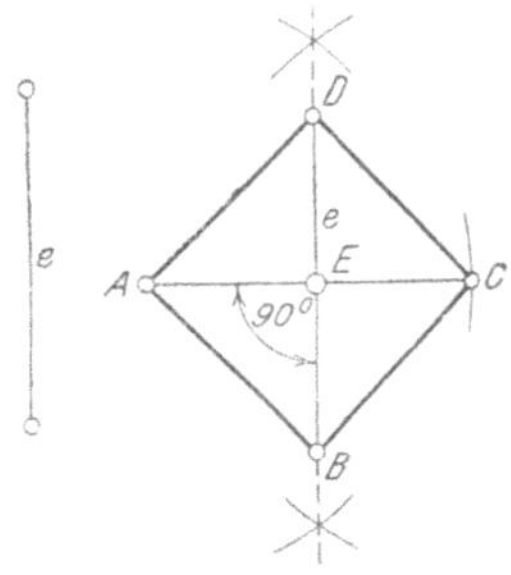

Abb. 159.

2. Es ist ein Quadrat zu zeichnen, von welchem eine Diagonale e gegeben ist. (Abb. 159.)

Man zeichne eine Gerade AC = e, errichte in deren Mitte E eine Senkrechte[3]) und mache EA = EC = EB

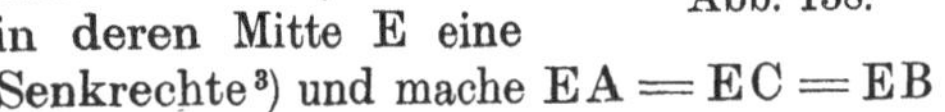

$= \text{ED} = \frac{e}{2}\cdot$ Verbindet man A, B, C und D durch gerade Linien, so ist Quadrat ABCD das verlangte.

3. Es ist ein Rechteck zu zeichnen, von welchem eine Seite a und die Diagonale e gegeben sind. (Abb. 160.)

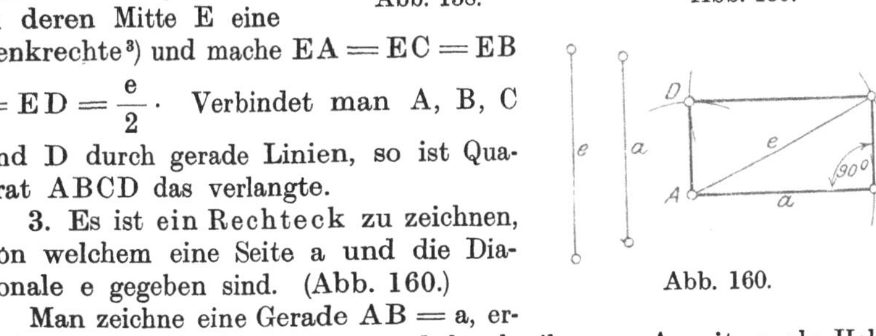

Abb. 160.

Man zeichne eine Gerade AB = a, errichte in B eine Senkrechte und beschreibe um A mit e als Halbmesser einen Kreisbogen, welcher diese Senkrechte in C schneidet.

---

[1]) Vgl. S. 71, Ziffer 82b. [2]) Vgl. S. 57, Aufgabe 5. [3]) Vgl. S. 57, Aufgabe 4.

Das so entstandene rechtwinklige Dreieck ABC ist die Hälfte des gesuchten Rechtecks.[1]) Beschreibt man jetzt einen Kreisbogen um C mit dem Halbmesser a und um A mit dem Halbmesser BC, so ist deren Schnittpunkt D der vierte Punkt des gesuchten Rechtecks ABCD.

4. Es ist ein Rechteck zu zeichnen, von welchem eine Seite a und der Winkel $\varepsilon$, den diese Seite mit der Eckenlinie e einschließt, gegeben sind.

Man mache in Abb. 161 AB = a, errichte in B eine Senkrechte und trage in A den Winkel $\varepsilon$ an. Alsdann ist der Schnittpunkt C dieser Senkrechten mit dem freien Schenkel des Winkels $\varepsilon$ ein Punkt des Rechtecks und das Dreieck ABC die Hälfte desselben. Vervollständigt man, wie bei Abb. 160 angegeben, zum Parallelogramm, so ist Rechteck ABCD das verlangte.

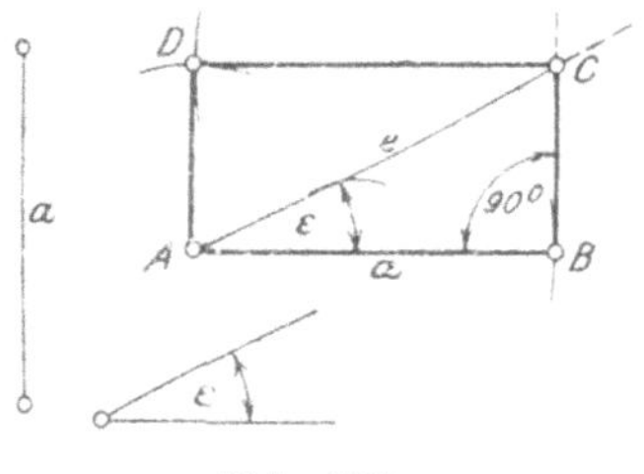


Abb. 161.

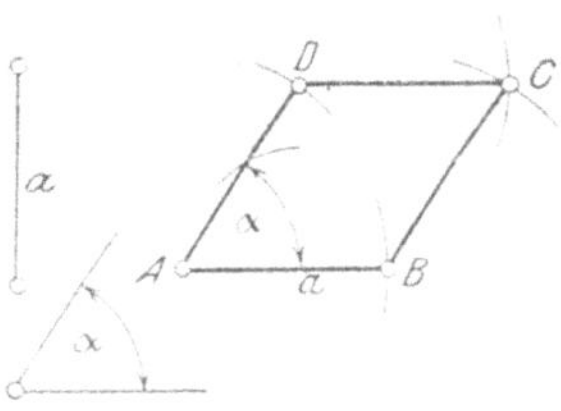


Abb. 162.

5. Es ist ein Rhombus zu zeichnen, von welchem die Seite a und ein Innenwinkel $\alpha$ gegeben sind.

Man mache in Abb. 162 AB = a, trage in A den Winkel $\alpha$ an und beschreibe um A mit der Seite a einen Kreisbogen, welcher den freien Schenkel des Winkels $\alpha$ in D schneidet. Alsdann ist D der dritte Punkt des gesuchten Rhombus. Beschreibt man weiter um B und D Kreisbogen mit der Seite a, so ist deren Schnittpunkt C der vierte Punkt und das Parallelogramm ABCD der verlangte Rhombus.

6. Es ist ein Rhombus zu zeichnen, von welchem eine Diagonale e und der von derselben getroffene Innenwinkel $\alpha$ gegeben sind. (Abb. 163.)

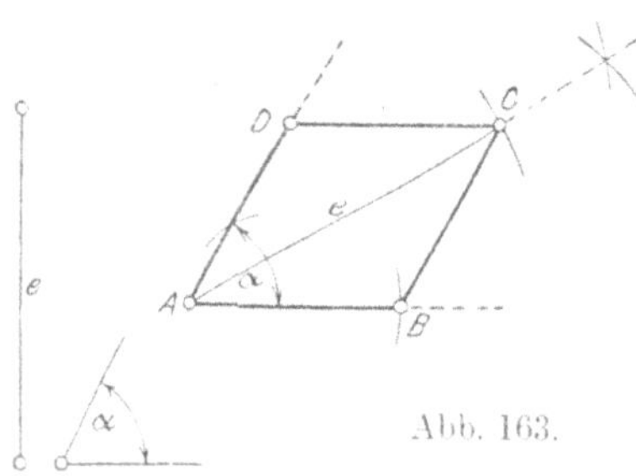


Abb. 163.

Man zeichne eine beliebige Gerade AB, trage in A den Winkel $\alpha$ an und halbiere diesen Winkel[2]). Trägt man auf der Winkelhalbierenden von A aus die Diagonale e bis zum Punkte C ab und zieht durch C Parallelen zu den Schenkeln des Winkels $\alpha$, so schneiden diese die Schenkel in B und D. Das Parallelogramm ABCD ist alsdann der verlangte Rhombus.

[1]) Vgl. S. 67, Ziffer 74. [2]) Vgl. S. 70, Ziffer 78.

Die Punkte B und D erhält man auch, wenn man die Diagonale AC halbiert und im Halbierungspunkte die Mittelsenkrechte errichtet. Diese schneidet ebenfalls auf den Schenkeln des Winkels $\alpha$ die Eckpunkte B und D des gesuchten Rhombus ab.

7. Es ist ein Parallelogramm zu zeichnen, von welchem zwei Seiten a und b sowie eine Diagonale e gegeben sind.

Man zeichne, wie in Abb. 164 dargestellt, eine Gerade AC = e. Beschreibt man um A und C mit den Seiten a und b als Halbmesser Kreisbogen, so schneiden sich diese in B und D. Verbindet man diese Punkte durch gerade Linien mit A und C, so ist das Parallelogramm ABCD das verlangte.

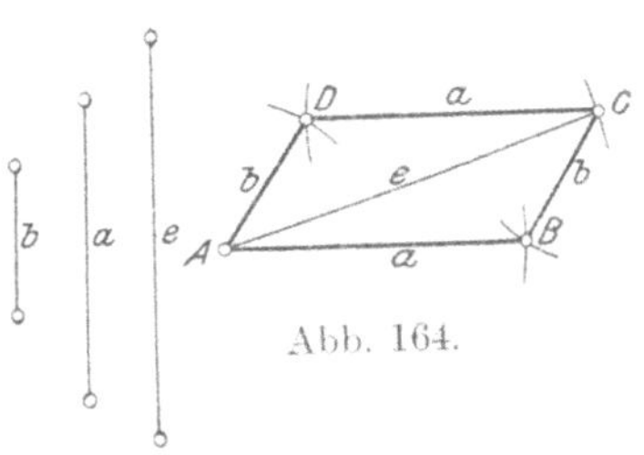

Abb. 164.

8. Es ist ein Parallelogramm zu zeichnen, von welchem eine Seite a, sowie die beiden Diagonalen e und f gegeben sind. (Abb. 165.)

Man zeichne eine Gerade AB = a, beschreibe um A mit $\frac{e}{2}$ und um B mit $\frac{f}{2}$ als Halbmesser Kreisbogen, die sich im Punkte E schneiden. Alsdann ist E Schnittpunkt der Diagonalen und zugleich deren Halbierungspunkt[1]). Verlängert man jetzt AE um sich selbst bis C und BE um sich selbst bis D, macht also AC = e und BD = f, so sind C und D die noch fehlenden Eckpunkte des gesuchten Parallelogramms ABCD.

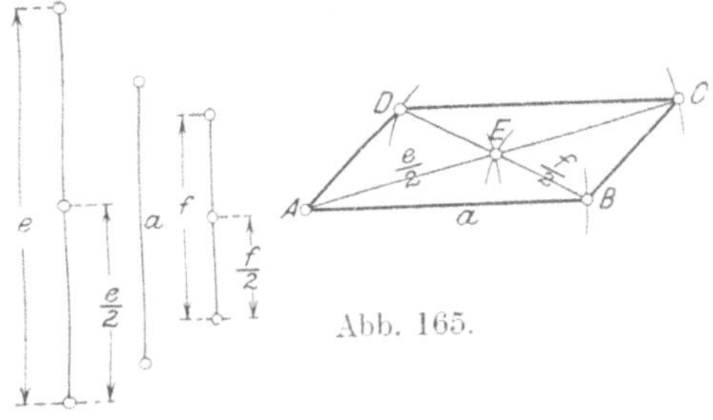

Abb. 165.

9. Es ist ein Parallelogramm zu zeichnen, von welchem zwei Seiten a und b sowie die Höhe $h_a$ zur Grundlinie a gegeben sind.

Man zeichne, wie in Abb. 166 dargestellt, eine Gerade AB = a und zu dieser im Abstande der Höhe $h_a$ eine Parallele[2]). Beschreibt man um A und B mit b als Halbmesser Kreisbogen, welche diese Parallele in D und C schneiden, so ist, wenn man D mit A und C mit B durch gerade Linien verbindet, das Parallelogramm ABCD das gesuchte.

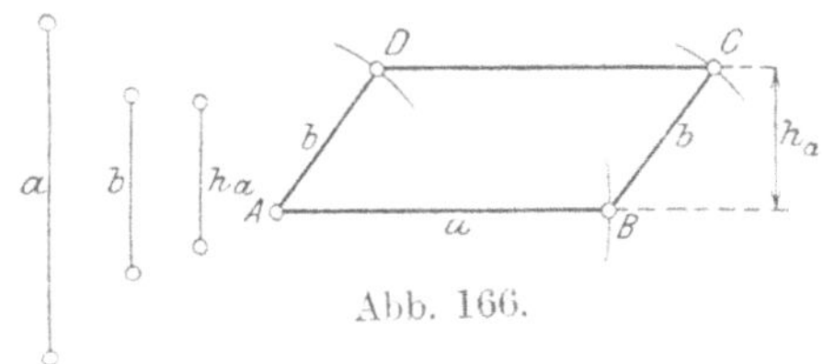

Abb. 166.

---

[1]) Vgl. S. 68, Ziffer 75c. [2]) Vgl. S. 58, Aufgabe 7.

10. Es ist ein **gleichschenkliges Trapez** zu zeichnen, von welchem die große Grundlinie a, ein Schenkel b und der Winkel $\alpha$ an der Grundlinie gegeben sind[1]). (Abb. 167.)

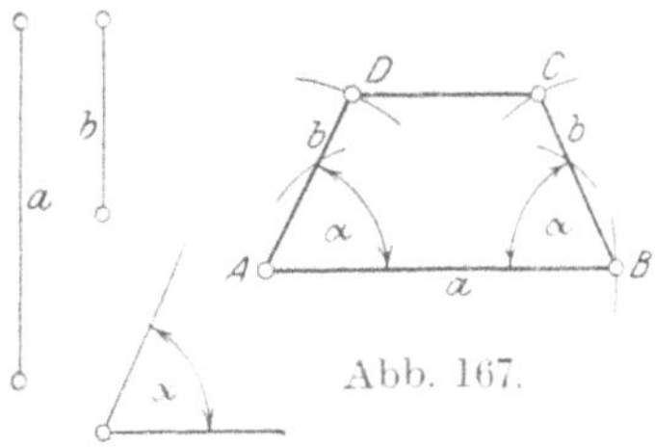

Abb. 167.

Man zeichne eine Gerade AB = a und trage sowohl in A als auch in B den gegebenen Winkel $\alpha$ an. Trägt man auf den freien Schenkeln dieser Winkel die Schenkellänge b bis zu den Punkten D und C ab, so ist, nachdem diese Punkte durch eine gerade Linie verbunden wurden, das Trapez ABCD das verlangte.

11. Es ist ein **allgemeines Trapez** zu zeichnen, von welchem die beiden Grundlinien a und c, ein Schenkel b, sowie eine Diagonale e gegeben sind.

Man zeichne, wie in Abb. 168 durchgeführt, eine Gerade AC = e und beschreibe um A mit a und um C mit b als Halbmesser Kreisbogen, welche sich in B schneiden; alsdann ist B dritter Punkt des gesuchten Trapezes. Zieht man durch C eine Parallele zu AB und trägt auf dieser von C aus die kleine Grundlinie c bis zum Punkte D ab, so ist D der vierte Punkt. Verbindet man B mit A und C sowie D mit A durch gerade Linien, so ist Trapez ABCD das gesuchte.

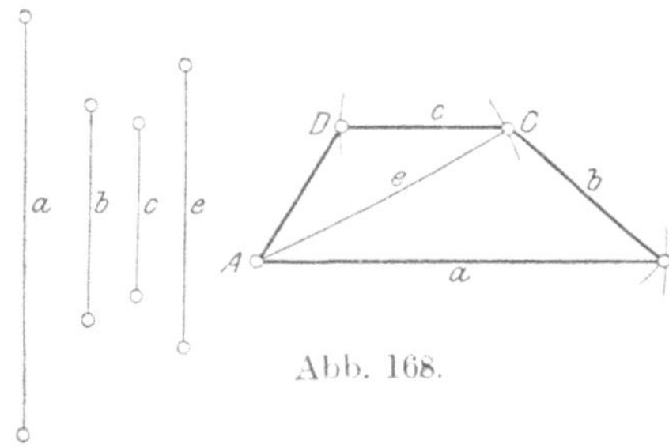
Abb. 168.

12. Es ist ein **Trapez** zu zeichnen, von welchem die große Grundlinie a, die beiden Schenkel b, d, sowie der von a und b eingeschlossene Winkel $\beta$ gegeben sind. (Abb. 169.)

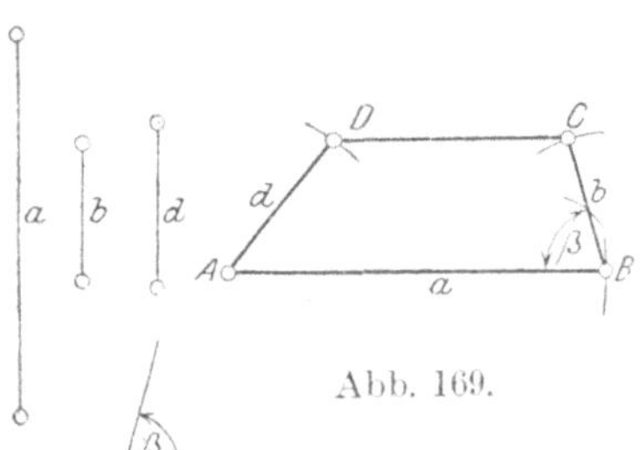
Abb. 169.

Man zeichne eine Gerade AB = a, trage in B den Winkel $\beta$ an und mache dessen freien Schenkel BC = b. Durch C lege man eine Parallele zu AB und beschreibe um A mit d als Halbmesser einen Kreisbogen, welcher diese Parallele in D schneidet. Punkt D ist alsdann der vierte Punkt des gesuchten Trapezes ABCD.

[1]) Bei der Konstruktion zu beachten: Im gleichschenkligen Trapez sind sowohl die Schenkel als auch die Winkel an der Grundlinie gleich! Vgl. hierzu S. 71, Ziffer 82b und S. 75, Ziffer 87, Schlußsatz.

13. Es ist ein Trapez zu zeichnen, von welchem die Grundlinie a, die anliegenden Winkel $\alpha$ und $\beta$, sowie die Höhe h gegeben sind.

Man zeichne, wie in Abb. 170 gezeigt, eine Gerade AB = a und trage in A den Winkel $\alpha$ sowie in B den Winkel $\beta$ an. Zieht man jetzt im Abstande h eine Parallele zu AB, so schneidet diese die freien Schenkel der Winkel $\alpha$ und $\beta$ in den Punkten D und C. Verbindet man diese durch eine gerade Linie, so ist Trapez ABCD das gesuchte.

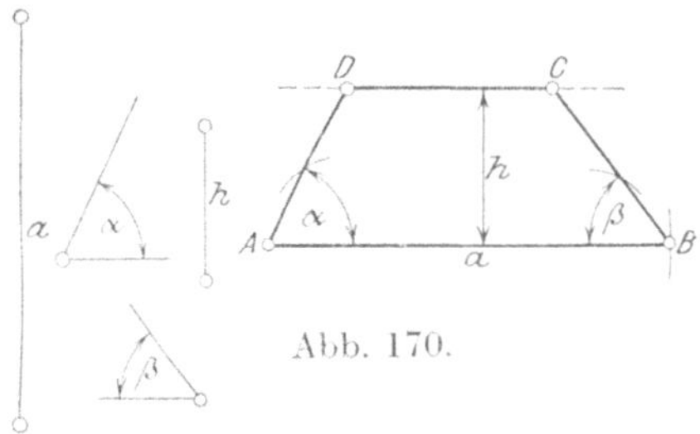

Abb. 170.

14. Es ist ein Viereck zu zeichnen, von welchem die vier Seiten a, b, c, d, sowie der von a und b eingeschlossene Winkel $\beta$ gegeben sind. (Abb. 171.)

An eine Gerade AB = a trage man in B den Winkel $\beta$ an und mache dessen freien Schenkel BC = b; Punkt C ist alsdann dritter Punkt des Vierecks. Beschreibt man um A mit d und um C mit c als Halbmesser Kreisbogen, welche sich in D schneiden, so ist D vierter Punkt und Viereck ABCD das verlangte.

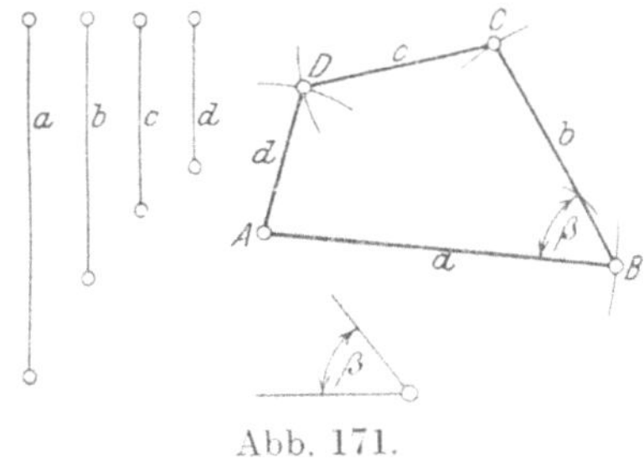

Abb. 171.

15. Es ist ein Viereck zu zeichnen, von welchem drei Seiten a, b, c, sowie die beiden Diagonalen e und f gegeben sind. (Abb. 172.)

Man zeichne eine Gerade AC = e, beschreibe um A mit a und um C mit b als Halbmesser Kreisbogen, welche sich in B, dem dritten Punkte des Vierecks, schneiden. Beschreibt man weiter um C mit c und um B mit f als Halbmesser Kreisbogen, so ist deren Schnittpunkt D der vierte Punkt des gesuchten Vierecks. Verbindet man jetzt A, D, C und B durch gerade Linien, so ist Viereck ABCD das verlangte.

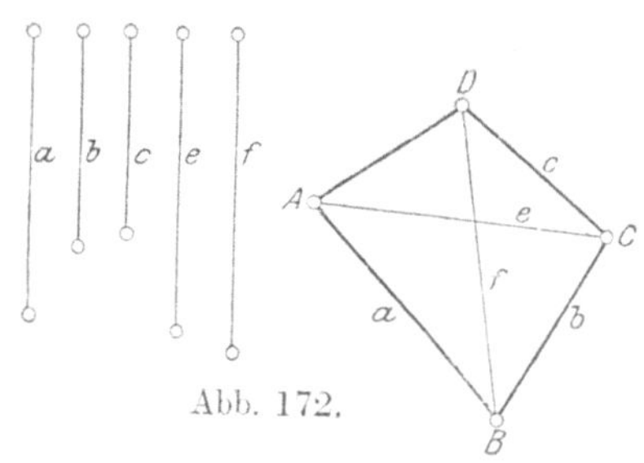

Abb. 172.

16. Es ist ein Viereck zu zeichnen, von welchem die vier Seiten a, b, c, d, sowie der Winkel $\varepsilon$, den die Seite a mit der Diagonalen e einschließt, gegeben sind.

Man zeichne, wie in Abb. 173 dargestellt, eine Gerade AB = a und trage in A den gegebenen Winkel $\varepsilon$ an, dessen freier Schenkel von dem um B mit b als Halbmesser beschriebenen Kreisbogen in C geschnitten wird. C ist alsdann dritter Punkt im Viereck und AC = e ist Diagonale. Beschreibt man um A mit d sowie um C mit c als

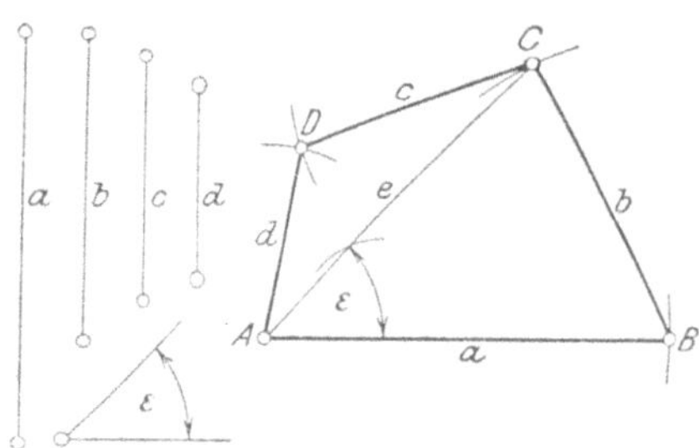


Abb. 173.

Halbmesser Kreisbogen, so ist deren Schnittpunkt D vierter Punkt des Vierecks. Verbindet man jetzt A, D, C und B durch gerade Linien, so ist Viereck ABCD das verlangte.

## 90. Übungen[1]).

Ein Quadrat zu zeichnen aus:

1. a = 36 mm; e = 4 cm; a = 0,5 dm.

Ein Rechteck zu zeichnen aus:

2. a = 42 mm und b = 24 mm.
3. a = 0,5 dm und $\sphericalangle\, \varepsilon = 45^\circ$ zwischen den Diagonalen.
4. e = 50 mm „ $\sphericalangle\, \varepsilon = 60^\circ$.

Einen Rhombus zu zeichnen aus:

5. a = 37 mm und e = 52 mm.
6. e = 5,5 cm „ f = 3,2 cm.
7. a = 0,4 dm „ h = 0,25 dm.
8. h = 32 mm „ $\sphericalangle\, \alpha = 45^\circ$.

Ein Parallelogramm zu zeichnen aus:

9. a = 8,5 cm, b = 6,4 cm und $\sphericalangle\, \beta = 120^\circ$.
10. a = 72 mm, e = 110 mm „ $\sphericalangle\, \beta = 105^\circ$.
11. e = 1,22 dm, f = 0,98 dm „ $\sphericalangle\, \varepsilon = 45^\circ$.
12. h = 45 mm, $\sphericalangle\, \beta = 105^\circ$ „ $\sphericalangle\, \eta = 60^\circ$ zwisch. b u. e.

Ein gleichschenkliges Trapez zu zeichnen aus:

13. a = 8 cm, b = 3,8 cm und e = 7,7 cm.

[1]) Der Kürze halber sind die Aufgaben für die „Übungen" nicht in Worte gekleidet, sondern nur die zur Konstruktion erforderlichen Bestimmungsstücke durch kleine lateinische bzw. griechische Buchstaben bezeichnet, wie das aus Abb. 140 für das allgemeine Viereck und aus Abb. 158 bis 173 für die Vierecke besonderer Art ersichtlich ist. Vgl. auch Vortext zu den Beispielen auf S. 75, Ziffer 88.

14. a = 92 mm, b = 8 cm und h = 0,75 dm.
15. a = 12 cm, e = 1,25 dm „ h = 60 mm.

Ein allgemeines Trapez zu zeichnen aus:

16. a = 75 mm, b = 36 mm, c = 48 mm, $\measuredangle \beta = 75^\circ$.
17. a = 9 cm, b = 4,5 cm, $\measuredangle \alpha = 60^\circ$, $\measuredangle \beta = 75^\circ$.
18. a = 92 mm, b = 46 mm, e = 94mm, f = 86 mm.
19. a = 1,05 dm, b = 6 cm, d = 52 mm, e = 78 mm.

Ein Viereck zu zeichnen aus:

20. a = 5 cm, b = 4,2 cm, c = 3,7 cm, d = 2,4 cm und e = 5,2 cm.
21. a = 82 mm, b = 76 mm, d = 32 mm, $\measuredangle \alpha = 120^\circ$ und $\measuredangle \beta = 75^\circ$.
22. a = 7 cm, b = 6,5 cm, e = 7,8 cm, f = 9 cm und $\measuredangle \alpha = 120^\circ$.
23. a, e, f, $\measuredangle \alpha$, $\measuredangle \beta$; 24. a, c, d, $\measuredangle \beta$, $\measuredangle$ zwischen a und e.

## VII. Flächengleichheit und Flächeninhalt geradlinig begrenzter, ebener Figuren.

**91. Begriff der Flächengleichheit.** Unter Flächeninhalt einer Figur versteht man die Größe der Fläche, welche von den Begrenzungslinien der Figur eingeschlossen wird.

In Abb. 174 wird das Quadrat ABCD durch seine „Mittellinien" in vier unter sich gleiche Teilquadrate 1, 2, 3 und 4 zerlegt, welche in der Anordnung der Abb. 175 das Rechteck EFGH bilden. Die vier Quadrate des Rechtecks decken die gleiche Fläche wie diejenigen des Quadrates, das Rechteck hat demnach den gleichen Flächeninhalt wie das Quadrat; man sagt: das **Rechteck EFGH ist flächengleich dem Quadrat ABCD.**

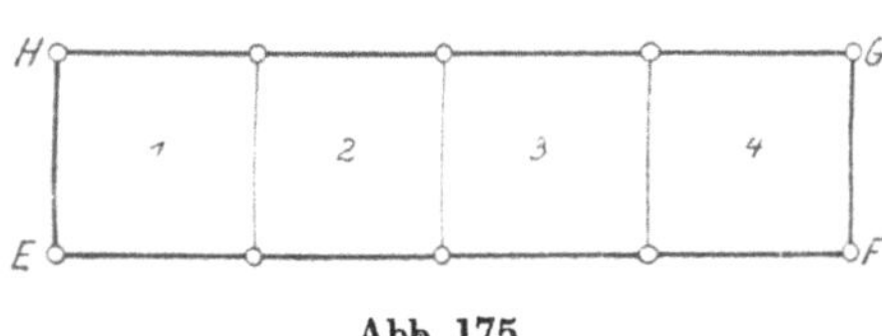

Abb. 175.

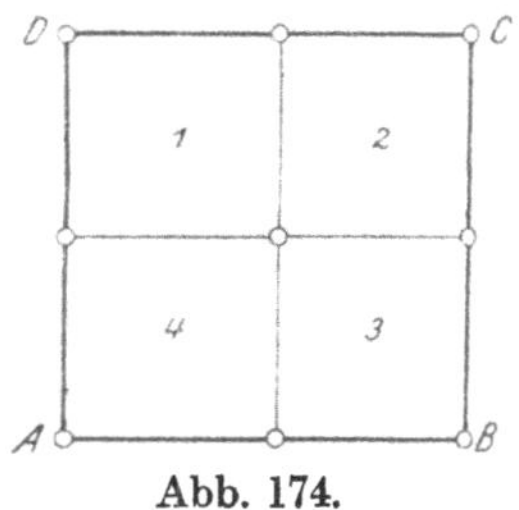

Abb. 174.

In Abb. 176 wird dasselbe Quadrat wie in Abb. 174 durch die „Diagonalen" in vier unter sich gleiche Teildreiecke 1, 2, 3 und 4 zerlegt, welche in der Anordnung der Abb. 177 das Parallelogramm EFGH bilden. Auch hier decken die vier Dreiecke des Parallelo-

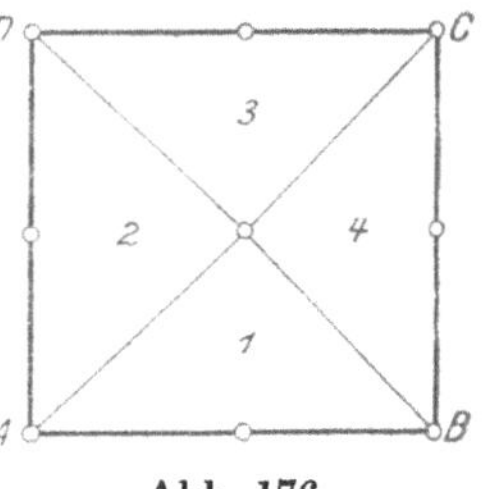

Abb. 176.

gramms die gleiche Fläche wie diejenigen des Quadrates, das Parallelogramm hat demnach den gleichen Flächeninhalt wie das Quadrat; man sagt auch hier: das Parallelogramm EFGH ist flächengleich dem Quadrat ABCD.

Da nun die Quadrate in Abb. 174 und 176 gleich sind, so folgt unmittelbar, daß die aus ihren Teilen gebildeten neuen Figuren, das Rechteck EFGH (Abb. 175) und das Parallelogramm EFGH (Abb. 177) ebenfalls flächengleich sein müssen.

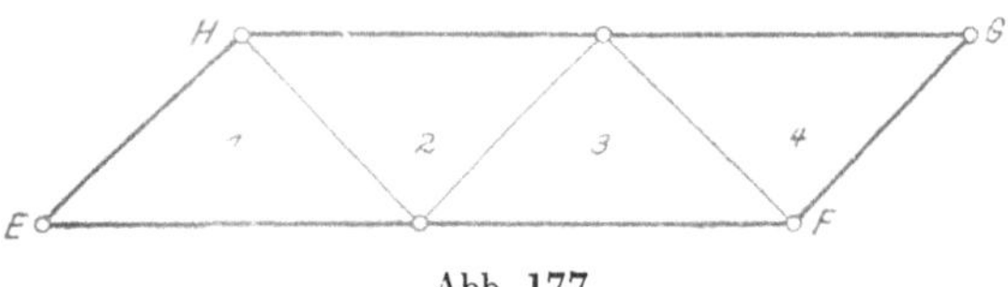


Abb. 177.

Da ferner das Teilquadrat 1 in Abb. 174 genau so den vierten Teil des Quadrates ABCD bildet wie das Teildreieck 1 in Abb. 176, so folgt auch hier, daß, wie in Abb. 178 besonders dargestellt, das Quadrat 1 flächengleich dem Dreieck 1 sein muß.

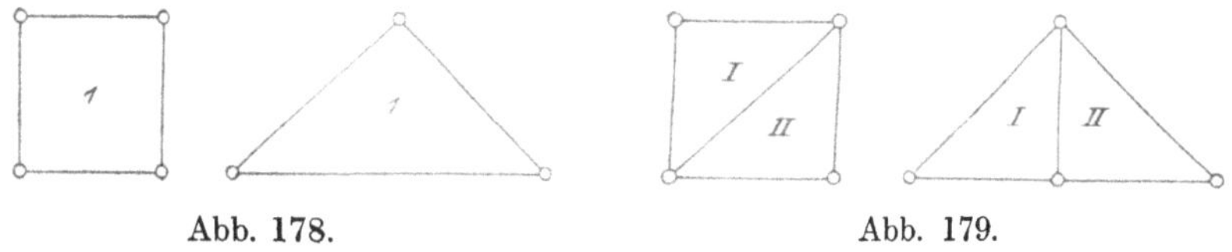


Abb. 178. Abb. 179.

Die Richtigkeit dieser Folgerung geht ohne weiteres aus Abb. 179 hervor, in welcher das Teilquadrat 1 durch eine Diagonale in die Dreiecke I und II zerlegt ist, die durch geeignetes Zusammenlegen zu dem Teildreieck 1 (Abb. 178) vereinigt sind.

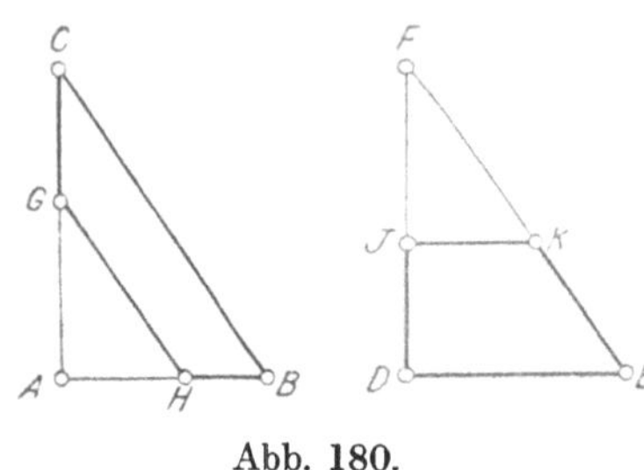


Abb. 180.

In Abb. 180 sind zwei kongruente Dreiecke ABC und DEF dargestellt, von welchen an verschiedenen Ecken die ebenfalls kongruenten Dreiecke AGH und IFK abgetrennt sind. Nach Seite 47, Ziffer 58 sind kongruente Dreiecke nicht nur deckungsgleich, sondern auch flächengleich. Es müssen demnach die bleibenden Restfiguren, d. s. die Trapeze BCGH und DEKI, ebenfalls flächengleich sein.

**92. Flächengleichheit der Figuren.** Figuren, welche in der Größe ihrer Flächen übereinstimmen, sind flächengleich oder inhaltsgleich.

Flächen, welche gleichen Inhalt haben, bezeichnet man kurz als: **gleich.**

Das Zeichen der Flächen- oder Inhaltsgleichheit ist: „=“, das einfache Gleichheitszeichen.

Man schreibt, um die Flächengleichheit zum Ausdruck zu bringen, in bezug auf

Abb. 174 bis 175: □ ABCD = ▭ EFGH[1]),
„ 176 „ 177: □ ABCD = ▱ EFGH,
„ 175 „ 177: ▭ EFGH = ▱ EFGH,
„ 180: ⏢ BCGH = ⏢ DEKI,
„ 178: □ 1 = △ 1.

Aus den Abb. 174 bis 180 geht weiter hervor, daß flächengleiche Figuren nicht deckungsgleich zu sein brauchen.

Wie ersichtlich, kann flächengleich sein

ein Quadrat = einem Rechteck = einem Parallelogramm
= einem Dreieck usw.

Es wird weiter gezeigt werden, daß beliebige ebene Figuren flächengleich sein können, z. B.

ein Quadrat = einem Sechseck = einem beliebigen Vieleck
= einem Kreis = einem Halbkreis usw.

Kongruente (≅) Flächen haben bei gleichem Inhalt genau gleiche Gestalt, gleiche (=) Flächen haben vor allem gleichen Inhalt und nicht notwendig gleiche Gestalt.

**93. Messen von Flächen.** Soll die Flächengleichheit, der Flächeninhalt oder der Unterschied von Flächeninhalten ebener Figuren festgestellt werden, so muß man sie messen.

Eine Fläche messen heißt, sie mit einer anderen Fläche, der **Flächeneinheit**, vergleichen und untersuchen, wie oft diese Flächeneinheit in der zu messenden Fläche enthalten ist. Als Einheit zum Messen von Flächen dient **das Quadrat.**

Soll daher der Flächeninhalt einer ebenen Figur gemessen werden, so ist festzustellen, wieviel Quadrateinheiten dieselbe enthält. Die Anzahl dieser Quadrateinheiten wird durch Rechnung gefunden.

**94. Flächeneinheiten.** Dem metrischen Maßsystem entsprechend werden zum Messen von Flächen folgende Quadrateinheiten verwendet:

1 Quadratmeter:
qm oder m², ein Quadrat von 1 m Seitenlänge[2]),
1 Quadratdezimeter:
qdm oder dm², ein „ „ 1 dm „

[1]) In den weiteren Abhandlungen sollen der Kürze halber als Schriftzeichen benutzt werden

| | | |
|---|---|---|
| für das Quadrat | das Zeichen: | □ |
| „ „ Rechteck | „ „ | ▭ |
| „ „ Parallelogramm | „ „ | ▱ |
| „ „ Trapez | „ „ | ⏢ |
| „ „ Dreieck | „ „ | △ |
| „ den Kreis | „ „ | ○ |
| „ „ Halbkreis | „ „ | ◠ |

[2]) Vgl. S. 6, Ziffer 17.

1 Quadratzentimeter:

qcm oder $cm^2$, ein Quadrat von 1 cm Seitenlänge,

1 Quadratmillimeter:

qmm oder $mm^2$, ein „ „ 1 mm „

Übersichtlich geordnet ist der Zusammenhang dieser Einheiten der folgende:

1 qm = 100 qdm

1 „ = 100 qcm

1 „ = 100 qmm[1]). Folglich:

$$1\ m^2 = 100\ dm^2 = 10\,000\ cm^2 = 1\,000\,000\ mm^2.$$ [2])

Für sehr große Flächen dient als Quadrateinheit 1 Quadratkilometer: qkm oder $km^2$, ein Quadrat von 1 km Seitenlänge.

$$1\ km^2 = 1\,000\,000\ m^2.$$ [2])

## Berechnung von Flächeninhalten.

Bei der Berechnung von Flächeninhalten ist grundsätzlich auf die Anwendung gleicher Längenmaße zu achten!

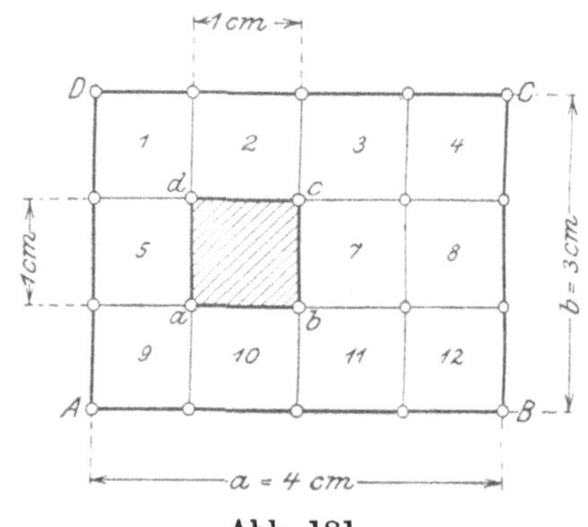

Abb. 181.

**95. Rechteck.** Um den Flächeninhalt des in Abb. 181 dargestellten Rechtecks ABCD zu berechnen, überzieht man dasselbe mit einem Netz von Quadrateinheiten. Wählt man als Einheit 1 $cm^2$, so teilt man zunächst die Grundlinie a in Zentimeter ein; sie enthält deren genau 4. Zieht man durch die Teilpunkte Parallelen zu der Höhe b des Rechtecks, so teilen diese dasselbe in 4 deckungsgleiche Streifen von je 1 cm Breite. Teilt man die Höhe b ebenfalls in Zentimeter ein, so erhält man genau 3 Teile. Parallelen durch diese Teilpunkte zu der Grundlinie a teilen jeden der 4 Streifen in 3 kongruente Quadrate, von

---

[1]) Die Umrechnungszahl für Flächen ist **100**, d. h.

soll eine Flächeneinheit in die nächst größere umgerechnet werden, so ist durch 100 zu dividieren;

soll eine Flächeneinheit in die nächst kleinere umgerechnet werden, so ist mit 100 zu multiplizieren:

$$2375\ mm^2 = 23{,}75\ cm^2 = 0{,}2375\ dm^2 = 0{,}002\,375\ m^2.$$
$$3{,}627\ m^2 = 362{,}7\ dm^2 = 36\,270\ cm^2 = 3\,627\,000\ mm^2.$$

[2]) Da im technischen Rechnen die Bezeichnungen: $m^2$ für Quadratmeter usw. den gesetzlich vorgeschriebenen Abkürzungen qm usw. vorgezogen werden, so sollen in den folgenden Berechnungen die Zeichen $m^2$, $dm^2$, $cm^2$ und $mm^2$ Verwendung finden.

denen alsdann jedes, da die Seitenlänge = 1 cm ist, einen Flächeninhalt = 1 cm² besitzt.

Diese Flächeneinheit ist im Inneren des Rechtecks ABCD durch das schraffierte kleine Quadrat abcd besonders kenntlich gemacht.

Zählt man in Abb. 181 die Anzahl der Flächeneinheiten aus, so findet man, daß das Rechteck ABCD im ganzen

$4 \cdot 3 = 12$ einzelne Quadratzentimeter

enthält. Man sagt, wenn man den Flächeninhalt ebener Figuren ganz allgemein mit F bezeichnet:

Der Flächeninhalt des Rechtecks ABCD ist

$$F = 4 \cdot 3 = 12 \text{ cm}^2.$$

Hätte sich beim Aufmessen der Seiten eines Rechtecks eine Grundlinie a = 4,8 cm und eine Höhe b = 3,5 cm ergeben, so wäre deren Einteilung in Quadratzentimeter nicht restlos vor sich gegangen. Man könnte in diesem Falle zur nächst kleineren Einheit, hier also „Quadratmillimeter", greifen und entsprechend das Rechteck mit einem Netz von Quadratmillimetern überziehen. Die Grundlinie a enthielte dann 48 mm und die Höhe b = 35 mm, welche Zahlen, mit Rücksicht auf das über die Einteilung in Zentimeter Gesagte, für das ganze Rechteck

$48 \cdot 35 = 1680$ einzelne Quadratmillimeter

ergeben würden. Beachtet man, daß 100 mm² = 1 cm² entsprechen[1]), so enthält dasselbe Rechteck

$\frac{1680}{100} = 16{,}80$ einzelne Quadratzentimeter.

Die Zahl 16,80 ergibt sich aber auch durch unmittelbare Multiplikation der Zahlen 4,8 und 3,5.

Man würde für diesen Fall sagen, der Flächeninhalt des Rechtecks ABCD ist

$$F = 4{,}8 \cdot 3{,}5 = 16{,}80 \text{ cm}^2.$$

Aus diesen Beispielen geht hervor, daß man den Inhalt eines Rechtecks berechnet, indem man Grundlinie und Höhe mit ein und derselben Längeneinheit mißt und die erhaltenen Maßzahlen miteinander multipliziert. Kurz:

**Der Inhalt eines Rechtecks ist gleich dem Produkt aus Grundlinie und Höhe.**

Mit den Bezeichnungen in Abb. 181: a für die Grundlinie, b für die Höhe und außerdem F für den Flächeninhalt, erhält man ganz allgemein den

Inhalt des Rechtecks: $F = a \cdot b$. (Quadrateinheiten[2]). 1)

---

[1]) Vgl. S. 83, Ziffer 94.

[2]) In welcher Quadrateinheit sich der Flächeninhalt ergibt, hängt von der Wahl der Längeneinheit ab, mit welcher die Seiten a und b gemessen werden. Je nachdem man: m, cm ... wählt, erhält man den Flächeninhalt in: m²,

Aus Gleichung 1) folgt[1]):

$$a = \frac{F}{b} \cdot \quad \text{(Längeneinheiten}^{2}). \qquad 2)$$

$$b = \frac{F}{a} \cdot \quad \text{"} \qquad 3)$$

Aus Gleichung 2) und 3) folgt: Man findet eine Seite eines Rechtecks, indem man dessen Flächeninhalt durch die andere Seite dividiert.

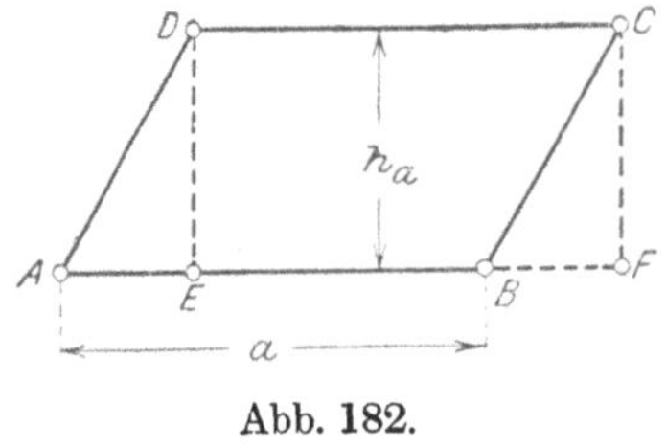


Abb. 182.

**96. Parallelogramm.** Fällt man in dem Parallelogramm ABCD (Abb. 182) von den Ecken D und C die Senkrechten DE und CF auf die Grundlinie a bzw. deren Verlängerung, so entsteht das Rechteck EFCD; alsdann ist:

$$\triangle AED \cong \triangle BFC^{3)}.$$

Aus dieser Kongruenz ergibt sich:

$$AE = BF \text{ und}$$
$$\triangle AED = \triangle BFC. \quad \text{Ferner ist:}$$
$$\text{⏢}\, EBCD = \text{⏢}\, EBCD.$$

Addiert man die letzten beiden Gleichungen, so folgt[4]):

$$\triangle AED + \text{⏢}\, EBCD = \triangle BFC + \text{⏢}\, EBCD \text{ oder}$$
$$\text{▱}\, ABCD = \square\, EFCD, \text{ d. h.}$$

Das Parallelogramm ABCD ist inhaltsgleich dem Rechteck EFCD.

Der Inhalt des Rechtecks EFCD ist aber entsprechend Gleichung 1):

$$F = EF \cdot DE.$$

Nach Abb. 182 ist weiter:

$$EF = EB + BF \text{ oder, da } BF = AE \text{ ist:}$$
$$EF = EB + AE. \text{ Das ist jedoch dasselbe wie}$$
$$EF = AB.$$

Setzt man den Wert AB in der letzten Gleichung für F an die Stelle von EF, so wird:

$$F = AB \cdot DE,$$

oder auch, da $AB = a$ und $DE = h_a$ ist:

Inhalt des Parallelogramms: $\mathbf{F = a \cdot h_a}$ . . . . . . . 4)

---

cm² . . . usw. Es bleiben deshalb in den folgenden allgemeinen Entwicklungen Angaben über bestimmte Quadrateinheiten und Längeneinheiten fort.

[1]) Vgl. W. u. St., Arithm. u. Algebra S. 132, Ziffer 108e. [2]) Siehe Fußnote [2]) S. 85. [3]) 1. Kongruenzsatz. [4]) Vgl. W. u. St., Arithm. u. Algebra S. 133, Ziffer 109.

In Worten:

**Der Inhalt eines Parallelogramms ist gleich dem Produkt aus Grundlinie und Höhe.**

Aus Gleichung 4) folgt für Grundlinie und Höhe:

$$a = \frac{F}{h_a} \quad \text{und} \quad h_a = \frac{F}{a} \quad \dots\dots\dots\dots 5)$$

Da man in einem Parallelogramm jede Seite als Grundlinie annehmen kann, so hat jedes Parallelogramm zwei Höhen[1]). In Abb. 182 und 183 sind die Höhen $h_a$ und $h_b$ eingezeichnet.

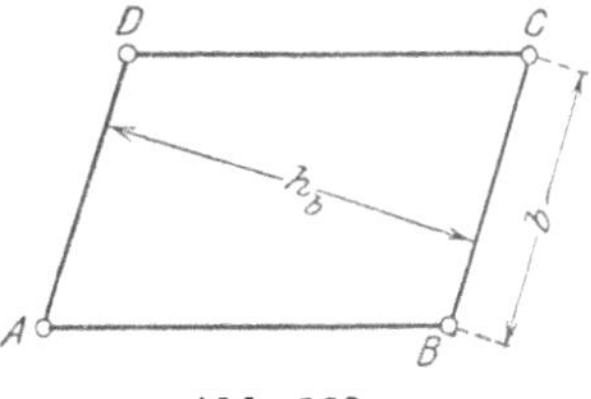


Abb. 183.

Nimmt man b als Grundlinie an, so ist nach Abb. 183 der Flächeninhalt des Parallelogramms ABCD:

$$F = b \cdot h_b.$$

Aus dieser Gleichung folgt für Grundlinie und Höhe:

$$b = \frac{F}{h_b} \quad \text{und} \quad h_b = \frac{F}{b}.$$

**97. Gleichheit der Parallelogramme.** Beachtet man, daß entsprechend Abb. 182 die Grundlinie AB des Parallelogramms gleich der Grundlinie EF des Rechtecks ist und daß beide die gleiche Höhe $h_a$ besitzen, so folgt aus der in Ziffer 96 aufgestellten Gleichung

▱ ABCD = ▭ EFCD:

**Jedes Parallelogramm ist flächengleich einem Rechteck von gleicher Grundlinie und Höhe.**

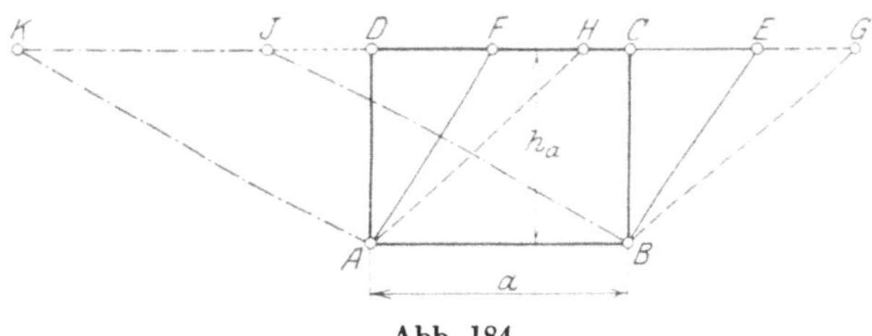


Abb. 184.

Zeichnet man daher, wie in Abb. 184 dargestellt, über einer gemeinsamen Grundlinie a die Parallelogramme ABEF, ABGH und ABIK, sämtlich mit der gleichen Höhe $h_a$, so sind diese Parallelogramme unter sich und mit dem Rechteck ABCD flächengleich, d. h. es ist:

▭ ABCD = ▱ ABEF = ▱ ABGH = ▱ ABIK.

[1]) Vgl. S. 67, Ziffer 74.

Da man auf diese Weise beliebig viele Parallelogramme über der Grundlinie a mit der gleichen Höhe $h_a$ zeichnen könnte, so folgt:

**Parallelogramme mit gleichen Grundlinien und Höhen haben gleichen Flächeninhalt.**

Mit Hilfe dieses Satzes kann man gegebene Parallelogramme in andere mit anderen Winkeln und Seiten verwandeln! Was muß aber bei dieser Verwandlung dasselbe bleiben?

98. **Quadrat.** Jedes Quadrat ist nach Seite 70, Ziffer 79 als ein Rechteck mit gleichen Seiten aufzufassen. Bezeichnet man die Seite eines Quadrates mit a, so ist entsprechend Gleichung 1) der Flächeninhalt desselben:

$$F = a \cdot a, \text{ oder}^{1)}$$

Inhalt des Quadrates: $F = a^2$, d. h. . . . . . . . . . . . . . . 6)

**Der Inhalt eines Quadrates ist gleich dem Quadrat seiner Seite.**

Hieraus folgt für die Seite[2]:

$$a = \sqrt{F}, \text{ d. h.} \quad \dots\dots \quad 7)$$

Die Seite eines Quadrates wird gefunden, indem man aus dessen Flächeninhalt die Quadratwurzel zieht[3].

99. **Rhombus.** Jeder Rhombus ist nach Seite 69, Ziffer 76 als ein Parallelogramm mit gleichen Seiten aufzufassen. Bezeichnet man die Seite eines Rhombus mit a und die Höhe mit $h_a$, so ist entsprechend Gleichung 4) der

Inhalt des Rhombus: $F = a \cdot h_a$, d. h. . . . . . . . . . . . . 8)

**Der Inhalt eines Rhombus ist gleich dem Produkt aus Grundlinie und Höhe.**

Aus Gleichung 8) folgt für Seite und Höhe:

$$a = \frac{F}{h_a} \text{ und } h_a = \frac{F}{a} \quad \dots\dots \quad 9)$$

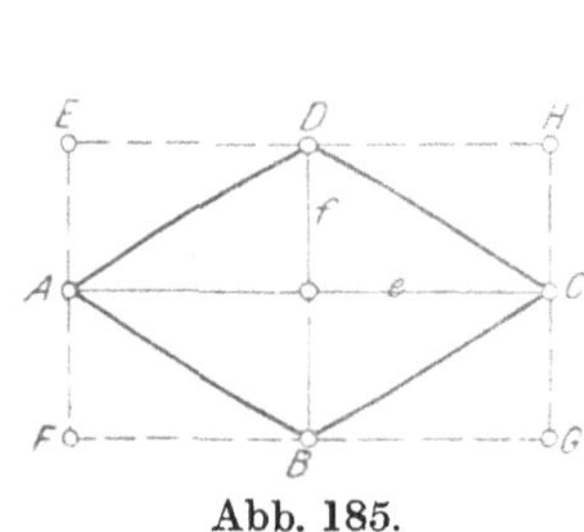

Abb. 185.

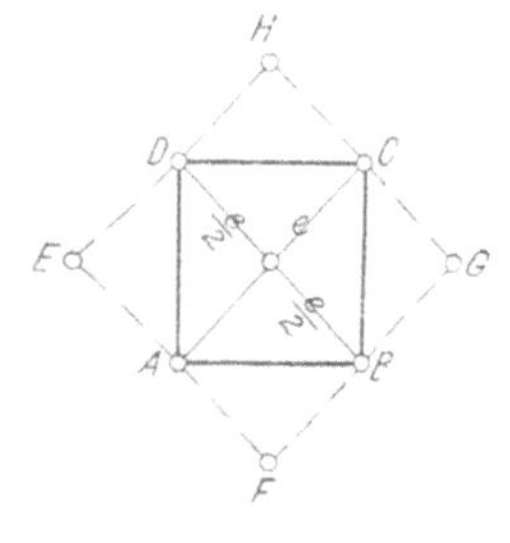

Abb. 186.

100. **Rhombus und Quadrat.** Nach Seite 70, Ziffer 78 und 79 sind Rhombus und Quadrat Parallelogramme, deren Diagonalen senkrecht

1) Vgl. W. u. St., Arithm. u. Algebra S. 20, Ziffer 30.
2) „ „ „ „ „ „ „ „ 80, „ 77.
3) „ „ „ „ „ „ „ „ 116, „ 100.

aufeinander stehen. Zieht man durch die Ecken A, B, C und D des Rhombus in Abb. 185 und des Quadrates in Abb. 186 Parallelen zu den Diagonalen AC und BD, so entsteht in Abb. 185 das Rechteck EFGH und in Abb. 186 das Quadrat EFGH. Außerdem entstehen in jeder Abbildung 8 kongruente Dreiecke, woraus ohne weiteres ersichtlich ist, daß

1. der Inh. des Rhomb. ABCD = $\frac{1}{2}$ Inh. des Recht. EFGH und
2. „ „ „ Quadr. ABCD = $\frac{1}{2}$ „ „ Quadr. EFGH ist[1]).

Bezeichnet man in Abb. 185 die Diagonalen mit e und f, so ist im Rechteck EFGH die Grundlinie FG = e und die Höhe GH = f; folglich der

$$\text{Inhalt des } \square \text{ EFGH} = e \cdot f.$$

Nach vorstehendem ist unter 1)
Rhombus ABCD = $\frac{1}{2}$ Rechteck EFGH, mithin muß auch der

Inhalt des Rhombus: $F = \frac{e \cdot f}{2}$ sein, d. h. . . . . . . . . . . . . 10)

**Der Inhalt eines Rhombus ist gleich dem halben Produkt seiner Diagonalen.**

Aus Gleichung 10) folgt für die

$$\text{Diagonalen des Rhombus[2]):} \quad \left\{ \begin{aligned} e &= \frac{2 \cdot F}{f} \\ f &= \frac{2 \cdot F}{e} \end{aligned} \right\} \quad \ldots \ldots \quad 11)$$

Für Abb. 186 wird sinngemäß, da im Quadrat die Diagonalen gleich sind, der

$$\text{Inhalt des } \square \text{ EFGH} = e \cdot e = e^2.$$

Hieraus folgt alsdann, da nach vorstehendem unter 2)

$$\square \text{ ABCD} = \tfrac{1}{2} \square \text{ EFGH ist,}$$

Inhalt des Quadrates: $F = \frac{e^2}{2}$, d. h. . . . . . . . . . . . . . . . 12)

**Der Inhalt eines Quadrates ist gleich dem halben Quadrat seiner Diagonale.**

Aus Gleichung 12) ergibt sich für die

Diagonale des Quadrates: $e = \sqrt{2 \cdot F}$ . . . . . . . . . . . . . . . . . 13)

Nach Gleichung 6) ist: $F = a^2$ und
„ „ 12): $F = \frac{e^2}{2}$. Folglich[3]):

[1]) Die Grundfiguren ABCD besitzen je 4, die neuentstandenen Figuren EFGH dagegen je 8 flächengleiche Dreiecke.

[2]) Vgl. W. u. St., Arithm. u. Algebra S. 132, Ziffer 108e u. f.

[3]) Sind in zwei Gleichungen die linken Seiten gleich, so müssen auch die rechten Seiten gleich sein.

$$a^2 = \frac{e^2}{2} \quad \text{und damit}$$

Seite des Quadrates: $a = \sqrt{\frac{e^2}{2}} = 0{,}707 \cdot e$ . . . . . . . . . . 14)

Diagonale „ „ $e = \sqrt{2 \cdot a^2} = 1{,}414 \cdot a$[1]. . . . . . . . . 15)

**101. Umfang geradlinig begrenzter, ebener Figuren.**

Der Umfang einer derartigen Figur wird gefunden, indem man die Längen aller die Figur begrenzenden Geraden in gleichen Maßeinheiten addiert.

Es sind demnach zunächst die Längen sämtlicher Seiten aufzumessen, und zwar in mm, cm ... usw.; die Summe aller, der gesuchte Umfang, wird dann ebenfalls in mm, cm ... usw. erhalten. Damit wird für die bisher behandelten Flächen, wenn man den Umfang allgemein mit U bezeichnet, der

Umfang des Dreiecks nach Abb. 89, Seite 41:

$$U = a + b + c \quad \ldots\ldots\ldots\ldots\ldots \quad 16)$$

Umfang des Vierecks nach Abb. 140, Seite 66:

$$U = a + b + c + d \quad \ldots\ldots\ldots\ldots \quad 17)$$

Umfang des Rechtecks nach Abb. 145, Seite 69 und
„ „ Parallelogramms nach Abb. 147, Seite 69 :

$$U = 2a + 2b = 2 \cdot (a + b),$$[2] . . . . . . . . . 18)

Umfang des Quadrates nach Abb. 144, Seite 69 und
„ „ Rhombus „ „ 146, „ 69 :

$$U = a + a + a + a = 4 \cdot a \quad \ldots\ldots\ldots\ldots \quad 19)$$

**Beispiele**[3].

**102. Rechteck.**

1. Die Grundlinie eines Rechtecks ist $a = 6$ m, die Höhe $b = 4$ m. Wie groß ist der Inhalt?

Nach Gleichung 1) wird:

$$F = a \cdot b = 6 \cdot 4 = 24 \text{ m}^2.$$

2. Gegeben: $a = 8{,}2$ dm, $b = 4{,}7$ dm. Folglich:

$$F = a \cdot b = 8{,}2 \cdot 4{,}7 = 38{,}54 \text{ dm}^2.$$[4]

---

[1]) Vgl. Tabellen über „Potenzen, Wurzeln usw." am Ende des III. Teiles dieses Buches.

[2]) Vgl. W. u. St., Arithm. u. Algebra S. 36, Ziffer 43 A; a.

[3]) Bei allen Berechnungen dieser Art ist darauf zu achten, daß die Maßeinheiten in Übereinstimmung sind. Es dürfen niemals Meter mit Millimetern, Zentimeter mit Dezimetern usw. multipliziert, bzw. Quadratmeter durch Quadratmillimeter oder Quadratdezimeter durch Quadratzentimeter dividiert werden. Es können nur mm mit mm, cm mit cm usw. multipliziert bzw. nur $mm^2$ durch mm, $m^2$ durch m usw. dividiert werden.

[4]) Vgl. W. u. St., Arithm. u. Algebra S. 203, Ziffer 9.

3. Gegeben: $a = 4{,}25$ m, $b = 186$ cm; $F = ?$ cm².

Hier sind, da der Inhalt in cm² angegeben werden soll, a und b auf gleiche Maßeinheit, also auf cm, zu bringen[1]), d. h.

$$a = 425 \text{ cm}, \quad b = 186 \text{ cm}. \quad \text{Mithin:}$$
$$F = a \cdot b = 425 \cdot 186 = 79050 \text{ cm}^2.$$

4. Gegeben: $a = 35$ mm, $b = 1{,}25$ m; $F = ?$ dm².

Hier sind a und b in dm einzusetzen. Mithin:

$$F = a \cdot b = 0{,}35 \cdot 12{,}5 = 4{,}375 \text{ dm}^2.$$

5. Von einem Rechteck kennt man den Inhalt $F = 192$ m² und die Höhe $b = 8$ m. Wie lang wird die Grundlinie a?

Nach Gleichung 2) wird:

$$a = \frac{F}{b} = \frac{192}{8} = 24 \text{ m}.$$

6. Gegeben: $F = 193{,}725$ cm², $a = 15{,}75$ cm. Mit diesen Werten ergibt sich nach Gleichung 3):

$$b = \frac{F}{a} = \frac{193{,}725}{15{,}75} = 12{,}3 \text{ cm.}^{2)}$$

7. Gegeben: $F = 3{,}6$ m², $a = 1200$ mm; $b = ?$

Die Seite b kann in m oder in mm berechnet werden; die Maßeinheiten von F und a sind entsprechend in Übereinstimmung zu bringen. Für die

Rechnung in m wird: $F = 3{,}6$ m², $a = 1{,}2$ m; folglich mit Gleichung 3):

$$b = \frac{F}{a} = \frac{3{,}6}{1{,}2} = 3 \text{ m}. \quad \text{Für die}$$

Rechnung in mm wird: $F = 3600000$ mm², $a = 1200$ mm.

$$\text{Folglich: } b = \frac{3600000}{1200} = 3000 \text{ mm}.$$

8. Gegeben: $F = 0{,}6215$ km², $b = 275$ m; $a = ?$

$$\text{Rechnung in km: } a = \frac{F}{b} = \frac{0{,}6215}{0{,}275} = 2{,}26 \text{ km},$$

$$\text{„ „ m: } a = \frac{F}{b} = \frac{621500}{275} = 2260 \text{ m.}^{1)}$$

9. Es ist der Flächeninhalt des in Abb. 187 dargestellten Winkeleisenprofiles zu berechnen[3]).

---

[1]) Vgl. S. 6, Ziffer 17.

[2]) „ W. u. St., Arithm. u. Algebra S. 205, Ziffer 14.

[3]) Die in technischen Hilfsbüchern „Hütte, Kalendern, Profiltabellen" aufgeführten und dargestellten Profile von Walzeisen sind an den Ecken abgerundet. Der einfacheren Rechnung wegen sollen diese Profile hier scharfkantig angenommen werden. Sämtliche Maße sind Millimeter!

Derartige Flächen zerlegt man in Teilflächen von geometrischer Grundform, wie das in Abb. 187 durch verschiedene Schraffur angedeutet ist. Die ganze Fläche zerfällt in die beiden Teil-Rechtecke I und II; damit wird

Inhalt des □ I = 55 · 8 = 440 mm²,
„ „ □ II = 47 · 8 = 376 „ . Mithin:

Inhalt des ganzen Profiles = 816 mm², oder auch:
„ „ „ „ = 8,16 cm².

10. Es ist der Flächeninhalt des in Abb. 188 dargestellten Querschnittes zu berechnen.

Abb. 188 stellt den Querschnitt eines „Doppel-T-Eisens, Normalprofil Nr. 15“ dar[1]). Zerlegt man dasselbe, wie durch Schraffur an-

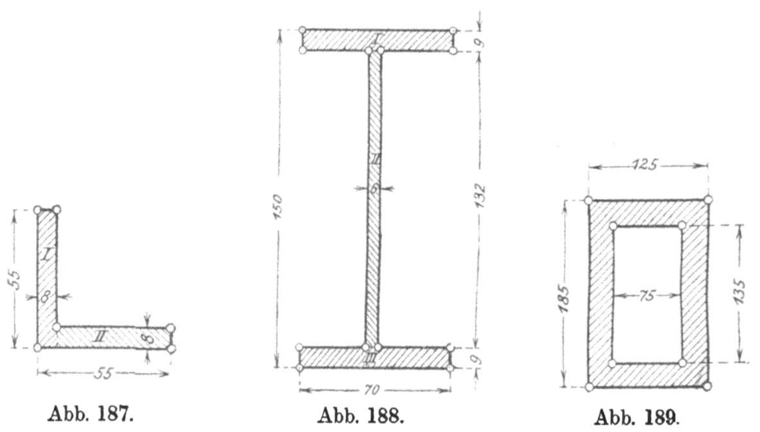

Abb. 187. Abb. 188. Abb. 189.

gedeutet, in die Rechtecke I, II und III, von denen I und III **gleich sind**, so wird

Inhalt des □ I = 70 · 9 = 630 mm²,
„ „ □ II = 132 · 6 = 792 „ ,
„ „ □ III = 70 · 9 = 630 „ . Mithin:

Inhalt des ganzen Querschnittes = 2052 mm², oder auch:
„ „ „ „ = 20,52 cm².

11. Der Flächeninhalt des in Abb. 189 dargestellten Querschnittes ist zu berechnen.

Derselbe wird auf kürzestem Wege gefunden, indem man den Inhalt des inneren, kleinen Rechtecks von demjenigen des äußeren, großen abzieht. Damit ergibt sich

Inhalt des äußeren □ = 125 · 185 = 23125 mm²,
„ „ inneren □ = 75 · 135 = 10125 „

Inhalt des ganzen Querschnittes = 13000 mm².

[1]) Dafür schreibt man kurz: „I-Eisen N. P. 15!“ Eine entsprechende Schreibweise soll bei allen noch folgenden Normalprofilen angewandt werden.

12. Der in Abb. 190 dargestellte, ausgesparte ⊤-Eisen-Querschnitt wird auf seinen Inhalt berechnet wie folgt:

| | | | |
|---|---|---|---|
| Inhalt des ▭ | $175 \cdot 35 =$ | $6125$ mm². | Dazu |
| „ „ ▭ | $200 \cdot 30 =$ | $6000$ „ . | Das ergibt: |
| Inhalt des vollen Querschnittes | $=$ | $12125$ mm². | Davon ab |
| „ „ ▭ | $105 \cdot 30 =$ | $3150$ „ . | Mithin: |
| Inhalt des gegebenen Querschnittes: | $=$ | $8975$ mm². | |

13. Von einem Fabrikgrundstück wird ein rechteckiger Streifen von 24,68 m Länge und 18,5 m Breite abgegeben und jedes m² mit 8,50 ℳ berechnet. Wie hoch ist der Kaufpreis? Zunächst berechnet sich der Inhalt des Streifens zu

$$F = 24{,}68 \cdot 18{,}5 = 456{,}58 \text{ m}^2.$$

Damit wird der

$$\text{Kaufpreis} = 456{,}58 \cdot 8{,}5 = 3880{,}93 \text{ ℳ}.$$

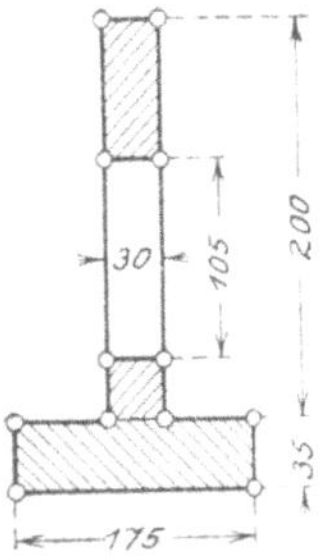

Abb. 190.

14. Von einem Rechteck sind die Grundlinie $a = 275$ mm und die Höhe $b = 165$ mm bekannt. Wie groß ist der Umfang desselben?

Nach Gleichung 18) wird:

$$U = 2 \cdot (a + b) = 2 \cdot (275 + 165) = 2 \cdot 440 = 880 \text{ mm}.$$

**103. Parallelogramm.**

15. Von einem Parallelogramm sind die Grundlinie $a = 12{,}75$ dm und die Höhe $h_a = 3{,}2$ dm gegeben. Wie groß ist der Flächeninhalt?

Nach Gleichung 4) wird:

$$F = a \cdot h_a = 12{,}75 \cdot 3{,}2 = 40{,}8 \text{ dm}^2.$$

16. Gegeben: $b = 8{,}5$ m, $h_b = 960$ mm; $F = ?$

I): $F = b \cdot h_b = 8{,}5 \cdot 0{,}96 = 8{,}16 \text{ m}^2.$

II): $F = b \cdot h_b = 8500 \cdot 960 = 8160000 \text{ mm}^2.$

17. Gegeben: $F = 69{,}84$ m², $a = 9{,}7$ m; $h_a = ?$ m.

Nach Gleichung 5) wird:

$$h_a = \frac{F}{a} = \frac{69{,}84}{9{,}7} = 7{,}2 \text{ m}.$$

18. Gegeben: $F = 14{,}35$ m², $h_b = 250$ cm; $b = ?$ dm.

Mit Bezug auf Abb. 183 und der dort entwickelten Gleichung für b wird:

$$b = \frac{F}{h_b} = \frac{1435}{25} = 57{,}4 \text{ dm}.$$

19. Wie groß ist der Umfang eines Parallelogramms, dessen Seiten $a = 42{,}85$ cm und $b = 37{,}7$ cm lang sind?

Nach Gleichung 18) wird:

$$U = 2 \cdot (a + b) = 2 \cdot (42{,}85 + 37{,}7) = 2 \cdot 80{,}55 = 161{,}1 \text{ cm}.$$

**104. Quadrat.**

20. Die Seite eines Quadrates ist a = 8 m. Wie groß ist der Flächeninhalt F?

Nach Gleichung 6) wird:

$$F = a^2 = 8^2 = 8 \cdot 8 = 64 \text{ m}^2.$$

21. Ist von einem Quadrate gegeben die Seite

$$a = 7{,}5 \text{ mm};\ 4{,}25 \text{ cm};\ 15{,}65 \text{ dm};\ 3{,}125 \text{ m},$$

so ist der zugehörige Flächeninhalt[1]):

$$F = 56{,}25 \text{ mm}^2;\ 18{,}0625 \text{ cm}^2;\ 244{,}9225 \text{ dm}^2;\ 9{,}765625 \text{ m}^2,$$

oder mit für die Praxis genügender Genauigkeit[2]):

$$F = 56{,}25 \text{ mm}^2;\ 18{,}063 \text{ cm}^2;\ 244{,}923 \text{ dm}^2;\ 9{,}766 \text{ m}^2.$$

22. Der Inhalt eines Quadrates ist F = 9025 dm². Wie groß wird die Seite a?

Nach Gleichung 7) wird:

$$a = \sqrt{F} = \sqrt{9025} = 95 \text{ dm.}$$ [3])

23. Ist von einem Quadrate gegeben der Flächeninhalt

$$F = 36 \text{ m}^2;\ 54{,}76 \text{ dm}^2;\ 1840{,}41 \text{ cm}^2;\ 950625 \text{ mm}^2,$$

so ist die zugehörige Seite:

$$a = 6 \text{ m};\ 7{,}4 \text{ dm};\ 42{,}9 \text{ cm};\ 975 \text{ mm}.$$

24. Die Diagonale eines Quadrates ist e = 84 mm. Wie groß ist der Inhalt F?

Nach Gleichung 12) wird:

$$F = \frac{e^2}{2} = \frac{84^2}{2} = \frac{7056}{2} = 3528 \text{ mm}^2.$$

25. Der Inhalt eines Quadrates ist F = 2325,62 dm². Wie groß ist die zugehörige Diagonale e?

Nach Gleichung 13) wird:

$$e = \sqrt{2 \cdot F} = \sqrt{2 \cdot 2325{,}62} = \sqrt{4651{,}24} = 68{,}2 \text{ dm}.$$

26. Ist die Diagonale eines Quadrates e = 48,2 cm, so wird nach Gleichung 14) die Seite:

$$a = 0{,}707 \cdot e = 0{,}707 \cdot 48{,}2 = 34{,}077 \text{ cm}.$$

---

[1]) Zur Berechnung derartiger Aufgaben empfiehlt sich die Benutzung der Tabellen am Ende des III. Teiles dieses Buches.

[2]) Die letzten drei Resultate zeigen mehr Dezimalstellen, als für die Praxis erforderlich sind. In Zukunft sollen sämtliche Resultate nur noch auf 3 Stellen, unter Berücksichtigung der vierten, angegeben werden: ist die vierte Stelle kleiner als 5, so bleibt die dritte Stelle unverändert; ist die vierte Stelle größer als 5, so wird die dritte Stelle um 1 erhöht.

[3]) Vgl. W. u. St., Arithm. u. Algebra S. 116, Ziffer 100 und die Tabellen im III. Teile dieses Buches.

27. Einer Quadratseite $a = 125$ mm entspricht nach Gleichung 15) eine Diagonale:

$$e = 1{,}414 \cdot a = 1{,}414 \cdot 125 = 176{,}75 \text{ mm}.$$

28. Die Seiten eines Dreiecks sind $a = 2{,}5$ cm, $b = 3{,}1$ cm und $c = 4{,}2$ cm. Zeichne das Dreieck mit den Quadraten über den Seiten und berechne den Inhalt der einzelnen Quadrate sowie deren Summe. Es ist der

| | | |
|---|---|---|
| Inhalt des Quadrates über | $a = a^2 = 2{,}5^2 =$ | $6{,}25 \text{ cm}^2$. |
| „ „ „ „ | $b = b^2 = 3{,}1^2 =$ | $9{,}61$ „ |
| „ „ „ „ | $c = c^2 = 4{,}2^2 =$ | $17{,}64$ „ |
| | Summe: $a^2 + b^2 + c^2 =$ | $33{,}50 \text{ cm}^2$. |

29. Die Seite eines Quadrates ist $a = 62{,}75$ m. Wie groß ist der Umfang U?

Nach Gleichung 19) wird:

$$U = 4 \cdot a = 4 \cdot 62{,}75 = 251 \text{ m}.$$

30. Der Umfang eines Quadrates ist $U = 116{,}72$ m. Wie groß wird die Seite a?

Aus Gleichung 19) $U = 4 \cdot a$ folgt:

$$a = \frac{U}{4} = \frac{116{,}72}{4} = 29{,}18 \text{ m}.$$

**105. Rhombus.**

31. Wie groß ist der Inhalt eines Rhombus, dessen Seite $a = 316$ mm und dessen Höhe $h_a = 225$ mm ist?

Nach Gleichung 8) ist:

$$F = a \cdot h_a = 316 \cdot 225 = 71\,100 \text{ mm}^2$$
$$= 711 \text{ cm}^2 = 7{,}11 \text{ dm}^2 = 0{,}0711 \text{ m}^2.^{1)}$$

32. Ein Rhombus hat einen Inhalt $F = 4{,}25 \text{ km}^2$ bei einer Höhe $h = 62{,}5$ m. Wie lang ist die Seite a?

Nach Gleichung 9) wird:

$$a = \frac{F}{h} = \frac{4250000}{62{,}5} = 68\,000 \text{ m, oder auch:}$$

$$a = \frac{F}{h} = \frac{4{,}25}{0{,}0625} = 68 \text{ km}.$$

33. Die Diagonalen eines Rhombus sind $e = 150$ mm und $f = 110$ mm. Wie groß ist der Flächeninhalt F?

Nach Gleichung 10) wird:

$$F = \frac{e \cdot f}{2} = \frac{150 \cdot 110}{2} = \frac{16\,500}{2} = 8250 \text{ mm}^2.$$

34. Gegeben: $F = 6{,}075 \text{ m}^2$, $f = 4{,}05$ dm; $e = ?$ m.

---

[1]) Vgl. S. 84, Ziffer 94; Fußnote [1]).

Nach Gleichung 11) wird:

$$e = \frac{2 \cdot F}{f} = \frac{2 \cdot 6{,}075}{0{,}405} = \frac{12{,}15}{0{,}405} = 30 \text{ m}.$$

35. Die Seite eines Rhombus ist a = 2,675 m. Wie groß ist der Umfang U?

Nach Gleichung 19) wird:

$$U = 4 \cdot a = 4 \cdot 2{,}675 = 10{,}7 \text{ m}.$$

## Aufgaben.

**106. Rechteck.**

1. Ein Fabrikgebäude ist außen 82,5 m lang und 26,5 m breit. Wie groß ist der Inhalt der bebauten Fläche?

Lösung: $F = 2186{,}25 \text{ m}^2$.

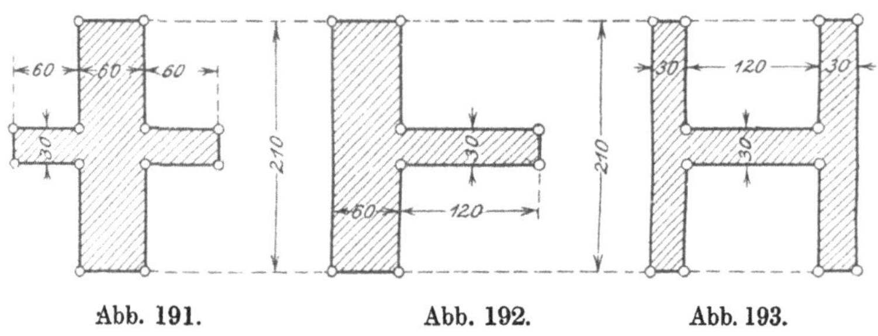


Abb. 191. Abb. 192. Abb. 193.

2. Welchen Flächeninhalt besitzen die in Abb. 191 bis 193 dargestellten Querschnitte[1])?

Lösung: $F = 16200 \text{ mm}^2 = 162 \text{ cm}^2$.[2])

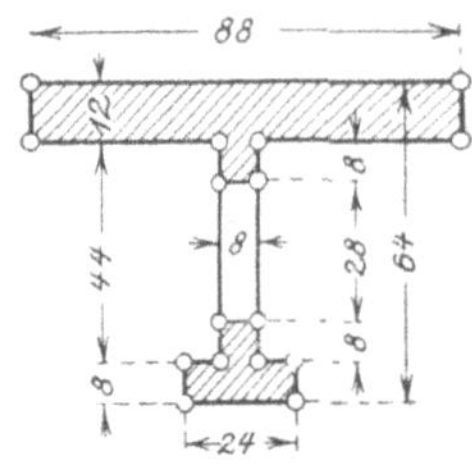


Abb. 194.

3. Welchen Flächeninhalt besitzt das in Abb. 194 dargestellte, ausgesparte Trägerprofil?

Lösung: $F = 1376 \text{ mm}^2$.

4. Wie groß ist der Flächeninhalt des in Abb. 195 dargestellten, genieteten vollwandigen Trägers?

Mit Benutzung der Profiltabellen für Winkeleisen ergibt sich als

Lösung: $F = 115{,}6 \text{ cm}^2$.[3])

---

[1]) Beachte Beispiel 9 mit Fußnote S. 91.

[2]) Der Leser überzeuge sich durch Nachrechnen, daß diese drei Querschnitte gleichen Flächeninhalt besitzen.

[3]) Ohne diese Tabellen, welche in jedem technischen Hilfsbuch zu finden sind, wäre der Inhalt eines Winkeleisens zu bestimmen nach S. 91, Beispiel 9.

5. Eine rechteckige Richtplatte von 1,65 m Länge und 0,72 m Breite soll mit drei Schnitten fertig gehobelt werden. Wieviel cm² sind im ganzen zu bearbeiten?

Lösung: $F = 35640$ cm².

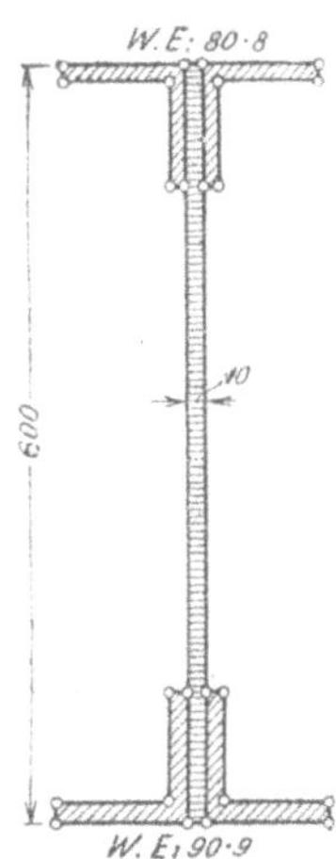

Abb. 195.

6. Ein Grundstück von 26,4 m Breite und 55 m Länge soll mit einem Bretterzaun umgeben werden. a) Wieviel laufende Meter Zaun sind erforderlich? b) Wieviel Pfeiler sind notwendig, wenn deren Abstände je 3 m betragen? c) Wieviel Holzlatten sind anzubringen, wenn diese 100 mm voneinander abstehen und jeder Pfeiler 4 Latten ersetzt?

Lösung: $U = 162,8$ m.

7. Ein Lagerraum von 50,625 m² Bodenfläche soll mit quadratischen Zementplatten von 15 cm Seitenlänge belegt werden. Wieviel Platten sind erforderlich?

Lösung: 2250 Platten.

**107. Parallelogramm.**

8. Gegeben: $a = 85$ cm, $h_a = 12,6$ cm; $F = ?$

Lösung: $F = 1071$ cm².

9. Gegeben: $b = 16,45$ dm, $h_b = 7,2$ dm; $F = ?$ m².

Lösung: $F = 1,184$ m².

10. Gegeben: $F = 16,9604$ m², $h_a = 3,89$ m; $a = ?$

Lösung: $a = 4,36$ m.

11. Gegeben: $a = 54,25$ m, $b = 21,75$ m; $U = ?$

Lösung: $U = 152$ m.

**108. Quadrat.**

12. Gegeben: $a = 77,3$ dm; $F = ?$

Lösung: $F = 5975,29$ dm².

13. Gegeben: $F = 200704$ m²; $a = ?$

Lösung: $a = 448$ m.

14. Gegeben: $e = 5,2$ cm; $F = ?$

Lösung: $F = 13,52$ cm².

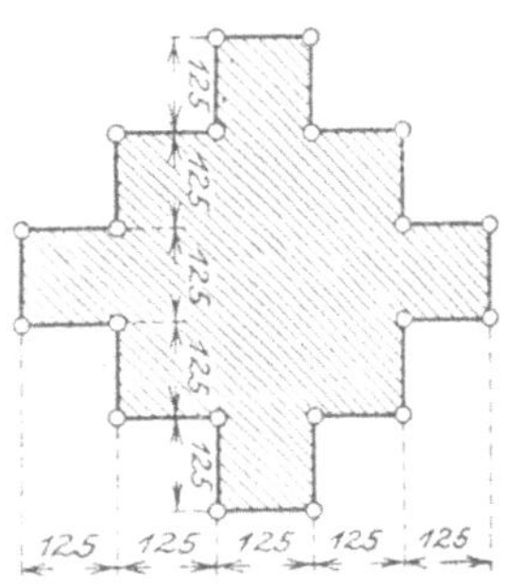

Abb. 196.

15. Es ist der Flächeninhalt des in Abb. 196 dargestellten Querschnittes zu berechnen.

Lösung: $F = 203125$ mm² $= 2031,25$ cm² $= 20,3125$ dm² $= 0,203125$ m².

16. Gegeben: $e = 2,85$ m; $a = ?$ cm.

Lösung: $a = 201,495$ cm.

17. Ein Gang von 31,75 m² Lauffläche soll mit quadratischen Steinplatten belegt werden, deren Seitenlänge 250 mm beträgt. Wieviel Platten sind erforderlich?

Lösung: 508 Platten.

18. Gegeben: U = 15,2 dm; F = ?

Lösung: F = 14,44 dm².

**109. Rhombus.**

19. Gegeben: a = 7,4 m, h = 12,5 dm; F = ? cm².

Lösung: F = 92500 cm².

20. Gegeben: e = 80 cm, f = 39 cm; F = ? m².

Lösung: F = 0,156 m².

21. Gegeben: e = 80 cm, F = 17,6 dm²; f = ? mm.

Lösung: f = 440 mm.

22. Gegeben: a = 4,325 m; U = ?

Lösung: U = 17,3 m.

## Übungen.

**110. Rechteck.**

1. Von einem Rechteck sind gegeben die Seiten:

a = 25 m; 57,1 dm; 221 cm; 63 mm und
b = 973 mm; 97,5 cm; 13,25 dm; 4,275 m.

Wie groß sind die zugehörigen Flächeninhalte?

2. Von einem Rechteck sind gegeben:

F = 4825 mm²; 357,2 cm²; 52,65 dm²; 4,32 m² und
a = 2,5 m; 8,4 dm; 132 cm; 1716 mm.

Wie groß sind die zugehörigen Seiten b?

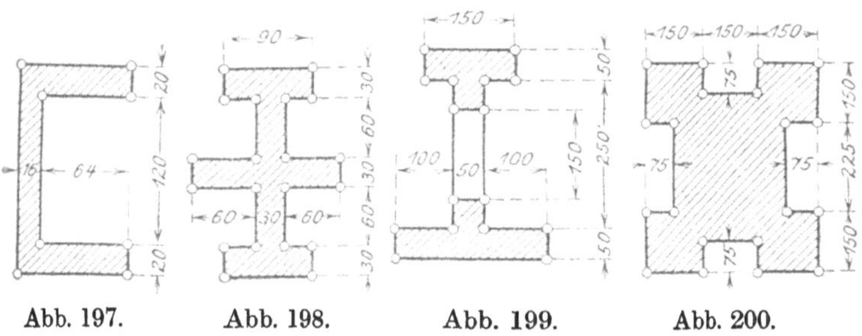


Abb. 197. Abb. 198. Abb. 199. Abb. 200.

3. Bestimme die Flächeninhalte der in Abb. 197 bis 200 dargestellten Querschnitte.

4. Ein rechteckiges Grundstück von 125 m Länge und 70 m Breite wird durch zwei Wege, die sich in der Mitte des Grundstückes rechtwinklig schneiden, in vier gleiche Teile geteilt. Wegbreite = 1,75 m.

a) Welche Fläche nehmen die Wege ein? b) Welchen Inhalt besitzt jeder der vier gleichen Teile außerhalb der Wege?

5. Ein rechteckiges Grundstück von 185 m Länge und 125 m Breite wird von einem überall gleich breiten Wege, der eine Fläche von 612 m² einnimmt, eingeschlossen. Welche Breite besitzt dieser Weg? (Vgl. Abb. 189, Seite 92.)

6. Der Umfang eines rechteckigen Platzes ist = 2,675 km, die Breite = 325 m. Wie groß ist der Flächeninhalt dieses Platzes in km² und in m²?

**111. Parallelogramm.**

7. Von einem Parallelogramm sind gegeben:

$a =$ 60 m; 4,58 dm; 584 cm; 57 mm und
$h_a =$ 1025 mm; 21,2 cm; 3,21 dm; 0,625 m.

Wie groß sind die zugehörigen Flächeninhalte?

8. Der Fußboden einer Werkstatt von 12,75 m Länge und 5,2 m Breite soll asphaltiert werden. Wie teuer wird dieser Bodenbelag, wenn 1 m² mit 5,15 ℳ berechnet wird?

9. Von einem Parallelogramm sind gegeben:

$F =$ 326 mm²; 86,5 cm²; 9,75 dm²; 0,965 m² und
$h_b =$ 1,2 dm; 15 mm; 0,35 m; 45,5 cm.

Wie groß sind die zugehörigen Seiten b?

**112. Quadrat.**

10. Von einem Quadrat ist gegeben:

$a =$ 11,2 km; 122,5 m; 32,8 cm; 202 mm.

Es ist der zugehörige Flächeninhalt zu berechnen.

11. Von einem Quadrat ist gegeben:

$F =$ 182,25 km²; 331,24 m²; 84,64 dm²; 12,25 cm².

Es sind die zugehörigen Seiten zu berechnen.

12. Von einem Quadrat ist gegeben:

$e =$ 55 m; 126 dm; 0,8 cm; 224 mm.

Es sind a und F zu berechnen.

13. Ein quadratischer Bauplatz wird für 35 936,25 ℳ verkauft. Wieviel kostet 1 m², wenn eine Seite des Platzes 18,5 m lang ist?

14. Es sind die Flächeninhalte der in Abb. 201 und 202 dargestellten Querschnitte zu bestimmen.

15. Von einem Quadrat ist gegeben:

$U =$ 8 m; 76 dm; 16,32 cm; 524 mm.

Wie groß sind die zugehörigen Flächeninhalte?

**113. Rhombus.**

16. Von einem Rhombus sind gegeben:

a = 7,4 m; 82,5 dm; 135,2 cm; 1436 mm und
$h_a$ = 2,15 m; 18,75 dm; 75,5 cm; 722 mm.

Es sind die zugehörigen Flächeninhalte zu berechnen.

17. Von einem Rhombus sind gegeben:

F = 425 $m^2$; 69,84 $dm^2$; 208,32 $cm^2$; 16,9604 $m^2$,
h = 62,5 dm; 0,97 m; 124 mm; 43,6 cm.

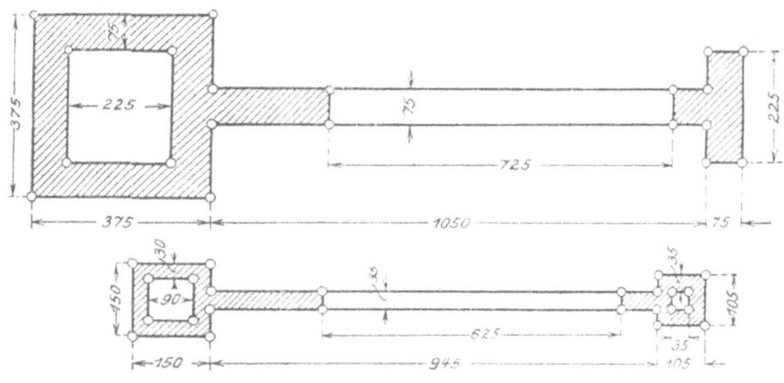


Abb. 201 u. 202.

Wie lang werden die zugehörigen Seiten?

18. Gegeben: F = 8260,68 $km^2$, a = 94,3 km; $h_a$ = ?

19. Gegeben: e = 18 dm, f = 75 cm; F = ?

20. Von einem Rhombus sind gegeben:

a = 7,75 m; 0,825 m; 0,035 m; 0,007 m.

Wie groß ist der zugehörige Umfang in cm?

## 114. Dreieck.

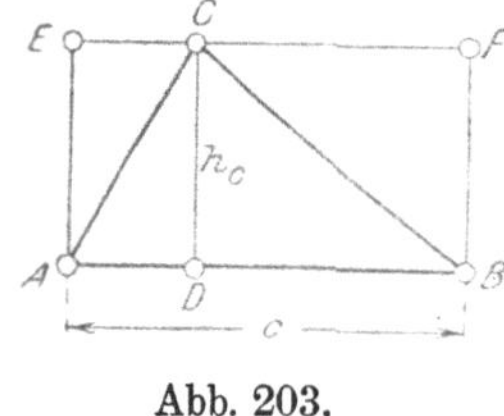


Abb. 203.

a) Errichtet man in den Punkten A und B der Grundlinie c des Dreiecks ABC (Abb. 203) je eine Senkrechte und zieht durch die Ecke C eine Parallele zu AB, so entsteht das Rechteck ABFE, welches durch die Höhe $h_c$ in die beiden Teilrechtecke ADCE und DBFC zerlegt wird. Diese Teilrechtecke werden durch die Seiten AC und BC wieder in je 2 kongruente Dreiecke zerlegt[1]). Demnach ist

$$\triangle ADC = \tfrac{1}{2} \square\, ADCE \text{ und}$$
$$\triangle BDC = \tfrac{1}{2} \square\, DBFC,$$

woraus ohne weiteres hervorgeht, daß das ganze

$$\triangle ABC = \tfrac{1}{2} \square\, ABFE \text{ ist.}$$

[1]) Vgl. S. 67, Ziffer 74.

Der Inhalt des Rechtecks ABFE ist aber nach Seite 85, Gleichung 1)

$$F = a \cdot b,$$

welche Gleichung mit den Bezeichnungen in Abb. 203 übergeht in

$$F = c \cdot h_c.$$

Da nun nach vorstehendem der Inhalt des Dreiecks ABC gleich dem **halben** Inhalte des Rechtecks ABFE ist, so folgt

Inhalt des Dreiecks: $F = \frac{c \cdot h_c}{2}$, d. h. . . . . . . . . . . . . . 20)

**Der Inhalt eines Dreiecks ist gleich dem halben Produkt aus Grundlinie und Höhe.**

b) Zu demselben Ergebnis gelangt man, wenn man das Dreieck als die Hälfte eines Parallelogramms auffaßt.

Vervollständigt man, wie in Abb. 204 dargestellt, das Dreieck ABC zum Parallelogramm ABEC, so ist nach Seite 67, Ziffer 74 sofort erwiesen, daß sein Flächeninhalt gleich der Hälfte desjenigen des Parallelogramms ist, daß also mit den Bezeichnungen in Abb. 204 auch hier der Flächeninhalt des Dreiecks

$$F = \frac{c \cdot h_c}{2} \text{ ist.}$$

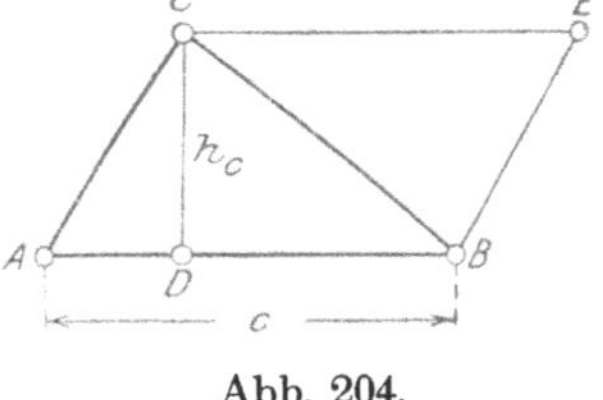

Abb. 204.

Das ist aber auch zugleich der Inhalt des kongruenten Dreiecks ECB.

Da die beiden Dreiecke ABC und ECB gleiche Grundlinien AB = CE und dieselbe Höhe $h_c$ besitzen, so folgt unmittelbar:

**Dreiecke mit gleichen Grundlinien und gleichen Höhen haben gleichen Flächeninhalt**[1]**.**

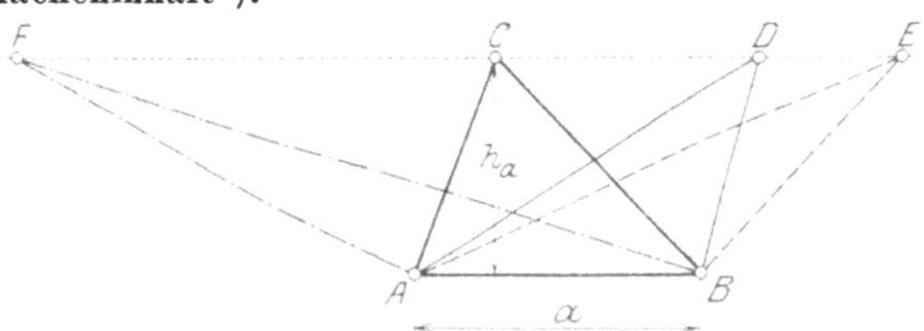

Abb. 205.

Zeichnet man daher, wie in Abb. 205 dargestellt, über einer gemeinsamen Grundlinie a die Dreiecke ABD, ABE und ABF sämtlich mit der gleichen Höhe $h_a$, so sind diese Dreiecke unter sich und mit dem Grunddreieck ABC flächengleich, d. h. es ist:

$$\triangle ABC = \triangle ABD = \triangle ABE = \triangle ABF.$$

[1]) Vgl. S. 87, Ziffer 97: Parallelogramme.

Alle nur möglichen Dreiecke über AB und zwischen AB und EF sind flächengleich.

Mit Hilfe dieses Satzes kann man gegebene Dreiecke in andere mit anderen Winkeln und Seiten verwandeln! Was muß aber bei dieser Verwandlung dasselbe bleiben?

Aus Gleichung 20) folgt für Grundlinie und Höhe:

$$c = \frac{2 \cdot F}{h_c} \quad \ldots \ldots \quad 21)$$

$$h_c = \frac{2 \cdot F}{c} \quad \ldots \ldots \quad 22)$$

Gleichung 20) findet man vielfach geschrieben, wie folgt:

$$F = \frac{c \cdot h_c}{2} = \frac{1}{2} \cdot c \cdot h_c = \frac{c}{2} \cdot h_c = \frac{h_c}{2} \cdot c.$$

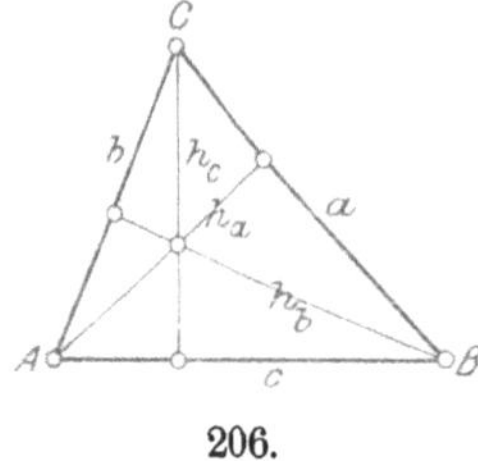

206.

c) Jedes Dreieck besitzt 3 Höhen, wie das in Abb. 206 dargestellt ist.

Mit den Bezeichnungen dieser Abbildung erhält man drei Werte für den Inhalt jedes Dreiecks, die naturgemäß unter sich gleich sein müssen:

$$F = \frac{a \cdot h_a}{2} = \frac{b \cdot h_b}{2} = \frac{c \cdot h_c}{2}.$$

An den vorstehenden Gleichungen ändert sich nichts, wenn die eine oder andere Höhe außerhalb des Dreiecks, d. i. auf die Verlängerung einer Seite fällt, wie das bei stumpfwinkligen Dreiecken der Fall ist. Der Leser zeichne sich derartige Dreiecke!

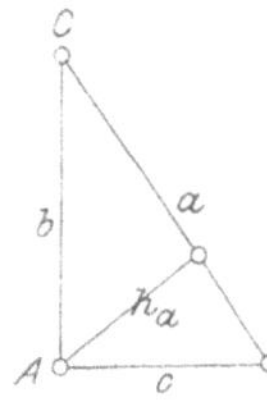

Abb. 207.

**115. Das rechtwinklige Dreieck.** Im rechtwinkligen Dreieck stehen die Katheten senkrecht aufeinander; es kann also jede als Höhe des Dreiecks ABC (Abb. 207) angesehen werden. Damit berechnet sich entsprechend Gleichung 20) der Inhalt zu:

$$F = \frac{b \cdot c}{2}, \text{ d. h.} \quad \ldots \ldots \quad 23)$$

**Der Inhalt des rechtwinkligen Dreiecks ist gleich dem halben Produkt seiner Katheten.**

Fällt man in Abb. 207 von der Ecke A die Höhe $h_a$ auf die Hypotenuse a, so ist der Flächeninhalt des rechtwinkligen Dreiecks ABC auch:

$$F = \frac{a \cdot h_a}{2}.$$

Setzt man die rechten Seiten der letzten beiden Gleichungen für F einander gleich, so erhält man:

$$\frac{a \cdot h_a}{2} = \frac{b \cdot c}{2}, \text{ woraus folgt:}$$

$$h_a = \frac{b \cdot c}{a}, \text{ d. h. } \quad \ldots \ldots \quad 24)$$

**Die Hypotenusenhöhe ist gleich dem Produkt der Katheten, dividiert durch die Hypotenuse.**

**116. Trapez.** Zieht man in einem Trapez ABCD (Abb. 208) eine Diagonale AC, so zerlegt diese das Trapez in zwei Dreiecke ABC und ACD, welche die gleiche Höhe h besitzen. Der Inhalt F des Trapezes setzt sich aus dem Inhalte dieser beiden Dreiecke zusammen, so daß sich ergibt:

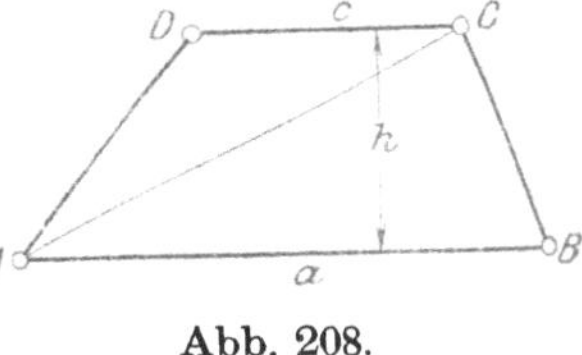

Abb. 208.

$$⏢ ABCD = \triangle ABC + \triangle ACD \text{ oder}$$

$$F = \frac{a \cdot h}{2} + \frac{c \cdot h}{2}. \text{ Das ist aber}^{1)}$$

$$F = h \cdot \left(\frac{a}{2} + \frac{c}{2}\right), \text{ wofür man schreiben kann}^{2)}$$

Inhalt des Trapezes: $F = \frac{a + c}{2} \cdot h$, d. h. . . . . . . . 25)

**Der Inhalt eines Trapezes ist gleich dem Produkt aus der halben Summe der Grundlinien und der Höhe.**

Aus Gleichung 25) folgt für Höhe und Grundlinien:

$$h = \frac{2 \cdot F}{a + c} \quad \ldots \ldots \quad 26)$$

$$a = \frac{2 \cdot F}{h} - c \quad \ldots \ldots \quad 27)$$

$$c = \frac{2 \cdot F}{h} - a \quad \ldots \ldots \quad 28)$$

Entsprechend Ziffer 83b), Seite 72, ist aber

$\frac{a + c}{2} = m =$ der Mittellinie des Trapezes. Damit geht Gleichung 25) über in

Inhalt des Trapezes: $F = m \cdot h$, d. h. . . . . . . . . . 29)

**Der Inhalt eines Trapezes ist gleich dem Produkt aus Mittellinie und Höhe.**

---

1) Vgl. W. u. St., Arithm. u. Algebra S. 36, Ziffer 43 A; a.

2) „ „ „ „ „ „ „ „ 53, „ 53.

Aus dem vorstehenden folgt unmittelbar:

**Trapeze mit gleichen Mittellinien und gleichen Höhen haben gleichen Flächeninhalt**[1]).

Aus Abb. 154, Seite 72 ist ferner ersichtlich:

Ein Trapez ist gleich einem Parallelogramm, dessen Grundlinie gleich der Mittellinie und dessen Höhe gleich der Höhe des Trapezes ist.

Mit Hilfe dieses Satzes kann man Trapeze in Parallelogramme verwandeln. Wie man Parallelogramme in Dreiecke verwandelt, geht aus früher Gesagtem hervor. Der Leser zeichne auf Grund der vorstehend angegebenen Sätze mehrere derartiger Verwandlungsaufgaben durch[2])!

## Beispiele.

**117. Dreieck.**

1. Die Grundlinie eines Dreiecks ist $c = 32{,}5$ cm, die Höhe $h_c = 24{,}6$ cm. Wie groß ist der Inhalt F?

Nach Gleichung 20) ist:

$$F = \frac{c \cdot h_c}{2} = \frac{32{,}5 \cdot 24{,}6}{2} = 399{,}75 \text{ cm}^2.$$

2. An ein und demselben Dreieck wurden gemessen:

$$\begin{aligned} a &= 62 \text{ mm}; & b &= 46 \text{ mm}; & c &= 58 \text{ mm und} \\ h_a &= 41{,}1 \text{ „ }; & h_b &= 55{,}4 \text{ „ }; & h_c &= 43{,}9 \text{ „ }. \end{aligned}$$

Mit diesen Maßen berechnet sich der Inhalt zu

$$F_1 = \frac{a \cdot h_a}{2} = \frac{62 \cdot 41{,}1}{2} = 1274{,}1 \text{ mm}^2.$$

$$F_2 = \frac{b \cdot h_b}{2} = \frac{46 \cdot 55{,}4}{2} = 1274{,}2 \text{ „ }.$$

$$F_3 = \frac{c \cdot h_c}{2} = \frac{58 \cdot 43{,}9}{2} = 1273{,}1 \text{ „ }.$$

Daß diese 3 Werte für F nicht genau übereinstimmen, liegt an kleinen Fehlern beim Ausmessen[3]).

Der wirkliche Inhalt des Dreiecks wird nun durch das arithmetische Mittel[4]) zwischen den drei Werten für F gebildet. Dieses ergibt

$$F = \frac{F_1 + F_2 + F_3}{3} = \frac{1274{,}1 + 1274{,}2 + 1273{,}1}{3} = 1273{,}8 \text{ mm}^2.$$

3. Gegeben: $F = 786{,}5 \text{ m}^2$, $h_a = 32{,}5$ m; $a = ?$

---

[1]) Der Leser entwerfe hierzu eine Figur ähnlich den Abb. 184 und 205.

[2]) Vgl. S. 87, Ziffer 97 und S. 101, Ziffer 114.

[3]) Bei genauestem Messen müssen die Werte unbedingt übereinstimmen!

[4]) Vgl. W. u. St., Arithm. u. Algebra S. 196, Fußnote [2]).

Entsprechend Gleichung 21) wird:

$$a = \frac{2 \cdot F}{h_a} = \frac{2 \cdot 786{,}5}{32{,}5} = 48{,}4 \text{ m}.$$

4. Die Seiten eines Dreiecks sind 6,5 cm, 9,25 cm und 11,75 cm lang. Wie groß ist der Umfang U?

Nach Gleichung 16) ist:

$U = a + b + c$. In Zahlen:

$U = 6{,}5 + 9{,}25 + 11{,}75 = 27{,}5$ cm.

5. Von einem rechtwinkligen Dreieck kennt man die Katheten $b = 57{,}2$ dm und $c = 42{,}5$ dm. Wie groß ist der Flächeninhalt F?

Nach Gleichung 23) ist:

$$F = \frac{b \cdot c}{2} = \frac{57{,}2 \cdot 42{,}5}{2} = 1215{,}5 \text{ dm}^2.$$

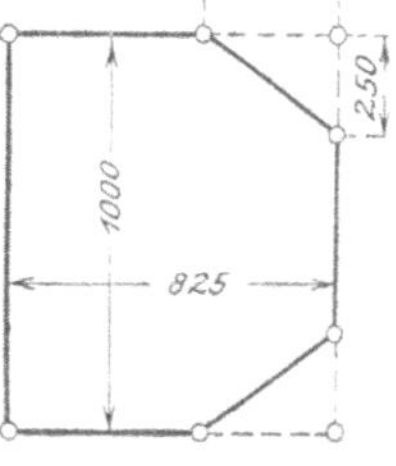

Abb. 209.

6. Von einem rechteckigen Bleche sind die Ecken so abgeschnitten, wie in Abb. 209 angegeben. Wie groß ist der Inhalt des zugeschnittenen Bleches?

$$F = 825 \cdot 1000 - 2 \cdot \frac{375 \cdot 250}{2} = 731250 \text{ mm}^2,$$

oder

$$F = 7312{,}5 \text{ cm}^2 = 0{,}731 \text{ m}^2.$$

7. In bezug auf Abb. 207 ist in einem rechtwinkligen Dreieck $a = 35$ cm, $b = 28$ cm und $c = 21$ cm. Wie groß wird die Hypotenusenhöhe $h_a$?

Nach Gleichung 24) ist:

$$h_a = \frac{b \cdot c}{a} = \frac{28 \cdot 21}{35} = 16{,}8 \text{ cm}.$$

8. Wie groß wird der Inhalt des rechtwinkligen Dreiecks in Beispiel 7), wenn man denselben a) nach den Katheten, b) nach der Hypotenusenhöhe berechnet?

$$\text{a) } F = \frac{b \cdot c}{2} = \frac{28 \cdot 21}{2} = 294 \text{ cm}^2.$$

$$\text{b) } F = \frac{a \cdot h_a}{2} = \frac{35 \cdot 16{,}8}{2} = 294 \text{ cm}^2.$$

9. Die Kathete eines gleichschenklig-rechtwinkligen Dreiecks ist $b = 1{,}725$ m lang. Wie groß ist der Inhalt desselben?

Entsprechend Gleichung 23) wird:

$$F = \frac{b \cdot b}{2} = \frac{b^2}{2} = \frac{1{,}725^2}{2} = 1{,}488 \text{ m}^2.$$

**118. Trapez.**

10. Gegeben: $a = 29{,}5$ cm, $c = 17{,}5$ cm, $h = 12{,}6$ cm; $F = ?$ (Abb. 208).

Nach Gleichung 25) wird:

$$F = \frac{a + c}{2} \cdot h = \frac{29{,}5 + 17{,}5}{2} \cdot 12{,}6 = 296{,}1 \text{ cm}^2.$$

11. Gegeben: a = 22,4 dm, c = 18,6 dm, F = 334,15 dm²; h = ? (Abb. 208).

Nach Gleichung 26) wird:

$$h = \frac{2 \cdot F}{a + c} = \frac{2 \cdot 334{,}15}{22{,}4 + 18{,}6} = 16{,}3 \text{ dm}.$$

12. Gegeben:

a = 19 m, h = 13 m, F = 195 m²; c = ?

Nach Gleichung 28) wird:

$$c = \frac{2 \cdot F}{h} - a = \frac{2 \cdot 195}{13} - 19 = 11 \text{ m}.$$

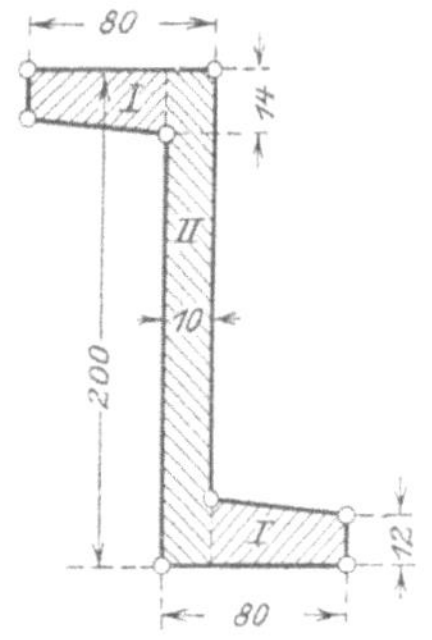

Abb. 210.

13. Es ist der Flächeninhalt des in Abb. 210 dargestellten Z-Eisen-Querschnittes zu berechnen. Derselbe setzt sich zusammen aus den beiden Trapezen I und dem Rechteck II. Mithin:

$$2 \text{ Trapeze } I = 2 \cdot \frac{14 + 12}{2} \cdot 70 = 1820 \text{ mm}^2.$$

$$1 \text{ Rechteck } II = 10 \cdot 200 = 2000 \text{ ,, }.$$

Inhalt des Querschnittes: F = 3820 mm².

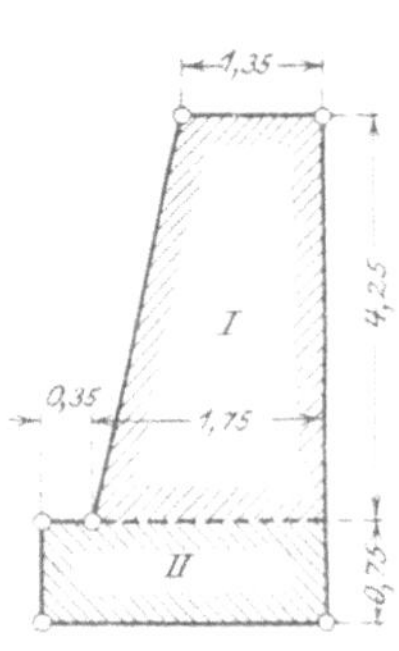

Abb. 211.

14. Welchen Flächeninhalt besitzt der Querschnitt der in Abb. 211 dargestellten Futtermauer? (Maße in m!)

Der Querschnitt setzt sich zusammen aus dem Trapez I und dem Rechteck II. Mithin:

$$\text{Trapez } I = \frac{1{,}35 + 1{,}75}{2} \cdot 4{,}25 = 6{,}588 \text{ m}^2.$$

$$\text{Rechteck } II = 2{,}1 \cdot 0{,}75 = 1{,}575 \text{ ,, }.$$

Inhalt des Querschnittes: F = 8,163 m².

15. Gegeben: a = 13 cm, b = 7 cm, c = 9 cm, d = 8 cm; U = ? Entsprechend Gleichung 17) wird[1]):

$$U = a + b + c + d = 13 + 7 + 9 + 8 = 37 \text{ cm}.$$

## Aufgaben.

### 119. Dreieck.

1. Gegeben: a = 16,75 m, $h_a$ = 8,4 m; F = ?

Lösung: F = 70,35 m².

[1]) Siehe auch Abb. 140.

2. Gegeben: $F = 108{,}12$ cm², $h_c = 20{,}4$ cm; $c = ?$

Lösung: $c = 10{,}6$ cm.

3. Der Grundriß eines in eine Spitze auslaufenden Daches ist ein Quadrat von 4,5 m Seitenlänge. Das Dach besteht demnach aus 4 Dreiecken, von denen jedes eine Höhe von 3,2 m haben soll. Wieviel m² Dachpappe sind zur Eindeckung des Daches erforderlich, wenn für Verschnitt, Überdeckungen usw. 10% zugeschlagen werden?

Lösung: 31,68 m².

4. Von einem rechtwinkligen Dreieck sind gegeben: $a = 30$ mm, $b = 24$ mm, $c = 18$ mm; $h_a = ?$

Lösung: $h_a = 14{,}4$ mm.

**120. Trapez.**

5. Gegeben: $a = 42$ cm, $c = 26{,}5$ cm, $h = 14{,}8$ cm; $F = ?$ (Abb. 208).

Lösung: $F = 506{,}9$ cm².

6. Gegeben: $F = 14$ m², $a = 8$ m, $c = 6$ m; $h = ?$

Lösung: $h = 2$ m.

7. Zur Herstellung von 25 Blechbehältern sind je 4 trapezförmige Bleche erforderlich, deren Grundlinien 28 cm bzw. 42 cm lang sind und deren Höhe = 75 cm ist. Wieviel m² Blech sind zu liefern?

Lösung: $F = 26{,}25$ m².

## Übungen.

**121. Dreieck.**

1. Von einem Dreieck sind gegeben:

| | | | | |
|---|---|---|---|---|
| $a =$ | 20 cm; | 12,5 dm; | 27,2 m; | 15,725 km und |
| $h_a =$ | 25,5 „ ; | 9,75 „ ; | 18,4 „ ; | 9,125 „ . |

Wie groß sind die zugehörigen Inhalte?

2. Von einem Dreieck sind bekannt:

| | | | | |
|---|---|---|---|---|
| $F =$ | 60 m²; | 57,25 dm²; | 3686,5 m²; | 84,5625 km², |
| $a =$ | 15 dm; | 1,25 m; | 50,5 m; | 10,25 km. |

Wie groß wird in jedem Dreieck die Höhe $h_a$?

3. Wie groß ist der Umfang
   a) eines Dreiecks, dessen Seiten 7,2 cm, 9,25 cm und 11,55 cm lang sind?
   b) eines gleichseitigen Dreiecks, dessen Seite 11,25 m lang ist?
   c) eines gleichschenkligen Dreiecks, dessen Schenkel 14,5 dm und dessen Grundlinie 10,2 dm lang sind?

**122. Trapez.**

4. Von einem Trapez sind gegeben:

| | | | | |
|---|---|---|---|---|
| $a =$ | 25,58 dm; | 2,24 m; | 63,5 m; | 125 mm. |
| $c =$ | 17,42 „ | 76 „ | 46,2 „ | 82 „ : |
| $h =$ | 8,2 „ | 65 „ | 32,4 „ | 15 „ . |

Wie groß sind die zugehörigen Flächeninhalte?

5. Von einem Trapez sind bekannt:

| | | |
|---|---|---|
| $F = 95$ dm²; | 2020,275 m²; | 668,3 cm². |
| $a = 16$ dm; | 62,5 m; | 44,8 cm. |
| $c = 18$ „ | 48,2 „ | 37,2 „. |

Es sind die zugehörigen Höhen zu berechnen.

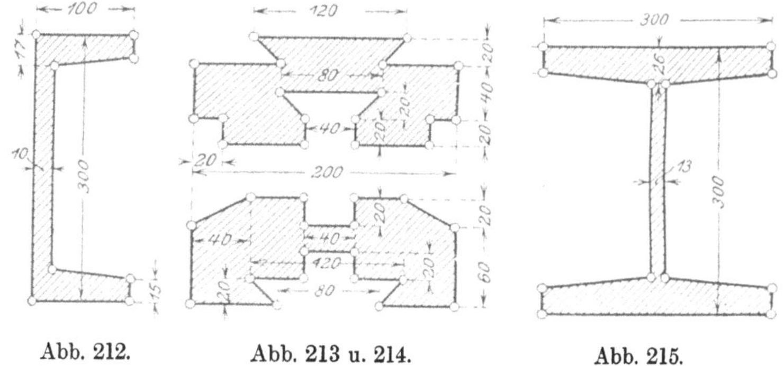

Abb. 212. Abb. 213 u. 214. Abb. 215.

6. Von den in Abb. 212 bis 215 dargestellten Querschnitten sind die Flächeninhalte zu bestimmen.

**123. Unregelmäßige Vierecke.** Der Inhalt eines unregelmäßigen Vierecks ABCD (Abb. 216) wird gefunden, indem man dasselbe durch eine Diagonale $AC = e$ in zwei Dreiecke ABC und ACD zerlegt, von den Ecken B und D dieser Dreiecke die Höhen $h_1$ und $h_2$ auf die gemeinsame Grundlinie e fällt, den Inhalt der beiden Dreiecke nach Gleichung 20) berechnet und addiert. Die so gebildete Summe ist der Flächeninhalt des Vierecks ABCD.

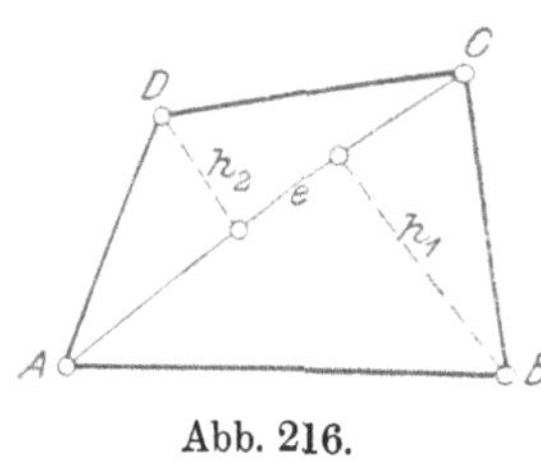

Abb. 216.

Damit ergibt sich nach Abb. 216:

$$F = \frac{e \cdot h_1}{2} + \frac{e \cdot h_2}{2},$$ wofür man schreiben kann:

$$F = \frac{e}{2} \cdot (h_1 + h_2) \quad \ldots \quad 30)$$

Würde man in Abb. 216 die Diagonale BD ziehen, so müßte man auf diese aus A und C die Höhen fällen und entsprechend verfahren.

**124. Unregelmäßige Vielecke.** Der Inhalt einer jeden geradlinig begrenzten, ebenen Figur wird gefunden, indem man dieselbe durch gerade Linien nach Möglichkeit in Rechtecke, Parallelogramme, Trapeze oder Dreiecke zerlegt und deren Inhalte addiert.

Allgemein zerlegt man unregelmäßige Vielecke von nicht zu großer Seitenzahl durch Diagonalen von einer Ecke aus in Teildreiecke.

Sind zur Ermittlung des Inhaltes eines Vielecks mehr Diagonalen erforderlich, als man von einer Ecke aus ziehen kann, so wählt man weitere Diagonalen derart, daß sie sich nicht schneiden.

Ein unregelmäßiges Fünfeck würde man z. B. zerlegen, wie in Abb. 217 angegeben. Damit wird der Inhalt des

Fünfecks ABCDE = $\triangle$AED + $\triangle$ADC + $\triangle$ACB,

oder mit den Bezeichnungen der Figur:

$$F = \frac{e \cdot h_1}{2} + \frac{f \cdot h_2}{2} + \frac{f \cdot h_3}{2} \quad \text{. . . . . . . . . . 31)}$$

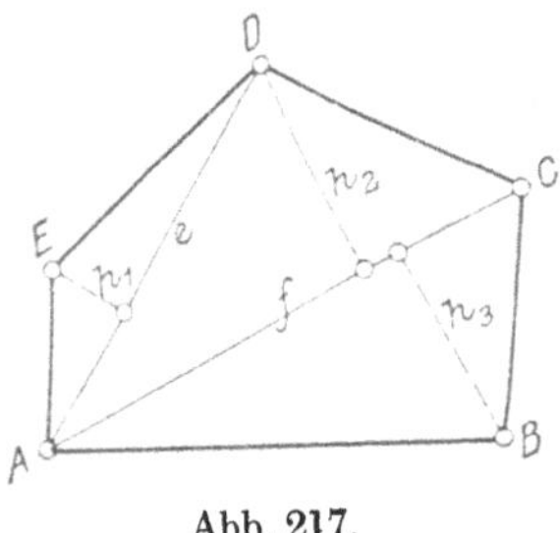

Abb. 217.

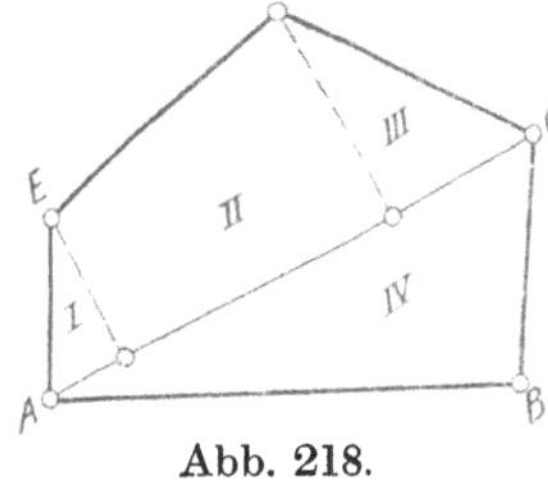

Abb. 218.

Man könnte auch eine Zerlegung desselben Fünfecks vornehmen, wie in Abb. 218 angegeben.

Durch diese Zerlegung wird der Inhalt des

Fünfecks ABCDE = $\triangle$ I + $\square$ II + $\triangle$ III + $\triangle$ IV.

Hierbei wäre gegenüber Abb. 217 eine Fläche mehr zu berechnen! Es wird daher diejenige Zerlegung die vorteilhafteste sein, bei welcher am wenigsten Teilflächen zu berechnen sind.

Die folgenden Beispiele sollen einige Möglichkeiten zeigen.

### Beispiele.

**125. Vier- und Vielecke.**

1. Für das Viereck in Abb. 216 sind gegeben: $e = 13$ cm, $h_1 = 8{,}4$ cm und $h_2 = 5{,}6$ cm. Wie groß ist der Flächeninhalt F?

Nach Gleichung 30) wird:

$$F = \frac{e}{2} \cdot (h_1 + h_2) = \frac{13}{2} \cdot (8{,}4 + 5{,}6) = 91 \text{ cm}^2.$$

2. Das Viereck in Abb. 216 besitzt einen Flächeninhalt $F = 621{,}55$ dm$^2$; weiter ist $e = 31$ dm und $h_1 = 20$ dm. Wie groß wird die Höhe $h_2$?

Aus Gleichung 30) folgt[1]):

$$h_2 = \frac{2 \cdot F}{e} - h_1 = \frac{2 \cdot 621{,}55}{31} - 20 = 20{,}1 \text{ dm}.$$

3, Für das Fünfeck in Abb. 217 sind gegeben: $e = 44$ mm, $h_1 = 7$ mm, $f = 50$ mm, $h_2 = 20{,}4$ mm und $h_3 = 21{,}6$ mm. F = ?

[1]) Vgl. W. u. St., Arithm. u. Algebra S. 132, Ziffer 108 e u. f.

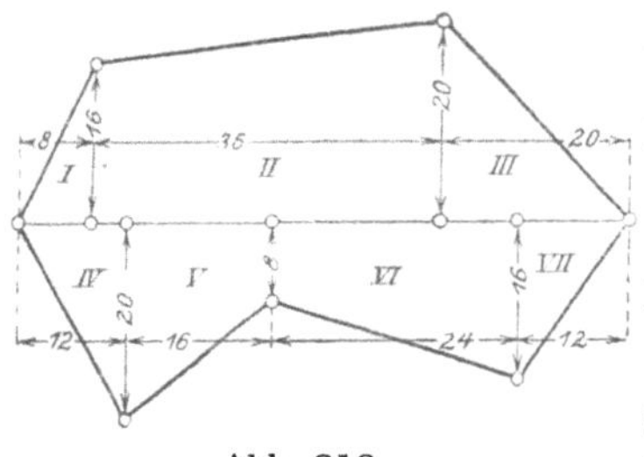


Abb. 219.

$$F = \triangle AED + \triangle ADC + \triangle ACB.$$

$$F = \frac{44 \cdot 7}{2} + \frac{50 \cdot 20{,}4}{2} + \frac{50 \cdot 21{,}6}{2}.$$

Mithin:

$$F = 154 + 510 + 540 = 1204 \text{ mm}^2.$$

4. Es ist der Inhalt des in Abb. 219 dargestellten 7-Ecks zu berechnen. Maße in cm!

Der Einteilung entsprechend wird:

$$\triangle \quad I = \frac{8 \cdot 16}{2} = 64 \text{ cm}^2.$$

$$\square \quad II = \frac{16 + 20}{2} \cdot 36 = 648 \text{ „}$$

$$\triangle \quad III = \frac{20 \cdot 20}{2} = 200 \text{ „}$$

$$\triangle \quad IV = \frac{12 \cdot 20}{2} = 120 \text{ „}$$

$$\square \quad V = \frac{20 + 8}{2} \cdot 16 = 224 \text{ „}$$

$$\square \quad IV = \frac{8 + 16}{2} \cdot 24 = 288 \text{ „}$$

$$\triangle \quad VII = \frac{12 \cdot 16}{2} = 96 \text{ „}$$

Gesamtinhalt: $F = 1640 \text{ cm}^2$.

5. Die Seiten eines unregelmäßigen Fünfecks sind 12,5 dm, 15,8 dm, 16,45 dm; 25,55 dm und 28,7 dm lang. Wie groß ist der Umfang U?

Entsprechend Gleichung 17) wird:

$$U = 12{,}5 + 15{,}8 + 16{,}45 + 25{,}55 + 28{,}7 = 99 \text{ dm}.$$

## Aufgaben.

### 126. Vier- und Vielecke.

1. Von einem unregelmäßigen Viereck sind gegeben: $e = 24$ m; $h_1 = 17{,}5$ m und $h_2 = 11{,}4$ m. $F = ?$ (Abb. 216).

Lösung: $F = 346{,}8 \text{ m}^2$.

2. In dem Vermessungsplan eines fünfeckigen Grundstückes sind die von einer Ecke aus eingetragenen Diagonalen 34,5 m und 29,6 m lang. Die drei Dreieckshöhen, von denen zwei auf der großen, die dritte auf der kleinen Diagonale senkrecht stehen, sind gleich und jede 3,8 m lang. Welchen Flächeninhalt hat das Grundstück?

Lösung: $F = 187{,}34^2$.

3. Es ist der Inhalt der in Abb. 220 dargestellten Fläche zu berechnen. Maße in m!

Lösung: $F = 24{,}045$ m².

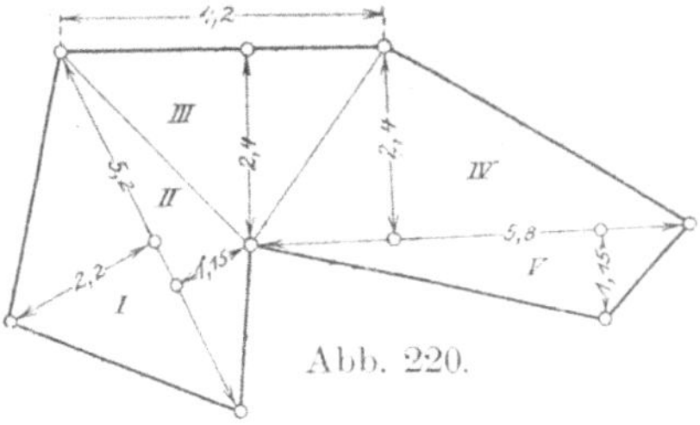

Abb. 220.

## Übungen.

### 127. Vier- und Vielecke.

1. Von einem unregelmäßigen Viereck nach Abb. 216 sind gegeben:

| | | | |
|---|---|---|---|
| $e = 205{,}75$ m; | 0,12 m; | 9,2 m; | 6,04 dm. |
| $h_1 = 95{,}5$ „ ; | 10,5 cm; | 35 dm; | 35,5 cm. |
| $h_2 = 75$ „ ; | 52 mm; | 4,8 m; | 215 mm. |

Die zugehörigen Flächeninhalte sind zu berechnen.

2. Die Diagonalen eines unregelmäßigen Vierecks stehen senkrecht aufeinander. Die Eckpunkte des Vierecks sind vom Schnittpunkte der Diagonalen der Reihe nach 18,25 cm, 25,4 cm, 32,75 cm und 41,8 cm entfernt. Das Viereck ist zu zeichnen und der Flächeninhalt zu berechnen.

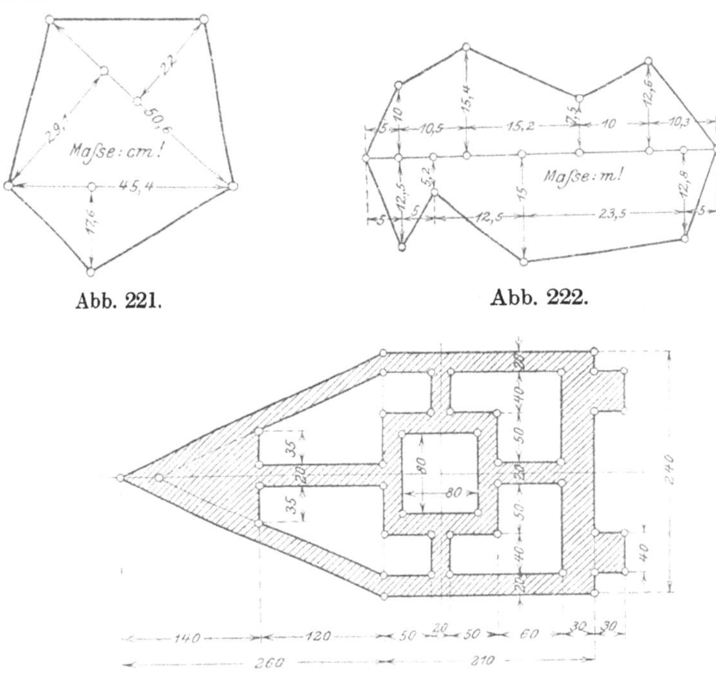


Abb. 221. Abb. 222.

Abb. 223.

3. Von den in Abb. 221 bis 223 dargestellten Flächen ist der Inhalt zu berechnen.

**128. Beliebig begrenzte, ebene Figuren.** Der Inhalt jeder beliebig begrenzten ebenen Figur kann nur näherungsweise berechnet werden.

Das einfachste Verfahren besteht darin, daß man die auf ihren Flächeninhalt zu berechnende Figur auf sog. Millimeterpapier[1]) aufzeichnet, die ganzen Quadratmillimeter abzählt, die angebrochenen in Zehnteln schätzt und beide Summen addiert. (Abb. 224.)

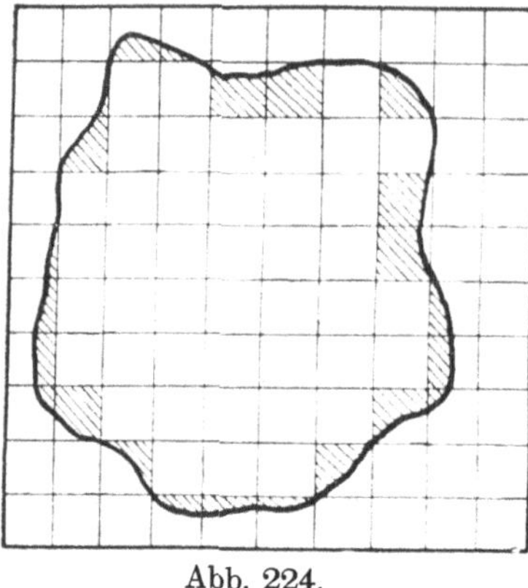

Abb. 224.

In dieser Abbildung ist die Netzteilung der Deutlichkeit wegen größer als 1 mm, und zwar = 5 mm gewählt, so daß ein Netzquadrat einem Flächeninhalte von $5 \cdot 5 = 25\ \text{mm}^2$ entspricht. Zählt man nun die Quadrate aus, so erhält man 43 ganze Quadrate und bei scharfer Schätzung der durch Schraffur hervorgehobenen, angebrochenen Teilquadrate im ganzen etwa deren 11, so daß die ganze Figur $= 43 + 11 = 54$ Netzquadrate umfaßt.

Wäre die Teilung = 1 mm, so hätte die Fläche in Abb. 224 einen Inhalt von $54\ \text{mm}^2$; da aber hier ein Netzquadrat $= 25\ \text{mm}^2$ entspricht, so ist der wahre Inhalt der Fläche angenähert:

$$F = 54 \cdot 25 = 1350\ \text{mm}^2.$$

Dieses Verfahren der Inhaltsbestimmung kann naturgemäß keinen Anspruch auf mathematische Genauigkeit machen; es ist aber bei sicherer Schätzung der Bruchteile praktisch genügend genau, jedoch umständlich und zeitraubend.

Man bedient sich in der Praxis besserer Verfahren, welche auf rechnerischer Grundlage beruhen. Hierher gehören die Flächenberechnungen

1) nach der **Trapezformel**,
2) nach der **Simpsonschen Regel**.

**129. Trapezformel.**

**1. Fall.** Bei diesem Verfahren zerlegt man die auf ihren Inhalt zu berechnende, ganz oder teilweise von krummen Linien begrenzte Fläche durch parallele Linien in eine beliebige Anzahl Streifen von gleicher Breite. Jeden zwischen zwei dieser Parallelen liegenden Streifen betrachtet man näherungsweise als ein Trapez. Diese Annäherung wird um so vollkommener sein, je geringer der Abstand der Parallelen angenommen wird.

Es sei zunächst eine Fläche gewählt, wie sie in Abb. 225 dargestellt ist: unten von einer Geraden, seitlich von zwei auf dieser Senkrechten

[1]) Auch Koordinatenpapier genannt.

und oben von einer beliebigen, krummen Linie begrenzt. Um den Inhalt berechnen zu können, teile man die Grundlinie l in eine beliebige Anzahl, hier 8, gleicher Teile von der Breite b und errichte in den Teilpunkten die Senkrechten $y_0$, $y_1$, $y_2$ . . ., welche unter sich und zugleich den Senkrechten $y_0$ und $y_8$ parallel sind.

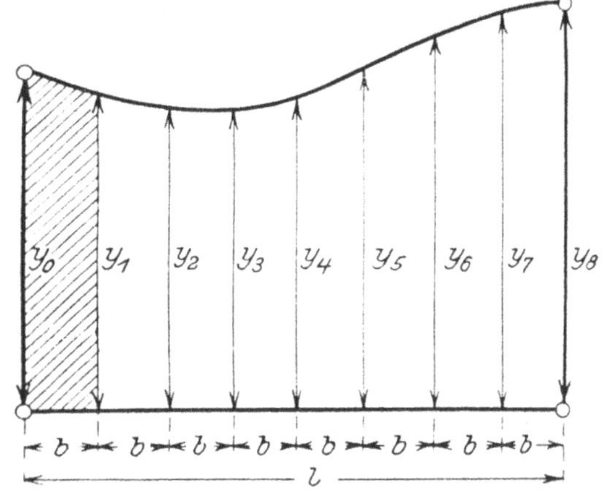

Abb. 225.

Die Senkrechten $y_0$, $y_1$, $y_2$ . . . $y_8$ werden allgemein als **Ordinaten** bezeichnet.

Alsdann kann man jeden zwischen zwei aufeinander folgende Ordinaten liegenden Parallelstreifen als Trapez auffassen.

Der Inhalt der ganzen Fläche ist alsdann angenähert[1]):

$$F = \frac{y_0 + y_1}{2} \cdot b + \frac{y_1 + y_2}{2} \cdot b + \frac{y_2 + y_3}{2} \cdot b + \frac{y_3 + y_4}{2} \cdot b +$$

$$+ \frac{y_4 + y_5}{2} \cdot b + \frac{y_5 + y_6}{2} \cdot b + \frac{y_6 + y_7}{2} \cdot b + \frac{y_7 + y_8}{2} \cdot b,$$

wofür man schreiben kann[2]):

$$F = \frac{b}{2} \cdot (y_0 + y_1 + y_1 + y_2 + y_2 + y_3 + y_3 + y_4 + y_4 + y_5 +$$

$$+ y_5 + y_6 + y_6 + y_7 + y_7 + y_8), \text{ oder}$$

$$F = \frac{b}{2} \cdot (y_0 + 2y_1 + 2y_2 + 2y_3 + 2y_4 + 2y_5 + 2y_6 + 2y_7 + y_8).$$

Schreibt man noch 2 als gemeinschaftlichen Faktor heraus, so geht die letzte Gleichung über in:

$$\mathbf{F = \frac{b}{2} \cdot [y_0 + y_8 + 2 \cdot (y_1 + y_2 + y_3 + y_4 + y_5 + y_6 + y_7)]} \quad \mathbf{32)}$$

In Abb. 225 ist die Grundlinie l in 8 gleiche Teile geteilt, so daß

$$b = \frac{l}{8}$$

wird. Setzt man diesen Wert für b in Gleichung 32) ein, so nimmt dieselbe folgende Form an[3]):

---

1) Vgl. S. 103, Ziffer 116; Gleichung 25).

2) „ W. u. St., Arithm. u. Algebra S. 36, Ziffer 43 A; a.

3) Gleichung 33) auf Seite **114** gilt also nur für eine Teilung der Grundlinie in 8 gleiche Teile. Mit Änderung der Anzahl der Teile ändert sich auch der Nenner des Faktors vor der Strichklammer!

$$F = \frac{1}{16} \cdot [y_0 + y_8 + 2 \cdot (y_1 + y_2 + y_3 + y_4 + y_5 + y_6 + y_7)]. \quad 33)$$

Bei Anwendung dieser Gleichung ist zu beachten, daß die Länge l der Fläche durch **das Doppelte** der Anzahl der gleichen Teile zu dividieren ist, und daß sämtliche Ordinaten, mit Ausnahme der ersten und letzten, mit 2 zu multiplizieren sind.

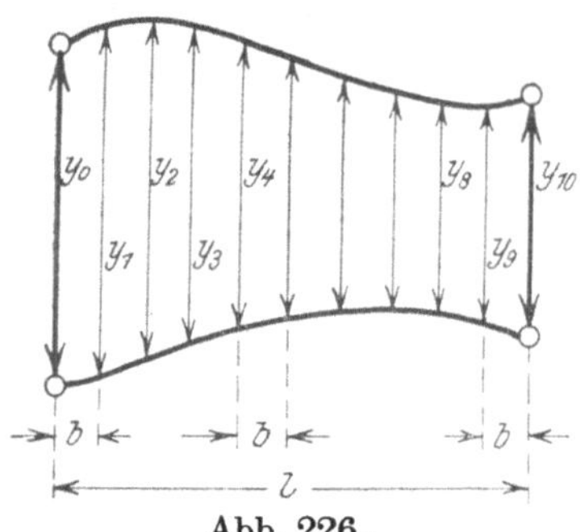

Abb. 226.

**2. Fall.** Die Gleichungen 32) und 33) behalten ihre Gültigkeit auch für den Fall, daß die auf ihren Inhalt zu berechnende Fläche die Form der Abb. 226 annimmt. Diese Fläche ist nur seitlich von zwei geraden, sonst von krummen Linien begrenzt. Die Grundlinie l ist hier, um den Einfluß der Anzahl der gleichen Teile auf die Zusammensetzung der Gleichung zu zeigen, in 10 gleiche Teile geteilt. Damit wird $b = \frac{l}{10}$ und Gleichung 33) geht über in:

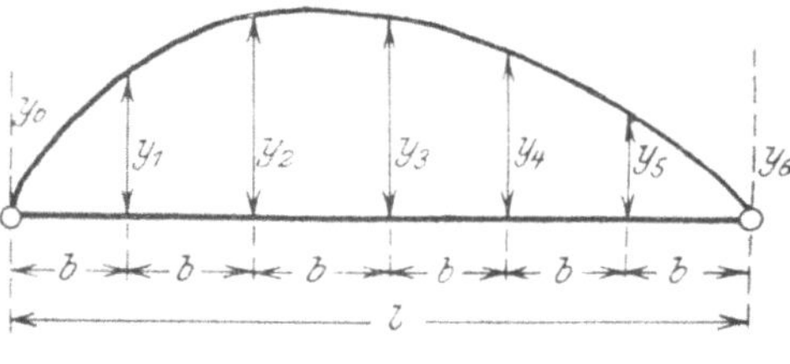

Abb. 227.

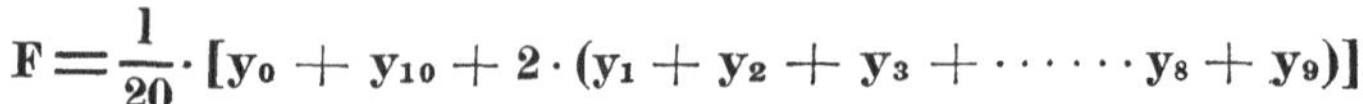

$$F = \frac{1}{20} \cdot [y_0 + y_{10} + 2 \cdot (y_1 + y_2 + y_3 + \cdots\cdots y_8 + y_9)].$$

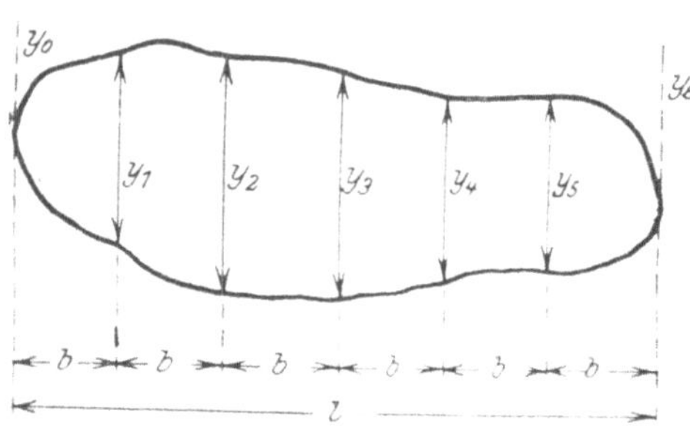

Abb. 228.

**3. Fall.** In Abb. 227 und 228 ist der Fall dargestellt, in welchem an der zu berechnenden Fläche die erste und letzte Ordinate = Null wird. Außerdem ist $b = \frac{l}{6}$ gewählt. Damit ergibt sich alsdann:

$$F = \frac{1}{12} \cdot [0 + 0 + 2 \cdot (y_1 + y_2 + y_3 + y_4 + y_5)] \text{ oder}$$

$$F = \frac{1}{12} \cdot 2 \cdot (y_1 + y_2 + y_3 + y_4 + y_5). \text{ Folglich:}$$

$$F = \frac{1}{6} \cdot (y_1 + y_2 + y_3 + y_4 + y_5) \ldots\ldots\ldots\ldots \quad 34)$$

In diesem Falle ist also die Länge l der zu messenden Fläche durch die **einfache** Anzahl der gleichen Teile zu dividieren, und die so erhaltene Zahl mit der Summe der in der Fläche liegenden Ordinaten zu multiplizieren.

**130. Vereinfachte Trapezformel.** Bei diesem Verfahren wird die zu berechnende Fläche ebenfalls in eine beliebige Anzahl Parallelstreifen von gleicher Breite zerlegt; man führt jedoch in die Rechnung nicht die jeden Parallelstreifen begrenzenden Ordinaten, sondern die Mittellinien[1]) der angenommenen Trapeze ein. Mit den Bezeichnungen in Abb. 229 wird alsdann der Flächeninhalt:

$$F = y_1 \cdot b + y_2 \cdot b + y_3 \cdot b + \ldots y_9 \cdot b + y_{10} \cdot b, \text{ oder}$$
$$F = b \cdot (y_1 + y_2 + y_3 + y_4 + \ldots y_9 + y_{10}).$$

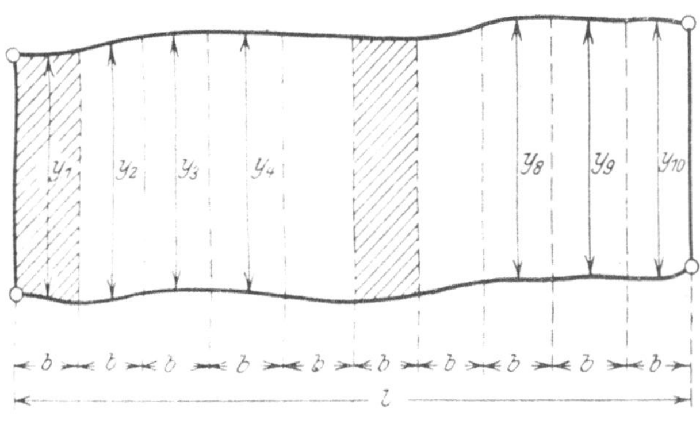


Abb. 229.

In Abb. 229 ist $b = \frac{l}{10}$ angenommen. Damit läßt sich die letzte Gleichung auch schreiben:

$$F = \frac{l}{10} \cdot (y_1 + y_2 + y_3 + y_4 + \ldots y_9 + y_{10}) \quad \ldots \ldots 35)$$

Behandelt man diesen Fall ganz allgemein, indem man nicht eine bestimmte Anzahl gleicher Teile, sondern beliebig viele, etwa n derselben annimmt, so heißt die letzte Mittellinie $y_n$ und Gleichung 35) geht über in:

$$F = \frac{l}{n} \cdot (y_1 + y_2 + y_3 + y_4 + \ldots y_n),$$

wofür man auch schreiben kann:

$$F = l \cdot \frac{y_1 + y_2 + y_3 + y_4 + \ldots y_n}{n} \quad \ldots \ldots \ldots 36)$$

Der Bruch $\frac{y_1 + y_2 + y_3 + \ldots y_n}{n}$ ist aber nichts anderes als das

[1]) Vgl. S. 103, Ziffer 116; Gleichung 29).

arithmetische Mittel[1]) aller Streifenhöhen zwischen $y_1$ und $y_n$, also die sog. mittlere Höhe der ganzen Figur. Gleichung 36) läßt sich demnach in Worte kleiden wie folgt:

**Der Inhalt einer beliebig begrenzten ebenen Fläche ist gleich dem Produkt aus deren Länge und mittleren Höhe.**

**131. Simpsonsche Regel.**

Die Inhaltsbestimmung nach dieser Regel liefert noch genauere Resultate als die nach den vorstehend in Ziffer 129 und 130 angegebenen Verfahren. Bevorzugt wird die Anwendung der Simpsonschen Regel bei der Ermittelung des Inhaltes sog. Diagramme, welche zur Bestimmung der Arbeitsleistung von Maschinen, Motoren usw. dienen.

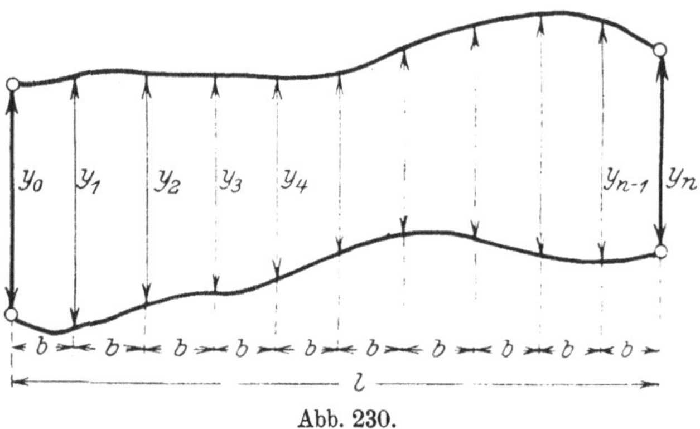


Abb. 230.

Man teilt hierbei die zu berechnende Fläche in eine beliebige, aber **gerade Anzahl** gleich breiter Streifen; bei Diagrammen im allgemeinen in 10. Mit den Bezeichnungen in Abb. 230 ist alsdann praktisch genügend genau der Inhalt der zu berechnenden Fläche, wenn die Anzahl der Streifen = n angenommen wird:

$$F = \frac{b}{3} \cdot [y_0 + y_n + 4 \cdot (y_1 + y_3 + \ldots y_{n-1}) + 2 \cdot (y_2 + y_4 + \ldots)].$$

Da nun $b = \frac{l}{n}$ ist, so geht die letzte Gleichung über in:

$$F = \frac{l}{3 \cdot n} \cdot [y_0 + y_n + 4 \cdot (y_1 + y_3 + y_5 + \ldots y_{n-1}) + \\ + 2 \cdot (y_2 + y_4 + \ldots y_n)] \quad \ldots\ldots\ldots \quad 37)$$

In dieser Gleichung besteht der Ausdruck in der Strichklammer aus der Summe der ersten und letzten Ordinate, der vierfachen Summe der Ordinaten mit ungeradem Zeiger[2]) und

[1]) Vgl. W. u. St., Arithm. u. Algebra S. 196, Fußnote.

[2]) Bei der zur Unterscheidung der einzelnen Ordinaten gewählten Schreibweise: $y_0$, $y_1$, $y_2$ ... bezeichnet man die den Buchstaben y rechts unten angehängte Zahl $_0$, $_1$, $_2$ ... als „Zeiger“ oder „Index“.

der doppelten Summe der Ordinaten mit geradem Zeiger. Der durch Addition dieser drei Summen erhaltene Zahlenwert ist mit $\frac{1}{3 \cdot n}$ zu multiplizieren. Hierbei soll **n eine gerade Zahl** sein.

Löst man in Gleichung 37) die Bogenklammern auf und ordnet die Ordinaten nach ihren Zeigern, so erhält man:

$$F = \frac{1}{3 \cdot n} \cdot (1 \cdot y_0 + 4 \cdot y_1 + 2 \cdot y_2 + 4 \cdot y_3 + 2 \cdot y_4 + \ldots + 4 \cdot y_{n-1} + 1 \cdot y_n).$$

Nach dieser Gleichung läßt sich, unter der Annahme von $n = 10$ gleichen Teilen, die leicht einzuprägende Abb. 231 entwerfen.

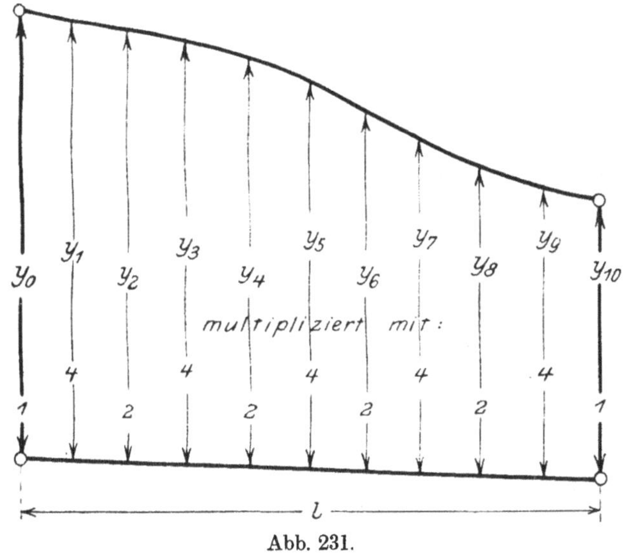


Abb. 231.

Bezeichnet man die Summe

der ersten und letzten Ordinate mit $S_1$,
der Ordinaten mit ungeradem Zeiger „ $S_2$,
„ „ „ geradem „ „ $S_3$,

so geht Gleichung 37) über in:

$$F = \frac{1}{3 \cdot n} \cdot (S_1 + 4 \cdot S_2 + 2 \cdot S_3) \quad \ldots \ldots \ldots \ldots \; 38)$$

Für $n = 10$, wie bei Diagrammen üblich, wird alsdann:

$$F = \frac{1}{30} \cdot (S_1 + 4 \cdot S_2 + 2 \cdot S_3) \quad \ldots \ldots \ldots \ldots \; 39)$$

### Beispiele.

**132. Beliebig begrenzte, ebene Flächen.**

1. Die Grundlinie der in Abb. 225 dargestellten Fläche besitzt eine Länge $l = 64$ mm; das Ausmaß der einzelnen Ordinaten ergibt folgende Längen:

$$\begin{array}{lll} y_0 = 40 \text{ mm}, & y_3 = 36 \text{ mm}, & y_6 = 44 \text{ mm}, \\ y_1 = 37 \text{ ,, }, & y_4 = 37 \text{ ,, }, & y_7 = 47 \text{ ,, }, \\ y_2 = 35 \text{ ,, }, & y_5 = 40 \text{ ,, }, & y_8 = 50 \text{ ,, }. \end{array}$$

Wie groß ist der Flächeninhalt dieser Figur?

Derselbe berechnet sich nach Gleichung 33) zu:

$$F = \frac{1}{16} \cdot [y_0 + y_8 + 2 \cdot (y_1 + y_2 + y_3 + y_4 + y_5 + y_6 + y_7)], \text{ d. i.}$$

$$F = \frac{64}{16} \cdot [40 + 50 + 2 \cdot (37 + 35 + 36 + 37 + 40 + 44 + 47)].$$

Folglich:

$$F = 4 \cdot [90 + 2 \cdot 276] = 4 \cdot 642 = 2568 \text{ mm}^2.$$

2. Bei dem Aufmessen eines Grundstückes mit nur zwei parallelen Seiten, ähnlich Abb. 226, ergab sich die Länge der Grundlinie zu $l = 72$ m. Die zwischen den äußeren Parallelen liegenden Ordinaten besaßen die nachstehend angegebenen Längen:

$$\begin{array}{lll} y_0 = 20{,}4 \text{ m}, & y_5 = 16{,}4 \text{ m}, & y_{10} = 15{,}6 \text{ m}, \\ y_1 = 17{,}6 \text{ ,, }, & y_6 = 15{,}2 \text{ ,, }, & y_{11} = 16{,}0 \text{ ,, }, \\ y_2 = 18{,}3 \text{ ,, }, & y_7 = 19{,}0 \text{ ,, }, & y_{12} = 16{,}6 \text{ ,, }. \\ y_3 = 16{,}8 \text{ ,, }, & y_8 = 18{,}5 \text{ ,, }, & \\ y_4 = 17{,}7 \text{ ,, }, & y_9 = 16{,}9 \text{ ,, }, & \end{array}$$

Wie groß ist der Flächeninhalt dieser Figur?

Der vorhandenen Anzahl von 12 Ordinaten entsprechend, muß die Grundlinie in 12 gleiche Teile geteilt sein. Damit ergibt sich der Flächeninhalt des Grundstückes, unter Berücksichtigung der auf Seite 114, Ziffer 129, Fall 2 abgeleiteten Gleichung, zu:

$$F = \frac{1}{24} \cdot [y_0 + y_{12} + 2 \cdot (y_1 + y_2 + y_3 + y_4 + y_5 + y_6 + \\ + y_7 + y_8 + y_9 + y_{10} + y_{11})], \text{ d. i.}$$

$$F = \frac{72}{24} \cdot [20{,}4 + 16{,}6 + 2 \cdot (17{,}6 + 18{,}3 + 16{,}8 + 17{,}7 + \\ + 16{,}4 + 15{,}2 + 19 + 18{,}5 + 16{,}9 + 15{,}6 + 16)].$$

Folglich:

$$F = 3 \cdot [37 + 2 \cdot 188] = 3 \cdot 413 = 1239 \text{ m}^2.$$

3. Es soll der Inhalt einer Fläche nach Abb. 227 bzw. 228 bestimmt werden, für welche gegeben sind:

$$\begin{array}{ll} l = 12{,}6 \text{ cm}, & y_3 = 4{,}2 \text{ cm}, \\ y_1 = 3{,}8 \text{ ,, }, & y_4 = 3{,}4 \text{ ,, }, \\ y_2 = 4{,}6 \text{ ,, }, & y_5 = 3{,}2 \text{ ,, }. \end{array}$$

Nach Gleichung 34) erhält man:

$$F = \frac{l}{6} \cdot (y_1 + y_2 + y_3 + y_4 + y_5), \text{ d. i.}$$

$$F = \frac{12{,}6}{6} \cdot (3{,}8 + 4{,}6 + 4{,}2 + 3{,}4 + 3{,}2) = 2{,}1 \cdot 19{,}2 = 40{,}32 \text{ cm}^2.$$

4. Eine Fläche nach Abb. 229 ist in 8 Streifen von gleicher Breite $b = 22{,}5$ m eingeteilt. Die zugehörigen mittleren Ordinaten sind:

$y_1 = 28$ m, $y_4 = 32$ m, $y_7 = 42$ m,
$y_2 = 30$ „ , $y_5 = 36$ „ , $y_8 = 41$ „ .
$y_3 = 31$ „ , $y_6 = 40$ „ ,

Wie groß ist der Inhalt dieser Fläche?

Nach Gleichung 36) wird:

$$F = l \cdot \frac{y_1 + y_2 + y_3 + y_4 + y_5 + y_6 + y_7 + y_8}{n}, \text{ d. i.}$$

$$F = 22{,}5 \cdot 8 \cdot \frac{28 + 30 + 31 + 32 + 36 + 40 + 42 + 41}{8}.$$

Mithin: $F = 22{,}5 \cdot 8 \cdot 35 = 6300 \text{ m}^2$.

5. Für ein Flächenstück, ähnlich Abb. 226 bzw. 230, sind gegeben:

$l = 80$ mm, $y_2 = 28$ mm, $y_5 = 21$ mm, $y_8 = 30$ mm,
$y_0 = 24$ „ , $y_3 = 26$ „ , $y_6 = 23$ „ , $y_9 = 29$ „ ,
$y_1 = 26$ „ , $y_4 = 24$ „ , $y_7 = 27$ „ , $y_{10} = 24$ „ .

Wie groß ist der Flächeninhalt a) nach der Trapezformel, b) nach der Simpsonschen Regel?

a) Mit der auf Seite 114, Ziffer 129, Fall 2 entwickelten Gleichung erhält man nach der Trapezformel:

$$F = \frac{l}{20} \cdot [y_0 + y_{10} + 2 \cdot (y_1 + y_2 + y_3 + \cdots y_8 + y_9)], \text{ d. i.}$$

$$F = \frac{80}{20} \cdot [24 + 24 + 2 \cdot (26 + 28 + 26 + 24 + 21 + \\ + 23 + 27 + 30 + 29)]. \text{ Folglich:}$$

$$F = 4 \cdot [48 + 2 \cdot 234] = 4 \cdot 516 = 2064 \text{ mm}^2.$$

b) Mit Gleichung 37) erhält man nach der Simpsonschen Regel:

$$F = \frac{l}{3 \cdot n} \cdot [y_0 + y_{10} + 4 \cdot (y_1 + y_3 + y_5 + y_7 + y_9) + \\ + 2 \cdot (y_2 + y_4 + y_6 + y_8)], \text{ d. i.}$$

$$F = \frac{80}{3 \cdot 10} \cdot [24 + 24 + 4 \cdot (26 + 26 + 21 + 27 + 29) + \\ + 2 \cdot (28 + 24 + 23 + 30)]. \text{ Folglich:}$$

$$F = \frac{8}{3} \cdot [48 + 4 \cdot 129 + 2 \cdot 105] = \frac{8}{3} \cdot 774 = 2064 \text{ mm}^2.$$

6. Es ist der Inhalt der in Abb. 232 dargestellten und durch Schraffur besonders gekennzeichneten Diagrammfläche zu berechnen. Maßstab = $^2/_3$ der natürlichen Größe!

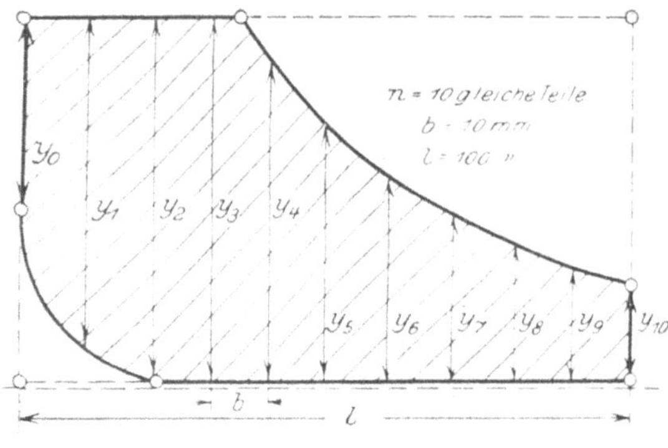


Abb. 232.

Im allgemeinen wendet man bei der Auswertung derartiger Diagramme die Simpsonsche Regel an. Mit dieser ergibt sich nach Gleichung 37):

$$F = \frac{1}{3 \cdot n} \cdot [y_0 + y_{10} + 4 \cdot (y_1 + y_3 + \cdots + y_9) + \\ + 2 \cdot (y_2 + y_4 + \cdots + y_8)], \text{ d. i.}$$

$$F = \frac{100}{3 \cdot 10} \cdot [32 + 16 + 4 \cdot (54 + 59 + 41 + 27 + 18) + \\ + 2 \cdot (59 + 52 + 33 + 22)]. \text{ Folglich:}$$

$$F = \frac{10}{3} \cdot [48 + 4 \cdot 199 + 2 \cdot 166] = \frac{10}{3} \cdot 1176 = 3920 \text{ mm}^2.$$

## Übungen.

**133. Beliebig begrenzte, ebene Flächen.**

1. Bei dem Ausmessen eines Grundstückes, ähnlich Abb. 226, ergaben sich folgende Maße: l = 50 m; b = 10 m; die Ordinaten waren der Reihe nach: 16; 18,5; 23; 24; 22; 19; 14,5; 12,5; 11,5; 15 m. Welchen Flächeninhalt besitzt das Grundstück?

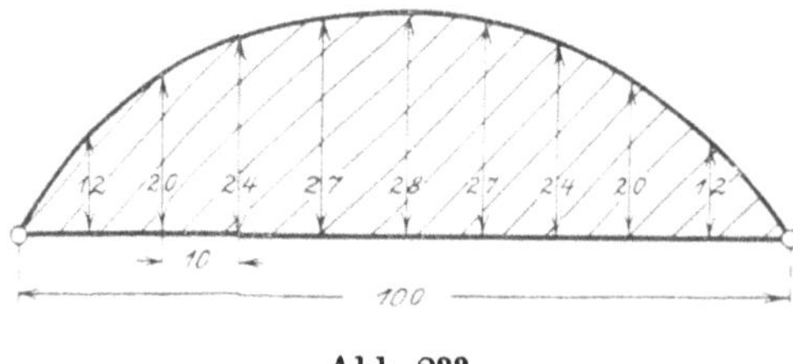


Abb. 233.

2. Eine andere Fläche, ähnlich Abb. 229, zeigt folgende Abmessungen: l = 54 cm; b = 4,5 cm; die Ordinaten sind der Reihe nach: 18; 20; 19,5; 16,5; 13; 14; 12; 15; 19; 21; 24; 25; 23 cm. Wie groß ist der Flächeninhalt?

3. Es ist der Inhalt des in Abb. 233 dargestellten Kreisabschnittes nach den eingetragenen Maßzahlen zu berechnen. Maße: Zentimeter!

4. Es sind die Flächeninhalte der in Abb. 234 u. 235 dargestellten Diagramme nach den eingetragenen Maßzahlen zu bestimmen.

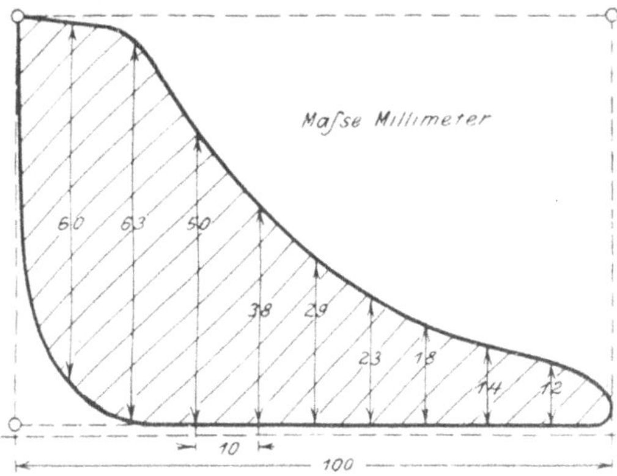


Abb. 234

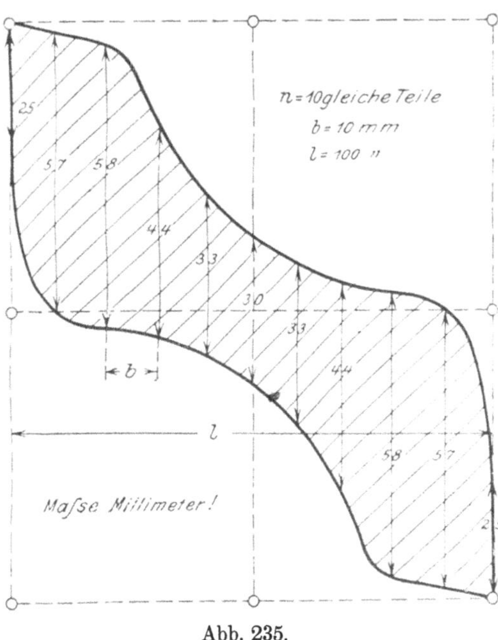


Abb. 235.

**134. Pythagoreischer Lehrsatz.**

Dieser Lehrsatz, kurz „Pythagoras“ genannt, bezieht sich nur auf das rechtwinklige Dreieck.

In jedem rechtwinkligen Dreieck bestehen bestimmte Beziehungen zwischen der Hypotenuse und den Katheten[1]).

[1]) Vgl. S. 42, Ziffer 53c.

Zeichnet man ein rechtwinkliges Dreieck mit Katheten von 3 cm bzw. 4 cm Länge, so kann man sich durch Messung überzeugen, daß die Hypotenuse eine Länge = 5 cm erhält. In Abb. 236 ist ein derartiges Dreieck dargestellt[1]).

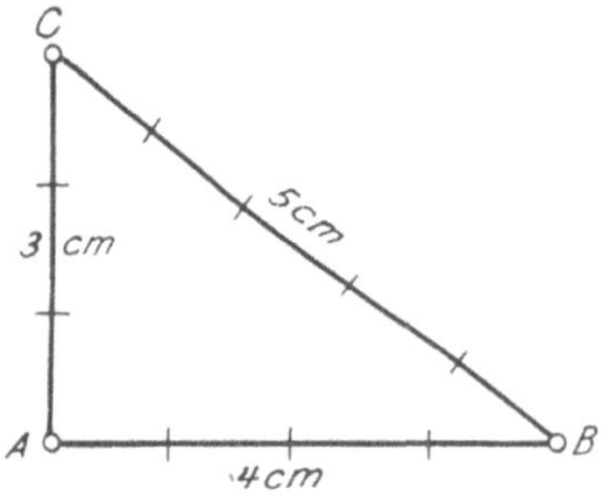

Abb. 236.

Ferner bestehen in jedem rechtwinkligen Dreieck bestimmte Beziehungen zwischen dem Hypotenusenquadrat und den Kathetenquadraten.

Konstruiert man über den Seiten eines pythagoreischen Dreiecks ABC (Abb. 237) Quadrate[2]) und zeichnet man in diese ein Netz von Quadrateinheiten, jede = 1 cm², so findet man durch Auszählen, daß die Summe der in den Kathetenquadraten enthaltenen Quadrateinheiten gleich ist der Anzahl der in dem Hypotenusenquadrat enthaltenen Quadrateinheiten.

In Abb. 237 ist diese Netzteilung durchgeführt. Damit wird ohne weiteres ersichtlich, daß bezüglich der Flächeninhalte

$$\square \, ACDE + \square \, ABFG = \square \, BCHI$$

ist. Denn setzt man in dieser Gleichung an Stelle der durch Buchstaben bezeichneten Quadrate deren Flächeninhalte in Quadrateinheiten, so erhält man:

---

[1]) **Pythagoreische Dreiecke** erhält man durch Konstruktion nach folgenden Angaben:

| Kathete: | Kathete: | Hypotenuse: | |
|---|---|---|---|
| 3 | 4 | 5 | Die Wahl der Maßeinheit sei dem Leser überlassen! |
| 5 | 12 | 13 | |
| 7 | 24 | 25 | |
| 9 | 40 | 41 | |
| 11 | 60 | 61 | |
| | usw. | | |

Derartige Zahlen kann man sich auf folgende Weise bilden: Bezeichnet man die Länge der einen Kathete mit a, so wird
1) wenn a eine **gerade** Zahl ist,

$$\text{die andere Kathete} = \left(\frac{a}{2}\right)^2 - 1,$$

$$\text{die Hypotenuse} = \left(\frac{a}{2}\right)^2 + 1.$$

2) wenn a eine **ungerade** Zahl ist,

$$\text{die andere Kathete} = \frac{a^2 - 1}{2},$$

$$\text{die Hypotenuse} = \frac{a^2 + 1}{2}.$$

[2]) Vgl. S. 75, Aufgabe 1.

$$\left.\begin{array}{l} 9\ \text{cm}^2 + 16\ \text{cm}^2 = 25\ \text{cm}^2 \\ \text{oder:}\qquad 25\ \text{cm}^2 = 25\ \text{cm}^2 \end{array}\right\} \ldots\ldots\ldots\ldots \text{I)}$$

wodurch die Richtigkeit des vorstehenden Satzes erwiesen ist. Ersetzt man nun die Quadratzahlen 9, 16 und 25 durch ihre zweiten Potenzen[1]), setzt man also

$$9 = 3^2,\ 16 = 4^2 \text{ und } 25 = 5^2,$$

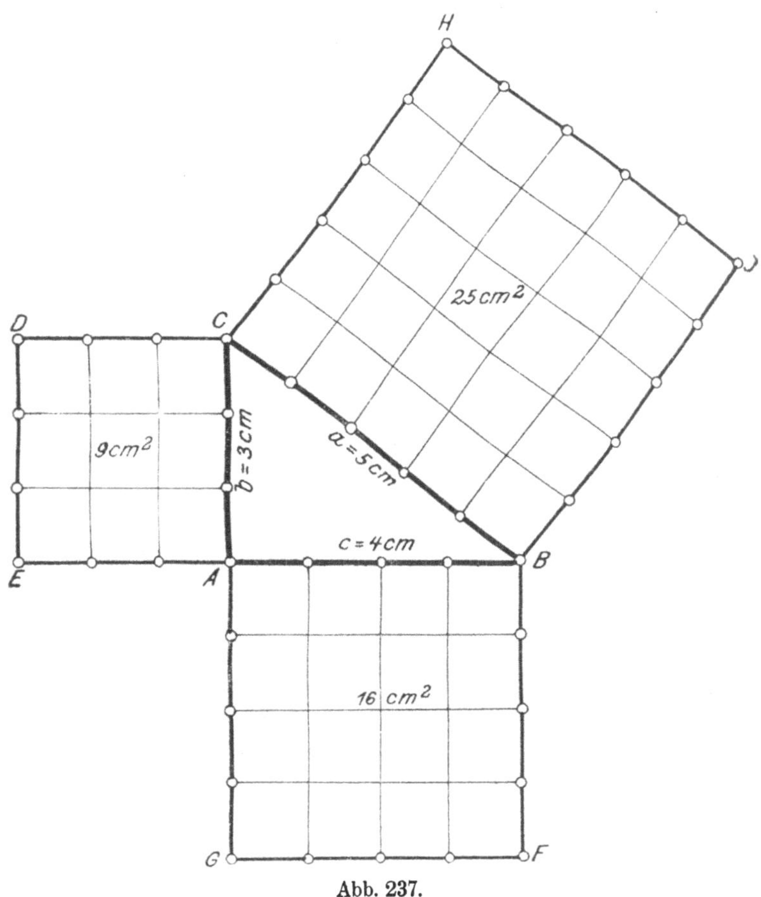


Abb. 237.

so erhält die vorstehend aufgestellte Gleichung I) die Form

$$3^2 + 4^2 = 5^2.$$

Mit der Bezeichnung der Dreieckseiten durch die Buchstaben a, b und c in Abb. 237 geht die letzte Gleichung über in

$$b^2 + c^2 = a^2,$$

---

[1]) Vgl. W. u. St., Arithm. u. Algebra S. 20, Ziffer 30.

wofür man allgemein schreibt:

$$a^2 = b^2 + c^2. \qquad 40)$$

Diese Gleichung entspricht dem Satze des

**Pythagoras: In jedem rechtwinkligen Dreieck ist das Quadrat über der Hypotenuse gleich der Summe der Quadrate über den Katheten.**

Zieht man aus beiden Seiten der Gleichung 40) die Quadratwurzel, so erhält man:

$$\sqrt{a^2} = \sqrt{b^2 + c^2}.$$

Aus dieser Gleichung ergibt sich alsdann[1]) die Größe der

Hypotenuse: $a = \sqrt{b^2 + c^2}. \qquad 41)$

Gibt man der Gleichung 40) die Formen[2]):

$$b^2 = a^2 - c^2 \text{ und } c^2 = a^2 - b^2,$$

so erhält man aus diesen Gleichungen die Größe der

Kathete: $b = \sqrt{a^2 - c^2}. \qquad 42)$

" $c = \sqrt{a^2 - b^2}.$ [3]) $\qquad 43)$

## Anwendung des „Pythagoras".

### Beispiele.

**135. Das rechtwinklige Dreieck.**

1. Von einem rechtwinkligen Dreieck sind die Katheten $b = 5$ m und $c = 12$ m gegeben; zu berechnen ist die Hypotenuse a und der Flächeninhalt F.

Nach Gleichung 41) erhält man:

$$a = \sqrt{b^2 + c^2} = \sqrt{5^2 + 12^2} = \sqrt{25 + 144} = \sqrt{169} = 13 \text{ m.}^{4)}$$

Der Flächeninhalt des Dreiecks ergibt sich aus Gleichung 23):

$$F = \frac{b \cdot c}{2} = \frac{5 \cdot 12}{2} = 30 \text{ m}^2.$$

---

[1]) Vgl. W. u. St., Arithm. u. Algebra S. 80, Ziffer 77.

[2]) " " " " " " " „ 132, „ 108g.

[3]) " " " " " " " „ 117, „ 101; Fußnote.

In bezug auf die Gleichungen 41 bis 43) sei hier wiederholt darauf hingewiesen, daß aus der Gleichung

$$\sqrt{a^2} = \sqrt{b^2 + c^2}$$

**niemals** $a = b + c$ **folgen kann.** Einzig und allein

**der Wert:** $a = \sqrt{b^2 + c^2}$ **ist richtig.**

[4]) Vgl. W. u. St., Arithm. u. Algebra S. 116, Ziffer 101. — Zur schnelleren Erledigung derartiger Rechnungen empfiehlt sich die Anwendung der „Tafeln der Potenzen, Wurzeln usw." im Anhange des III. Teiles dieses Buches.

2. In bezug auf Abb. 237 sind gegeben: a = 25 cm, c = 24 cm. Gesucht ist b = ? cm.

Aus Gleichung 42) folgt:

$$b = \sqrt{a^2 - c^2} = \sqrt{25^2 - 24^2} = \sqrt{625 - 576} = \sqrt{49} = 7 \text{ cm}.$$

3. Gegeben sind die Katheten a = 149 mm und b = 51 mm. Gesucht werden die Hypotenuse und der Inhalt F.

Mit Gleichung 43) ergibt sich:

$$c = \sqrt{a^2 - b^2} = \sqrt{149^2 - 51^2} = \sqrt{22201 - 2601} = \sqrt{19600}.$$

Folglich: c = 140 mm.

$$F = \frac{b \cdot c}{2} = \frac{51 \cdot 140}{2} = 3570 \text{ mm}^2.$$

4. Von einem rechtwinkligen Dreieck sind der Flächeninhalt F = 630 $m^2$ und eine Kathete b = 28 m gegeben. Wie groß werden die andere Kathete c und die Hypotenuse a?

Aus Gleichung 23): $F = \frac{b \cdot c}{2}$ berechnet sich zunächst die zweite Kathete zu

$$c = \frac{2 \cdot F}{b} = \frac{2 \cdot 630}{28} = 45 \text{ m}.$$

Mit diesem Werte für c ergibt sich alsdann aus Gleichung 41) die Hypotenuse:

$$a = \sqrt{b^2 + c^2} = \sqrt{28^2 + 45^2} = \sqrt{784 + 2025} = \sqrt{2809} = 53 \text{ m}.$$

**136. Das gleichschenklige Dreieck.**

Das gleichschenklige Dreieck ABC in Abb. 238 wird durch die Höhe $h_c$ in zwei kongruente, rechtwinklige Dreiecke ADC und BDC zerlegt[1].

Für jedes dieser Dreiecke läßt sich nach dem Pythagoras mit den Bezeichnungen in Abb. 238 die Gleichung

$$a^2 = \left(\frac{c}{2}\right)^2 + h_c^2$$

aufstellen, aus welcher für die Länge des Schenkels

$$a = \sqrt{\left(\frac{c}{2}\right)^2 + h_c^2} \quad \ldots\ldots\ldots \quad 44)$$

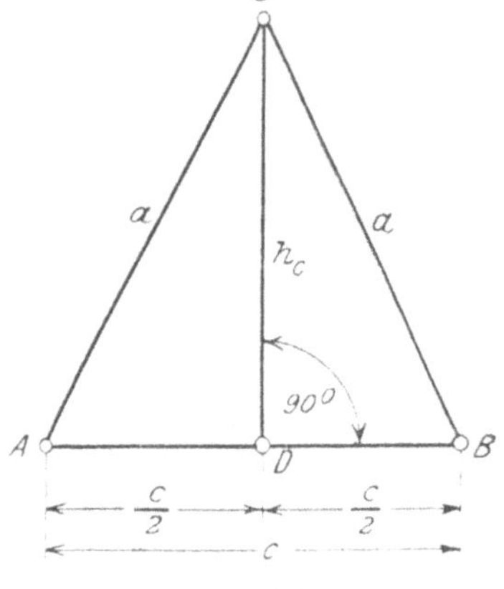

Abb. 238.

folgt. Vertauscht man in der vorletzten Gleichung die Seiten, so erhält man $\left(\frac{c}{2}\right)^2 + h_c^2 = a^2$, woraus sich

---
[1]) Vgl. S. 52, Ziffer 64.

$h_c^2 = a^2 - \left(\frac{c}{2}\right)^2$ ergibt. Hieraus folgt für die

$$\text{Höhe:} \quad \mathbf{h_c = \sqrt{a^2 - \left(\frac{c}{2}\right)^2}} \quad \ldots \ldots \ldots \ldots \quad \mathbf{45)}$$

Entsprechend ergibt sich für die Grundlinie c zunächst

$\left(\frac{c}{2}\right)^2 = a^2 - h_c^2$ oder, was dasselbe ist[1])

$\frac{c^2}{4} = a^2 - h_c^2$. Hieraus folgt:

$c^2 = 4 \cdot (a^2 - h_c^2)$ und weiter

$c = \sqrt{4 \cdot (a^2 - h_c^2)}$. Zieht man aus 4 die Quadratwurzel, so erhält man für die

$$\text{Grundlinie:} \quad \mathbf{c = 2 \cdot \sqrt{a^2 - h_c^2}} \quad \ldots \ldots \ldots \quad \mathbf{46)}$$

## Beispiele.

5. Von einem gleichschenkligen Dreieck nach Abb. 238 sind die Grundlinie $c = 36$ mm und die Höhe $h_c = 50$ mm gegeben. Zu berechnen sind die Schenkellänge a und der Flächeninhalt F.

Aus Gleichung 44) folgt:

$$a = \sqrt{\left(\frac{c}{2}\right)^2 + h_c^2} = \sqrt{\left(\frac{36}{2}\right)^2 + 50^2} = \sqrt{324 + 2500} =$$
$$= \sqrt{2824} = 53{,}14 \text{ mm.}^{2)}$$

Für den Flächeninhalt ergibt sich entsprechend Gleichung 20):

$$F = \frac{c \cdot h_c}{2} = \frac{36 \cdot 50}{2} = 900 \text{ mm}^2.$$

6. Gegeben: $a = 54$ cm, $c = 72$ cm. Gesucht:

$h_c = ?$ cm, $F = ?$ cm$^2$.

Mit Gleichung 45) erhält man:

$$h_c = \sqrt{a^2 - \left(\frac{c}{2}\right)^2} = \sqrt{54^2 - \left(\frac{72}{2}\right)^2} = \sqrt{1620} =$$
$$= 40{,}25 \text{ cm} \sim 403 \text{ mm.}^{3)}$$

Der Flächeninhalt ergibt sich aus Gleichung 20):

$$F = \frac{c \cdot h_c}{2} = \frac{72 \cdot 40{,}3}{2} = 1450{,}8 \text{ cm}^2 = 145080 \text{ mm}^2.$$

---

[1]) Vgl. W. u. St., Arithm. u. Algebra S. 94, Ziffer 86.

[2]) Für die Praxis würde man dieses Maß auf 53 mm abrunden! Vgl. hierzu die Fußnote 2 auf S. 94. Die Resultate der folgenden Beispiele sollen entsprechend behandelt werden.

[3]) Das Zeichen „∼“ bedeutet in diesem Falle: „rund oder abgerundet auf“.

7. Gegeben: $c = 72$ dm, $F = 3600$ dm². Gesucht:

$$h_c = ?\ \text{dm},\ a = ?\ \text{dm}.$$

Aus der Gleichung für den Inhalt $F = \frac{c \cdot h_c}{2}$ folgt zunächst:

$$h_c = \frac{2 \cdot F}{c} = \frac{2 \cdot 3600}{72} = 100\ \text{dm}.$$

Mit diesem Werte für $h_c$ ergibt sich aus Gleichung 44):

$$a = \sqrt{\left(\frac{c}{2}\right)^2 + h_c^2} = \sqrt{\left(\frac{72}{2}\right)^2 + 100^2} = \sqrt{11296} =$$
$$= 106{,}28\ \text{dm} = 10{,}628\ \text{m}.$$

**137. Das rechtwinklig-gleichschenklige Dreieck.**

Für dieses in Abb. 239 dargestellte Dreieck finden zunächst die in Ziffer 64, Seite 52 für das allgemeine gleichschenklige Dreieck entwickelten Gesetze sinngemäße Anwendung. Der Eigenart dieses Dreiecks entsprechend ist jedoch folgendes zu beachten:

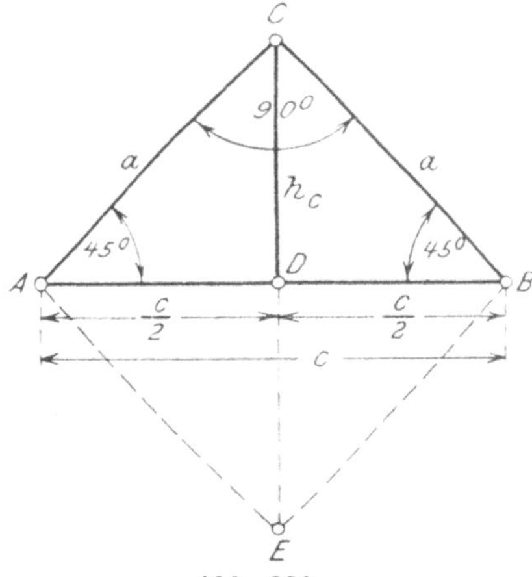

Abb. 239.

Die Basiswinkel sind gleich und ist jeder $= 45°$.[1])

Das Dreieck ABC kann als die Hälfte eines Quadrates ACBE angesehen werden, dessen Seiten gleich den Katheten a und dessen Diagonale gleich der Hypotenuse c des Dreiecks ist.

Aus Abb. 239 ist alsdann ohne weiteres ersichtlich, daß **die Höhe des Dreiecks gleich der halben Hypotenuse** ist. Mithin

Höhe: $$h_c = \frac{c}{2} \quad \ldots\ldots\ldots \quad 47)$$

Weiter ergibt sich nach dem Pythagoras

$$c^2 = a^2 + a^2 = 2 \cdot a^2,\ \text{woraus folgt}^{2)}:$$
$$c = \sqrt{2 \cdot a^2} = a \cdot \sqrt{2} = a \cdot 1{,}4142.\quad \text{Mithin}$$

Hypotenuse: $$c = 1{,}4142 \cdot a. \quad \ldots\ldots\ldots \quad 48)$$

Aus dieser Gleichung ergibt sich:

---

[1]) Vgl. S. 54, Ziffer 67.

[2]) „ W. u. St., Arithm. u. Algebra S. 90, Ziffer 84b.

$$a = \frac{c}{1{,}4142} = \frac{1}{1{,}4142} \cdot c \text{ oder auch}$$

Kathete: $\mathbf{a = 0{,}7071 \cdot c}$ . . . . . . . . . . . . . . . 49)

Für den Inhalt des Dreiecks ABC erhält man entsprechend Gleichung 23), Seite 102

Inhalt: $F = \frac{a \cdot a}{2} = \frac{a^2}{2}$ . . . . . . . . . . . 50)

und entsprechend Gleichung 20) zunächst

$$F = \frac{c \cdot h_c}{2} \cdot \text{ Nun ist } h_c = \frac{c}{2} \cdot \text{ Folglich}$$

Inhalt: $F = \frac{c}{2} \cdot h_c = \frac{c}{2} \cdot \frac{c}{2} = \frac{c^2}{4}$ . . . . . . . . 51)

### Beispiel.

8. Für ein rechtwinklig-gleichschenkliges Dreieck nach Abb. 239 ist die Hypotenuse mit $c = 75$ mm gegeben. Zu berechnen sind: $h_c$; a und F.

Aus Gleichung 47) ergibt sich:

$$h_c = \frac{c}{2} = \frac{75}{2} = 37{,}5 \text{ mm}.$$

Mit Gleichung 49) erhält man:

$$a = 0{,}7071 \cdot c = 0{,}7071 \cdot 75 = 53{,}0325 \sim 53 \text{ mm}.$$

Der Inhalt berechnet sich aus Gleichung 51) zu

$$F = \frac{c^2}{4} = \frac{75^2}{4} = \frac{5625}{4} = 1406{,}25 \text{ mm}^2$$

und aus Gleichung 50) zu

$$F = \frac{a^2}{2} = \frac{53{,}0325^2}{2} = 1406{,}22 \text{ mm}^2.$$

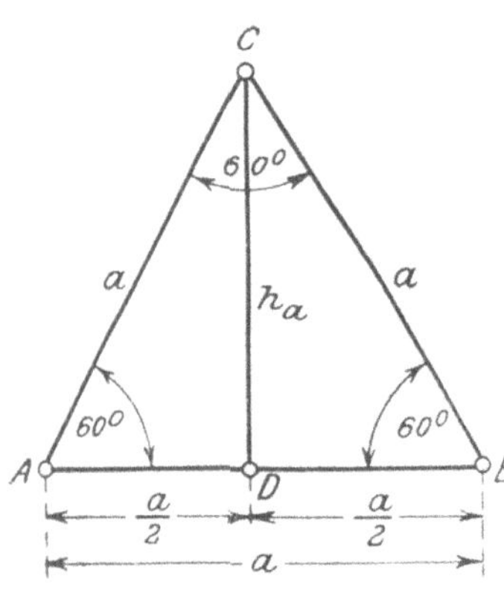


Abb. 240.

### 138. Das gleichseitige Dreieck.

Das in Abb. 240 dargestellte gleichseitige Dreieck ABC ist zugleich ein gleichschenkliges Dreieck. Es finden also auch hier die in Ziffer 136 entwickelten Gesetze sinngemäße Anwendung. Der Eigenart dieses Dreiecks entsprechend ist das Folgende besonders zu beachten:

Die drei Winkel sind einander gleich und ist jeder $= 60°$.[1])

[1]) Vgl. S. 54, Ziffer 66 und 67.

Für die Berechnung der Höhe folgt aus dem Pythagoras zunächst:

$$a^2 = \left(\frac{a}{2}\right)^2 + h_a^2 \text{ und hieraus weiter}^{1)}$$

$$h_a^2 = a^2 - \left(\frac{a}{2}\right)^2 = a^2 - \frac{a^2}{4} = \frac{4a^2 - a^2}{4} = \frac{3a^2}{4}, \text{ d. i.}$$

$$h_a^2 = 3 \cdot \frac{a^2}{4}. \text{ Mithin:}$$

$h_a = \sqrt{3 \cdot \frac{a^2}{4}}$. Zieht man aus $\frac{a^2}{4}$ und 3 die Quadratwurzel, so erhält man:

$$h_a = \frac{a}{2} \cdot \sqrt{3} = \frac{a}{2} \cdot 1{,}7321 \text{ und damit die}$$

Höhe: $$\mathbf{h_a = 0{,}866 \cdot a} \quad \ldots\ldots\ldots \quad \mathbf{52)}$$

Aus dieser Gleichung folgt unmittelbar:

$$a = \frac{h_a}{0{,}866} = \frac{1}{0{,}866} \cdot h_a \text{ und damit für die}$$

Seite: $$\mathbf{a = 1{,}155 \cdot h_a} \quad \ldots\ldots\ldots \quad \mathbf{53)}$$

Für den Inhalt des Dreiecks erhält man entsprechend Gleichung 20) zunächst

$F = \frac{a \cdot h_a}{2}$. Setzt man in diese Gleichung den Wert für $h_a$ aus Gleichung 52) ein, so ergibt sich der

Inhalt: $$F = \frac{a \cdot 0{,}866 \cdot a}{2} = \mathbf{0{,}433 \cdot a^2} \quad \ldots\ldots \quad \mathbf{54)}$$

Diese Gleichung wird man zur Inhaltsberechnung benutzen, wenn die Dreieckseite a gegeben ist.

Ist die Höhe $h_a$ gegeben, so bestimmt sich der Inhalt wie folgt: Nach vorstehendem ist

$F = \frac{a \cdot h_a}{2}$. Setzt man in diese Gleichung den Wert für a aus Gleichung 53) ein, so wird der

Inhalt: $$F = \frac{1{,}155 \cdot h_a \cdot h_a}{2} = \mathbf{0{,}5775 \cdot h_a^2} \quad \ldots\ldots \quad \mathbf{55)}$$

**Beispiele.**

9. Für ein gleichseitiges Dreieck nach Abb. 240 ist die Seite a = 25 m gegeben. Es sind die Höhe $h_a$ und der Flächeninhalt zu berechnen.

Nach Gleichung 52) wird:

$$h_a = 0{,}866 \cdot a = 0{,}866 \cdot 25 = 21{,}65 \text{ m}.$$

---

[1]) Vgl. W. u. St., Arithm. u. Algebra S. 45, Ziffer 47.

Aus Gleichung 54) folgt für den Inhalt:

$$F = 0{,}433 \cdot a^2 = 0{,}433 \cdot 25^2 = 0{,}433 \cdot 625 = 270{,}625 \text{ m}^2.$$

10. Gegeben: $h_a = 56$ cm. Gesucht: $a = ?$ cm; $F = ?$ cm². Mit Gleichung 53) ergibt sich:

$$a = 1{,}155 \cdot h_a = 1{,}155 \cdot 56 = 64{,}68 \text{ cm}.$$

Aus Gleichung 55) folgt für den Inhalt:

$$F = 0{,}5775 \cdot h_a^2 = 0{,}5775 \cdot 56^2 = 1811{,}04 \text{ cm}^2.$$

Würde man den vorstehend errechneten Wert von $a = 64{,}68$ cm zur Inhaltsbestimmung nach Gleichung 54) benutzen, so erhielte man:

$$F = 0{,}433 \cdot a^2 = 0{,}433 \cdot 64{,}68^2 = 1811{,}46 \text{ cm}^2.$$

**139. Rechteck. Quadrat. Rhombus.**

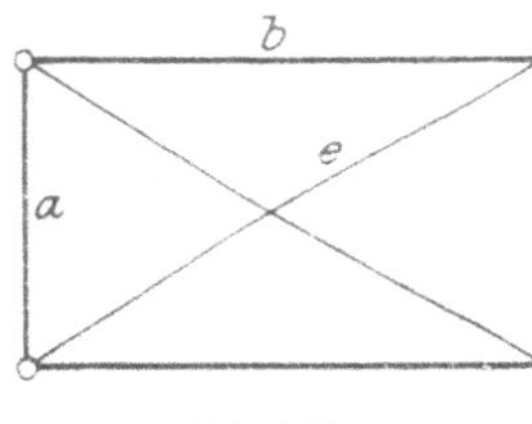


Abb. 241.

Auch hier findet der Pythagoras zur Berechnung bestimmter Stücke vorteilhafte Anwendung, wie das in den folgenden Beispielen gezeigt ist.

**Beispiele.**

11. Von einem Rechteck sind die Seiten $a = 52$ mm und $b = 76$ mm gegeben. Zu berechnen ist die Diagonale e. (Abb. 241.)

Nach dem Pythagoras wird zunächst

$e^2 = a^2 + b^2$, woraus folgt:

$e = \sqrt{a^2 + b^2}$ Mit den Zahlenwerten erhält man alsdann:

$e = \sqrt{52^2 + 76^2} = \sqrt{8480} = 92{,}1$ mm.

12. Gegeben: $b = 12{,}5$ cm; $e = 14{,}5$ cm. Gesucht: $a = ?$ cm. Aus der vorstehend entwickelten Gleichung $e^2 = a^2 + b^2$ folgt:

$$a = \sqrt{e^2 - b^2} = \sqrt{14{,}5^2 - 12{,}5^2} = \sqrt{54} = 7{,}35 \text{ cm}.$$

13. Von einem Quadrat ist die Seite $a = 45$ mm gegeben. Zu berechnen ist die Diagonale e.

Für das Quadrat wird in bezug auf Abb. 241: $b = a$, womit die Gleichung für e in Beispiel 11 übergeht in

$$e = \sqrt{a^2 + a^2} = \sqrt{2 \cdot a^2} = a \cdot \sqrt{2} = 1{,}4142 \cdot a.$$ [1]

Mit dem Zahlenwerte für a ergibt sich alsdann:

$$e = 1{,}4142 \cdot 45 = 63{,}6 \text{ mm}.$$

14. Von einem Rhombus sind die Diagonalen $e = 78$ mm und $f = 34$ mm gegeben. Zu berechnen ist die Seite a. (Abb. 242.)

[1]) Vgl. Ableitung der Gleichung 48) auf S. 127.

Wie vorstehend auf Seite 70, Ziffer 78 nachgewiesen wurde, stehen die Diagonalen senkrecht aufeinander und halbieren sich gegenseitig. Damit ergibt sich nach dem Pythagoras zunächst

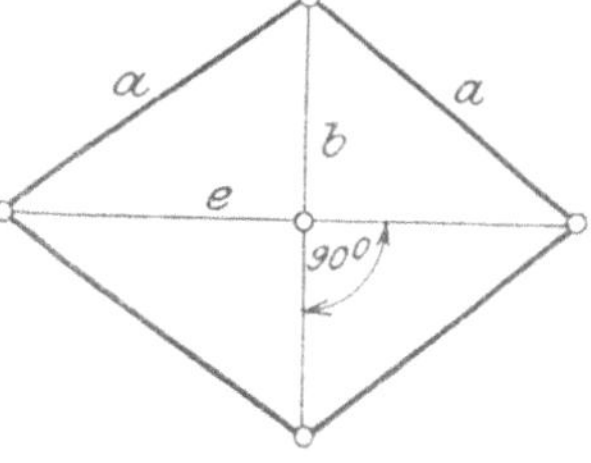

Abb. 242.

$$a^2 = \left(\frac{e}{2}\right)^2 + \left(\frac{f}{2}\right)^2, \text{ woraus folgt:}$$

$$a = \sqrt{\left(\frac{e}{2}\right)^2 + \left(\frac{f}{2}\right)^2}.$$ Mit den Zahlenwerten erhält man:

$$a = \sqrt{\left(\frac{78}{2}\right)^2 + \left(\frac{34}{2}\right)^2} = \sqrt{1810} = 42{,}6 \text{ mm.}$$

15. Gegeben: a = 6,6 m; e = 5,2 m. Gesucht: f = ? m.
Aus der in Beispiel 14 entwickelten Gleichung

$$a^2 = \left(\frac{e}{2}\right)^2 + \left(\frac{f}{2}\right)^2 \text{ folgt:}$$

$$\frac{f}{2} = \sqrt{a^2 - \left(\frac{e}{2}\right)^2} = \sqrt{6{,}6^2 - \left(\frac{5{,}2}{2}\right)^2} = \sqrt{36{,}80} = 6{,}07 \text{ m.}$$

Mithin: $f = 2 \cdot \frac{f}{2} = 2 \cdot 6{,}07 = 12{,}14$ m.

**140. Heronsche Formel.**

Diese Formel bietet die Möglichkeit den Inhalt eines jeden Dreiecks aus dessen Seiten zu berechnen.

Bezeichnet man die Seiten eines Dreiecks mit a, b und c, so ist dessen Flächeninhalt nach dieser Formel:

$$\mathbf{F = \frac{1}{4} \cdot \sqrt{(a+b+c) \cdot (a+b-c) \cdot (a-b+c) \cdot (-a+b+c)}} \quad . \ 56)$$

Vielfach findet man die Heronsche Formel auch in folgender Schreibweise:

$$\mathbf{F = \sqrt{s \cdot (s - a) \cdot (s - b) \cdot (s - c)}} \quad \ldots\ldots\ldots \ 57)$$

in welcher Gleichung alsdann s gleich dem **halben** Umfange des Dreiecks, also

$$s = \frac{a + b + c}{2} \text{ ist}^{1)}.$$

**Beispiel.**

16. Von einem Dreieck sind die Seiten mit a = 53 mm, b = 65 mm und c = 72 mm gegeben. Zu berechnen ist der Flächeninhalt.

1) Vgl. S. 90, Ziffer 101; Gleichung 16.

Nach Gleichung 56) erhält man:

$$F = \frac{1}{4} \cdot \sqrt{(a + b + c) \cdot (a + b - c) \cdot (a - b + c) \cdot (-a + b + c)}.$$

$$F = \frac{1}{4} \cdot \sqrt{(53 + 65 + 72) \cdot (53 + 65 - 72) \cdot (53 - 65 + 72) \cdot (-53 + 65 + 72)}.$$

$$F = \frac{1}{4} \cdot \sqrt{190 \cdot 46 \cdot 60 \cdot 84} = \frac{1}{4} \cdot \sqrt{44\,049\,600}, \text{ d. i.}$$

$$F = \frac{1}{4} \cdot 6637 \cong 1659 \text{ mm}^2.$$

Nach Gleichung 57) erhält man mit Rücksicht darauf, daß

$$s = \frac{a + b + c}{2} = \frac{53 + 65 + 72}{2} = 95 \text{ ist, aus}$$

$$F = \sqrt{s \cdot (s - a) \cdot (s - b) \cdot (s - c)} \text{ den Zahlenwert:}$$

$$F = \sqrt{95 \cdot (95 - 53) \cdot (95 - 65) \cdot (95 - 72)}. \text{ Mithin:}$$

$$F = \sqrt{95 \cdot 42 \cdot 30 \cdot 23} = \sqrt{2\,753\,100} = 1659 \text{ mm}^2.$$

Die Gleichungen für den Flächeninhalt gleichseitiger und gleichschenkliger Dreiecke sind aus Gleichung 56) leicht abzuleiten. Der Leser stelle diese Gleichungen auf!

## Übungen.

1. Für ein rechtwinkliges Dreieck mit den Bezeichnungen nach Abb. 237 sind gegeben:

| | | | | | |
|---|---|---|---|---|---|
| 1. | $b = 40$ cm; | $c = 42$ cm; | gesucht: | $a = ?$ cm; | $F = ?$ cm². |
| 2. | $a = 97$ dm; | $c = 51$ dm; | „ | $b = ?$ dm; | $F = ?$ dm². |
| 3. | $a = 73$ m; | $b = 48$ m; | „ | $c = ?$ m; | $F = ?$ m². |
| 4. | $a = 53{,}8$ mm; | $b = 36{,}2$ mm; | „ | $c = ?$ mm; | $F = ?$ mm². |
| 5. | $b = 84$ mm; | $F = 1932$ mm²; | „ | $a = ?$ mm; | $c = ?$ mm. |
| 6. | $c = 64$ cm; | $F = 688$ cm²; | „ | $a = ?$ cm; | $b = ?$ cm. |

2. Eine Leiter von 10,5 m Länge ist derart gegen ein Gebäude gelehnt, daß das untere Ende derselben 2,9 m von der Wand absteht. In welcher Höhe über dem Erdboden berührt das obere Leiterende die Wand?

3. Ein senkrecht stehender Mast wird durch 4 Drahtseile gehalten, welche denselben in einer Höhe von 12 m über Erdboden fassen und an der Erdoberfläche in einem Abstande = 7,2 m vom Maste befestigt sind. Wieviel Meter Drahtseil sind erforderlich, wenn für die Befestigung der Enden je 0,95 m Seil gebraucht werden?

4. Für ein gleichschenkliges Dreieck nach Abb. 238 sind gegeben:

| | | | | | |
|---|---|---|---|---|---|
| 1. | $a = 175$ mm; | $c = 124$ mm; | gesucht: | $h_c = ?$ mm; | $F = ?$ mm². |
| 2. | $a = 41{,}8$ cm; | $h_c = 33{,}3$ cm; | „ | $c = ?$ cm; | $F = ?$ cm². |
| 3. | $c = 7{,}26$ m; | $h_c = 9{,}34$ m; | „ | $a = ?$ m; | $F = ?$ m². |
| 4. | $c = 64$ dm; | $F = 2400$ dm²; | „ | $a = ?$ dm; | $h_c = ?$ dm. |

5. Für die in Abb. 243 dargestellte zweireihige Zickzacknietung ist aus den eingeschriebenen Maßen der Diagonalabstand a der Niete zu berechnen.

6. Für ein rechtwinklig-gleichschenkliges Dreieck nach Abb. 239 ist die Hypotenuse $c = 6{,}25$ m gegeben. Wie groß werden $h_c$, a und F?

7. Von einem rechtwinklig-gleichschenkligen Dreieck nach Abb. 239 ist der Flächeninhalt mit 2540 $mm^2$ gegeben. Wie groß werden a, c und $h_c$?

8. Von einem gleichseitigen Dreieck ist die Seite mit 65 mm Länge gegeben. (Abb. 240.) Wie groß werden die Höhe und der Flächeninhalt?

9. Ein gleichseitiges Dreieck hat einen Umfang von 165 cm. Wie groß werden die Seite, die Höhe und der Flächeninhalt?

10. Der Flächeninhalt eines gleichseitigen Dreiecks ist $F = 650\ dm^2$. Wie groß werden Grundlinie und Höhe dieses Dreiecks?

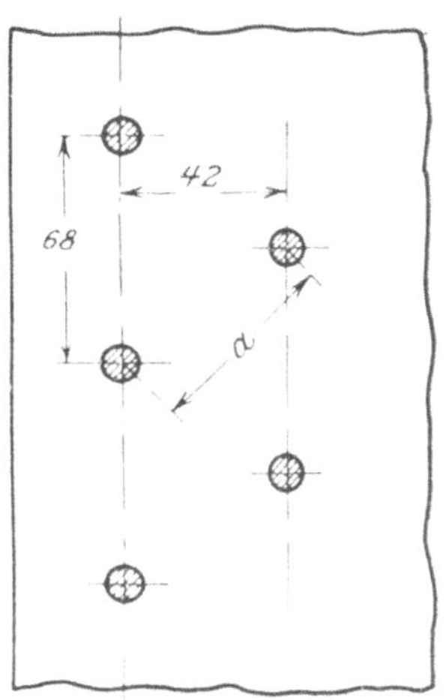

Abb. 243.

11. Für ein Rechteck nach Abb. 241 sind gegeben:

| | | | | | |
|---|---|---|---|---|---|
| 1. | $a = 82$ mm; | $b = 105$ mm; | gesucht: | $e = ?$ mm; | $F = ?\ mm^2$. |
| 2. | $a = 26$ cm; | $e = 72$ cm; | „ : | $b = ?$ cm; | $F = ?\ cm^2$. |
| 3. | $a = 3{,}7$ m; | $F = 28{,}2\ m^2$; | „ : | $b = ?$ m; | $e = ?$ m. |

12. Wie groß wird die Diagonale eines Quadrates, dessen Seitenlänge = 575 mm ist?

13. Wie groß ist die Seite und der Flächeninhalt eines Quadrates, dessen Ecken auf einem Kreise von 50 mm Durchmesser liegen?

14. Aus Baumstämmen sollen Bauhölzer mit quadratischem Querschnitte von 16 cm Seitenlänge geschnitten werden. Welchen kleinsten Durchmesser müssen die Stämme haben?

15. Die Diagonalen eines Rhombus sind 60 mm und 32 mm lang. Wie groß werden die Seite und der Flächeninhalt?

16. Die große Grundlinie eines gleichschenkligen Trapezes ist 76 mm, die Höhe 100 mm lang; die Basiswinkel betragen je 45°. Es sind die kleine Grundlinie, die Schenkel und der Inhalt zu berechnen.

17. Ein Kanal ist 3 m tief, oben 10 m und unten 7 m breit. Wie groß ist die schräge Kanalseite und der Inhalt des Kanalquerschnittes. Skizze!

18. Welchen Flächeninhalt besitzt ein Dreieck, dessen Seiten 85 mm, 190 mm und 245 mm lang sind?

19. Wie groß ist der Flächeninhalt eines gleichseitigen Dreiecks, dessen Seitenlänge 84 m beträgt? Heronsche Formel!

20. In Abb. 244 ist die Skizze eines einfachen Polonceau-Binders dargestellt. Es sollen nach den eingetragenen Maßzahlen die Längen der Linien AD und BE, CD und CE, DE, CH und CI berechnet werden.

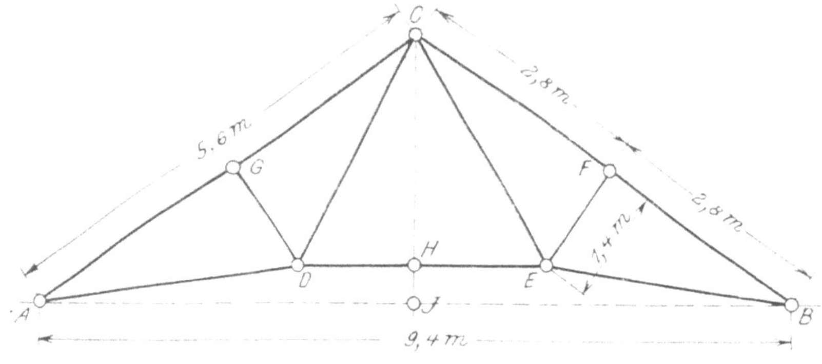


Abb. 244.

# VIII. Der Kreis.

## A. Allgemeines und Bezeichnungen.

**141. Halbmesser. Durchmesser. Umfang. Bogen.** Bereits auf Seite 11, Ziffer 26 und Seite 31, Ziffer 42 ist das bis hierher über den Kreis Wissenswerte gesagt worden. Nach den dort abgegebenen Erklärungen ist der Kreis eine Linie, deren sämtliche Punkte von einem festen Punkte, dem Mittelpunkte, gleichen Abstand besitzen. Eine derartige Linie heißt Kreislinie, Kreisumfang oder Peripherie. Die von einer Kreislinie eingeschlossene ebene Fläche heißt Kreisebene oder Kreisfläche.

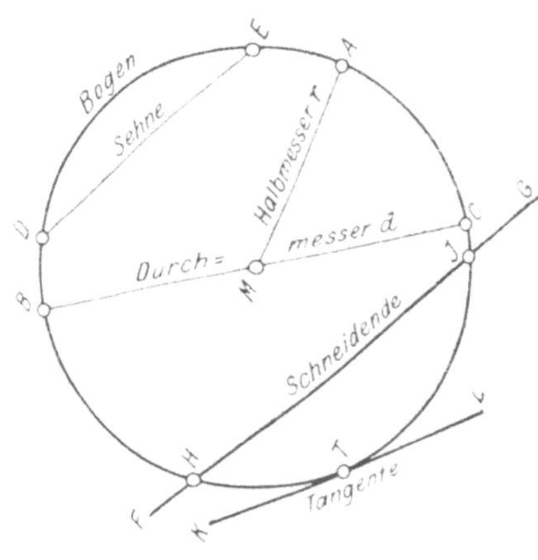


Abb. 245.

Jede in der Kreisebene liegende gerade Verbindungslinie des Mittelpunktes mit irgendeinem Punkte der Kreislinie nennt man Halbmesser oder Radius. Halbmesser MA, Abb. 245.

Fallen zwei Halbmesser in eine Gerade zusammen, so bilden sie einen Durchmesser. Durchmesser BC, Abb. 245.

An vorbezeichneter Stelle ist nachgewiesen, daß die Halbmesser eines Kreises gleich sind; folglich müssen auch die Durchmesser, als das Doppelte der Halbmesser, gleich sein.

Bezeichnet man den Halbmesser MA mit r und den Durchmesser BC mit d, so wird nach Abb. 245

Durchmesser: BC = 2 · Halbmesser MA, oder

$$d = 2 \cdot r \quad \ldots \ldots \ldots \ldots \quad 58)$$

Folglich Halbmesser: $$r = \frac{d}{2} \quad \ldots \ldots \ldots \ldots \quad 59)$$

Jeder Teil einer Kreislinie wird Bogen genannt. Bogen DE, Abb. 245.

**142. Sehne. Sekante. Tangente.** Eine Gerade, welche zwei beliebige Punkte der Kreislinie verbindet, heißt Sehne. Die Sehne liegt mit allen Punkten innerhalb der Kreislinie und schneidet von dieser den „zugehörigen" Bogen ab. Sehne DE mit zugehörigem Bogen DE, Abb 245.

Eine Gerade, welche mit ihren Punkten zum Teil innerhalb, zum Teil außerhalb der Kreislinie liegt, nennt man Schneidende oder Sekante. Die Gerade FG in Abb. 245 hat mit dem Kreise zwei Punkte H und J gemeinsam; man sagt, sie schneidet den Kreis in diesen Punkten. Das in den Kreis fallende Stück HJ der Schneidenden wird zur Sehne.

Eine Gerade, welche mit einer Kreislinie nur einen Punkt gemeinsam hat, bezeichnet man als Berührungslinie oder Tangente. Der gemeinsame Punkt heißt Berührungspunkt. Tangente KL im Berührungspunkte T, Abb. 245.

**143. Parallelverschiebung einer Sekante.** Bringt man eine Sekante AB durch Parallelverschiebung in die Lagen[1])

$A_1B_1,\ A_2B_2 \cdots\cdots A_4B_4,$

so ist aus Abb. 246 ersichtlich, daß die Sehne DE um so größer wird, je mehr sich die Sekante dem Mittelpunkte des Kreises nähert. Die Sehne wird am größten, wenn sie durch den Mittelpunkt geht; in diesem Falle wird sie zum Durchmesser.

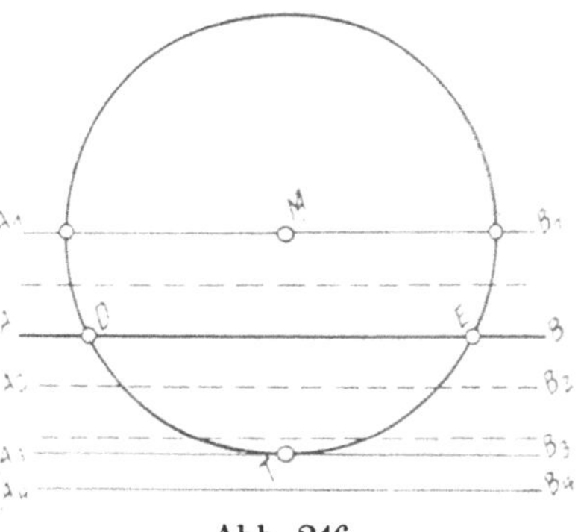

Abb. 246.

Jeder Durchmesser ist also zugleich größte Sehne im Kreise.

Entfernt sich die Sekante AB mehr und mehr in paralleler Richtung vom Mittelpunkte, so wird die Sehne kleiner und kleiner. Die

[1]) Vgl. S. 10, Ziffer 24; Abb. 35.

Sekante kommt schließlich in eine Lage, in welcher sie mit dem Kreise nur noch einen Punkt T gemeinsam hat; in diesem Falle wird sie zur Tangente im Berührungspunkte T.

Entfernt sich die Sekante noch weiter vom Mittelpunkte, so kommt sie gänzlich außerhalb des Kreises zu liegen, hat also mit diesem keinen Punkt mehr gemeinsam.

Aus dem Vorstehenden folgt: Eine gerade Linie hat mit einem Kreise gemeinsam

1. zwei Punkte, wenn ihre Entfernung vom Mittelpunkte kleiner als der Halbmesser ist;
2. einen Punkt, wenn ihre Entfernung vom Mittelpunkte gleich dem Halbmesser ist;
3. keinen Punkt, wenn ihre Entfernung vom Mittelpunkte größer als der Halbmesser ist.

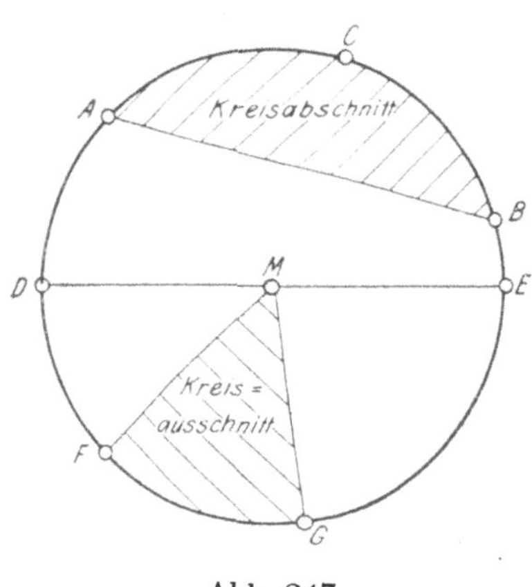

Abb. 247.

**144. Kreisabschnitt. Kreisausschnitt. Halbkreis.** Durch eine Sehne AB wird, wie aus Abb. 247 ersichtlich ist, eine Kreislinie in zwei Bogen: ACB und AFGB, eine Kreisfläche in zwei Kreisabschnitte oder Segmente: ACB und AFGB zerlegt.

Ein Kreisabschnitt ist demnach derjenige Teil einer Kreisfläche, welcher von einer Sehne und dem zugehörigen Bogen begrenzt wird.

Durch zwei Halbmesser MF und MG wird die Kreisfläche in zwei Kreisausschnitte oder Sektoren: FMG und FCGMF zerlegt. Ein Kreisausschnitt ist demnach derjenige Teil einer Kreisfläche, welcher von zwei Halbmessern und dem zwischen diesen liegenden Bogen begrenzt wird.

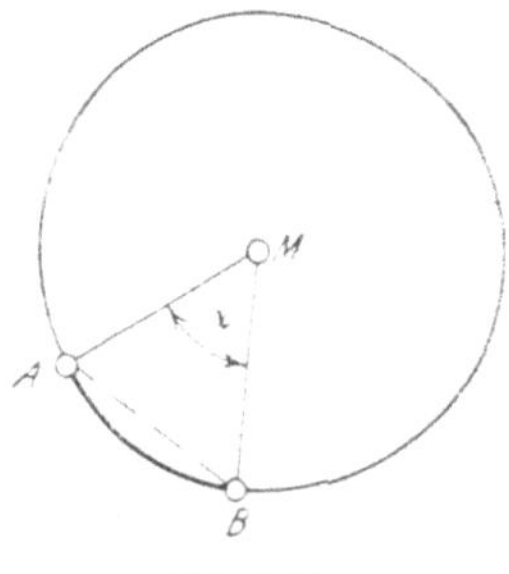

Abb. 248.

Ein Durchmesser DE zerlegt sowohl die Kreislinie als auch die Kreisfläche in zwei genau gleiche Hälften: DCE und DGE, welche allgemein als Halbkreise bezeichnet werden.

**145. Winkel.** Jeder Winkel, dessen Schenkel Halbmesser eines Kreises sind, dessen Scheitel also im Mittelpunkte liegt, heißt Mittelpunkts- oder Zentriwinkel. Winkel AMB $= \alpha$, Abb. 248. Die Gerade AB ist die zum Zentriwinkel $\alpha$ gehörende Sehne, das Stück AB der Peripherie der zugehörige Bogen.

Jeder Winkel, dessen Schenkel Sehnen eines Kreises sind, dessen Scheitel also auf der Peripherie liegt, heißt Peripherie- oder

Umfangswinkel. Winkel CDE = $\beta$, Abb. 249. Die Gerade CE ist die zum Peripheriewinkel $\beta$ gehörende Sehne, das Stück CE der Peripherie der zugehörige Bogen.

Zentri- und Peripheriewinkel stehen **auf** oder **über** den Bogen, welche ihre Schenkel auf der Kreislinie abschneiden.

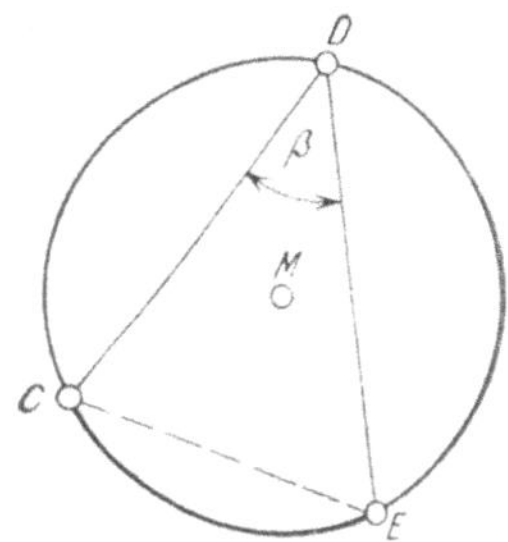

Abb. 249.

**146. Halbkreis. Viertelkreis. Sechstelkreis.** Man bezeichnet einen Kreisausschnitt als

- Halbkreis, wenn der zugehörige Mittelpunktswinkel $= 2\,R = 180^\circ$,
- Viertelkreis oder Quadrant, wenn der zugehörige Mittelpunktswinkel $= R = 90^\circ$,
- Sechstelkreis oder Sextant, wenn der zugehörige Mittelpunktswinkel $= \frac{2}{3}R = 60^\circ$ ist.

**147. Kongruente Kreise.** Legt man zwei Kreise mit gleichen Halbmessern so aufeinander, daß sich die Mittelpunkte decken, so müssen sich auch die Kreisumfänge decken, da nach der Erklärung über die Entstehung des Kreises deren sämtliche Punkte von den Mittelpunkten gleich weit entfernt sind.

Derselbe Fall tritt ein, wenn man zwei Kreise mit gleichen Durchmessern in derselben Weise aufeinanderlegt. Hieraus folgt:

Kreise und Halbkreise mit gleichen Halbmessern oder Durchmessern sind kongruent[1]).

## B. Gegenseitige Lage zweier Kreise.

**148. Konzentrische und exzentrische Kreise. Zentrale.** Je nach der Lage der Mittelpunkte und je nach der Größe der Halbmesser unterscheidet man konzentrische und exzentrische Kreise.

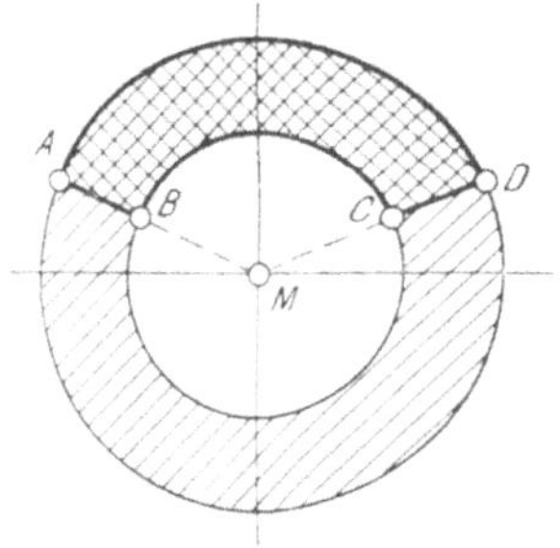

Abb. 250.

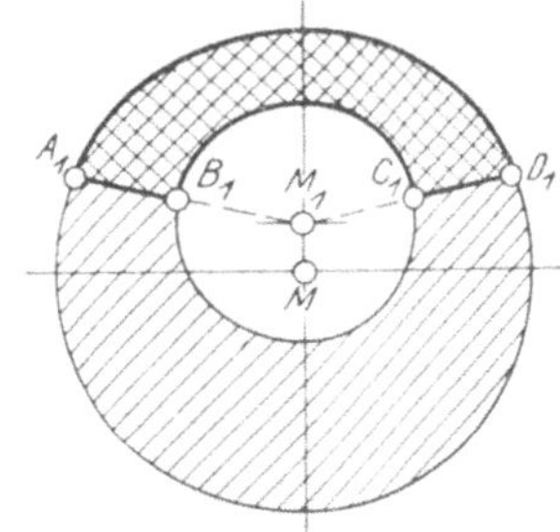

Abb. 251.

Kreise mit verschiedenen Halbmessern, deren Mittelpunkte zusammenfallen, heißen konzentrische Kreise. (Abb. 250.)

Kreise mit verschiedenen Halbmessern, deren Mittelpunkte nicht zusammenfallen, heißen exzentrische Kreise. (Abb. 251.)

[1]) Vgl. S. 47, Ziffer 58.

Den Ausdruck „exzentrisch“ wendet man allgemein für den Fall an, daß, wie in Abb. 251, der größere Kreis den kleineren vollkommen umschließt.

Die von zwei konzentrischen bzw. exzentrischen Kreisen eingeschlossene ebene Fläche nennt man Kreisring. Die Kreisringe sind in Abb. 250 und 251 durch einfache Schraffur gekennzeichnet.

Das von zwei Halbmessern MA und MD bzw. $M_1A_1$ und $M_1D_1$ aus einem Kreisringe herausgeschnittene Stück nennt man Kreisringstück. Die Kreisringstücke ABCDA und $A_1B_1C_1D_1A_1$ sind durch doppelte Schraffur hervorgehoben.

Die gerade Verbindungslinie der Mittelpunkte zweier beliebig zueinander liegender Kreise heißt Zentrale oder Mittelpunktslinie. Zentrale $MM_1$ in Abb. 251.

Bei exzentrischen Kreisen wird die Entfernung $MM_1$ der Mittelpunkte „Exzentrizität“ genannt.

**149. Parallelverschiebung.** Geht man von zwei konzentrischen Kreisen aus und verschiebt man den kleineren gegen den größeren in stets gleichbleibender Richtung, so können die Kreise die in Abb. 252 bis 257 dargestellten Lagen einnehmen.

a) Abb. 252 zeigt zwei konzentrische Kreise mit den Halbmessern R und r. Die Mittelpunkte M und $M_1$ fallen zusammen, die Zentrale Z wird gleich Null:

$$Z = 0.$$

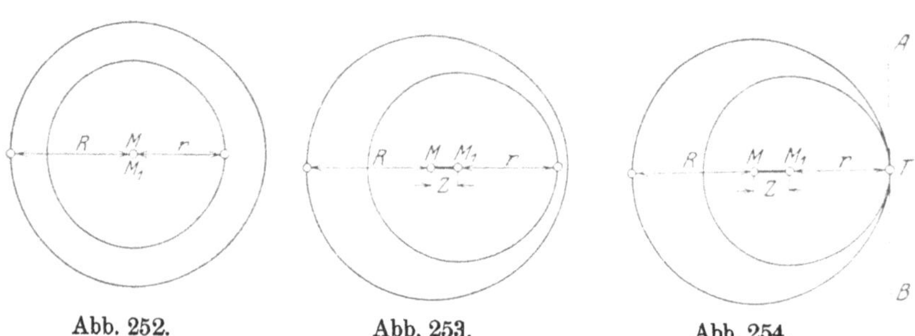


Abb. 252. Abb. 253. Abb. 254.

b) Verschiebt man den kleineren Kreis in wagerechter Richtung nach rechts derart, daß er noch innerhalb der Fläche des größeren bleibt, so nehmen die Kreise eine zueinander exzentrische Lage ein. (Abb. 253.) Es entsteht die Zentrale $Z = MM_1$, deren Länge kleiner als die Differenz der Halbmesser ist:

$$Z \angle R - r.$$

c) Bei weiterer Verschiebung nach rechts kommen die Kreise in die Lage Abb. 254, in welcher sich die Kreislinien von innen berühren. In dieser Lage haben die Kreise einen Punkt, den Berührungspunkt T, gemeinsam. Eine Tangente AB in diesem Punkte an den einen der beiden Kreise ist zugleich Tangente an den anderen; AB ist in diesem Falle gemeinsame Tangente.

Der Berührungspunkt T beider Kreise mit der Tangente fällt mit dem Schnittpunkte der über $M_1$ verlängerten Zentralen und der Kreislinien zusammen; die Tangente steht senkrecht auf der verlängerten Zentralen.

Die Zentrale ist gleich der Differenz der Halbmesser:

$$Z = R - r.$$

d) In Abb. 255 sind die beiden Kreise durch weitere Rechtsverschiebung zum Schnitt in den Punkten A und B gebracht. In dieser Lage haben sie das schraffierte Flächenstück gemeinsam, welches **Kreiszweieck** genannt wird. Die gerade Verbindungslinie der Schnittpunkte A und B ist Sehne in beiden Kreisen; sie wird gemeinsame Sehne oder Schnittsehne genannt. Da

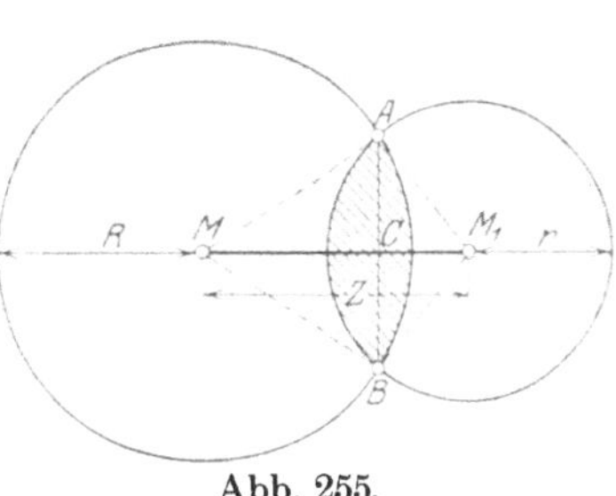

Abb. 255.

$$MA = MB \quad \text{und} \quad M_1A = M_1B$$

als Halbmesser in den zugehörigen Kreisen sind, so sind

die Dreiecke $AMB$ und $AM_1B$ gleichschenklig.

Nach Seite 53, Ziffer 65 ist alsdann die Zentrale $MM_1$ Verbindungslinie der Spitzen zweier gleichschenkliger Dreiecke mit gemeinsamer Grundlinie, und als solche zugleich Winkelhalbierende, Seitenhalbierende und Höhe. Hieraus folgt:

$$1. \quad \sphericalangle AMC = \sphericalangle BMC.$$
$$\sphericalangle AM_1C = \sphericalangle BM_1C.$$
$$2. \quad AC = BC.$$
$$3. \quad MM_1 \perp AB^{1)}, \text{ d. h.}$$

Die Zentrale zweier sich schneidender Kreise halbiert die gemeinsame Sehne und steht senkrecht auf dieser.

Die Länge der Zentralen ist kleiner als die Summe und größer als die Differenz der Halbmesser:

$$Z < R + r \text{ und}$$
$$Z > R - r.$$

e) Verschiebt man den kleinen Kreis weiter nach rechts, so wird die Entfernung der Punkte A und B auf der Sehne AB immer kleiner und kleiner, die Sehne selbst bleibt jedoch senkrecht auf der Zentralen und wird in jeder Lage von dieser halbiert. Wird der Abstand der Punkte A und B gleich Null, so haben die Kreise die in Abb. 256 dargestellte Lage eingenommen; sie berühren sich von außen im Punkte T.

---

[1]) Vgl. S. 11, Ziffer 27.

Die gemeinsame Sehne ist zur gemeinsamen Tangente geworden, welche im Punkte T senkrecht auf der Zentralen steht.

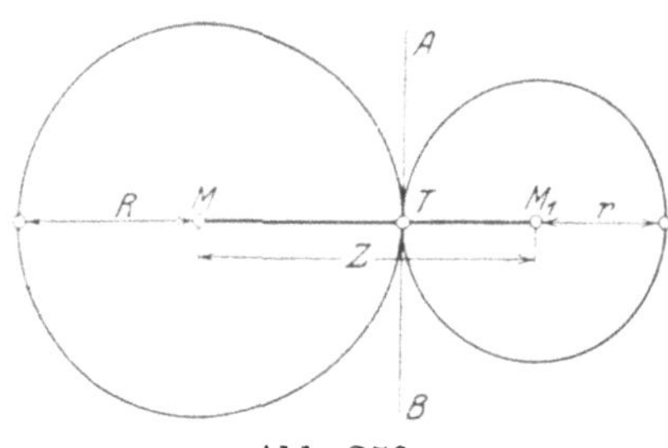

Abb. 256.

Hieraus folgt in Verbindung mit Abb. 254:

Der Berührungspunkt zweier Kreise liegt stets auf der Zentralen oder deren Verlängerung.

Die Länge der Zentralen ist nach Abb. 256 gleich der Summe der Halbmesser:

$$Z = R + r.$$

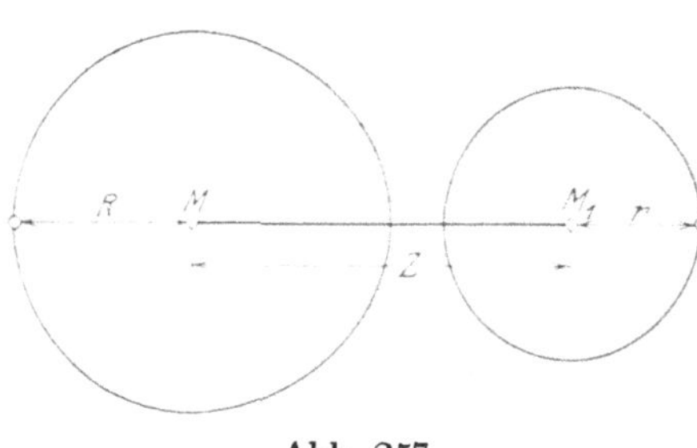

Abb. 257.

f) In Abb. 257 ist der kleine Kreis so weit nach rechts verschoben, daß beide Kreise gänzlich auseinander liegen und keinen Punkt bzw. keine Linie mehr gemeinsam haben. In dieser Lage ist die Länge der Zentralen größer als die Summe der Halbmesser:

$$Z > R + r.$$

## C. Geraden im und am Kreise.

**150. Sehne.** Verbindet man die Endpunkte A und B einer Sehne mit dem Mittelpunkte M, so entsteht nach Abb. 258 ein gleichschenkliges Dreieck AMB, in welchem die Senkrechte MC aus dem Mittelpunkte auf die Sehne zur Höhe wird.

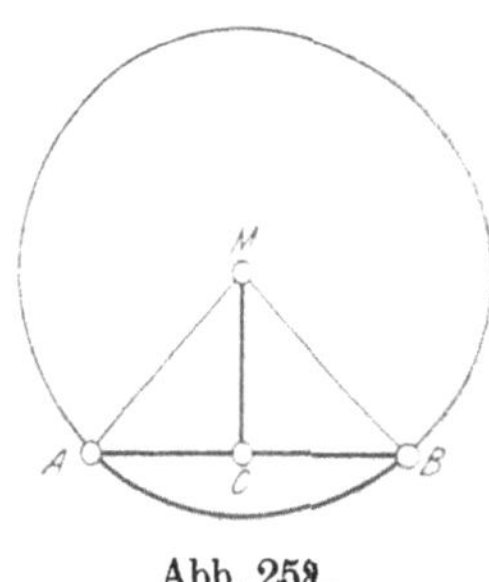

Abb. 258.

Für dieses in einem Kreise liegende, gleichschenklige Dreieck gelten sämtliche auf Seite 52, Ziffer 64 allgemein für das gleichschenklige Dreieck entwickelten Gesetze in sinngemäßer Anwendung. Hervorzuheben sind:

Die vom Mittelpunkte eines Kreises auf eine Sehne gefällte Senkrechte halbiert die Sehne und den zugehörigen Zentriwinkel.

Die Halbierende[1]) eines Zentriwinkels halbiert die zugehörige Sehne und steht senkrecht auf derselben.

Die Verbindungslinie des Kreismittelpunktes mit der Mitte einer Sehne steht senkrecht auf dieser.

---

[1]) Vgl. hierzu S. 14, Ziffer 30.

Die Mittelsenkrechte[1]) einer Sehne geht durch den Mittelpunkt des Kreises und halbiert den zugehörigen Zentriwinkel.

Es liegt demnach der Mittelpunkt eines Kreises stets auf der Mittelsenkrechten einer Sehne. Sind also zwei Sehnen eines Kreises gegeben, so ist der Mittelpunkt desselben bestimmt:

Die Mittelsenkrechten auf den Sehnen schneiden sich im Mittelpunkte des Kreises[2]).

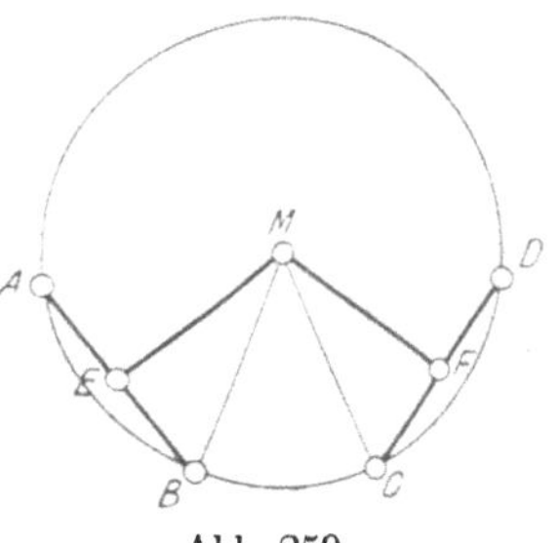

Abb. 259.

**151. Gleiche Sehnen.** Fällt man auf zwei gleiche Sehnen AB und CD in Abb. 259 aus dem Kreismittelpunkte die zugehörigen Senkrechten ME und MF, so bilden diese die Abstände[3]) dieser Sehnen vom Mittelpunkte.

Zieht man weiter die Geraden MB und MC, so ist:

$$EB = FC \text{ als halbe Sehne,}$$
$$MB = MC \text{ als Halbmesser und}$$
$$\underline{\sphericalangle MEB = \sphericalangle MFC = R = 90^\circ.}$$

Mithin: $\triangle MEB \cong \triangle MFC$.[4]) Hieraus folgt:

$ME = MF$. In Worten:

Gleiche Sehnen eines Kreises haben gleichen Abstand vom Mittelpunkte.

Sehnen, welche vom Mittelpunkte eines Kreises gleichen Abstand haben, sind gleich.

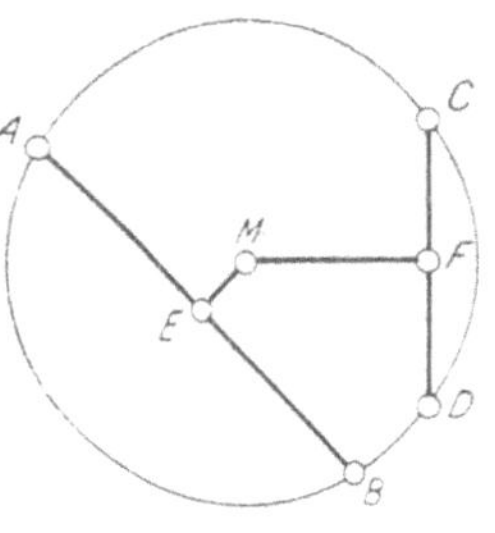

Abb. 260.

**152. Ungleiche Sehnen.** In Abb. 260 sind zwei ungleiche Sehnen in den Kreis eingezeichnet derart, daß

$$\text{Sehne } AB > \text{Sehne } CD$$

ist. Aus dieser Darstellung ist ohne weiteres ersichtlich:

Ungleiche Sehnen eines Kreises haben ungleichen Abstand vom Mittelpunkte, und zwar liegt die größere Sehne demselben näher als die kleinere:

$$ME < MF \text{ und } MF > ME.$$

Wird $ME =$ Null, so geht die Sehne AB durch den Mittelpunkt und wird damit zum Durchmesser.

---

[1]) Vgl. hierzu S. 57, Aufgabe 4.

[2]) Die Sehnen dürfen nicht parallel sein! Warum? Welcher Winkel ist der für diesen Zweck vorteilhafteste?

[3]) Vgl. S. 30, Ziffer 40; Abb. 65.

[4]) „ „ 51, „ 62c.

**153. Tangente.** Verbindet man den Berührungspunkt T einer Tangente mit dem Mittelpunkte des Kreises (Abb. 261) und zieht man außerdem noch die Geraden $MB_1$, $MB_2$, $MB_3$ ... nach beliebigen Punkten der Tangente, so ist

$$MT \text{ als Halbmesser} < MB_1 < MB_2 < MB_3 < \ldots,$$

denn die Punkte $B_1$, $B_2$, $B_3$ ... liegen sämtlich außerhalb der Kreislinie.

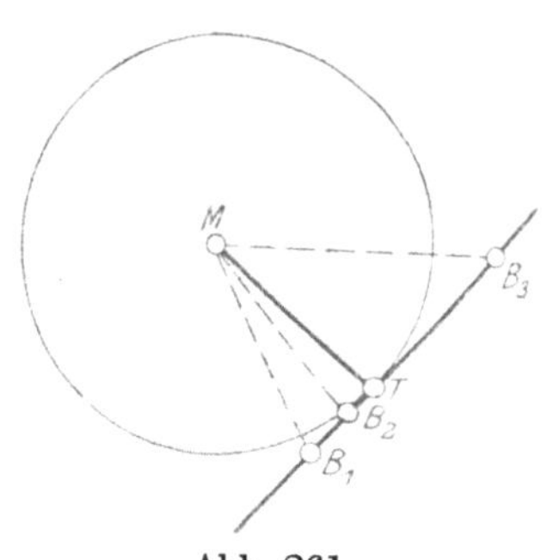

Abb. 261.

Der Halbmesser MT ist also der kleinste Abstand der Tangente vom Kreismittelpunkte und muß als solcher nach Seite 30, Ziffer 40, Abb. 65 senkrecht auf der Tangente stehen. Hieraus geht hervor:

**Die Tangente eines Kreises steht senkrecht auf dem nach dem Berührungspunkte gezogenen Halbmesser:**

$$\sphericalangle MTB_1 = \sphericalangle MTB_3 = R = 90^\circ.$$

Aus diesem Satze folgt weiter:

Der Halbmesser nach dem Berührungspunkte einer Tangente steht senkrecht auf dieser.

Die Senkrechte aus dem Mittelpunkte des Kreises auf eine Tangente geht durch deren Berührungspunkt.

Die Senkrechte auf einer Tangente in deren Berührungspunkt geht durch den Mittelpunkt des Kreises.

Aus den über „Sehne und Tangente" entwickelten Sätzen ergibt sich für die **Bestimmung** des **Mittelpunktes eines Kreises** das Folgende:

Der Mittelpunkt eines Kreises liegt in dem Durchschnittspunkte zweier Senkrechten, welche in den Mitten zweier Sehnen, oder in den Berührungspunkten zweier Tangenten, oder in der Mitte einer Sehne und dem Berührungspunkte einer Tangente errichtet werden.[1])

## Übungen.

1. Es ist ein Kreis und innerhalb der Kreislinie ein Punkt P gegeben, durch welchen eine Sehne derart gelegt werden soll, daß sie im Punkte P halbiert wird.

2. In einen Kreis von 50 mm Durchmesser sind Sehnen einzuzeichnen, welche vom Mittelpunkte je einen Abstand von 10, 20, 25 mm haben.

3. In einen Kreis von 60 mm Durchmesser soll eine Sehne von 36 mm Länge eingezeichnet werden, welche auf einem beliebig angenommenen Durchmesser senkrecht steht.

---

[1]) Unter welchem Winkel müssen die Sehnen bzw. Tangenten zueinander geneigt sein, damit der Schnittpunkt der Senkrechten am genauesten ausfällt?

4. Es ist ein Kreis zu zeichnen, welcher die vier Seiten eines Quadrates von 40 mm Seitenlänge berührt.

5. Durch die Endpunkte einer Strecke von 60 mm Länge ist ein Kreis zu zeichnen. Sind mehr als ein Kreis möglich und wieviele?

6. Es ist der unbekannte Mittelpunkt einer gegebenen Kreislinie zu bestimmen

a) mit Hilfe zweier Sehnen,
b) „ „ zweier Tangenten,
c) „ „ einer Sehne und einer Tangente,
d) „ „ einer Sehne und den durch deren Halbierungspunkt gehenden Durchmesser,
e) mit Hilfe von **drei Sehnen.** Was ist bei dieser Konstruktion auffällig?

7. Es ist der unbekannte Mittelpunkt eines gegebenen Kreisbogens zu bestimmen.

## D. Winkel im Kreise.

**154. Zentri- oder Mittelpunktswinkel.** a) In Ziffer 145, Seite 136 ist der Begriff dieser Winkel erklärt. Abb. 262 stellt zwei Kreise mit gleich großen Halbmessern dar, in welche zwei gleiche Zentriwinkel eingezeichnet sind:

$$MA = M_1 A_1 \text{ und } \measuredangle \alpha = \measuredangle \alpha_1.$$

Nun sind sowohl Kreise mit gleichen Halbmessern als auch gleiche Winkel kongruent.[1])

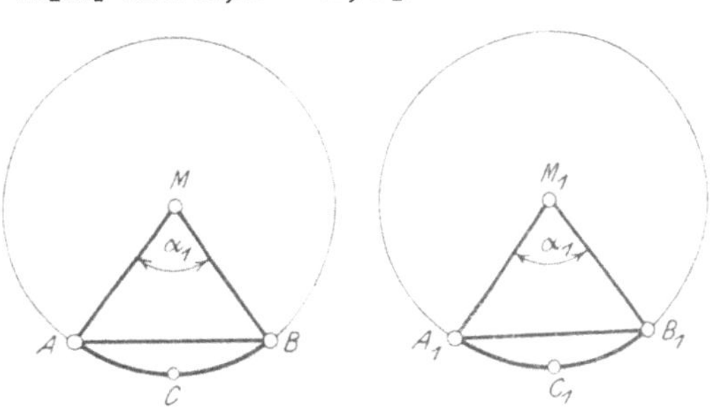

Abb. 262.

Legt man die Kreise mit ihren Mittelpunkten so aufeinander, daß die Schenkel der gleichen Zentriwinkel sich decken, so müssen sich auch die zwischen den Schenkeln liegenden Bogen und Sehnen und ebenso die von den Schenkeln und Bogen bzw. Sehnen und Bogen eingeschlossenen Flächenstücke decken; es muß also

$$\begin{aligned} \text{Bogen } AB &= \text{Bogen } A_1 B_1, \\ \text{Sehne } AB &= \text{Sehne } A_1 B_1, \\ \text{Kreisausschnitt } AMB &\cong \text{Kreisausschnitt } A_1 M_1 B_1, \\ \text{Kreisabschnitt } ACB &\cong \text{Kreisabschnitt } A_1 C_1 B_1 \end{aligned}$$

sein. In Worten:

**Sind in Kreisen mit gleichen Halbmessern zwei Zentriwinkel gleich, so sind auch die zugehörigen Bogen und Sehnen gleich; die zugehörigen Kreisausschnitte und Kreisabschnitte sind kongruent.**

---

[1]) Vgl. S. 137, Ziffer 147 und S. 47, Ziffer 59.

b) Legt man die gleichen Zentriwinkel $\alpha$ und $\alpha_1$ in ein und denselben Kreis (Abb. 263), so läßt sich durch Rechtsdrehung[1]) des Winkels $\alpha_1$ um den gemeinsamen Scheitel M die unter a) erwähnte Deckungsgleichheit ebenfalls herbeiführen, so daß die Beziehungen zwischen den zugehörigen Bogen, Sehnen, Kreisausschnitten und Kreisabschnitten die gleichen werden, wie dort angegeben:

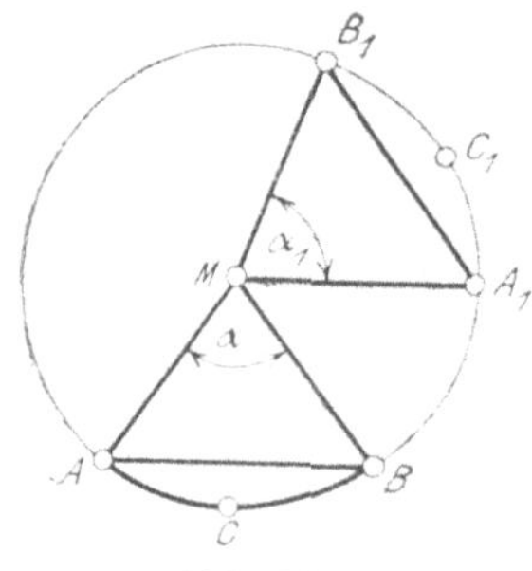

Abb. 263.

Sind zwei Zentriwinkel eines Kreises gleich, so sind auch die zugehörigen Bogen und Sehnen gleich; die zugehörigen Kreisausschnitte und Kreisabschnitte sind kongruent.

Man sagt auch umgekehrt:

Zu gleichen Sehnen und Bogen, Kreisausschnitten und Kreisabschnitten gehören gleiche Mittelpunktswinkel.

**155. Peripherie- und Zentriwinkel.** Stellt man einen Peripheriewinkel $\gamma$ und einen Zentriwinkel $\beta$ über ein und denselben Bogen, wie das in Abb. 264 bis 266 gezeigt ist, so sind drei Fälle zu

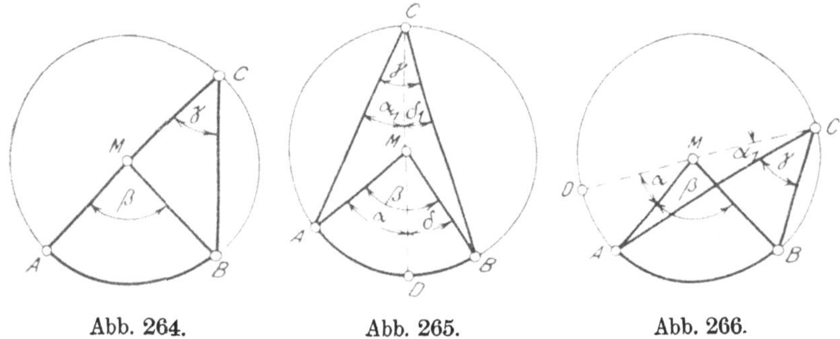

Abb. 264. Abb. 265. Abb. 266.

unterscheiden, je nachdem der Mittelpunkt M des Kreises auf einem Schenkel, zwischen den Schenkeln, oder außerhalb der Schenkel des Peripheriewinkels liegt.

1. Fall. Der Mittelpunkt M des Kreises liegt auf dem Schenkel AC des Peripheriewinkels $\gamma$. (Abb. 264.)

In diesem Falle ist das Dreieck BMC gleichschenklig; $\sphericalangle \gamma$ ist Basiswinkel und der Zentriwinkel $\beta$ Außenwinkel an der Spitze des Dreiecks. Nach Seite 55, Beispiel 3 mit Abb. 113 ist alsdann:

$$\beta = 2\gamma. \quad \text{Folglich:} \quad \gamma = \frac{\beta}{2}.$$

2. Fall. Der Mittelpunkt M des Kreises liegt zwischen den Schenkeln des Peripheriewinkels $\gamma$. (Abb. 265.)

[1]) Vgl. S. 35, Ziffer 45.

Zieht man den Durchmesser CD, welcher die Scheitel M und C der Winkel $\beta$ und $\gamma$ verbindet, so entstehen die gleichschenkligen Dreiecke AMC und BMC. In diesen ist wiederum nach dem Satze vom Außenwinkel:

$$\alpha = 2\alpha_1 \text{ und}$$
$$\delta = 2\delta_1. \text{ Addiert man beide Gleichungen,}$$

so folgt:[1] $\alpha + \delta = 2\alpha_1 + 2\delta_1$. Das ist aber dasselbe wie

$$\beta = 2 \cdot (\alpha_1 + \delta_1) \text{ oder}$$
$$\beta = 2\gamma. \text{ Folglich:}$$
$$\gamma = \frac{\beta}{2}.$$

3. Fall. Der Mittelpunkt M des Kreises liegt außerhalb der Schenkel des Peripheriewinkels $\gamma$. (Abb. 266.)

Verbindet man die Scheitel M und C der Winkel $\beta$ und $\gamma$ durch den Durchmesser CD, so entstehen die gleichschenkligen Dreiecke AMC und BMC. Mithin:

$$\alpha + \beta = 2 \cdot (\alpha_1 + \gamma) \text{ oder auch}$$
$$\alpha + \beta = 2\alpha_1 + 2\gamma. \text{ Ferner ist}$$
$$\alpha = 2\alpha_1.$$

Subtrahiert man die letzte Gleichung von der vorletzten, so folgt:

$$\alpha + \beta - \alpha = 2\alpha_1 + 2\gamma - 2\alpha_1 \text{ oder}$$
$$\beta = 2\gamma. \text{ Mithin:}$$
$$\gamma = \frac{\beta}{2}.$$

Da man in allen drei Fällen zu dem gleichen Ergebnis kommt, so ist es gleichgültig, wie der Peripheriewinkel zum Zentriwinkel liegt. Hieraus folgt:

**Jeder Peripheriewinkel ist halb so groß als der mit ihm über demselben Bogen stehende Zentriwinkel.**

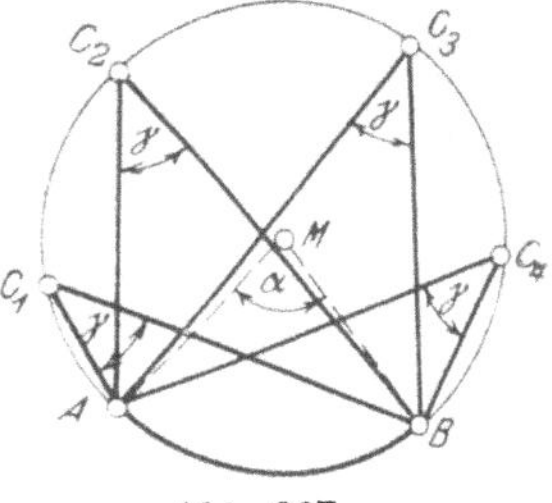


Abb. 267.

**156. Umfangswinkel über gleichen Bogen.** Zeichnet man, wie in Abb. 267 dargestellt, über dem Bogen AB die Umfangswinkel $AC_1B$, $AC_2B$ . . ., so stehen dieselben sämtlich mit dem Mittelpunktswinkel AMB $= \alpha$ über demselben Bogen, sind also halb so groß als dieser und infolgedessen einander gleich, d. h.

$$\sphericalangle AC_1B = \sphericalangle AC_2B = \sphericalangle AC_3B = \ldots \sphericalangle \gamma.$$

Hieraus folgt:

**Umfangswinkel, welche über demselben Bogen stehen, sind gleich.**

[1]) Vgl. W. u. St., Arithm. u. Algebra S. 133, Ziffer 109.

Dieser Satz läßt sich mit Bezug auf Abb. 264 bis 266 dahin erweitern:

**Umfangswinkel, welche in gleichen Kreisen über gleichen Bogen stehen, sind gleich.**

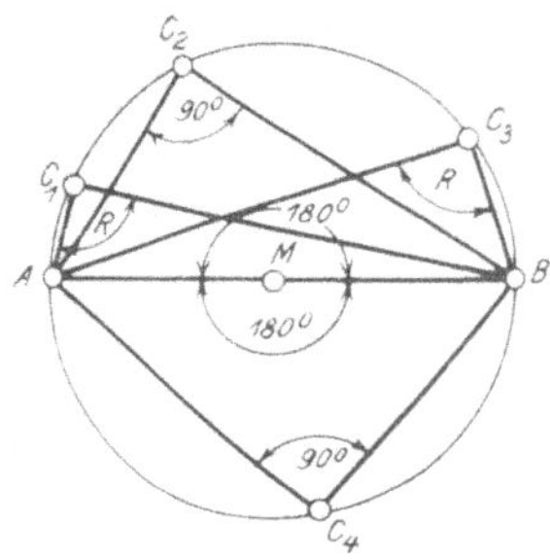

Abb. 268.

**157. Peripheriewinkel im Halbkreise.** Einen besonderen Fall der Beziehungen zwischen Peripherie- und Zentriwinkel zeigt Abb. 268. Der Zentriwinkel ist hier gleich dem gestreckten Winkel AMB, also $= 2R = 180^0$; mithin muß jeder über dem Durchmesser AB oder über dem Halbkreise stehende Peripheriewinkel

$$= \frac{2R}{2} = \frac{180}{2} = 90^0 \text{ sein, d. h.}$$

$$\sphericalangle AC_1B = \sphericalangle AC_2B = \sphericalangle AC_3B = \ldots 90^0 = R.$$

**Jeder Peripheriewinkel im Halbkreise ist ein rechter Winkel.**

Verbindet man also einen beliebigen Punkt des Kreisumfanges mit den Endpunkten eines beliebigen Durchmessers, so entsteht immer ein rechtwinkliges Dreieck, dessen Hypotenuse der Durchmesser ist.

## Übungen.

1. Es ist eine Strecke AB = 80 mm als Hypotenuse gegeben. Über derselben sind rechtwinklige Dreiecke zu zeichnen, von denen weiter gegeben sind:

a) eine Kathete, 35 mm lang;
b) die Hypotenusenhöhe, 30 mm lang;
c) der von einer Kathete und der Hypotenuse eingeschlossene Winkel $\alpha = 30^0$.

2. Es ist ein Rechteck zu zeichnen von dem gegeben sind:

a) eine Diagonale = 50 mm und eine Seite = 20 mm;
b) eine Diagonale = 80 mm und der von beiden Diagonalen eingeschlossene Winkel $\varepsilon = 60^0$.

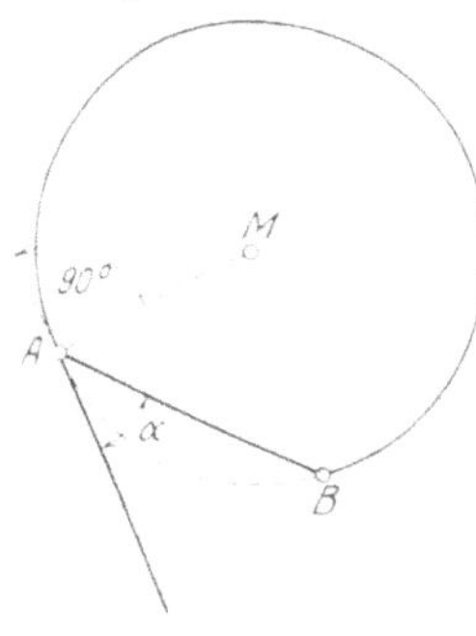


**158. Sehnen-Tangentenwinkel.**

Der Winkel $\alpha$, welcher von einer Sehne AB und einer durch deren Schnittpunkt A mit der Peripherie gelegten Tangente gebildet wird, heißt Sehnen-Tangentenwinkel oder Abschnittswinkel. (Abb. 269.)

In Abb. 270 ist von dem Scheitel A des Sehnen-Tangentenwinkels der Durchmesser AC eingetragen, welcher nach Ziffer 153 senkrecht auf der Tangente steht, so daß

$$\alpha + \varepsilon = 90^0 \quad \ldots\ldots\ldots \quad \text{I)}$$

ist. Das Dreieck ABC ist als Dreieck im Halbkreise nach Ziffer 157 bei B rechtwinklig, so daß $\measuredangle ABC = 90^\circ$ ist. Weiter wird nach Seite 43, Ziffer 53c)

$$\gamma + \varepsilon = 90^\circ \quad \ldots\ldots\ldots\ldots\ldots \text{II)}$$

als Komplementwinkel[1]).

Aus Gleichung I und II), deren rechte Seiten gleich sind, folgt:

$$\alpha + \varepsilon = \gamma + \varepsilon.$$

Da sich in dieser Gleichung $\varepsilon$ heraushebt, so wird

$$\alpha = \gamma, \text{ d. h.}$$

**Der Sehnen-Tangentenwinkel ist gleich dem Peripheriewinkel über dem zur Sehne gehörenden Bogen,** oder in anderer Fassung:

Der Sehnen-Tangentenwinkel ist gleich dem Peripheriewinkel im entgegengesetzten Kreisabschnitt.

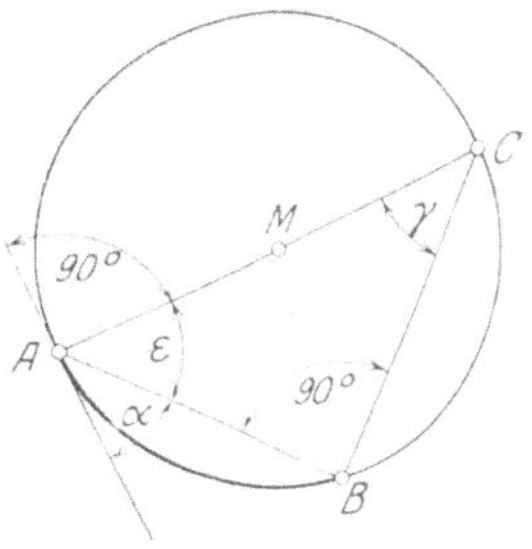

Abb. 270.

Der Satz vom Sehnen-Tangentenwinkel gilt für alle Winkel: spitze, rechte und stumpfe!

### Übungen.

1. Es ist der Sehnen-Tangentenwinkel für den Sechstelkreis, Viertelkreis, Halbkreis und für einen Kreisbogen, größer als der Halbkreis zu zeichnen.

2. Es ist in einen Kreis von 80 mm Durchmesser ein rechtwinkliges Dreieck mit einem spitzen Winkel von 30°; 45°; 60° und 75° zu zeichnen.

## E. Tangenten-Konstruktionen.

Die für die Praxis maßgebenden Konstruktionen sollen in Form von Aufgaben behandelt werden.

### 159. Tangenten an einen Kreis.

**Aufgabe 1.** Es sind von einem Punkte P außerhalb eines Kreises Tangenten an diesen zu legen. (Abb. 271.)

Man verbinde den Punkt P mit dem Mittelpunkte M des Kreises und beschreibe über MP als Durchmesser einen Kreis, welcher den gegebenen in T und $T_1$ schneidet. Verbindet man P mit T und $T_1$ durch gerade Linien, so sind diese die verlangten Tangenten.

Daß die Konstruktion richtig ist, geht aus folgendem hervor: Verbindet man T und $T_1$ mit M, so ist

$$\measuredangle MTP = \measuredangle MT_1P = 90^\circ$$

als Winkel im Halbkreise. MT und $MT_1$ sind Halbmesser im gege-

[1]) Vgl. S. 17, Ziffer 34 und S. 43, Ziffer 53, Schlußsatz.

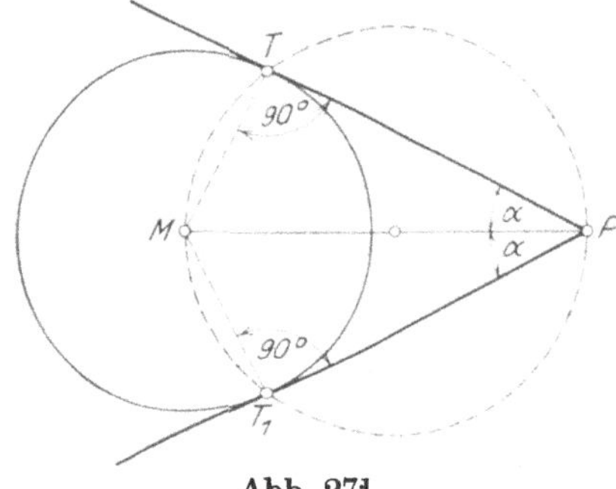

Abb. 271.

benen Kreise. Nach Ziffer 153 steht die Tangente senkrecht auf dem durch den Berührungspunkt gezogenen Halbmesser. Folglich müssen die von dem gegebenen Punkte P durch T und $T_1$ gezogenen Geraden Tangenten an den gegebenen Kreis sein.

Es sind, wie die Konstruktion zeigt, von einem Punkte außerhalb eines Kreises **zwei Tangenten** an diesen möglich. Nach Abb. 271 ist:

$MT = MT_1$ als Halbmesser,
$MP = MP$ und
$\sphericalangle MTP = \sphericalangle MT_1P$ als Rechte. Folglich:
$\triangle MTP \cong \triangle MT_1P$[1]).

Aus dieser Kongruenz folgt:

1) $PT = PT_1$, d. h.

Die beiden Tangenten, welche man von einem Punkte an einen Kreis legen kann, sind gleich.

2) $\sphericalangle MPT = \sphericalangle MPT_1$, d. h.

Der Winkel, welchen die Tangenten einschließen, wird durch die Zentrale halbiert.

Von dem letzten Satze gilt als Umkehrung:

Die Halbierungslinie des Tangentenwinkels geht durch den Mittelpunkt des gegebenen Kreises.

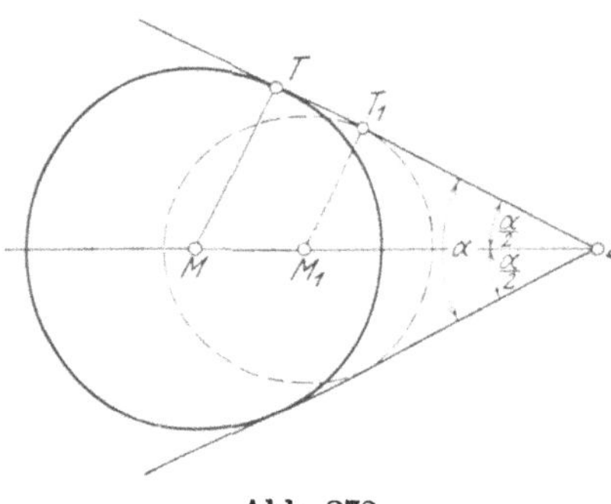

Abb. 272.

**Aufgabe 2.** Es ist in einen gegebenen Winkel $\alpha$ ein Kreis zu beschreiben, welcher die Schenkel berührt. (Abb. 272.)

Der Aufgabe entsprechend sollen die Schenkel Tangenten an den Kreis werden. Nach den Folgerungen aus Aufgabe 1 liegt der Mittelpunkt eines Kreises, welcher zwei einen Winkel bildende Tangenten berührt, auf der Halbierungslinie dieses Winkels.

Man halbiere demnach in Abb. 272 den gegebenen Winkel $\alpha$ und fälle von irgend einem Punkte M der Halbierungslinie eine Senkrechte

[1]) Vgl. S. 51, Ziffer 62c; Schlußsatz.

auf einen Schenkel bis zum Schnittpunkte T. Alsdann ist MT der Halbmesser des verlangten Kreises.

Fällt man von einem Punkte $M_1$ eine zweite Senkrechte $M_1 T_1$ auf denselben Schenkel, so ist diese Halbmesser eines zweiten Kreises, welcher ebenfalls die Schenkel des Winkels $\alpha$ berührt. Es sind demnach unendlich viele Kreise möglich!

**Aufgabe 3.** Es ist in ein Dreieck ein Kreis zu beschreiben, d. h. der Kreis soll die Seiten des Dreiecks berühren. (Abb. 273.)

Der Bedingung der Aufgabe entsprechend sollen die Dreieckseiten Tangenten an den Kreis werden. Man wird nach Aufgabe 2 einen Kreis erhalten, welcher die Seiten AB und AC berührt, wenn man den Winkel $\alpha$ halbiert, desgleichen einen die Seiten AB und BC berührenden Kreis, wenn man den Winkel $\beta$ halbiert.

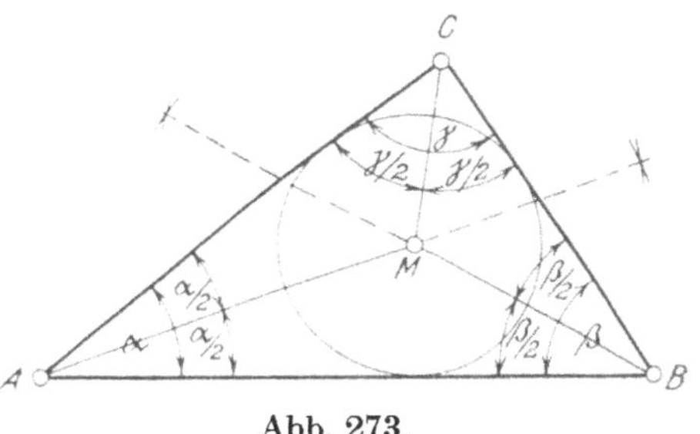


Abb. 273.

Halbiert man demnach in Abb. 273 die Winkel $\alpha$ und $\beta$, so schneiden sich die Winkelhalbierenden im Mittelpunkte M des verlangten Kreises.

Die Halbierende des Winkels $\gamma$ geht ebenfalls durch den Mittelpunkt M des gesuchten Kreises. Hieraus folgt:

Die drei Winkelhalbierenden eines Dreiecks schneiden sich in einem Punkte, dem Mittelpunkte des einbeschriebenen Kreises oder des Inkreises.

Fällt man vom Mittelpunkte M eine Senkrechte auf die Seite AB, so ist diese der Halbmesser des Inkreises. Dasselbe gilt für die Senkrechten aus M auf die beiden anderen Dreieckseiten.

### 160. Gemeinschaftliche Tangenten an zwei Kreise[1]).

Wie die Abb. 274 und 275 zeigen, lassen sich an zwei Kreise Tangenten auf zweierlei Art legen, und zwar als „äußere Tangenten" (Abb. 274) und als „innere Tangenten" (Abb. 275). Auf die Praxis angewendet, würde man bei einem um zwei Riemenscheiben gelegten Riemen im ersten Falle von einem „offenen", im zweiten von einem „gekreuzten Riemen" sprechen.

**Aufgabe 4.** Es sind an zwei Kreise mit verschiedenen Halbmessern R und r die **äußeren Tangenten** zu zeichnen. (Abb. 274.)

Man beschreibe um den Mittelpunkt M des großen Kreises mit der Differenz R — r der Halbmesser der gegebenen Kreise einen Hilfskreis und über der Zentralen $MM_1$ als Durchmesser einen zweiten Hilfskreis, welcher den ersten in den Punkten C und $C_1$ schneidet.

[1]) Vgl. W. u. St., Trigonometrie 1919; S. 60, Beispiel 68.

Verbindet man diese Punkte mit dem Mittelpunkte $M_1$ des kleinen Kreises, so sind nach Aufgabe 1 die Geraden $M_1C$ und $M_1C_1$ Tangenten an den ersten Hilfskreis. Nun verbinde man M mit C und $C_1$ und verlängere MC und $MC_1$ bis zu den Schnittpunkten A und $A_1$ der Peripherie des großen gegebenen Kreises; alsdann ist

$$MA \perp M_1C \quad \text{und} \quad MA_1 \perp M_1C_1.$$

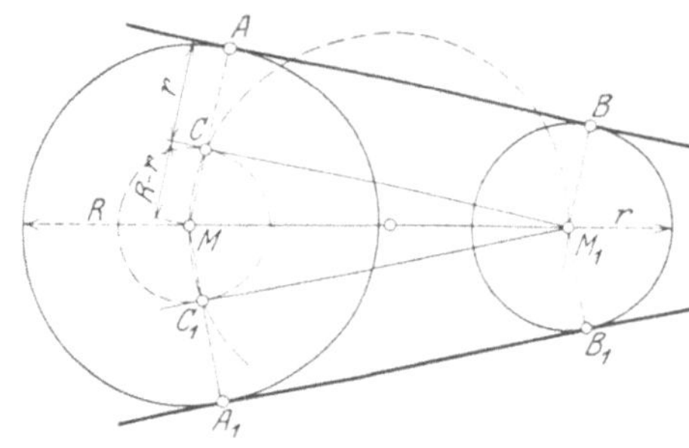


Abb. 274.

Zieht man jetzt durch den Mittelpunkt $M_1$ des kleinen gegebenen Kreises Parallelen zu MA und $MA_1$ oder, was dasselbe ist, errichtet man in $M_1$ Senkrechten auf den Tangenten $M_1C$ und $M_1C_1$, so schneiden diese die Peripherie in B und $B_1$. Die Punkte A und B bzw. $A_1$ und $B_1$ sind alsdann Berührungspunkte der äußeren Tangenten.

Daß die Konstruktion richtig ist, geht aus folgendem hervor: Es ist

$$MA = R \text{ und}$$
$$MC = R - r, \text{ nach Konstruktion.}$$

Subtrahiert man die zweite Gleichung von der ersten, so folgt:

$$MA - MC = R - (R - r), \text{ d. i.}$$
$$AC = r. \text{ Mithin ist auch}$$
$$AC = BM_1. \text{ Nach Konstruktion war aber auch}$$
$$AC \parallel BM_1.$$[1]

Mithin ist entspr. Seite 71, Ziffer 81 das Viereck $ABM_1C$ ein Rechteck. Aus demselben Grunde ist Viereck $A_1B_1M_1C_1$ ein Rechteck. Folglich:

$$AB \perp AM \text{ und auch } AB \perp BM_1 \text{ und ebenso}$$
$$A_1B_1 \perp A_1M \quad ,, \quad ,, \quad A_1B_1 \perp B_1M_1.$$

Folglich sind AB und $A_1B_1$ nach Ziffer 153 die verlangten Tangenten.

**Aufgabe 5.** Es sind an zwei Kreise mit verschiedenen Halbmessern R und r die **inneren Tangenten** zu zeichnen. (Abb. 275.)

Man beschreibe um den Mittelpunkt M des großen Kreises mit der Summe **R + r** der Halbmesser der gegebenen Kreise einen Hilfskreis und über der Zentralen $MM_1$ als Durchmesser einen zweiten Hilfskreis, welcher den ersten in den Punkten C und $C_1$ schneidet. Verbindet man diese Punkte mit dem Mittelpunkte $M_1$ des kleinen gegebenen Kreises, so sind die Geraden $M_1C$ und $M_1C_1$ entsprechend Aufgabe 1 Tangenten an den ersten Hilfskreis. Verbindet man weiter

[1] Das Zeichen $\parallel$ bedeutet: parallel.

M mit C und $C_1$, so schneiden die Geraden MC und $MC_1$ die Peripherie des Kreises vom Halbmesser R in den Punkten A und $A_1$; alsdann ist

$$MC \perp M_1C \quad \text{und} \quad MC_1 \perp M_1C_1.$$

Zieht man jetzt durch den Mittelpunkt $M_1$ des kleinen gegebenen Kreises Parallelen zu MC und $MC_1$ oder, was dasselbe ist, errichtet

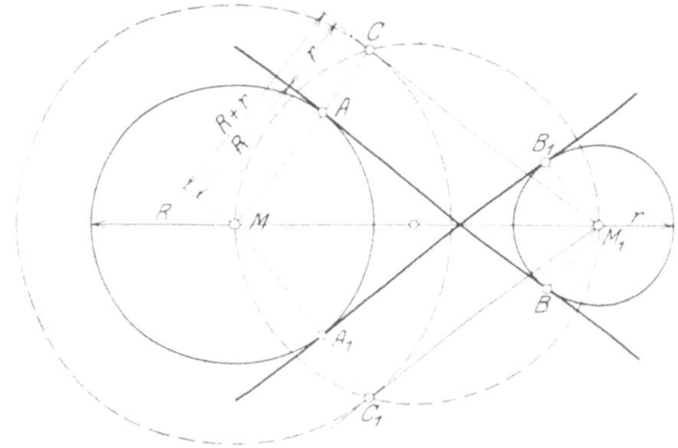


Abb. 275.

man in $M_1$ Senkrechten auf den Tangenten $M_1C$ und $M_1C_1$, so schneiden diese die Peripherie in den Punkten B und $B_1$. Die Punkte A und B bzw. $A_1$ und $B_1$ sind alsdann Berührungspunkte der inneren Tangenten.

Für die Bestätigung der Richtigkeit der Konstruktion genügt der Nachweis, daß die Vierecke $ABM_1C$ und $A_1B_1M_1C_1$ Rechtecke sind. Der Leser führe diesen Beweis entsprechend Aufgabe 5 selbst!

## Übungen.

1. Es ist ein Kreis von 40 mm Durchmesser tangierend an die Schenkel eines Winkels von 75° zu legen.
2. Es sind an einen Kreis von 80 mm Durchmesser von einem Punkte, welcher 100 mm vom Mittelpunkte entfernt ist, Tangenten zu legen.
3. Es ist in ein gleichseitiges Dreieck von 60 mm Seitenlänge der einbeschriebene Kreis zu zeichnen.
4. Es ist in je ein spitz-, stumpf- und rechtwinkliges Dreieck der Inkreis zu zeichnen.
5. Es soll der Inkreis eines Quadrates und eines Rhombus von je 50 mm Seitenlänge gezeichnet werden.
6. Gegeben sind ein Kreis und eine Gerade. Es ist der kleinste Kreis zu zeichnen, welcher beide berührt.
7. Es ist ein Kreis von 30 mm Durchmesser zu zeichnen, der einen gegebenen Kreis von 50 mm Durchmesser einmal innen und das andere Mal außen in einem gegebenen Punkte berührt.

8. An zwei gleiche Kreise von je 60 mm Durchmesser sind die gemeinschaftlichen äußeren und inneren Tangenten zu zeichnen.

9. An zwei Kreise von 40 mm bzw. 60 mm Durchmesser sind die gemeinsamen äußeren und inneren Tangenten zu legen.

10. Es sind die Längen der äußeren und inneren Tangenten zu **berechnen**, wenn die Halbmesser der Kreise und die Länge Z der Zentralen gegeben sind wie folgt:

| | | | |
|---|---|---|---|
| R = | 50 mm; | 9,2 cm; | 0,6 m. |
| r = | 30 mm; | 3,5 cm; | 0,25 m. |
| Z = | 120 mm; | 26 cm; | 3,2 m. |

## F. Einbeschriebene und umschriebene Figuren.

**161. Allgemeines.** Jede geradlinig begrenzte Figur, deren Seiten Sehnen eines Kreises sind, nennt man eine dem Kreise einbeschriebene Figur: Sehnen-Dreieck — Viereck — Vieleck. Die Ecken einer einbeschriebenen Figur liegen auf dem Umfange des um dieselbe beschriebenen Kreises, des **Umkreises.**

Jede geradlinig begrenzte Figur, deren Seiten Tangenten eines Kreises sind, heißt eine dem Kreise umschriebene Figur: Tangenten-Dreieck — Viereck — Vieleck. Der sämtliche Seiten einer derartigen Figur berührende Kreis wird **Inkreis** genannt.

Von einer einbeschriebenen Figur sagt man auch, sie liege in einem Kreise, von einer umschriebenen, sie liege um einen Kreis.

**162. Sehnendreieck.** Die Seiten des Dreiecks ABC in Abb. 276 sind Sehnen des umschriebenen Kreises. Um den Mittelpunkt desselben zu finden errichte man entsprechend Ziffer 150, Seite 140 auf zwei Dreieckseiten, AB und AC, die Mittelsenkrechten EM und DM. Diese schneiden sich alsdann im Mittelpunkte M des Kreises, welcher durch die Endpunkte A, B und C der Sehnen und damit durch die Ecken des Dreiecks geht. Hätte man auf den Dreieckseiten AB und BC die Mittelsenkrechten errichtet, so wäre man zu demselben Ergebnis gekommen. Hieraus folgt:

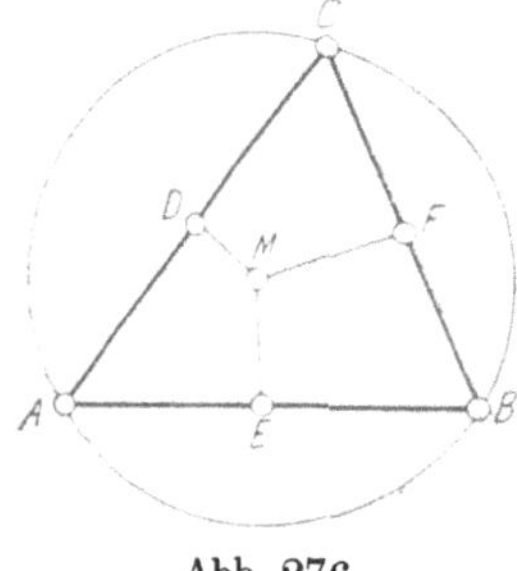

Abb. 276.

Die drei Mittelsenkrechten auf den Seiten eines Dreiecks schneiden sich in einem Punkte[1]), dem Mittelpunkte des dem Dreieck umschriebenen Kreises.

Ist das Dreieck ABC rechtwinklig, wie in Abb. 277, so liegt der Mittelpunkt des umschriebenen Kreises in der Mitte der Hypotenuse.

Aus dem vorstehenden ist weiter ersichtlich, daß

a) sich durch drei Punkte nur ein einziger Kreis legen läßt, und daß

[1]) Über weitere Linien eines Dreiecks, welche sich in einem Punkte schneiden, siehe S. 51, Ziffer 63.

b) ein Kreis nach Lage und Größe durch drei Punkte bestimmt ist.

Der Mittelpunkt M des einem Dreieck umschriebenen Kreises ist von den Ecken desselben gleichweit entfernt.

Verlängert man die Seiten eines Dreiecks über die Ecken hinaus und halbiert man die auf diese Weise entstehenden 6 Außenwinkel[1]), so schneiden sich die Halbierungslinien in drei Punkten, welche Mittelpunkte von Kreisen sind, die eine Dreieckseite und die Verlängerungen der beiden anderen Seiten berühren. Diese Kreise bezeichnet man als die dem Dreieck anbeschriebenen Kreise oder als **Ankreise.**

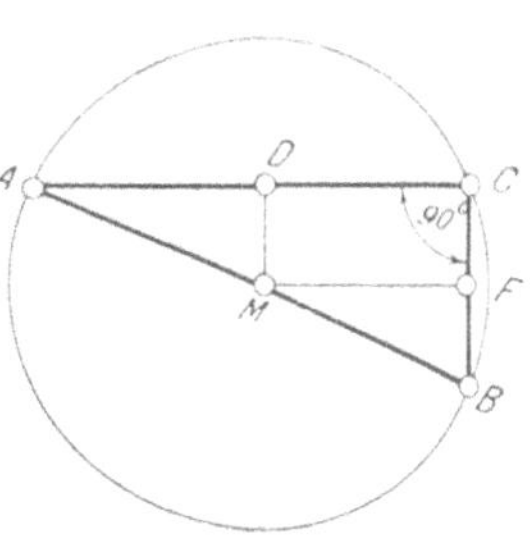

Abb. 277.

Der Leser zeichne diese Kreise für ein spitzwinkliges, stumpfwinkliges, gleichschenkliges und gleichseitiges Dreieck! Was ist über die Ankreise jedes dieser Dreiecke zu sagen?

**163. Sehnenviereck.** Ein Viereck, dessen Seiten Sehnen eines Kreises sind, nennt man Sehnenviereck oder Kreisviereck. (Abb. 278.)

Die Winkelsumme ist wie in jedem anderen Viereck $= 4R = 360^\circ$.[2])

Zwischen je zwei gegenüberliegenden Winkeln[3]) des Kreisvierecks besteht jedoch eine besondere Beziehung:

Zu den Winkeln $\alpha$ und $\beta$, welche als gegenüberliegende Winkel zugleich Peripheriewinkel über den Bogen BCD und BAD sind, gehören die Zentriwinkel $2\alpha$ und $2\beta$. Diese sind jedoch als Winkel um den Punkt M herum $= 360^\circ$. Mithin:

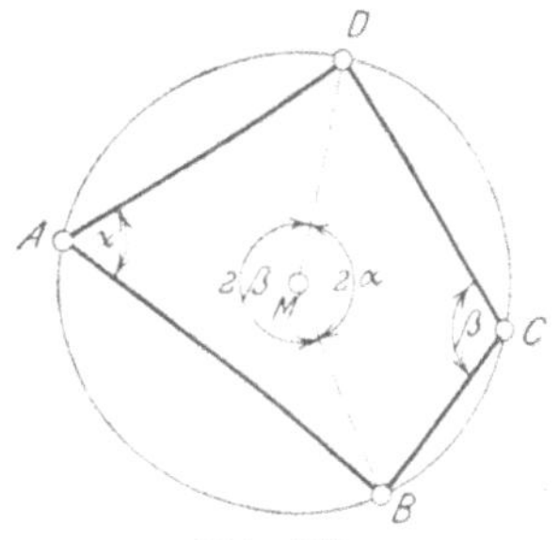

Abb. 278.

$$2\alpha + 2\beta = 360^\circ.$$ Dafür kann man schreiben: $$2 \cdot (\alpha + \beta) = 360^\circ.$$

Beide Seiten der letzten Gleichung durch 2 dividiert, folgt:

$$\alpha + \beta = 180^\circ.$$ In Worten:

**In jedem Sehnenviereck ist die Summe zweier gegenüberliegender Winkel $= 180^\circ = 2$ R.**

Mit dieser Eigenschaft bildet das Sehnenviereck eine Ausnahme gegenüber den Vierecken allgemeiner Art:

Nur um Vierecke, in welchen die Summe zweier Gegenwinkel gleich 2R ist, läßt sich ein Kreis beschreiben.

Derartige Vierecke sind Quadrate, Rechtecke und gleichschenklige Trapeze; niemals Rhomben, Rhomboide und ungleichschenklige Trapeze.

---

[1]) Vgl. S. 44, Ziffer 57. [2]) Vgl. S. 67, Ziffer 73. [3]) Vgl. S. 66, Ziffer 71.

**164. Tangentenviereck.** Jedes Viereck, dessen Seiten Tangenten eines Kreises sind, nennt man Tangentenviereck. (Abb. 279.)

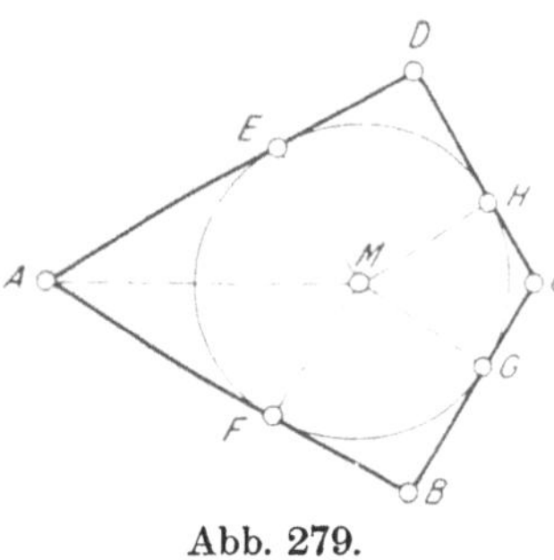

Abb. 279.

Jede Seite des Vierecks ABCD wird durch die Berührungspunkte E, F, G und H in zwei Strecken zerlegt derart, daß die von einer Ecke ausgehenden Tangentenabschnitte gleich sind. (Vgl. hierzu Seite 147, Ziffer 159; Aufgabe 1.) Hieraus folgt:

$$AE = AF,$$
$$BG = BF,$$
$$CG = CH \text{ und}$$
$$DE = DH.$$

Addiert man diese vier Gleichungen, so erhält man

$$AE + BG + CG + DE = AF + BF + CH + DH, \text{ d. i.}^{1)}$$
$$(AE + DE) + (BG + CG) = (AF + BF) + (CH + DH).$$

Das ist aber dasselbe wie

$$AD + BC = AB + CD, \text{ d. h.}$$

**In jedem Tangentenviereck sind die Summen der gegenüberliegenden Seiten gleich.**

Mit dieser Eigenschaft bildet auch das Tangentenviereck eine Ausnahme gegenüber den Vierecken allgemeiner Art:

Nur in Vierecke, in welchen die Summe je zweier Gegenseiten gleich ist, läßt sich ein Kreis beschreiben.

Derartige Vierecke sind Quadrate und Rhomben; niemals Rechtecke und Rhomboide.

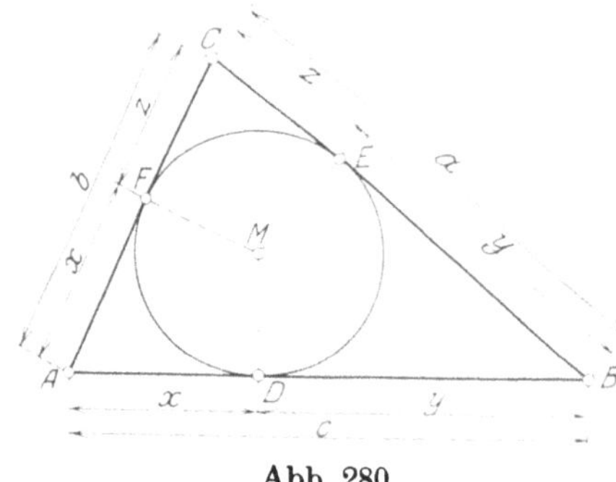

Abb. 280.

**165. Tangentendreieck.** Über die Konstruktion des einbeschriebenen Kreises ist das Erforderliche bereits in Ziffer 159, Seite 149, Aufgabe 3 mitgeteilt.

Bezüglich der Zerlegung der Seiten in Tangentenabschnitte gilt sinngemäß das bei Besprechung des Tangentenvierecks Gesagte.

Mit den Bezeichnungen in Abb. 280 wird demnach:

$$2 \cdot x + 2 \cdot y + 2 \cdot z = a + b + c \text{ oder auch}$$
$$2 \cdot (x + y + z) = a + b + c. \text{ Mithin:}$$
$$x + y + z = \frac{a + b + c}{2} \quad \dots\dots\dots \quad \text{I)}$$

---

1) Vgl. W. u. St., Arithm. u. Algebra S. 8, Ziffer 15.

Die rechte Seite dieser Gleichung ist aber gleich dem halben Umfange des Dreiecks. Bezeichnet man denselben mit U[1]), so wird:

$$x + y + z = \frac{U}{2}\cdot \quad \text{Folglich:}$$

$$x = \frac{U}{2} - (y + z).^{2)}$$

Entsprechend Abb. 280 ist aber

$$y + z = a.$$

Diesen Wert für (y + z) in die Gleichung für x eingesetzt, gibt:

$$x = \frac{U}{2} - a, \text{ d. h.}$$

Der Tangentenabschnitt an einer Ecke ist gleich der Differenz aus dem halben Umfange und der dieser Ecke gegenüberliegenden Seite des Dreiecks.

In gleicher Weise ergibt sich

$$y = \frac{U}{2} - b \quad \text{und} \quad z = \frac{U}{2} - c.$$

**166. Tangentenvieleck.** Jedes Vieleck, dessen Seiten Tangenten eines Kreises sind, heißt Tangentenvieleck. (Abb. 281.) Die Anzahl der Seiten ist unbegrenzt. Bezeichnet man dieselbe mit n, so nennt man das Vieleck ein n-Eck.

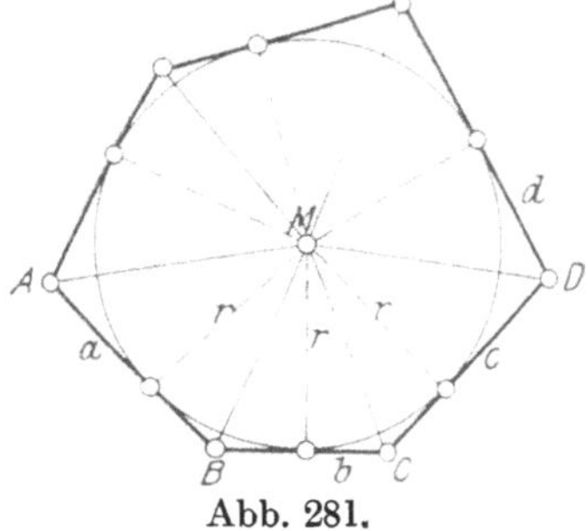

Abb. 281.

Verbindet man wie in Abb. 281 dargestellt, die Ecken des n-Ecks mit dem Mittelpunkte des einbeschriebenen Kreises, so wird dasselbe in n Dreiecke zerlegt.

Die Winkel ABC, BCD, ... nennt man Innenwinkel. Deren Summe berechnet sich wie folgt:

Die Winkelsumme in jedem Einzeldreieck ist = 2 R. Mithin ist die

$$\text{Winkelsumme in n Dreiecken} = n \cdot 2R.$$

Von dieser Winkelsumme sind die Winkel um den Punkt M herum, deren Summe = 4 R ist[3]), abzuziehen, so daß für das n-Eck die

$$\text{Summe der Innenwinkel} = n \cdot 2R - 4R$$

wird. Dafür kann man aber schreiben[4])

[1]) Vgl. S. 90, Ziffer 101; Gleichung 16.
[2]) „ W. u. St., Arithm. u. Algebra S. 16, Ziffer 24.
[3]) „ S. 19, Ziffer 38.
[4]) „ W. u. St., Arithm. u. Algebra S. 36, Ziffer 43 A; a.

Summe der Innenwinkel im n-Eck: $= (2 \cdot n - 4) \cdot R \cdot$ oder $= (n - 2) \cdot 2R.$ . . . . . . . . . . 60)

Diese Gleichung gilt für jedes Vieleck! Damit ergibt sich die Winkelsumme

für n = 3, d. i. im Dreieck = 2 R
„ n = 4 „ „ Viereck = 4 R
„ n = 5 „ „ Fünfeck = 6 R
„ n = 6 „ „ Sechseck = 8 R
und so fort[1]).

Die Beziehungen zwischen den Seiten und deren Abschnitten können vom Leser leicht nach dem über das Tangentendreieck und -viereck Gesagte entwickelt werden.

Die Einzeldreiecke, in welche das Vieleck in Abb. 281 zerlegt wurde, haben sämtlich gleiche Höhen, nämlich den Halbmesser r des Inkreises nach den Berührungspunkten der Seiten. Bezeichnet man die Vieleckseiten mit a, b, c . . ., so ist der Flächeninhalt des Tangentenvielecks gleich der Summe der Dreiecksinhalte[2]), d. h.

$$F = \frac{a \cdot r}{2} + \frac{b \cdot r}{2} + \frac{c \cdot r}{2} + \ldots \text{ oder auch}$$

$$F = \frac{r}{2} \cdot (a + b + c + \ldots)$$

Der Klammerwert ist aber der Umfang des Tangentenvielecks. Setzt man

$$a + b + c + \ldots = U,$$

so geht die letzte Gleichung über in

Inhalt des Tangentenvielecks: $F = \frac{r}{2} \cdot U = \frac{U \cdot r}{2}$, d. h. . . . . . . . . . . . 61)

**Der Flächeninhalt eines beliebigen Tangentenvielecks ist gleich dem halben Produkt aus dessen Umfange und dem Halbmesser des einbeschriebenen Kreises.**

Aus Gleichung 61) folgt

Halbmesser des einbeschriebenen Kreises: $r = \frac{2 \cdot F}{U}$ . . . . . . . . . . . . . . . 62)

## Übungen.

1. Es ist ein gleichschenkliges Dreieck zu zeichnen, von dem a) ein Schenkel, b) die Basis, c) der Winkel an der Spitze und in jedem Falle der Halbmesser des umschriebenen Kreises gegeben sind.

2. Es ist ein Sehnenviereck zu zeichnen, von dem eine Seite a, die Diagonale e, der Winkel $\varepsilon$, welchen die andere Diagonale mit a bildet und der Halbmesser des umschriebenen Kreises gegeben sind.

---

[1]) Vgl. S. 167, Tabelle I.

[2]) „ „ 101, Ziffer 114, Gleichung 20.

3. Es ist ein Tangentendreieck zu zeichnen, von dem eine Seite a, der anliegende Winkel $\alpha$ und der Halbmesser r des einbeschriebenen Kreises gegeben sind.

4. Es ist ein gleichseitiges Dreieck zu zeichnen, von dem der Halbmesser des einbeschriebenen Kreises gegeben ist.

5. Errichtet man auf jedem Schenkel eines beliebigen Winkels eine Senkrechte derart, daß sich beide Senkrechten innerhalb der Winkelebene schneiden, so entsteht ein Viereck. Es ist nachzuweisen, daß dieses Viereck ein Kreisviereck ist[1]).

6. Was ist über die Winkel eines Vierecks zu sagen, welches entsteht, wenn man die Endpunkte zweier sich in einem Kreise beliebig schneidender Sehnen miteinander verbindet?

7. Wie groß ist die Summe der Innenwinkel eines 5-, 6-, 7-, 8-, 10- und 12-Ecks?

8. Ein 5-Eck hat 4 Winkel von $55^\circ$, $75^\circ$, $105^\circ$ und $170^\circ$. Wie groß ist der fünfte Winkel?

## G. Regelmäßige Vielecke.

**167. Regelmäßige Vielecke und Kreis.** Ein Vieleck heißt regelmäßig, wenn sowohl die Seiten als auch die Winkel unter sich gleich sind.

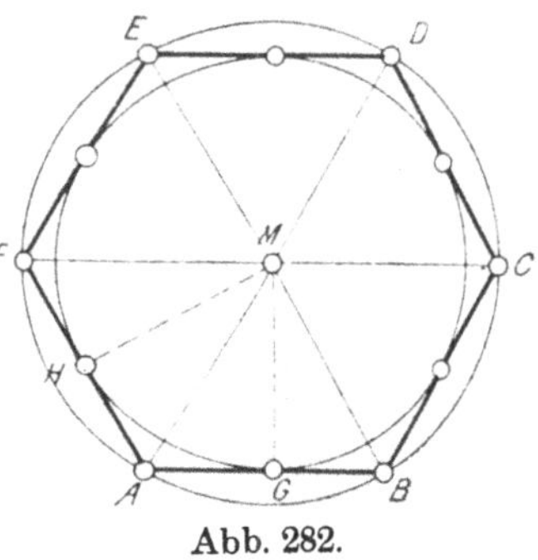

Abb. 282.

Gezeichnet wird ein regelmäßiges Vieleck am besten unter Zuhilfenahme eines Kreises. Man teilt den Kreis in so viel gleiche Teile wie das Vieleck Ecken besitzt und verbindet die Teilpunkte durch gerade Linien.

Diese Teilungen können mit dem Zirkel immer, mit den Zeichendreiecken in bestimmten Fällen vorgenommen werden.

In Abb. 282 ist ein regelmäßiges Sechseck dargestellt, in welchem nach der Erklärung

$$AB = BC = CD = \ldots \text{ und}$$
$$\sphericalangle ABC = \sphericalangle BCD = \sphericalangle CDE = \ldots \text{ ist.}$$

Halbiert man die gleichen Winkel FAB und ABC und zieht man die Winkelhalbierenden AM und BM, so schneiden sich diese im Punkte M, Winkel MAB wird gleich Winkel MBA, woraus nach Ziffer 64, Seite 52 folgt, daß das Dreieck AMB gleichschenklig ist. Mithin:

$$AM = BM.$$

Halbiert man weiter den Winkel BCD, so wird aus demselben Grunde

$$BM = CM.$$

[1]) Vgl. S 40, Ziffer 49c; Abb. 85.

Auf diese Weise läßt sich nachweisen, daß

$$AM = BM = CM = DM = \ldots \text{ ist.}$$

Der Punkt M ist demnach von den Ecken des regelmäßigen Vielecks gleich weit entfernt; dieselben müssen mithin auf dem Umfange eines Kreises liegen, dessen Halbmesser = AM = BM = . . . ist. Hieraus folgt:

Um jedes regelmäßige Vieleck läßt sich ein Kreis beschreiben.

Fällt man von dem Punkte M die Senkrechten MG auf AB und MH auf AF, so sind die hierdurch entstehenden Dreiecke AGM und AHM nach Ziffer 62c, Seite 51 kongruent. Aus dieser Kongruenz folgt:

$$MG = MH.$$

Die Abstände der Seiten AB und AF vom Punkte M sind demnach gleich, was übrigens auch aus Ziffer 151, Seite 141 folgt.

In derselben Weise ergibt sich, daß die Seiten BC, CD, DE . . . den gleichen Abstand vom Punkte M haben wie die Seiten AB und AF. Hieraus geht hervor, daß sich in das Sechseck ein Kreis beschreiben lassen muß, welcher die Seiten in deren Mitten berührt, wodurch dieselben zu Tangenten dieses Inkreises werden. Aus dieser Entwicklung folgt:

In jedes regelmäßige Vieleck läßt sich ein Kreis beschreiben.

Punkt M ist demnach sowohl von sämtlichen Ecken als auch von sämtlichen Seiten des regelmäßigen Vielecks gleich weit entfernt; man bezeichnet ihn als Mittelpunkt des regelmäßigen Vielecks.

Derselbe wird in jedem regelmäßigen Vieleck als Schnittpunkt der Halbierungslinien zweier aufeinanderfolgender Winkel bzw. als Schnittpunkt der Mittelsenkrechten zweier anstoßender Seiten gefunden.

Der Mittelpunkt eines regelmäßigen Vielecks fällt mit den Mittelpunkten sowohl des einbeschriebenen als auch des umschriebenen Kreises zusammen. Die Seiten des regelmäßigen Vielecks sind nach Abb. 282 Sehnen des umschriebenen und Tangenten des einbeschriebenen Kreises.

Bezeichnet man allgemein den Halbmesser des umschriebenen Kreises mit R, denjenigen des einbeschriebenen mit r und die Vieleckseite mit s, so ergibt sich mit Abb. 282 aus dem Dreieck AGM nach dem Pythagoras zunächst:

$$AM^2 = MG^2 + AG^2.$$

Setzt man in diese Gleichung die Bezeichnungen für die Halbmesser ein und berücksichtigt, daß $AG = \frac{s}{2}$ ist, so folgt[1]):

$$R^2 = r^2 + \left(\frac{s}{2}\right)^2 \quad \ldots\ldots\ldots\ldots \quad 63)$$

[1]) Vgl. W. u. St., Arithm. u. Algebra S. 61, Ziffer 63; Beispiel zu 3.

Aus dieser Gleichung ergibt sich[1])

Halbmesser des umschriebenen Kreises: $R = \sqrt{r^2 + \left(\frac{s}{2}\right)^2}$ . . . . . . . . . . . 64)

Halbmesser des einbeschriebenen Kreises: $r = \sqrt{R^2 - \left(\frac{s}{2}\right)^2}$ . . . . . . . . . . . 65)

Seite des regelmäßigen Vielecks: $s = 2 . \sqrt{R^2 - r^2}$ . . . . . . . . . . . 66)

**168. Bestimmungsdreieck.** Verbindet man die Ecken eines regelmäßigen Vielecks mit dessen Mittelpunkt M, so wird das Vieleck in so viel gleichschenklige und in diesem Falle kongruente Dreiecke zerlegt, wie das Vieleck Ecken besitzt.

Jedes dieser Dreiecke heißt ein Bestimmungsdreieck.

Sind die Beziehungen der Seiten und Winkel sowie der Flächeninhalt eines Bestimmungsdreiecks bekannt, so sind auch die gleichen Beziehungen des ganzen regelmäßigen Vielecks bekannt.

Um bei diesen Ermittelungen nicht an eine bestimmte Anzahl von Ecken, Seiten oder Winkeln gebunden zu sein, bezeichnet man die Seiten- oder Eckenzahl eines regelmäßigen Vielecks mit n und spricht dann ganz allgemein von einem **„regelmäßigen n-Eck"**.

**169. Winkel im regelmäßigen n-Eck.** Die Größe des Winkels $\gamma$ an der Spitze des Bestimmungsdreiecks, der zugleich Zentriwinkel ist, berechnet sich nach Abb. 283 wie folgt.

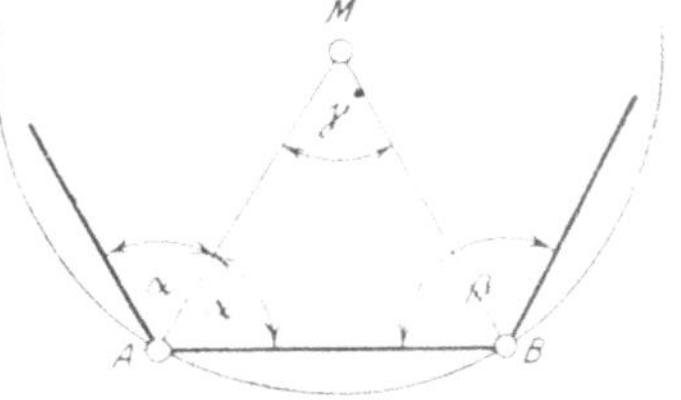

Abb. 283.

Die Winkelsumme um den Mittelpunkt M herum ist $= 360^\circ = 4$ R. Da nun n Bestimmungsdreiecke vorhanden sind, so entfällt auf den Zentriwinkel jedes derselben der n-te Teil von $360^\circ$, mithin:

$$\sphericalangle \gamma = \frac{360^\circ}{n} = \frac{4 \cdot R}{n} \text{ oder auch}$$

Zentriwinkel im Bestimmungsdreieck: $\sphericalangle \gamma = \frac{4}{n} \cdot R$ . . . . . . . . . . . . . . . 67)

Der Innenwinkel $\beta$ eines regelmäßigen n-Ecks ist nach Abb. 283 gleich dem doppelten Basiswinkel des Bestimmungsdreiecks, also

$$\beta = 2\alpha.$$

Die Winkelsumme $2\alpha$ ergänzt aber im Dreieck AMB den Zentriwinkel $\gamma$ zu 2R. Mithin muß

$$\gamma + 2\alpha = 2\text{R oder}$$
$$\gamma = 2\text{R} - 2\alpha \text{ sein.}$$

[1]) Vgl. W. u. St., Arithm. u. Algebra S. 158, Ziffer 120.

Setzt man in diese Gleichung den vorstehenden Wert $\beta$ für $2\alpha$ ein, so erhält man

$$\gamma = 2\,R - \beta. \quad \text{Folglich:}$$
$$\beta = 2\,R - \gamma.$$

Nach Gleichung 67) ist aber $\gamma = \frac{4}{n} \cdot R$, mit welchem Werte die letzte Gleichung für $\beta$ übergeht in

$$\beta = 2\,R - \frac{4}{n} \cdot R,$$

wofür man schreiben kann[1])

$$\beta = \frac{n \cdot 2\,R - 4\,R}{n}.$$

Schreibt man hier $2\,R$ als gemeinsamen Faktor heraus, so folgt[2])

Innenwinkel des regelmäßigen Vielecks: $$\beta = \frac{(n-2) \cdot 2\,R}{n} = \frac{n-2}{n} \cdot 2\,R \quad \cdots\cdots \quad 68)$$

Dieser Wert für $\beta$ entspricht der Größe eines Innenwinkels. Da jedoch n solcher Winkel vorhanden sind, so ist die Winkelsumme im regelmäßigen Vieleck n-mal so groß, also

$$= n \cdot \frac{n-2}{n} \cdot 2\,R.$$ Hieraus ergibt sich die

Winkelsumme im regelmäßigen Vieleck: $$= (n-2) \cdot 2\,R = (2n-4) \cdot R \quad \cdots\cdots \quad 69)$$

Die Größe eines Basiswinkels im Bestimmungsdreieck berechnet sich wie folgt. Nach vorstehendem ist

$$\beta = 2 \cdot \alpha, \text{ also}$$
$$\alpha = \frac{\beta}{2} = \frac{1}{2} \cdot \beta.$$

Setzt man in diese Gleichung den Wert für $\beta$ aus Gleichung 68) ein, so erhält man:

$$\alpha = \frac{1}{2} \cdot \frac{n-2}{n} \cdot 2\,R,$$ wofür man schreiben kann

Basiswinkel im Bestimmungs-Dreieck: $$\alpha = \frac{n-2}{n} \cdot R \quad \cdots\cdots \quad 70)$$

**170. Flächeninhalt des regelmäßigen n-Ecks.** Ist der Inhalt eines Bestimmungsdreiecks bekannt, so ist dieser mit n zu multiplizieren, um den Gesamtinhalt des Vielecks zu erhalten.

---

[1]) Vgl. W. u. St., Arithm. u. Algebra S. 45, Ziffer 47.
[2]) „ „ „ „ „ „ „ „ 36, „ 43 A; b.

Nach Abb. 284 ist der Inhalt des Dreiecks AMB

$$F_{\triangle} = \frac{AB \cdot MC}{2},$$

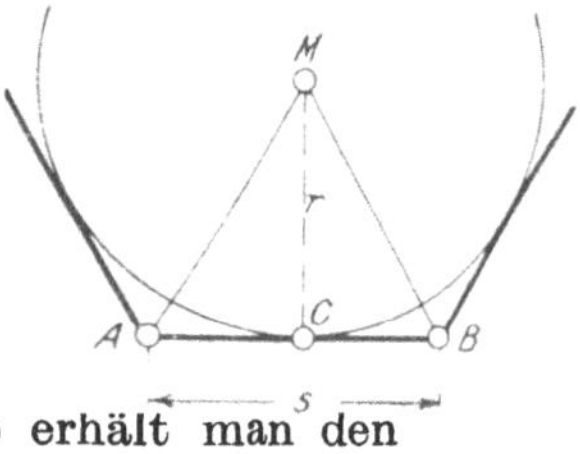

oder mit den Bezeichnungen r für den Halbmesser des einbeschriebenen Kreises und s für die Vieleckseite,

$$F_{\triangle} = \frac{r \cdot s}{2}.$$

Multipliziert man diesen Wert mit n, so erhält man den

Inhalt des regelmäßigen Vielecks: $F = n \cdot \frac{r \cdot s}{2}$ . . . . . . . . . . . . . . . . 71)

Gibt man dieser Gleichung die Form

$$F = \frac{n \cdot s}{2} \cdot r,$$

so ist der Ausdruck $n \cdot s$ nichts anderes als der Umfang des regelmäßigen Vielecks. Bezeichnet man diesen mit U, so geht die letzte Gleichung über in:

$$F = \frac{U}{2} \cdot r \quad \ldots\ldots\ldots\ldots \quad 72)$$

welcher Wert mit Gleichung 61), Seite 156 übereinstimmt, was auch der Fall sein muß, da jedes regelmäßige Vieleck als Tangentenvieleck aufzufassen ist.

Gleichung 72) läßt sich in Worte kleiden, wie folgt:

**Der Inhalt eines regelmäßigen n-Ecks ist gleich dem Produkt aus der halben Summe der Seiten und dem Halbmesser des einbeschriebenen Kreises.**

Nach Gleichung 65, Seite 159 ist nun

$$r = \sqrt{R^2 - \frac{s^2}{4}}.$$

Setzt man diesen Wert für r in Gleichung 72) ein, so erhält man als weiteren Wert für den

Inhalt des regelmäßigen Vielecks: $F = \frac{U}{2} \cdot \sqrt{R^2 - \frac{s^2}{4}}$ . . . . . . . . . . . . 73)

**171. Quadrat.** Zieht man durch den Mittelpunkt M eines Kreises zwei senkrecht aufeinanderstehende Durchmesser AB und CD, so entsteht, wenn man die Endpunkte dieser Durchmesser verbindet, ein eingeschriebenes Viereck. (Abb. 285.)

Dieses Viereck ist ein Quadrat, da die Durchmesser, welche senkrecht aufeinanderstehen, die Diagonalen bilden[1]).

[1]) Vgl. S. 70, Ziffer 79.

Die Zentriwinkel der Bestimmungsdreiecke sind rechte Winkel, also gleich; es müssen demnach die zugehörigen Bogen: AD, DB, BC und CA ebenfalls gleich sein[1]).

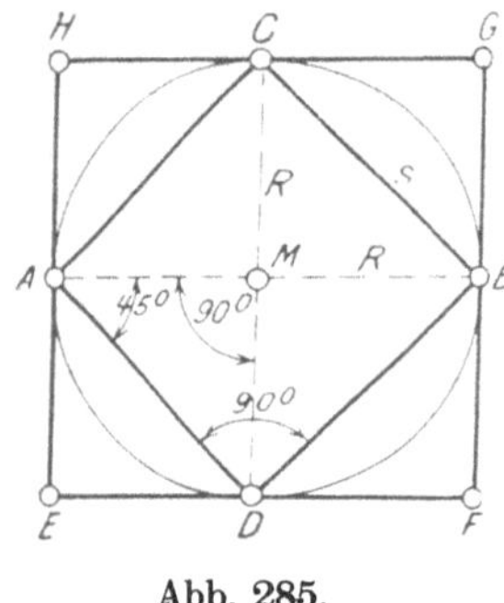

Abb. 285.

Hieraus geht hervor, daß ein Kreis durch zwei senkrecht aufeinanderstehende Durchmesser in vier gleiche Teile geteilt wird, wie das bereits auf Seite 31, Ziffer 42 erklärt wurde.

Das Quadrat ACBD ist das dem Kreise einbeschriebene Quadrat.

Errichtet man in den Endpunkten der Durchmesser AB und CD Senkrechten, so entsteht das Quadrat EFGH[2]), dessen Seiten Tangenten an den Kreis sind und welches somit das dem Kreise umschriebene Quadrat darstellt[3]).

Das Bestimmungsdreieck des einbeschriebenen Quadrates ist rechtwinklig-gleichschenklig. Es finden mithin die auf Seite 127, Ziffer 137 entwickelten Gesetze sinngemäße Anwendung auf dasselbe.

Aus Abb. 285 folgt mit den Bezeichnungen R für den Halbmesser des umschriebenen Kreises und s für die Seite des einbeschriebenen Quadrates nach dem Pythagoras:

$$s^2 = R^2 + R^2 = 2 \cdot R^2 \quad \text{oder}$$

$$s = \sqrt{2 \cdot R^2}. \quad \text{Mithin}^{4)}$$

Seite des einbeschriebenen Quadrates: $$s = R \cdot \sqrt{2} = 1{,}4142 \cdot R \quad \text{. . . . . . . . . . . 74)}$$

Für den Flächeninhalt ergibt sich

$$F = s^2, \text{ also mit Gleichung 74)}$$

$$F = (R \cdot \sqrt{2})^2 = R^2 \cdot (\sqrt{2})^2. \quad \text{Folglich}^{5)}$$

Inhalt des einbeschriebenen Quadrates: $$F = 2 \cdot R^2 \quad \text{. . . . . . . . . . . . . . . . . 75)}$$

Die Seite des umschriebenen Quadrates ist gleich dem Durchmesser des diesem einbeschriebenen Kreises. (Abb. 285.)

**172. Regelmäßiges 8-, 16-, 32- . . . Eck.** Halbiert man in Abb. 285 die Bogen AD, DB, BC und CA, so wird der Umfang des ganzen

---

[1]) Vgl. S. 144, Ziffer 154b.
[2]) „ „ 88, Abb. 186.
[3]) Über die Beziehungen zwischen Seiten, Winkeln, Diagonalen und Flächeninhalt vgl. S. 70, Ziffer 79 und S. 88, Ziffer 98 bis 100.
[4]) Vgl. W. u. St., Arithm. u. Algebra S. 91, Ziffer 84b.
[5]) „ „ „ „ „ „ „ „ 73, „ 72 u. S. 81, Ziffer 77.

Kreises in 8 gleiche Teile geteilt. Verbindet man die einzelnen Teilpunkte der Reihe nach durch Sehnen, so entsteht das einbeschriebene regelmäßige 8-Eck AEDHBFCG. (Abb. 286.)

Errichtet man in den Endpunkten der Durchmesser AB, EF, DC ... Senkrechten, so entsteht das dem Kreise umschriebene regelmäßige 8-Eck.

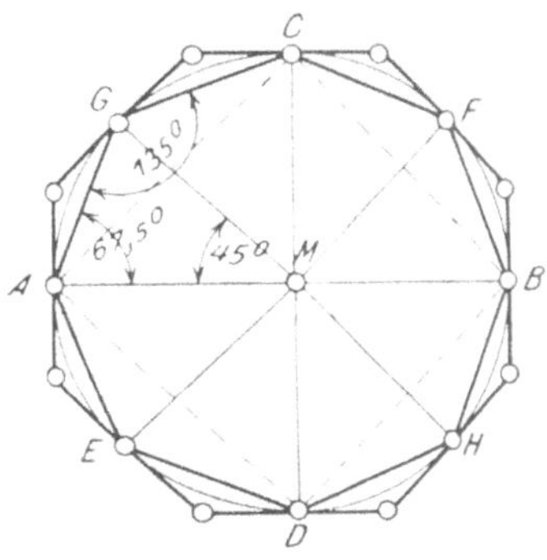

Abb. 286.

Durch fortgesetztes Halbieren der Bogen AE, ED, DH ... erhält man das einbeschriebene und damit auch das umschriebene regelmäßige 16-, 32-, 64- ... Eck.

Die Größen der für das regelmäßige 8-Eck maßgebenden Winkel sind in Abb. 286 eingetragen.

Im übrigen finden die in den Gleichungen 63 bis 73) zum Ausdruck gebrachten Beziehungen volle Anwendung auf die vorstehend genannten Vielecke.

**173. Regelmäßiges 6-Eck.** Das regelmäßige 6-Eck ABCDEF in Abb. 287 enthält 6 Bestimmungsdreiecke; der Zentriwinkel eines jeden ist mithin $= \frac{360^\circ}{6} = 60^\circ$. Da aber mit Gleichung 70) auch jeder Basiswinkel $= 60^\circ$ ist, so muß das Bestimmungsdreieck AMB gleichseitig sein[1]). Entsprechend den Bezeichnungen in Abb. 287 muß alsdann

$$s = R \quad \ldots\ldots\ldots\ 76)$$

das heißt, die Seite gleich dem Halbmesser des umschriebenen Kreises werden.

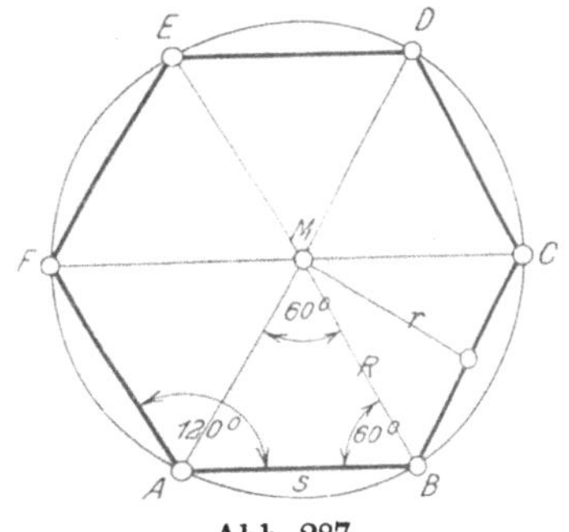

Abb. 287.

Man zeichnet also ein regelmäßiges 6-Eck, indem man den Halbmesser des umschriebenen Kreises 6mal als Sehne in den Kreis einträgt.

Für das gleichseitige Bestimmungsdreieck finden die in Ziffer 138, S. 128 entwickelten Gesetze vollkommene Anwendung. Damit erhält man für die Höhe des Bestimmungsdreiecks, welche nach Abb. 287 gleich dem Halbmesser r des einbeschriebenen Kreises ist, entsprechend der Entwicklung zu Gleichung 52), Seite 129:

$$r = \frac{R}{2} \cdot \sqrt{3}.$$

[1]) Vgl. S. 54, Ziffer 66.

Mit diesem Werte wird der Inhalt des Bestimmungsdreiecks

$$F_\triangle = \frac{s \cdot r}{2} = \frac{s \cdot \frac{R}{2} \cdot \sqrt{3}}{2} = \frac{s \cdot R \cdot \sqrt{3}}{4}.$$ [1]

Setzt man in dieser Gleichung an Stelle von s den gleichen Wert R, so erhält man:

$$F_\triangle = \frac{R \cdot R \cdot \sqrt{3}}{4} \text{ oder auch}$$

Inhalt des Bestimmungsdreiecks: $F_\triangle = \frac{R^2}{4} \cdot \sqrt{3} = 0{,}433 \cdot R^2.$ [2]

Da 6 Bestimmungsdreiecke vorhanden sind, so wird der

Inhalt des regelmäßigen 6-Ecks:

$$F = 6 \cdot \frac{R^2}{4} \cdot \sqrt{3} \text{ oder}$$

$$F = \frac{3 \cdot R^2}{2} \cdot \sqrt{3} \quad \ldots \ldots \quad 77)$$

Rechnet man die bestimmten Zahlenwerte aus, so erhält man einen weiteren Wert für den

Inhalt des regelmäßigen 6-Ecks: $F = 2{,}598 \cdot R^2$ . . . . . 78)

Nach Gleichung 76) ist aber $s = R$. Damit gehen Gleichung 77) und 78) über in:

$$F = \frac{3 \cdot s^2}{2} \cdot \sqrt{3} = 2{,}598 \cdot s^2 \quad \ldots \ldots \quad 79)$$

Die Größen der für das regelmäßige 6-Eck maßgebenden Winkel sind in Abb. 287 eingetragen.

**174. Regelmäßiges 12-, 24-. 48- . . . Eck.** Halbiert man in Abb. 287 die Bogen AB, BC, CD . . ., so wird der Umfang des Kreises in 12 gleiche Teile geteilt. Verbindet man die einzelnen Teilpunkte der Reihe nach durch Sehnen, so entsteht das einbeschriebene regelmäßige 12-Eck. Errichtet man in den Endpunkten der nach den Ecken desselben gezogenen Durchmesser Senkrechten, so entsteht das dem Kreise umschriebene regelmäßige 12-Eck. Setzt man das Halbieren der Bogen in der in Ziffer 172 angegebenen Weise weiter fort, so erhält man das einbeschriebene und damit auch das umschriebene, regelmäßige 24-, 48-, 96- . . . Eck.

**175. Regelmäßiges Dreieck.** Dasselbe wird aus dem regelmäßigen 6-Eck entwickelt, indem man je zwei nicht aufeinander folgende Ecken des 6-Ecks durch Geraden verbindet. (Abb. 288.)

---

[1] Vgl. W. u. St., Arithm. u. Algebra S. 59, Ziffer 60.
[2] „ S. 129, Gleichung 54).

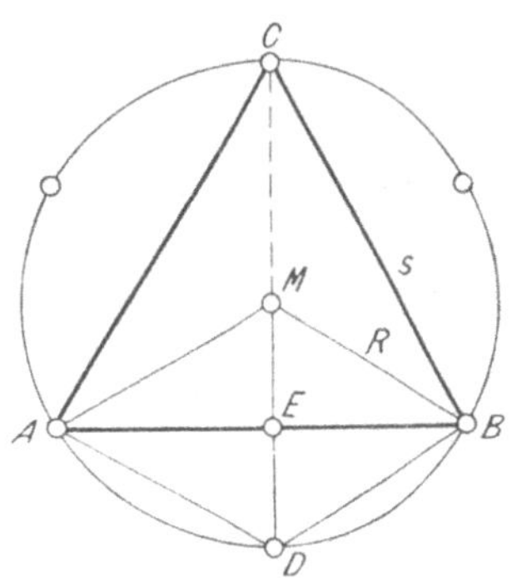

Abb. 288.

Verbindet man weiter A und B mit M und D, so ist $AM = BM = BD = DA = R$ als Halbmesser des umschriebenen Kreises und infolgedessen Viereck AMBD ein Rhombus[1]).

In diesem ist:

$$ME = \frac{MD}{2} = \frac{R}{2}{}^{2)} \quad \text{und } AB \perp MD.$$

In dem rechtwinkligen Dreieck AEM ist aber nach dem Pythagoras:

$$AE^2 + ME^2 = AM^2$$

oder, was dasselbe ist,

$$AE^2 + \left(\frac{R}{2}\right)^2 = R^2. \quad \text{Mithin}$$

$$AE^2 = R^2 - \frac{R^2}{4} = \frac{3}{4} \cdot R^2, \quad \text{also}$$

$$AE = \sqrt{\frac{3}{4} \cdot R^2} = \sqrt{\frac{R^2}{4} \cdot 3}.$$

Zieht man in dieser Gleichung die Quadratwurzel aus $\frac{R^2}{4}$, so folgt:

$$AE = \frac{R}{2} \cdot \sqrt{3}.$$

Die Seite s des regelmäßigen Dreiecks ist nach Abb. 288

$$s = AB = 2 \cdot AE = 2 \cdot \frac{R}{2} \cdot \sqrt{3}. \quad \text{Mithin}$$

Seite des regelmäßigen Dreiecks: $s = R \cdot \sqrt{3}$ . . . . . . . . . . . . . . . . 80)

Die Höhe des regelmäßigen Dreiecks ist entsprechend Abb. 288

$$CE = CM + ME = R + \frac{R}{2} = \frac{3}{2} \cdot R.$$

Mit den vorstehenden Werten für s und CE ergibt sich der Flächeninhalt des regelmäßigen Dreiecks zu

$$F = \frac{AB \cdot CE}{2} = \frac{s \cdot CE}{2} = \frac{R \cdot \sqrt{3} \cdot \frac{3}{2} \cdot R}{2}. \quad \text{Folglich}$$

[1]) Vgl. S. 69, Ziffer 76.
[2]) „ „ 68, „ 75c, u. S. 70, Ziffer 78.

Inhalt des regelmäßigen Dreiecks: $F = \frac{3}{4} \cdot R^2 \cdot \sqrt{3}$ . . . . . . . . . . . . . 81)

Mit $\sqrt{3} = 1{,}732$ erhält man einen weiteren Wert für den

Inhalt des regelmäßigen Dreiecks: $F = 1{,}299 \cdot R^2$ . . . . . . . . . . . . . . . 82)

Vergleicht man diese beiden Werte für F mit denjenigen des Flächeninhaltes des regelmäßigen 6-Ecks in Gleichung 77 und 78), so findet man, daß der Flächeninhalt des regelmäßigen Dreiecks gleich der Hälfte desjenigen des regelmäßigen 6-Ecks ist.

Da das Dreieck ABC gleichseitig ist, so gelten für dasselbe außerdem die auf Seite 128, Ziffer 138 entwickelten Gesetze.

**176. Regelmäßiges 5-, 7-, 9-, 11- . . . Eck.** Die Seitenlängen der regelmäßigen Vielecke mit ungerader Seitenzahl stellt man am besten durch Probieren fest. Man teilt den Umfang des umschriebenen Kreises in die dem gesuchten Vieleck entsprechende Anzahl gleicher Teile und verbindet die Teilpunkte in laufender Reihenfolge durch Sehnen. Durch fortgesetzte Halbierung der Bogen erhält man alsdann regelmäßige Vielecke mit entsprechend höheren Seitenzahlen. So erhält man auf diese Weise aus dem 7-Eck das 14-, 28-, 56- . . . Eck, aus dem 13-Eck das 26-, 52-, 104- . . . Eck usw.

**177. Berechnung regelmäßiger Vielecke aus der Seite oder dem Halbmesser des um- bzw. einbeschriebenen Kreises.** Obgleich es für die geometrisch-zeichnerische Ermittelung der Seitenlängen einzelner regelmäßiger Vielecke genaue Konstruktionen ÷ 5-, 10-, 15-Eck[1]) ÷ oder sogenannte Näherungskonstruktionen ÷ 7-Eck ÷ gibt, so empfiehlt es sich doch zur Berechnung der Stücke des Bestimmungsdreiecks, oder des ganzen Vielecks, die für diesen Zweck vorhandenen Tabellen zu benutzen. Derartige Tabellen befinden sich in fast allen technischen Hilfsbüchern: Hütte, Ingenieurkalender usw.

Nachstehend sind einige dieser Tabellen wiedergegeben; die Anwendung ist an Beispielen erläutert.

Aus den über regelmäßige Vielecke vorstehend entwickelten Gleichungen 71 bis 82) ist ersichtlich, daß sich deren Ergebnisse durchweg **auf die Seite s oder auf die Halbmesser R und r** der um- bzw. einbeschriebenen Kreise beziehen. Auch hier sind über die in der Praxis am meisten in Betracht kommenden Vielecke Tabellen vorhanden, welche die erforderlichen Angaben enthalten.

In der folgenden Tabelle II, über Seiten und Inhalte regelmäßiger um- und einbeschriebener Vielecke, sind sämtliche Werte auf den **Halbmesser R** bezogen. Von diesen Werten sind einzelne bereits in den vorstehenden Entwickelungen enthalten.

---

[1]) Vgl. S. 213, Ziffer 198.

## I. Tabelle über die Größe der Winkel in regelmäßigen Vielecken.

| Regelmäßiges n-Eck: | Summe der Innenwinkel[1]): | Größe eines Innenwinkels[1]): | Mittelpunktswinkel des Bestimmungsdreiecks[2]): |
|---|---|---|---|
| 3 | 2R | $\frac{2R}{3} = 60^\circ$ | $\frac{4R}{3} = 120^\circ$ |
| 4 | 4R | $\frac{4R}{4} = 90^\circ$ | $\frac{4R}{4} = 90^\circ$ |
| 5 | 6R | $\frac{6R}{5} = 108^\circ$ | $\frac{4R}{5} = 72^\circ$ |
| 6 | 8R | $\frac{8R}{6} = 120^\circ$ | $\frac{4R}{6} = 60^\circ$ |
| 7 | 10R | $\frac{10R}{7} = 128\frac{4}{7}^\circ$ | $\frac{4R}{7} = 51\frac{3}{7}^\circ$ |
| 8 | 12R | $\frac{12R}{8} = 135^\circ$ | $\frac{4R}{8} = 45^\circ$ |
| 9 | 14R | $\frac{14R}{9} = 140^\circ$ | $\frac{4R}{9} = 40^\circ$ |
| 10 | 16R | $\frac{16R}{10} = 144^\circ$ | $\frac{4R}{10} = 36^\circ$ |

## II. Tabelle über Seitenlängen und Inhalte regelmäßiger um- und einbeschriebener Vielecke.

| Regelmäßiges n-Eck | Seite s | Inhalt F | Seite s | Inhalt F |
|---|---|---|---|---|
| | des einbeschriebenen n-Ecks | | des umschriebenen n-Ecks | |
| 3 | $R \cdot \sqrt{3}$ | $\frac{3}{4} R^2 \cdot \sqrt{3}$ | $2R \cdot \sqrt{3}$ | $3R^2 \cdot \sqrt{3}$ |
| 4 | $R \cdot \sqrt{2}$ | $2R^2$ | $2R$ | $4R^2$ |
| 5 | $R \cdot \sqrt{\frac{5-\sqrt{5}}{2}}$ | $\frac{5}{8} R^2 \cdot \sqrt{10-2\sqrt{5}}$ | $2R \cdot \sqrt{5-2\sqrt{5}}$ | $5R^2 \cdot \sqrt{5-2\sqrt{5}}$ |
| 6 | $R$ | $\frac{3}{2} R^2 \cdot \sqrt{3}$ | $\frac{2}{3} R \cdot \sqrt{3}$ | $2R^2 \cdot \sqrt{3}$ |
| 8 | $R \cdot \sqrt{2-\sqrt{2}}$ | $2R^2 \cdot \sqrt{2}$ | $2R \cdot (\sqrt{2}-1)$ | $8R^2 \cdot (\sqrt{2}-1)$ |
| 10 | $R \cdot \frac{\sqrt{5}-1}{2}$ | $\frac{5}{4} R^2 \cdot \sqrt{10-2\sqrt{5}}$ | $2R \cdot \sqrt{\frac{5-2\sqrt{5}}{5}}$ | $10R^2 \cdot \sqrt{\frac{5-2\sqrt{5}}{5}}$ |
| 12 | $R \cdot \sqrt{2-\sqrt{3}}$ | $3R^2$ | $2R \cdot (2-\sqrt{3})$ | $12R^2 \cdot (2-\sqrt{3})$ |

[1]) $\sphericalangle \beta$ in Abb. 283, S. 159. Vgl. auch S. 155, Ziffer 166.
[2]) $\sphericalangle \gamma$ „ „ 283.

Tabelle III zeigt neben der Ausdehnung auf die Halbmesser R und r die Werte der Tabelle II in einer den bestimmten Zahlen entsprechenden weiter ausgerechneten Form.

## III. Tabelle über Halbmesser, Seitenlängen und Inhalte regelmäßiger um- und einbeschriebener Vielecke.

| Regelmäßiges n-Eck | Halbmesser des umschriebenen Kreises | | Halbmesser des einbeschriebenen Kreises | | Seite des n-Ecks | | Flächeninhalt des n-Ecks | | |
|---|---|---|---|---|---|---|---|---|---|
| | R = | R = | r = | r = | s = | s = | F = | F = | F = |
| 3 | 0,577·s | 2,000·r | 0,289·s | 0,500·R | 1,732·R | 3,464·r | 0,4330·s² | 1,2990·R² | 5,1963·r² |
| 4 | 0,707·s | 1,414·r | 0,500·s | 0,707·R | 1,414·R | 2,000·r | 1,0000·s² | 2,0000·R² | 4,0000·r² |
| 5 | 0,851·s | 1,236·r | 0,688·s | 0,809·R | 1,176·R | 1,453·r | 1,7205·s² | 2,3776·R² | 3,6327·r² |
| 6 | 1,000·s | 1,155·r | 0,866·s | 0,866·R | 1,000·R | 1,155·r | 2,5981·s² | 2,5981·R² | 3,4641·r² |
| 8 | 1,307·s | 1,082·r | 1,207·s | 0,924·R | 0,765·R | 0,828 r | 4,8284·s² | 2,8284·R² | 3,3137·r² |
| 10 | 1,618·s | 1,051·r | 1,539·s | 0,951·R | 0,618·R | 0,650·r | 7,6942·s² | 2,9389·R² | 3,2492·r² |
| 12 | 1,932·s | 1,035·r | 1,866·s | 0,966·R | 0,518·R | 0,536·r | 11,1962·s² | 3,0000·R² | 3,2154·r² |
| 16 | 2,563·s | 1,020·r | 2,514·s | 0,981·R | 0,390·R | 0,398 r | 20,1095·s² | 3,0615·R² | 3,1826·r² |

Die Angaben in Tabelle III sind in folgender Weise zu lesen: Für das regelmäßige 8-Eck ist z. B.

der Halbmesser des umschriebenen Kreises R = 1,307 mal so lang als eine Seite s, oder 1,082 mal so lang als der Halbmesser r des Inkreises;

der Halbmesser des einbeschriebenen Kreises r = 1,207 mal so lang als eine Seite s, oder 0,924 mal so lang als der Halbmesser R des Umkreises;

eine Seite s = 0,765 mal so lang als der Halbmesser R des Umkreises oder 0,828 mal so lang als der Halbmesser r des Inkreises;

der Flächeninhalt F = 4,8284 mal so groß als das Quadrat über einer Seite s, usw.

### Beispiele.

1. Wie groß werden im regelmäßigen 10-Eck
   a) der Zentriwinkel des Bestimmungsdreiecks,
   b) ein Basiswinkel „ „
   c) ein Innenwinkel,
   d) die Summe der Innenwinkel? (Abb. 283.)

a) Nach Gleichung 67), Seite 159, erhält man:

$$\text{Zentriwinkel } \gamma = \frac{4}{n} \cdot R = \frac{4}{10} \cdot 90^0 = \frac{360^0}{10} = 36^0.$$

b) Aus Gleichung 70), Seite 160, folgt:

$$\text{Basiswinkel } \alpha = \frac{n-2}{n} \cdot R = \frac{10-2}{10} \cdot 90^0 = \frac{8 \cdot 90^0}{10} = 72^0.{}^{1)}$$

c) Mit Gleichung 68), Seite 160, erhält man:

$$\text{Innenwinkel } \beta = \frac{n-2}{n} \cdot 2R = \frac{10-2}{10} \cdot 2 \cdot 90^0 = \frac{8 \cdot 2 \cdot 90^0}{10} = 144^0.$$

d) Nach Gleichung 69), Seite 160, ergibt sich:

$$\text{Winkelsumme} = (2 \cdot n - 4) \cdot R = (2 \cdot 10 - 4) \cdot R = 16 \cdot 90^0 = 1440^0.$$

Vergleicht man die Ergebnisse mit den Angaben in Tabelle I, Seite 167, so findet man dort dieselben Werte. Es wird nunmehr dem Leser ein leichtes sein, die Angaben in Tabelle I auf Vielecke von größerer Seitenzahl auszudehnen; er mache den Versuch!

2. Wie groß werden Seite und Flächeninhalt a) des regelmäßigen einbeschriebenen, b) des regelmäßigen umschriebenen 8-Ecks, welche zu einem Kreise von 50 mm Durchmesser gehören?

Mit den Angaben in Tabelle II, Seite 167, erhält man:

a) $s = R \cdot \sqrt{2 - \sqrt{2}} = 25 \cdot \sqrt{2 - 1{,}4142} = 25 \cdot \sqrt{0{,}5858}$, d. i.

$s = 25 \cdot 0{,}765 = 19{,}125 \sim 19{,}1$ mm.

$F = 2 \cdot R^2 \cdot \sqrt{2} = 2 \cdot 25^2 \cdot 1{,}4142 = 1767{,}75 \sim 1768$ mm².

b) $s = 2 \cdot R \cdot (\sqrt{2} - 1) = 2 \cdot 25 \cdot (1{,}4142 - 1) = 50 \cdot 0{,}4142$, d. i.

$s = 20{,}7$ mm.

$F = 8 \cdot R^2 \cdot (\sqrt{2} - 1) = 8 \cdot 25^2 \cdot (1{,}4142 - 1) = 5000 \cdot 0{,}4142$, d. i.

$F = 2071$ mm².

3. Wie groß werden für ein regelmäßiges einbeschriebenes 8-Eck, dessen Seite $s = 19{,}125$ mm lang ist[2]), a) der Halbmesser des umschriebenen Kreises, b) der Halbmesser des einbeschriebenen Kreises, c) der Flächeninhalt?

Nach den Angaben in Tabelle III, Seite 168, erhält man:

a) $R = 1{,}307 \cdot s = 1{,}307 \cdot 19{,}125 = 24{,}997 \sim 25$ mm.

b) $r = 1{,}207 \cdot s = 1{,}207 \cdot 19{,}125 = 23{,}085 \sim 23{,}1$ mm.

c) $F = 4{,}8284 \cdot s^2 = 4{,}8284 \cdot 19{,}125^2 = 1766{,}06$ mm².

---

[1]) Probe: Winkelsumme im Dreieck $= 2R = 180^0$; mithin muß $\gamma + 2\alpha = 36^0 + 2 \cdot 72^0 = 36^0 + 144^0 = 180^0 = 2R$ sein.

[2]) Die Länge der Seite wurde nur deshalb $s = 19{,}125$ mm gewählt, um die Übereinstimmung mit entsprechenden Werten in Beispiel 2 zu zeigen.

Daß die Zahlenwerte für die Flächeninhalte F voneinander abweichen ist darauf zurückzuführen, daß die letzte Dezimalstelle der Koeffizienten unter dem Einflusse der nächsten Stelle erhöht bzw. nicht erhöht wurde. Vgl. hierzu Fußnote 2) auf Seite 94.

Mit den unter a), b) und c) errechneten Werten lassen sich weiter bestimmen:

d) der Halbmesser des umschriebenen Kreises:
$R = 1{,}082 \cdot r = 1{,}082 \cdot 23{,}1 = 24{,}994 \sim 25$ mm.

e) Der Halbmesser des einbeschriebenen Kreises:
$r = 0{,}924 \cdot R = 0{,}924 \cdot 25 = 23{,}1$ mm.

f) Der Flächeninhalt[1]):
$F = 2{,}8284 \cdot R^2 = 2{,}8284 \cdot 25^2 = 1767{,}75$ mm².
$F = 3{,}3137 \cdot r^2 = 3{,}3137 \cdot 23{,}1^2 = 1768{,}21$ mm².

### Übungen.

1. Es sind die in einem regelmäßigen 5-Eck möglichen Winkelbeziehungen zu bestimmen.
2. Es sind für ein regelmäßiges 10-Eck, welchem ein Kreis von 76 mm Durchmesser umschrieben ist, die in Tabelle II, Seite 167 angegebenen Werte zu berechnen.
3. Ein regelmäßiges 16-Eck besitzt einen Flächeninhalt $F = 3000$ mm². Wie groß werden s, R und r?

## H. Berechnung des Kreises.

**178. Umfang des Kreises.** Durch Halbieren der Bogen AD, DB, BC und CA des dem regelmäßigen 4-Eck ADBC umschriebenen Kreises erhält man, wie in Abb. 286, Seite 163 dargestellt, das regelmäßige einbeschriebene 8-Eck AEDHBFCG. Die Seiten des 8-Ecks sind kleiner als diejenigen des 4-Ecks. Entwickelt man aus dem 8-Eck das 16-Eck, so werden die Seiten des letzteren wiederum kleiner als diejenigen des ersteren.

Je größer also die Anzahl der Seiten eines in einen Kreis beschriebenen Vielecks ist, desto kleiner sind dieselben; damit nähert sich aber der Umfang des Vielecks immer mehr und mehr dem Umfange des umschriebenen Kreises. Es wird also ein einbeschriebenes Vieleck von außerordentlich großer Seitenzahl geben, dessen Umfang mit dem des umschriebenen Kreises so gut wie zusammenfällt.

Sieht man daher den Kreis als ein Vieleck mit unendlich vielen, unendlich kleinen Seiten an, so wird man der wahren Länge des Umfanges eines Kreises näher und näher kommen, indem man die Umfänge der einbeschriebenen Vielecke von immer zunehmender Seitenzahl berechnet.

Geht man zu diesem Zwecke vom einbeschriebenen regelmäßigen 6-Eck aus, so wurde bereits bei Abb. 287, Seite 163, erklärt, daß man ein regelmäßiges 6-Eck zeichnet, indem man den Halbmesser R des umschriebenen Kreises 6mal als Sehne in diesen einträgt.

Der Umfang des regelmäßigen 6-Ecks ist demnach:

$$U = 6 \cdot R.$$

---

[1]) Vgl. Fußnote 2) auf S. 169.

Bezeichnet man den Durchmesser des umschriebenen Kreises mit d, so wird, da entsprechend Gleichung 59), Seite 135

$$R = \frac{d}{2}$$

ist, der Umfang des regelmäßigen 6-Ecks auch

$$U = 6 \cdot \frac{d}{2} = 3 \cdot d.$$ In Worten:

**Man erhält den Umfang des einbeschriebenen regelmäßigen 6-Ecks, indem man den Durchmesser des umschriebenen Kreises mit 3 multipliziert.**

Bringt man die Umfänge der durch fortgesetzte Verdoppelung der Seitenzahl des einbeschriebenen 6-Ecks entstehenden Vielecke, des regelmäßigen 12-, 24-, 48-, 96-, . . . -Ecks, in die gleiche Beziehung zum Durchmesser des umschriebenen Kreises, so ergibt sich folgendes:

| | | |
|---|---|---|
| Umfang des regelmäßigen | 6-Ecks: U | $= 3{,}00000 \cdot d$ |
| " " " | 12- " | $= 3{,}10583 \cdot d$ |
| " " " | 24- " | $= 3{,}13263 \cdot d$ |
| " " " | 48- " | $= 3{,}13935 \cdot d$ |
| " " " | 96- " | $= 3{,}14103 \cdot d$ |
| " " " | 192- " | $= 3{,}14145 \cdot d$ |
| " " " | 384- " | $= 3{,}14156 \cdot d$ |
| " " " | 768- " | $= 3{,}14158 \cdot d$ |
| " " " | 1536- " | $= 3{,}14159 \cdot d$ usw. |

Je weiter diese Rechnung fortgesetzt wird, desto mehr nähert sich der Umfang des einbeschriebenen n-Ecks demjenigen des umschriebenen Kreises, desto geringer wird der Unterschied in den Dezimalstellen der immer wiederkehrenden, bestimmten Zahlen: 3,1415 . . . und in desto mehr Dezimalstellen werden diese Zahlen übereinstimmen.

**Man erhält also in dem Produkte aus dem Koeffizienten 3,1415 . . . und dem Durchmesser des einem regelmäßigen n-Eck von unendlicher Seitenzahl umschriebenen Kreises eine Zahl, welche der wahren Länge des Umfanges dieses Kreises außerordentlich nahe kommt.**

Ein praktischer Versuch führt zu dem gleichen Ergebnis: Legt man um einen genau zylindrisch geformten Körper einen Faden, welcher den Körper vollkommen in ein und derselben Ebene umspannt, streckt man alsdann den Faden zur geraden Linie aus, mißt deren Länge und dividiert mit dem nach derselben Einheit gemessenen Zylinderdurchmesser in die Fadenlänge, so findet man, daß

**der Durchmesser ungefähr $3^1/_7$ mal in der Fadenlänge enthalten ist, mit anderen Worten, daß der Faden ungefähr $3^1/_7$ mal so lang wie der Durchmesser ist.**

Die Fadenlänge entspricht aber dem Umfange U des Kreises und erhält man für denselben

$$U = 3^1/_7 \cdot d.$$

Verwandelt man die gemischte Zahl $3^1/_7$ in einen Dezimalbruch, so wird

$$3^1/_7 = \frac{22}{7} = 3{,}14159\ldots$$ [1]),

welcher Wert sich mit dem letzten der in der Zahlenreihe auf S. 171 angeführten Koeffizienten vollkommen deckt[2]).

Man bezeichnet die Zahl, mit welcher man den Durchmesser eines Kreises multiplizieren muß, um dessen Umfang zu erhalten, mit dem griechischen Buchstaben $\pi$ (Pi)[3]).

Genaueste Berechnungen[4]) haben folgenden Wert ergeben:

$$\pi = 3{,}14159265358979323846\ldots$$

ein unendlicher, nicht periodischer Dezimalbruch[1]).

Für genauere Berechnungen benutzt man nur einige der ersten Dezimalstellen dieser Zahl, entsprechend der Schärfe, welche man der Genauigkeit des Resultates geben will.

Mit für die Praxis genügender Genauigkeit setzt man allgemein

$$\pi = 3{,}14.$$

Aus dem vorstehenden folgt:

**Man findet den Umfang eines Kreises, indem man den Durchmesser desselben mit der Zahl $\pi$ multipliziert, d. h.**

Umfang des Kreises: $$U = d \cdot \pi \quad \ldots\ldots\ldots\ldots \quad 83)$$

Hieraus folgt

Durchmesser des Kreises: $$d = \frac{U}{\pi} \quad \ldots\ldots\ldots\ldots \quad 84)$$

Bezeichnet man allgemein den Halbmesser eines Kreises mit r, so gehen die Gleichungen 83 und 84), da nach Gleichung 58)

$d = 2r$ ist, über in

Umfang des Kreises: $$U = 2 \cdot r \cdot \pi \quad \ldots\ldots\ldots\ldots \quad 85)$$

Mithin

Halbmesser des Kreises: $$r = \frac{U}{2 \cdot \pi} \quad \ldots\ldots\ldots\ldots \quad 86)$$

---

1) Vgl. W. u. St., Arithm. u. Algebra S. 206, Ziffer 16.

2) Näherungsweise kann man sich auch eines der Brüche

$$\frac{355}{113} = 3{,}1415928\ldots$$

$$\frac{333}{106} = 3{,}14150\ldots$$ bedienen.

3) Vgl. Seite 230.

4) Bis auf 500 Dezimalstellen.

**179. Inhalt des Kreises.** Sowohl für das unregelmäßige als auch für das regelmäßige Tangentenvieleck ist nach Gleichung 61), Seite 156 und Gleichung 72), Seite 161 der Flächeninhalt

$$F = \frac{U \cdot r}{2} = U \cdot \frac{r}{2}.$$

Diese Gleichung kann man der Berechnung des Kreisinhaltes zugrunde legen, da nach vorstehendem der Kreis als ein Tangentenvieleck mit unendlich vielen Seiten aufgefaßt werden kann.

Nun ist nach Gleichung 85) $U = 2 \cdot r \cdot \pi$. Setzt man diesen Wert für U in die vorstehende Gleichung für F ein, so erhält man

$$F = 2 \cdot r \cdot \pi \cdot \frac{r}{2}, \text{ oder}$$

Inhalt des Kreises: $F = r^2 \cdot \pi$ . . . . . . . . . . . . . . . . . . . 87)

Hieraus folgt

Halbmesser des Kreises: $r = \sqrt{\frac{F}{\pi}}$[1] . . . . . . . . . . . . . . 88)

Bezeichnet man allgemein den Durchmesser eines Kreises mit d, so gehen die Gleichungen 87) und 88), da entsprechend Gleichung 59)

$$r = \frac{d}{2} \text{ ist, über in}$$

$$F = \left(\frac{d}{2}\right)^2 \cdot \pi, \text{ oder auch}$$

Inhalt des Kreises: $F = \frac{d^2}{4} \cdot \pi = \frac{d^2 \cdot \pi}{4}$ . . . . . . . . . . . . . 89)

Mithin

Durchmesser des Kreises: $d = 2 \cdot \sqrt{\frac{F}{\pi}}$ . . . . . . . . . . . . 90)

Gleichung 87) und 89) kann man in Worte fassen wie folgt:

**Man findet den Inhalt eines Kreises, indem man das Quadrat des Halbmessers mit der Zahl $\pi$ multipliziert, oder indem man das Produkt aus dem Quadrate des Durchmessers und der Zahl $\pi$ durch 4 dividiert.**

**180. Inhalt des Kreisringes.** Bereits bei Besprechung der Lage zweier Kreise zueinander wurden auf Seite 137, Ziffer 148 Begriff und Entstehung des Kreisringes erklärt.

Man kann die Fläche eines Kreisringes als Differenz zweier konzentrisch zueinander liegenden Kreisflächen auffassen. (Abb. 289.) Mit den Bezeichnungen R und r für die Halbmesser der Kreise wird alsdann entsprechend Gleichung 87) der

Inhalt des Kreisringes: $F = R^2 \cdot \pi - r^2 \cdot \pi$. . . . . . . . . . . . 91)

---

[1]) Vgl. W. u. St., Arithm. u. Algebra S 80, Ziffer 77.

Bezeichnet man die Durchmesser der beiden Kreise mit D und d, so erhält man mit Gleichung 89) einen weiteren Wert für den

Inhalt des Kreisringes: $F = \frac{D^2 \cdot \pi}{4} - \frac{d^2 \cdot \pi}{4}$ . . . . . . . . . . 92)

Vielfach berechnet man auch den Inhalt der Kreisringfläche aus dem Halbmesser $r_m$ des mittleren Kreises und der Breite b

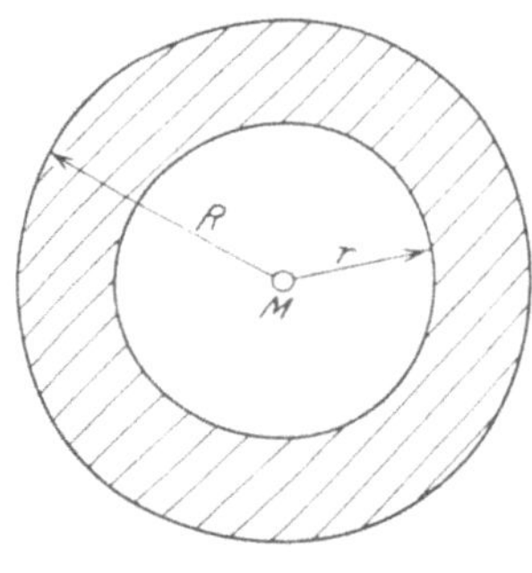


Abb. 289.

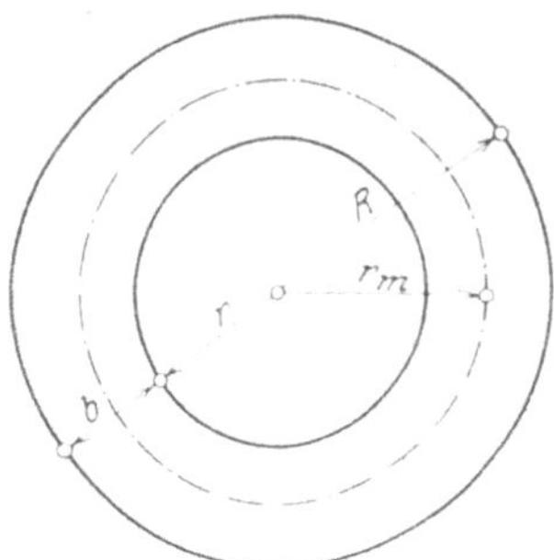


Abb. 290.

derselben. (Abb. 290.) Der mittlere Halbmesser $r_m$ halbiert den Peripherieabstand der beiden konzentrischen Kreise.

Aus Gleichung 91) $F = R^2 \cdot \pi - r^2 \cdot \pi$ folgt:

$F = \pi \cdot (R^2 - r^2)$, wofür man[1])

$F = \pi \cdot (R + r) \cdot (R - r)$ oder auch

$$F = 2 \cdot \pi \cdot \frac{R + r}{2} \cdot (R - r)$$

schreiben kann. In der letzten Gleichung ist aber

$\frac{R + r}{2} = r_m =$ dem Halbmesser des mittleren Kreises,

$R - r = b =$ der Breite des Kreisringes.

Setzt man diese Werte in die letzte Gleichung für F ein, so erhält man:

$$F = 2 \cdot \pi \cdot r_m \cdot b.$$

In dieser Gleichung ist $2 \cdot \pi \cdot r_m$ der Umfang des mittleren Kreises, welcher mit $U_m$ bezeichnet werden soll. Damit geht die letzte Gleichung über in

Inhalt des Kreisringes: $F = U_m \cdot b$ . . . . . . . . . . . . . . 93)

**Der Inhalt eines Kreisringes ist gleich dem Produkt aus dem Umfange des mittleren Kreises und der Breite des Ringes.**

---

[1]) Vgl. W. u. St., Arithm. u. Algebra S. 29, Ziffer 35, Gleichung 7.

**Beispiele.**

1. Von einem Kreise ist der Halbmesser $r = 60$ mm bzw. der Durchmesser $d = 120$ mm gegeben. Zu berechnen sind der Umfang U und der Flächeninhalt F.

a) Mit dem Halbmesser $r = 60$ mm ergibt sich aus Gleichung 85) bzw. 87):

$$U = 2 \cdot r \cdot \pi = 2 \cdot 60 \cdot 3{,}14 = 376{,}8 \text{ mm}.$$

$$F = r^2 \cdot \pi = 60^2 \cdot 3{,}14 = 11304 \text{ mm}^2.$$

b) Mit dem Durchmesser $d = 120$ mm erhält man aus Gleichung 83) bzw. 89):

$$U = d \cdot \pi = 120 \cdot 3{,}14 = 376{,}8 \text{ mm}.$$

$$F = \frac{d^2 \cdot \pi}{4} = \frac{120^2 \cdot 3{,}14}{4} = 11304 \text{ mm}^2.$$

Beide Berechnungen ergeben, wie das auch der Fall sein muß, dasselbe Resultat.

2. Von einem Kreise ist der Umfang $U = 732$ mm gegeben. Zu berechnen sind der Halbmesser r, der Durchmesser d und der Flächeninhalt F.

Aus Gleichung 86 bzw. 84) folgt:

$$r = \frac{U}{2 \cdot \pi} = \frac{732}{2 \cdot 3{,}14} = 116{,}56 \text{ mm}.$$

$$d = \frac{U}{\pi} = \frac{732}{3{,}14} = 233{,}12 \text{ mm}.$$

Mit diesem Werte für den Durchmesser erhält man aus Gleichung 89) den Flächeninhalt

$$F = \frac{d^2 \cdot \pi}{4} = \frac{233{,}12^2 \cdot 3{,}14}{4} = 42660{,}77 \text{ mm}^2.$$

3. Von einem Kreise ist der Flächeninhalt $F = 3217$ mm² gegeben. Zu berechnen sind der Halbmesser r, der Durchmesser d und der Umfang U.

Aus Gleichung 88) bzw. 90) folgt:

$$r = \sqrt{\frac{F}{\pi}} = \sqrt{\frac{3217}{3{,}14}} = \sqrt{1024{,}5223} = 32{,}008 \sim 32 \text{ mm}.$$

$$d = 2 \cdot \sqrt{\frac{F}{\pi}} = 2 \cdot \sqrt{\frac{3217}{3{,}14}} = 2 \cdot \sqrt{1024{,}5223} = 64{,}016 \sim 64 \text{ mm}.$$

Mit diesem Werte für den Durchmesser ergibt sich aus Gleichung 83) der Umfang

$$U = d \cdot \pi = 64{,}016 \cdot 3{,}14 = 201{,}01 \text{ mm}.$$

Berechnet man den Umfang aus dem auf 64 mm abgerundeten Durchmesser, so erhält man:

$$U = d \cdot \pi = 64 \cdot 3{,}14 = 200{,}96 \text{ mm}.$$

Der Vergleich beider Ergebnisse zeigt eine Differenz von 201,01 — 200,96 = 0,05 mm. Dieselbe erklärt sich aus der mit den Dezimalstellen vorgenommenen Abrundung!

Die Beispiele 1 bis 3 entsprechen den Aufgaben, welche die Praxis in reichstem Maße stellt. Um bei deren Lösung die zeitraubenden Rechnungen mit der Zahl $\pi = 3{,}14\ldots$ zu vermeiden, bedient man sich mit Vorteil der in fast allen technischen Hilfsbüchern vorkommenden Tabellen über **Kreisumfänge** und **Kreisinhalte.** Diese Tabellen enthalten im allgemeinen Zahlenangaben über Umfänge und Inhalte von Kreisen mit den Durchmessern 1 bis 1000 bzw. 0,1 bis 100,0. Zu den letzteren gehören die Tabellen am Schlusse des III. Teiles dieses Buches. Die in Frage kommenden Spalten derartiger Zahlentafeln tragen am Kopfe die Überschriften: $\pi \cdot d$ oder $\pi \cdot n$ bzw. $\frac{\pi \cdot d^2}{4}$ oder $\frac{\pi \cdot n^2}{4}$. Die Werte sind also sämtlich auf den Durchmesser des Kreises bezogen.

In den folgenden Beispielen sollen diese Zahlentafeln Verwendung finden, da sie nicht nur die auszuführenden Berechnungen ungemein abkürzen, sondern auch bei Berücksichtigung einer größeren Stellenzahl der Zahl $\pi$ genauere Resultate geben.

4. Wie stellen sich die Resultate der Beispiele 1 bis 3 unter Berücksichtigung der vorstehend erwähnten Tabellenwerte?

Beispiel 1: U = 376,99 mm; F = 11309,7 mm².

„ 2: U = 731,99 mm; d = 233 mm; F = 42638,5 mm².

„ 3: F = 3216,99 mm²; d = 64 mm; U = 201,06 mm.

5. Wie groß sind Umfang und Inhalt eines Kreises von 125 mm Durchmesser?

Nach den Angaben der Tabelle erhält man:

$$U = 392{,}7 \text{ mm}; \quad F = 12271{,}8 \text{ mm}^2.$$

6. Wie groß sind Umfang und Inhalt eines Kreises von 1,25 dm Durchmesser?

Mit den Werten der Tabelle ergibt sich:

$$U = 3{,}927 \text{ dm}; \quad F = 1{,}22718 \text{ dm}^2.$$ [1])

7. Ein Wagenrad besitzt einen Durchmesser von 975 mm. Wie groß ist der Umfang desselben?

Nach der Tabelle erhält man: U = 3063,1 mm.

8. Die Planscheibe einer Drehbank hat einen Flächeninhalt von 502 655 mm². Wie groß sind Durchmesser und Umfang?

Nach der Tabelle ergibt sich: d = 800 mm; U = 2513,3 mm.

[1]) Vgl. diese Zahlen mit denen in Beispiel 5.

9. Eine Rundeisenstange besitzt einen Umfang von 78,54 mm. Wie groß werden Durchmesser und Querschnitt?

Nach der Tabelle wird: $d = 25$ mm; $F = 490{,}87$ mm².

10. Der äußere Durchmesser eines Kreisringes ist $D = 184$ mm, der innere $d = 160$ mm. Wie groß ist der Flächeninhalt desselben?

a) Nach Gleichung 91) erhält man:

$$F = R^2 \cdot \pi - r^2 \pi = \pi \cdot (R^2 - r^2) = 3{,}14 \cdot (92^2 - 80^2), \text{ d. i.}$$

$$F = 3{,}14 \cdot (8464 - 6400) = 3{,}14 \cdot 2064 = 6480{,}96 \text{ mm}^2.$$

b) Aus Gleichung 92) ergibt sich mit den Tabellenwerten:

$$F = \frac{D^2 \cdot \pi}{4} - \frac{d^2 \cdot \pi}{4} = \frac{184^2 \cdot 3{,}14}{4} - \frac{160^2 \cdot 3{,}14}{4}, \text{ d. i.}$$

$$F = 26590{,}4 - 20106{,}2 = 6484{,}2 \text{ mm}^2.$$[1]

c) Um den Flächeninhalt des Kreisringes aus Gleichung 93) berechnen zu können, muß man den Halbmesser $r_m$ des mittleren Kreises und die Breite b des Ringes kennen. Nach der Entwicklung zu Gleichung 93), Seite 174 ist nun

$$r_m = \frac{R + r}{2} = \frac{92 + 80}{2} = \frac{172}{2} = 86 \text{ mm und}$$

$$b = R - r = 92 - 80 = 12 \text{ mm}.$$

Mithin nach Gleichung 93):

$$F = U_m \cdot b = 2 \cdot r_m \cdot \pi \cdot b = 2 \cdot 86 \cdot 3{,}14 \cdot 12 = 6480{,}96 \text{ mm}^2,$$

welcher Wert sich mit dem unter a) errechneten vollkommen deckt.

Benützt man die Tabellenwerte und setzt man $2 \cdot r_m = d_m$, in welcher Gleichung $d_m$ den Durchmesser des mittleren Kreises bezeichnet, so erhält man:

$$F = U_m \cdot b = d_m \cdot \pi \cdot b = 172 \cdot 3{,}14 \cdot 12, \text{ d. i.}$$

$$F = 540{,}35 \cdot 12 = 6484{,}2 \text{ mm}^2,$$

welcher Wert sich mit dem unter b) errechneten deckt[1].

11. Der äußere Durchmesser eines gußeisernen Rohres ist $D = 140$ mm, die Wandstärke $s = 12$ mm. Welchen Materialquerschnitt besitzt das Rohr?

Der Querschnitt des Rohres ist ein Kreisring. Um den inneren Durchmesser zu erhalten, ist die doppelte Wandstärke vom äußeren abzuziehen, also

$$d = D - 2 \cdot s = 140 - 2 \cdot 12 = 116 \text{ mm}.$$

---

[1]) Der letzte Wert ist, da mit dem Tabellenwerte errechnet, genauer. Die Differenz mit dem Werte unter a) ist lediglich darauf zurückzuführen, daß hier nur mit $\pi = 3{,}14$ gerechnet wurde!

Mithin nach der Tabelle:

Inhalt des Kreises von 140 mm Durchmesser = 15393,8 mm².
Davon ab:

Inhalt des Kreises von 116 mm Durchmesser = 10568,3 mm².

Folglich: Materialquerschnitt = 4825,5 mm².

12. Wie groß ist der Inhalt der in Abb. 291 dargestellten, schraffierten Fläche?

Dieselbe ist als Differenz eines Quadrates von 16 cm Seitenlänge und eines Viertelkreises von 32 cm Durchmesser aufzufassen. Mithin:

$$\text{Inhalt des Quadrates} = 16^2 = 256{,}000 \text{ cm}^2.$$

$$\text{Inhalt des Viertelkreises} = \frac{804{,}248}{4} = 201{,}062 \text{ cm}^2.$$

$$\text{Inhalt der Fläche} = 54{,}938 \text{ cm}^2.$$

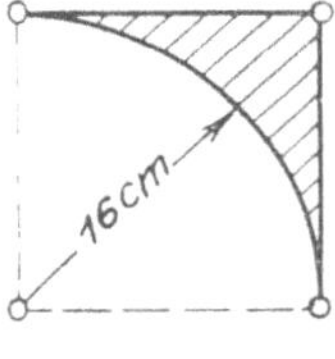


Abb. 291.

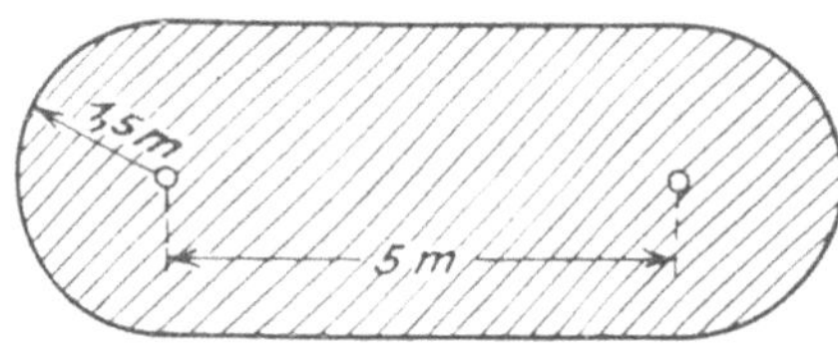


Abb. 292.

13. Welchen Inhalt besitzt die in Abb. 292 dargestellte Fläche?

Dieselbe besteht aus einem Rechteck von 5 m Länge und 3 m Breite sowie aus 2 Halbkreisen oder, was dasselbe ist, aus einem ganzen Kreise von 3 m Durchmesser. Folglich:

$$\text{Inhalt des Rechtecks} = 5 \cdot 3 = 15{,}0000 \text{ m}^2. \quad \text{Dazu:}$$

$$\text{Inhalt des Kreises} = \frac{3^2 \cdot \pi}{4} = 7{,}0686 \text{ m}^2. \quad \text{Mithin:}$$

$$\text{Inhalt der Fläche} = 22{,}0686 \text{ m}^2.$$

## Übungen.

1. Es ist der Umfang eines Kreises zu berechnen, dessen Durchmesser mit je 85 mm, 42,7 mm; 132 cm, 18,4 cm; 9,8 dm, 16,25 dm; 0,4 m, 5,26 m und 2,375 m gegeben ist.

2. Der Umfang eines Kreises ist mit je 52 mm, 125,6 mm; 37,4 cm, 520,35 cm; 210 dm, 87,15 dm; 0,4 m, 8,37 m und 435,125 m gegeben. Wie groß ist der zugehörige Durchmesser?

3. Es ist die Länge des Halb-, Viertel- und Achtelkreises zu berechnen dessen Halbmesser mit je 350 mm, 125,2 mm; 8,5 cm, 35,7 cm; 0,25 dm, 1,75 dm; 0,175 m, 55,55 m und 375,755 m gegeben ist.

4. Ein Wagenrad besitzt einen Durchmesser von 1,25 m. Wie groß ist dessen Umfang und wieviel Umdrehungen macht dasselbe, wenn der Wagen eine Strecke von 1 km Länge durchläuft?

5. An einem Wagen besitzen die Hinterräder einen Durchmesser von 1500 mm, die Vorderräder einen solchen von 1150 mm. Wieviel Umdrehungen machen die Hinterräder, wenn die Vorderräder deren 1000 machen?

6. Ein Zahnrad enthält bei einem Teilkreisdurchmesser von 331 mm Länge 50 Zähne. Wie groß ist die Teilung, d. i. die Entfernung von Mitte bis Mitte bzw. von Flanke bis Flanke Zahn?

7. Welchen Teilkreisdurchmesser muß ein Stirnrad mit 40 Zähnen erhalten, wenn die Teilung zu 21,98 mm $= 7 \cdot \pi$ angenommen wird?

8. Das Hinterrad eines Fahrrades besitzt 750 mm Durchmesser. Bei vier Tritten des Fahrenden macht dieses Rad fünf Umdrehungen. Welche Strecke durchläuft das Rad bei 10 Tritten und wieviel Tritte muß der Fahrende machen, während er 10 km durchfährt?

9. Es ist der Flächeninhalt eines Kreises zu berechnen, dessen Durchmesser mit je 35 mm, 575 mm, 950,5 mm; 52 cm, 137,5 cm; 92 dm, 32,5 dm, 1,75 dm; 1 m, 12,2 m, 25,45 m und 0,785 m gegeben ist.

10. Der Flächeninhalt eines Kreises ist mit je 25 mm², 275 mm², 6752 mm²; 5 cm², 62,5 cm², 1365 cm², 10875,5 cm²; 1,1 dm², 0,275 dm²; 1 m², 15,7 m², 8460,25 m² und 0,975 m² gegeben. Wie groß ist der zugehörige Durchmesser?

11. Es ist der Flächeninhalt eines Kreises zu berechnen, dessen Umfang mit je 300 mm, 2500 mm; 3,7 cm, 475,2 cm; 15 dm, 625,75 dm, 0,625 dm; 1,2 m und 52,375 m gegeben ist.

12. Der Flächeninhalt eines Kreises ist mit je 10 mm², 300 mm², 15725 mm²; 1 cm², 1762,5 cm²; 3765,5 dm², 1,75 dm²; 0,325 m² und 6378,57 m² gegeben. Wie groß ist der Umfang des zugehörigen Kreises?

13. Welchen Querschnitt besitzt eine 50 mm starke Rundeisenstange in mm², cm², dm² und m²?

14. Aus einer 1 mm starken Blechplatte von 2 m Länge und 310 mm Breite sollen kreisrunde Scheiben von je 100 mm Durchmesser geschnitten werden. Der Mittenabstand der Scheiben betrage 103 mm. Wieviel Scheiben erhält man; wie groß ist der Flächeninhalt derselben im einzelnen sowie im ganzen und wieviel Blech geht als Abfall verloren a) im ganzen, b) in % bezogen auf die volle Platte?

15. Ein Kreis, ein Quadrat und ein gleichseitiges Dreieck haben je einen Flächeninhalt von 500 mm². Welche von diesen Figuren besitzt den kleinsten Umfang?

16. Welchen Flächeninhalt besitzt ein Kreisring, von dem

| | | | | | |
|---|---|---|---|---|---|
| R = | 60 mm; | 37,5 cm; | 7,25 dm; | 2,12 m; | 0,975 m; |
| r = | 25 „ ; | 26,2 „ ; | 6,18 „ ; | 1,21 „ ; | 0,825 „ |

gegeben sind?

17. Es sind die Flächeninhalte der in Abb. 293 bis 298 dargestellten Flächen zu berechnen. Maße: Millimeter!

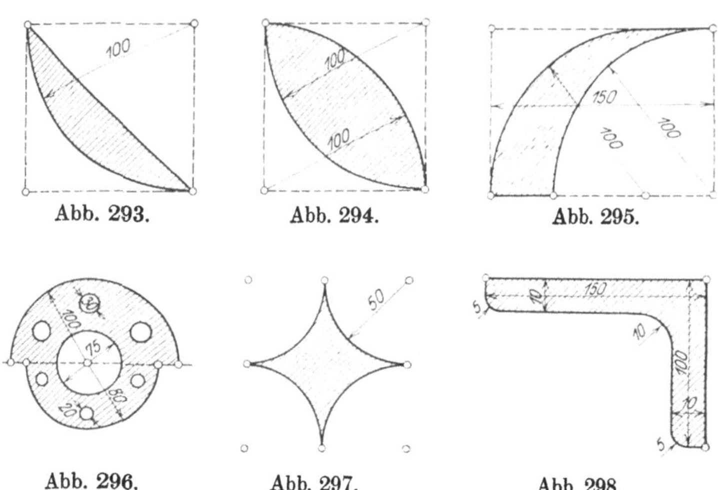


Abb. 293. Abb. 294. Abb. 295.

Abb. 296. Abb. 297. Abb. 298.

# IX. Proportionalität der Linien und Ähnlichkeit geradlinig begrenzter Figuren.

## A. Proportionalität der Strecken.

**181. Messen. Aliquoter Teil.** Eine Strecke messen heißt, sie mit einer anderen Strecke, der Längeneinheit, vergleichen und untersuchen, wie oft die Längeneinheit in der gegebenen Strecke enthalten ist[1]).

Bei der Berechnung des Flächeninhaltes ebener Figuren war angenommen, daß die Strecken, welche zur Berechnung dienen, Grundlinien, Höhen usw., sich durch eine andere Strecke: m, dm, cm, mm messen lassen, die in den ersteren ohne Rest enthalten ist.

Man sagt daher auch, eine Strecke werde durch eine andere gemessen, wenn sich die letztere n-mal auf der ersteren ohne Rest abtragen läßt, wobei unter n eine ganze oder eine gebrochene Zahl zu verstehen ist. Die zweite Strecke heißt, wenn sie ohne Rest in der ersten enthalten, wenn also n eine ganze Zahl ist, ein Maß oder ein aliquoter Teil der ersteren. So sind z. B. 20 cm, 10 cm, 8 cm, 5 cm, 4 cm, 2 cm und 1 cm Maße oder aliquote Teile einer Strecke von 40 cm Länge.

**182. Größtes gemeinschaftliches Maß.** Bei dem Messen von Strecken sind zwei Fälle zu beachten:

1) Die kleinere Strecke b ist in der größeren a ohne Rest enthalten; in diesem Falle ist die letztere ein Vielfaches der ersteren, n also eine ganze Zahl. (Abb. 299.)

---

[1]) Vgl. S. 6, Ziffer 16.

2) Die kleinere Strecke b ist in der größeren a nicht ohne Rest enthalten, es bleibt ein Rest r. (Abb. 300.) In diesem Falle ist das größte gemeinschaftliche Maß oder die Maßeinheit der beiden Strecken festzustellen. Hierbei verfährt man in gleicher Weise wie bei der Bestimmung des größten gemeinschaftlichen Teilers zweier Zahlen.

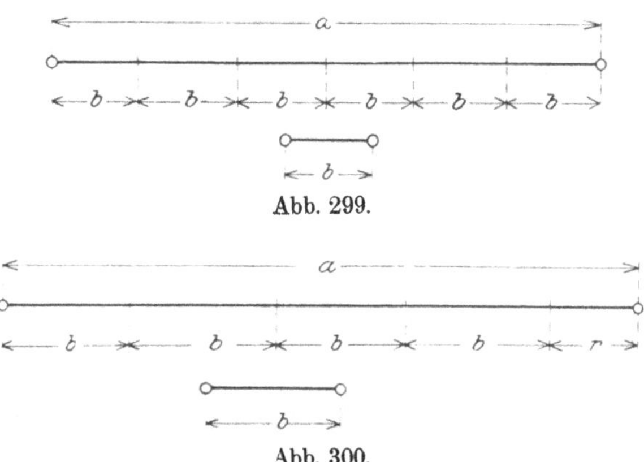


Abb. 299.

Abb. 300.

Diesen findet man, indem man die größere Zahl durch die kleinere dividiert, alsdann die kleinere durch den bei dieser Division erhaltenen Rest, letzteren durch den neuen Rest usw. und das Verfahren so lange fortsetzt, bis kein Rest mehr bleibt. Der letzte Rest ist alsdann der größte gemeinschaftliche Teiler.

**Beispiele.**

1. Es ist der größte gemeinschaftliche Teiler der Zahlen 140 und 16 zu bestimmen.

$$\begin{array}{l} 140:16 = 8, \text{ Rest } 12 \\ \underline{128} \\ \phantom{1}12 \\ 16:12 = 1, \text{ Rest } 4 \\ \underline{12} \\ \phantom{1}4 \\ 12:4 = 3, \text{ Rest } 0. \\ \underline{12} \\ \phantom{1}0 \end{array}$$

Demnach ist der größte gemeinschaftliche Teiler = 4, d. h. 4 ist die größte Zahl, welche sowohl in 140 als auch in 16 ohne Rest enthalten ist.

2. Wie groß ist der gemeinschaftliche Teiler der Zahlen 1032 und 552?

1032 : 552 = 1, Rest 480
552
480
552 : 480 = 1, Rest 72
480
72
480 : 72 = 6, Rest 48
432
48
72 : 48 = 1, Rest 24
48
24
48 : 24 = 2, Rest 0.
48
0

Größter gemeinschaftlicher Teiler = 24.

Ist nun für zwei gegebene Strecken a und b das größte gemeinschaftliche Maß, also diejenige größte Strecke, welche sowohl in a als auch in b ohne Rest enthalten ist, festzustellen, so verfährt man entsprechend der arithmetischen Darstellung folgendermaßen:

Man trägt die kleinere Strecke b so oft als möglich auf der größeren ab, den bleibenden Rest $r_1$ trägt man, so oft es angeht, auf b ab. Bleibt hier ein Rest $r_2$, so wird dieser auf dem Reste $r_1$ abgetragen und dieses Verfahren von Rest zu Rest so lange fortgesetzt, bis kein Rest mehr übrig bleibt. Der beim vorletzten Abtragen gebliebene letzte Rest ist alsdann das gesuchte, größte gemeinschaftliche Maß der Strecken a und b.

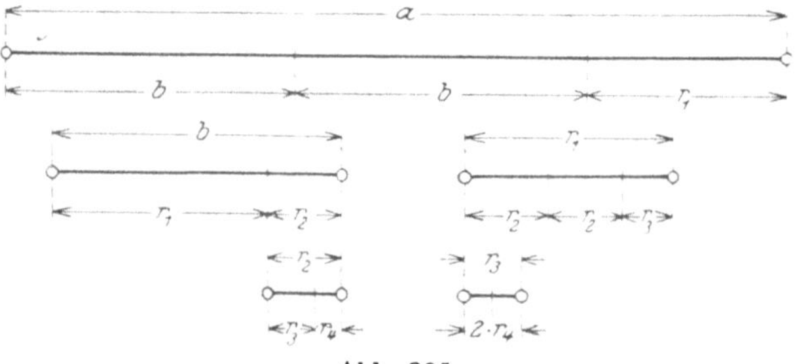


Abb. 301.

In Abb. 301 ist das Verfahren dargestellt. Auf der Strecke a ist die Strecke b zweimal abgetragen; es bleibt als Rest die Strecke $r_1$. Der Rest $r_1$ ist auf b einmal abgetragen, wodurch der Rest $r_2$ entsteht. Dieser ist 2 mal auf $r_1$ abgetragen; es bleibt als Rest $r_3$. Letzterer ist 1 mal auf $r_2$ abgetragen, wobei der Rest $r_4$ übrig bleibt. Dieser ist schließlich 2 mal auf $r_3$ abgetragen, ohne daß sich ein weiterer Rest ergibt. Mithin ist $r_4$ das größte gemeinschaftliche Maß der Strecken a und b.

Abbildung 301 entsprechend ist nun

$$\begin{aligned} r_4 = 2\,\text{mal in } & r_3 \\ 3 \;\text{„}\; \text{„}\; & r_2 \\ 8 \;\text{„}\; \text{„}\; & r_1 \\ 11 \;\text{„}\; \text{„}\; & b \\ 30 \;\text{„}\; \text{„}\; & a \text{ enthalten.} \end{aligned}$$

Die Zahlen, welche angeben, wie oft das größte gemeinschaftliche Maß in den zu vergleichenden Strecken enthalten ist, nennt man Maßzahlen.

**183. Verhältnis zweier Strecken.** Entsprechend Abb. 301 ergeben sich für die Strecken a und b die Maßzahlen 30 und 11, d. h. es ist

$$30 \cdot r_4 = a \quad \text{und} \quad 11 \cdot r_4 = b. \quad \text{Folglich:}$$

$$r_4 = \frac{a}{30} \quad \text{und} \quad r_4 = \frac{b}{11}, \text{ d. h.}$$

der 30. Teil von a ist gleich dem 11. Teile von b. Mithin:

$$\frac{a}{30} = \frac{b}{11} \text{ oder in anderer Form[1])}$$

$$a:30 = b:11.$$

Vertauscht man die Innenglieder dieser Proportion, so erhält man[2]):

$$a:b = 30:11$$

und liest in bezug auf Abb. 301: Die Strecke a verhält sich zur Strecke b wie 30 zu 11, oder kurz: a verhält sich zu b wie 30 zu 11.

Unter dem Verhältnisse zweier Strecken versteht man demnach das Verhältnis ihrer Maßzahlen.



Abb. 302.

Verhalten sich also zwei Strecken AB und CD wie 4:7, so heißt das, die erste Strecke AB enthält 4 gleiche Teile von derselben Größe, wie die zweite Strecke CD deren 7 enthält. (Abb. 302.)

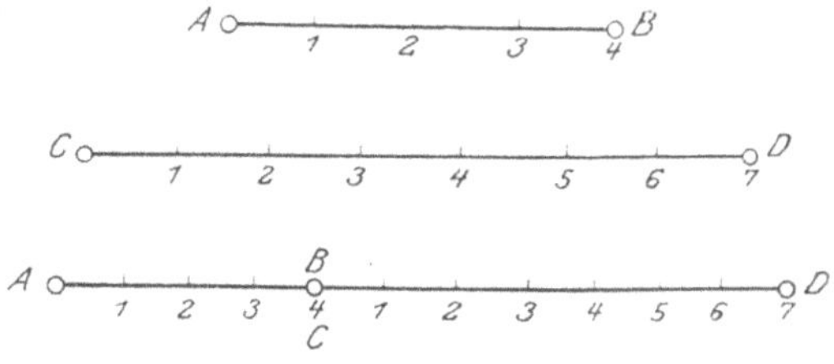

Man sagt, zwei Strecken AB und CD verhalten sich wie m zu n, wenn ihre Maßzahlen, bezogen auf dieselbe Einheit, die Zahlen m und n sind. Und verhalten sich zwei andere Strecken $A_1B_1$ und

---

1) Vgl. W. u. St., Arithm. u. Algebra S. 185, Ziffer 127.
2) „ „ „ „ „ „ „ „ 193, „ 134.

$C_1D_1$ ebenfalls wie m zu n, so sagt man, die ersten Strecken verhalten sich wie die letzten; man bringt dies durch die Proportion

$$AB:CD = A_1B_1:C_1D_1$$

zum Ausdruck. Hieraus folgt:

Zwei Paar Strecken haben gleiches Verhältnis, oder zwei Paar Strecken sind verhältnisgleich, wenn die Verhältnisse ihrer Maßzahlen gleich sind.

**184. Kommensurabele und inkommensurabele Strecken.** Aus dem vorstehenden geht hervor: Kann eine Strecke durch eine zweite gemessen werden, so kann sie auch durch einen aliquoten Teil dieser Strecke gemessen werden. Jeder aliquote Teil der zweiten Strecke ist auch ein aliquoter Teil der ersten Strecke.

Zwei Strecken, die einen oder mehrere aliquote Teile gemeinsam haben, oder welche ein größtes gemeinschaftliches Maß besitzen, heißen kommensurabel.

Zwei Strecken, die keinen aliquoten Teil gemeinsam haben, heißen inkommensurabel.

Sind zwei Strecken kommensurabel, so läßt sich die eine stets als das n-fache der anderen ausdrücken, wobei n entweder eine ganze oder gebrochene Zahl ist.

Die folgenden Erklärungen sollen sich nur auf kommensurabele Strecken beziehen.

## Übungen.

1. Gegeben sind folgende Werte für a und b:

| | | |
|---|---|---|
| 1) a = 300 mm<br>b = 48 mm; | 2) a = 210 cm<br>b = 14 mm; | 3) a = 8,40 m<br>b = 210 cm; |
| 4) a = 0,072 m<br>b = 4,8 dm; | 5) a = 9,60 km<br>b = 240 m; | 6) a = 520 mm[1])<br>b = 0,039 m. |

Es ist für die Angaben 1) bis 6) das Verhältnis a:b zu bilden derart, daß einmal die Glieder des Verhältnisses aus den kleinsten ganzen Zahlen bestehen, das andere Mal sowohl das Vorderglied als auch das Hinterglied = 1 wird.

Lösung zu 1:[2])

$$a:b = 300:48 = 25:4 = 1:0{,}16 = 6{,}25:1.$$

2. Aus den folgenden linksstehenden Produktengleichungen sind die rechtsstehenden, angefangenen Proportionen zu vervollständigen.

---

[1]) Vgl. W. u. St., Arithm. u. Algebra S. 185, Ziffer 127: Verhältnisse zwischen benannten Zahlen.

[2]) Lösung zu 1): $\frac{300:12}{48:12} = \frac{25}{4}$; $\frac{300:300}{48:300} = \frac{1}{0{,}16}$; $\frac{300:48}{48:48} = \frac{6{,}25}{1}$.

| Produktengleichung: | Proportion: |
|---|---|
| $a \cdot b = m \cdot n$ | $a : m =$ |
| $4 \cdot a = 6 \cdot b$ | $a : b =$ |
| $2 \cdot F = c \cdot h$ | $2 : c =$ |
| $2 \cdot F = (a + c) \cdot h$ | $F : h =$ |
| $2 \cdot F = a^2$ | $F : a =$ |
| $F = a \cdot b$ [1] | $b : F =$ |
| $d = 2 \cdot r$ | $r : d =$ |
| $a = 0{,}706 \cdot c$ | $c : a =$ |
| $F = \frac{u \cdot r}{2}$ | $u : 2 =$ |
| $\gamma^0 = \frac{4}{n} \cdot R$ | $n : 4 =$ |

Die sonst noch möglichen Proportionen stelle der Leser selbst auf[2]).

3. Es sind auf einer Strecke AB von 180 mm Länge diejenigen Punkte P zu bestimmen, welche die Strecke in folgenden Verhältnissen teilen:

| | | |
|---|---|---|
| a) 1: 2.[3]) | k) 4:11. | t) 13: 7. |
| b) 1: 9. | l) 5: 4. | u) 13:17. |
| c) 1:17. | m) 5: 7. | v) 4: 1. |
| d) 2: 3. | n) 5:13. | w) 11: 1. |
| e) 2: 7. | o) 7: 3. | x) 19: 1. |
| f) 2:13. | p) 7: 8. | y) 2: 5.[4]) |
| g) 3: 7. | q) 7:11. | z) 3: 8. |
| h) 3:17. | r) 7:13. | α) 5: 3. |
| i) 4: 5. | s) 9:11. | β) 10: 1. |

---

[1]) An Stelle von $F = a \cdot b$ kann man schreiben: $1 \cdot F = a \cdot b$.

[2]) Vgl. W. u. St., Arithm. u. Algebra S. 194, Ziffer 134.

[3]) Lösung zu a): Man addiere die beiden das Verhältnis bildenden Zahlen: $1 + 2 = 3$ und dividiere mit 3 in 180; das ergibt den Quotienten 60. Damit wird die

Strecke $AP = 1 \cdot 60 = 60$ mm und die
„ $PB = 2 \cdot 60 = 120$ „ lang.

Es verhält sich also

$$AP : PB = 60 : 120$$

oder, wenn man auf der rechten Seite dieser Gleichung das Verhältnis 60:120 durch 60 kürzt:

$$AP : PB = 1 : 2.$$

Probe: $AP + PB = 60\text{ mm} + 120\text{ mm}$, d. i.
$AB = 180$ mm.

[4]) Lösung zu y): $2 + 5 = 7$; mithin $\frac{180}{7} = 25\,^5/_7$. Folglich:

$AP = 2 \cdot 25\,^5/_7 = 51\,^3/_7$ mm,
$PB = 5 \cdot 25\,^5/_7 = 128\,^4/_7$ mm. Demnach:
$AP : PB = 51\,^3/_7 : 128\,^4/_7 = 2 : 5$.

Probe: $AP + PB = 51\,^3/_7\text{ mm} + 128\,^4/_7\text{ mm}$, d. i.
$AB = 180$ mm.

4. Es ist eine Strecke AB von 180 mm Länge in 18 gleiche Teile zu teilen und sind die einzelnen Teilpunkte von A aus mit $P_1$, $P_2$, $P_3$ .... zu bezeichnen; alsdann sind für jeden einzelnen Teilpunkt die Streckenverhältnisse $\frac{AP_1}{P_1B}$, $\frac{AP_2}{P_2B}$ usw., $\frac{AP_1}{AB}$, $\frac{AP_2}{AB}$ usw., $\frac{BA}{BP_1}$, $\frac{BA}{BP_2}$ usw. festzustellen. Die Verhältnisse sind in den kleinsten Zahlen anzugeben.

5. In welchem Verhältnis wird die Länge der Thermometerteilung nach Celsius durch folgende Gradstriche geteilt?

$$25^0;\ 30^0;\ 45^0;\ 58^0;\ 67^0;\ 74^0;\ 92^0?$$

6. Welche Gradstriche teilen die Länge einer Thermometerteilung nach Reaumur im Verhältnis

$$1:3;\ 2:3;\ 3:2;\ 3:5;\ 7:1;\ 1:9;\ 9:11;\ 17:3;\ 21:19?$$

**185. Teilung einer Strecke in gleiche Teile**[1]. Um eine Strecke AB in n, hier z. B. in 5 gleiche Teile zu teilen, ziehe man durch deren Anfangspunkt A unter einem beliebigen Winkel den Strahl AL, trage auf diesem n, hier 5 beliebige, aber gleiche Strecken: $AE_1$, $E_1E_2$ ... bis zum Punkte C ab und verbinde C mit B. Zieht man jetzt durch die Punkte $E_4$, $E_3$, $E_2$ und $E_1$ Parallelen zu BC, so teilen diese die gegebene Gerade in den Punkten $D_4$, $D_3$, $D_2$ und $D_1$ in n, hier also in 5 gleiche Teile. (Abb. 303.)

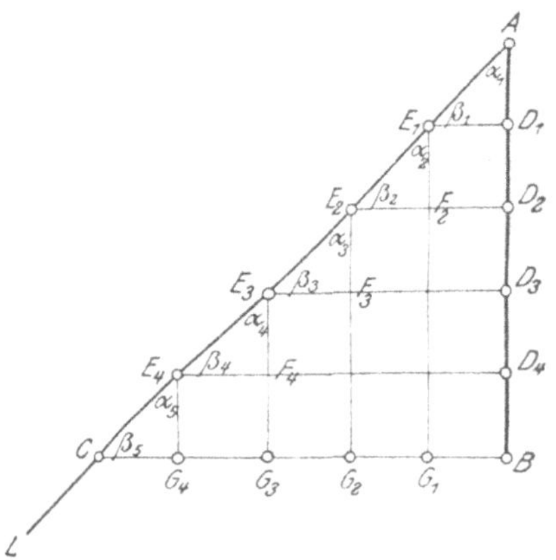

Abb. 303.

Als Beweis der Richtigkeit diene folgendes: Durch das Einzeichnen der Parallelen $E_1D_1$, $E_2D_2$ ..... entstehen die Parallelogramme $E_1D_1D_2F_2$, $E_2D_2D_3F_3$ ....., in welchen nach dem Satze von der Gleichheit der Gegenseiten[2])

$$\left.\begin{array}{l} D_1D_2 = E_1F_2 \\ D_2D_3 = E_2F_3 \end{array}\right\} \ldots\ldots\ldots\ldots\ \text{I)}$$

usw.

ist. Ferner ist:

$AE_1 = E_1E_2 = E_2E_3$ .... nach Konstruktion,
$\sphericalangle\alpha_1 = \sphericalangle\alpha_2 = \sphericalangle\alpha_3$ .... als Gegenwinkel[3]),
$\sphericalangle\beta_1 = \sphericalangle\beta_2 = \sphericalangle\beta_3$ .... „ „ . Mithin:

$\triangle AE_1D_1 \cong \triangle E_1E_2F_2 \cong \triangle E_2E_3F_3 \cong$ .....

[1]) Vgl. S. 73, Ziffer 85. [2]) Vgl. S. 67, Ziffer 75; 1.
[3]) „ „ 37, „ 47, a.

nach dem zweiten Kongruenzsatz[1]). Aus dieser Kongruenz folgt:

$$\left.\begin{array}{l} AD_1 = E_1F_2 \\ E_1F_2 = E_2F_3 \end{array}\right\} \quad . . . . . . . . . . . . . . \text{II)}$$

usw.

so daß sich aus der Vereinigung der Gleichungen I und II) schließlich ergibt:

$$AD_1 = D_1D_2 = D_2D_3 = D_3D_4 = D_4B, \quad \text{d. h.}$$

die Strecke AB ist durch die angegebene Konstruktion in n, hier in 5 gleiche Teile geteilt.

Zieht man durch die Punkte $E_1$, $E_2$, $E_3$ und $E_4$ Parallelen zu AB, so läßt sich in gleicher Weise durch die Kongruenz der 5 an der Geraden AL liegenden Dreiecke und aus der Gleichheit der Gegenseiten im Parallelogramm nachweisen, daß auch

$$BG_1 = G_1G_2 = G_2G_3 = G_3G_4 = G_4C$$

ist, daß also auch die Gerade BC in n, hier also in 5 gleiche Teile geteilt wird. Demnach ist:

$$E_1D_1 = \frac{1}{5}BC;\ E_2D_2 = \frac{2}{5}BC;\ E_3D_3 = \frac{3}{5}BC \ldots \text{ und ebenso}$$

$$E_4G_4 = \frac{1}{5}AB;\ E_3G_3 = \frac{2}{5}AB;\ E_2G_2 = \frac{3}{5}AB \ldots \text{ usw.}$$

Aus dem vorstehenden folgt:

Wird die eine von zwei geraden Linien in n gleiche Teile geteilt und werden durch die Teilpunkte Parallelen gezogen, welche die andere Gerade schneiden, so wird auch diese in n gleiche Teile geteilt; die Parallelen sind der Reihe nach gleich $\frac{1}{n}, \frac{2}{n}, \frac{3}{n} \cdots$ der Geraden, zu welcher sie gezogen sind.

### Übungen.

Es ist eine beliebige Strecke in 3, 5, 7, 9 gleiche Teile zu teilen.

**186. Teilung einer Strecke nach einem gegebenen Verhältnis.** Um eine Strecke AB so zu teilen, daß die einzelnen Teile in einem gegeben Verhältnis, hier z. B. im Verhältnis 2:3 stehen, teile man AB in 2 + 3 = 5 gleiche Teile, von denen jeder = m sei[2]). Dann ist entsprechend Abb. 304:

$$AD = 2 \cdot m \text{ und}$$
$$DB = 3 \cdot m.$$

Dividiert man die erste Gleichung durch die zweite, so erhält man[3]):

$$\frac{AD}{DB} = \frac{2 \cdot m}{3 \cdot m} \text{ oder}$$

[1]) Vgl. S. 49, Ziffer 61. [2]) Vgl. S. 183, Ziffer 183, Abb. 302.
[3]) „ W. u. St., Arithm. u. Algebra, S. 134, Ziffer 112.

$$\frac{AD}{DB} = \frac{2}{3}\cdot \quad \text{In anderer Form:}$$

$$AD:DB = 2:3 \qquad \text{I)}$$

Nun wird aber durch die Parallelen zu BC auch AC in 5 gleiche Teile geteilt, von denen jeder = n sein möge. Entsprechend Abb. 304 wird alsdann:

$$AE = 2 \cdot n \text{ und}$$
$$EC = 3 \cdot n.$$

Aus diesen beiden Gleichungen erhält man auf gleiche Weise wie in der Ableitung zu Gleichung I):

$$AE:EC = 2:3 \qquad \text{II)}$$

Aus Gleichung I) und II) folgt:

$$\mathbf{AD:DB = AE:EC} \qquad \text{III)}$$

Weiter ergibt sich aus Abb. 304:

$$AD = 2 \cdot m \text{ und}$$
$$AB = 5 \cdot m,$$

aus welchen beiden Gleichungen man, genau wie vorstehend, die Proportion

$$AD:AB = 2:5 \qquad \text{IV)}$$

erhält. Da nun auch

$$AE = 2 \cdot n \text{ und}$$
$$AC = 5 \cdot n$$

ist, so folgt unmittelbar:

$$AE:AC = 2:5 \qquad \text{V)}$$

Aus Gleichung IV) und V) erhält man:

$$\mathbf{AD:AB = AE:AC} \qquad \text{VI)}$$

Aus Abb. 304 ist auch noch ersichtlich, daß sich

$$BD:BA = 3:5 \text{ und}$$
$$CE:CA = 3:5$$

verhält, so daß sich aus diesen beiden Proportionen

$$\mathbf{BD:BA = CE:CA} \qquad \text{VII)}$$

ergibt. Aus den Gleichungen III, VI und VII) folgt:

**Werden zwei gerade Linien von zwei oder mehr Parallelen geschnitten, so verhalten sich irgend zwei Abschnitte der einen Geraden wie die gleichliegenden Abschnitte der anderen Geraden.**

Man sagt auch, die beiden Geraden werden im gleichen Verhältnis oder proportional geteilt und nennt diese Teilung: **Proportionale Teilung.**

Zieht man in Abb. 304 durch die Teilpunkte von AC noch Parallelen zu AB, so wird nach dem vorangegangen BC ebenfalls in 5 gleiche Teile geteilt, von denen jeder = p sein möge.

In gleicher Weise, wie vorstehend entwickelt, lassen sich auch hier folgende Proportionen aufstellen:

DE:BC = 2:5
AD:AB = 2:5
AE:AC = 2:5,

aus welchen sich alsdann die neuen Proportionen

DE:BC = AD:AB . VIII)
DE:BC = AE:AC . IX)

ergeben. Aus Gleichung VIII) und IX) folgt:

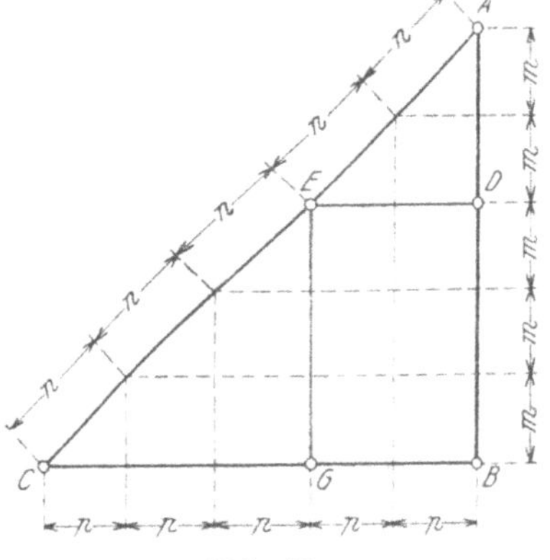

Abb. 304.

Werden zwei unter einem beliebigen Winkel sich schneidende Geraden von zwei Parallelen geschnitten, so verhalten sich diese Parallelen wie die vom Schnittpunkte bis zu ihnen reichenden Abschnitte jeder der beiden Geraden.

Aus Gleichung VIII) und IX) läßt sich noch folgende laufende Proportion bilden[1]):

DE:BC = AD:AB = AE:AC . . . X)

Betrachtet man die geschnittenen Geraden AB und AC in Abb. 304 als die Schenkel des Winkels BAC, so ändert sich an den Verhältnissen nichts, wenn man die Schenkel über den Scheitel verlängert und die Parallelen auf beide Seiten des Scheitels legt. (Abb. 305.)

Die vorstehend entwickelten Proportionen III, VI, VII, VIII, und IX) behalten ihre Gültigkeit. Auch in diesem Falle ist:

AD:DB = AE:EC.
AD:AB = AE:AC.
BD:BA = CE:CA.
DE:BC = AD:AB.
DE:BC = AE:AC.

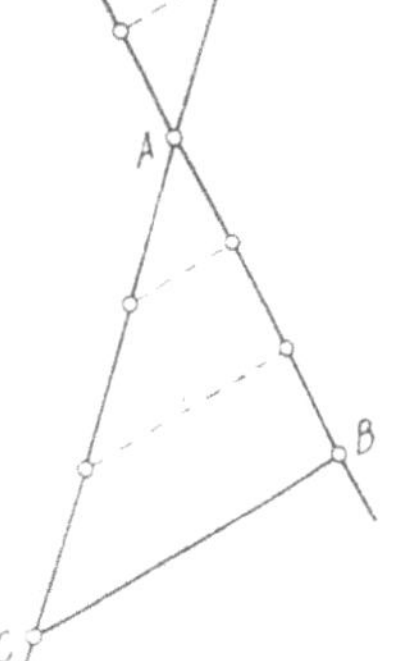

Abb. 305.

Damit ergibt sich folgendes:

Werden die Schenkel eines Winkels, oder diejenigen von Scheitelwinkeln, von zwei Parallelen geschnitten, so verhalten sich irgend zwei Abschnitte des einen Schenkels wie die gleichliegenden

[1]) Vgl. W. u. St., Arithm. u. Algebra S. 196, Ziffer 137.

Abschnitte des anderen, und die Parallelen wie die vom Scheitel bis zu ihnen reichenden Abschnitte jedes der beiden Schenkel.

An den vorstehend besprochenen Verhältnissen ändert sich auch nichts, wenn sich die beiden Geraden nicht in einem Punkte schneiden. (Abb. 306).

Der Leser stelle die hier möglichen Proportionen selbst auf!

## Übungen.

1. Es ist eine beliebige Strecke im Verhältnis 1:5; 2;3; 2:5; 3:4; 4:5; 5:7 zu teilen.

2. Eine gegebene Strecke a ist durch einen Punkt P nach den in der vorstehenden Aufgabe gegebenen Verhältnissen zu teilen. Die Längen der Abschnitte sind durch Rechnung zu bestimmen.

**187. Proportionale Teilung am Dreieck.** a) Betrachtet man die in Abb. 304 und 305 dargestellten Figuren in ihren Grundformen als ein Dreieck ABC, so finden die in Ziffer 186 entwickelten Verhältnisse volle Anwendung auf jedes Dreieck.

Zieht man in Abb. 307 DE parallel zu BC, so lassen sich durch Vertauschen der inneren Glieder in den Proportionen III, VI und VII) folgende neuen Proportionen bilden:

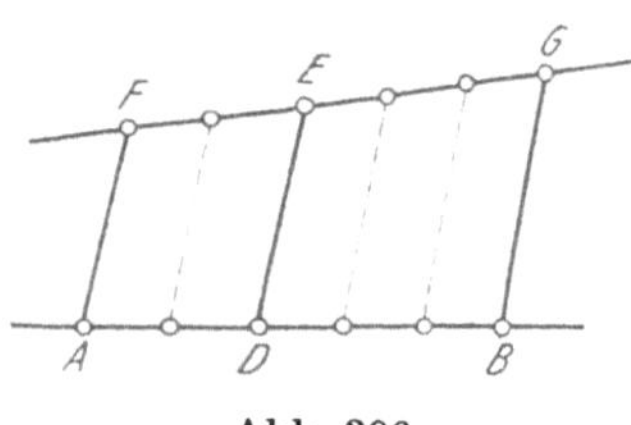


Abb. 306.

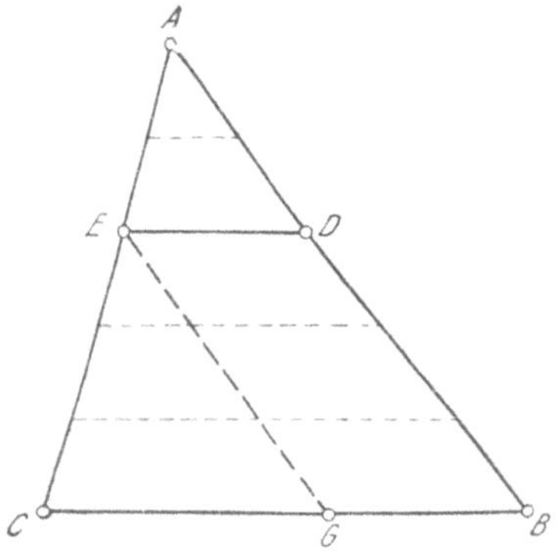

Abb. 307.

$$AD:AE = DB:EC \qquad 94)$$
$$AD:AE = AB:AC \qquad 95)$$
$$BD:CE = AB:AC \qquad 96)$$

In Worten:

1. **Die Parallele zu einer Dreieckseite teilt die beiden anderen proportional,** so daß sich verhalten

α) die oberen Abschnitte der von der Parallelen geschnittenen Seiten wie die zugehörigen unteren;

β) die oberen Abschnitte wie die zugehörigen Seiten;

γ) die unteren Abschnitte wie die zugehörigen Seiten.

Entsprechend Proportion VIII) und IX) ist:

$$\left.\begin{array}{ll} & DE:BC = AD:AB \\ \text{und auch} & DE:BC = AE:AC \end{array}\right\} \qquad 97)$$

In Worten:

**2. Die Parallele zu einer Dreieckseite verhält sich zu dieser wie der am Scheitel liegende Abschnitt jeder der anderen Seiten zu der entsprechenden Seite**[1].

Die durch Einzeichnen der Parallelen EG zu AB in Abb. 307 möglich werdenden Proportionen möge der Leser selbst aufstellen!

b) Zieht man von der Spitze A des Dreiecks ABC eine beliebig liegende Gerade AG bis zur Grundlinie und DE parallel zu BC, wie in Abb. 308 dargestellt, so verhält sich nach dem vorstehenden Satz 2:

$$EF:CG = AF:AG \text{ und ebenso}$$
$$DF:BG = AF:AG.$$

Aus diesen beiden Gleichungen folgt[2]:

$$EF:CG = DF:BG.$$

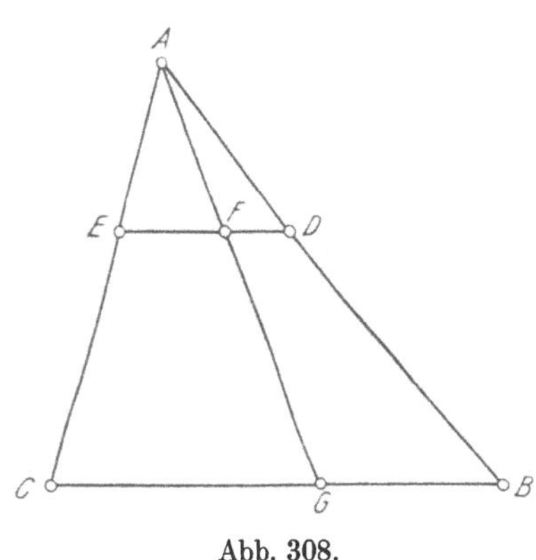

Abb. 308.

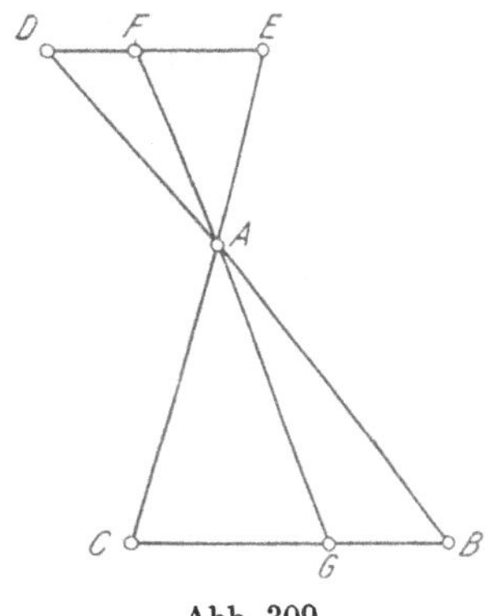

Abb. 309.

Durch Vertauschen der Glieder bzw. der Verhältnisse erhält man[3]:

$$\left.\begin{aligned} EF:DF &= CG:BG \\ \text{oder auch} \quad CG:BG &= EF:DF \end{aligned}\right\} \quad \ldots\ldots\ldots\ldots \quad 98)$$

In Worten:

**3. Jede gerade, durch eine Ecke eines Dreiecks gehende Linie teilt die gegenüberliegende Seite und eine Parallele zu dieser proportional.**

An diesen Verhältnissen ändert sich nichts, wenn man die Figur in der in Abb. 309 dargestellten Weise anordnet. Auch hier verhält sich:

$$CG:BG = EF:DF.$$

Betrachtet man in Abb. 309 die Linien CE, GF und BD als ein nach beiden Seiten des Punktes A sich ausdehnendes Strahlenbüschel[4],

---

[1]) Dieser Satz ist besonders zu beachten, da er bei vielen technischen Berechnungen Anwendung findet.

[2]) Sind in zwei Gleichungen die rechten Seiten gleich, so sind auch die linken gleich.

[3]) Vgl. W. u. St., Arithm. u. Algebra S. 193, Ziffer 134.

[4]) „ S. 5, Ziffer 14, Abb. 21.

so lassen sich durch den Punkt A noch weitere Strahlen ziehen, wie das Abb. 310 zeigt. Nach dem bisher über die Proportionalität von Linien Gesagten kann man alsdann folgende Proportionen aufstellen:

$$a_1 : b_1 = a_2 : b_2$$
$$a_2 : b_2 = a_3 : b_3$$
$$a_3 : b_3 = a_4 : b_4. \quad \text{Folglich:}$$
$$\overline{a_1 : b_1 = a_2 : b_2 = a_3 : b_3 = a_4 : b_4.} \quad \text{Oder auch:}$$
$$a_1 : a_2 : a_3 : a_4 = b_1 : b_2 : b_3 : b_4 \text{ usw.}$$

In entsprechender Weise ergibt sich weiter:

$$a_1 : c_1 = a_2 : c_2 = a_3 : c_3 = a_4 : c_4. \quad \text{Oder}$$
$$a_1 : a_2 : a_3 : a_4 = c_1 : c_2 : c_3 : c_4 \text{ usw.}$$

Ferner verhält sich:

$$e_1 : d_1 = a_2 : (a_2 + b_2)$$
$$a_2 : (a_2 + b_2) = e_2 : d_2 \text{ usw.} \quad \text{Folglich:}$$

$e_1 : d_1 = e_2 : d_2 = e_3 : d_3$, odeı unter Vertauschung der Glieder der einzelnen Verhältnisse:

$$d_1 : e_1 = d_2 : e_2 = d_3 : e_3 = d_4 : e_4. \quad \text{Mithin auch:}$$
$$d_1 : d_2 : d_3 : d_4 = e_1 : e_2 : e_3 : e_4 \text{ usw.}$$

Hieraus folgt:

**Werden drei oder mehr durch einen Punkt gehende gerade Linien von zwei oder mehr Parallelen geschnitten, so werden sowohl die geschnittenen Geraden als auch die Parallelen proportinal geteilt.**

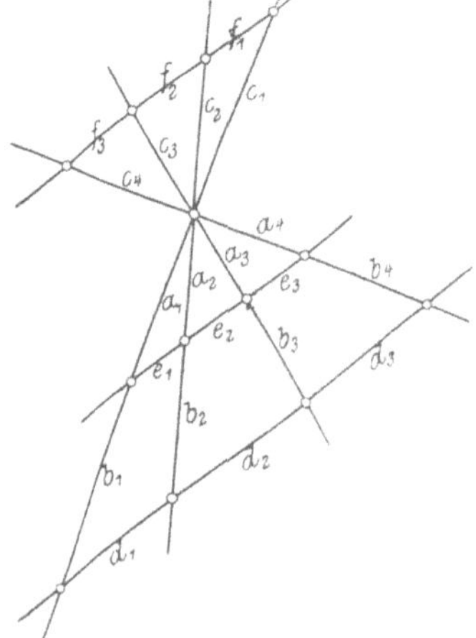


Abb. 310.

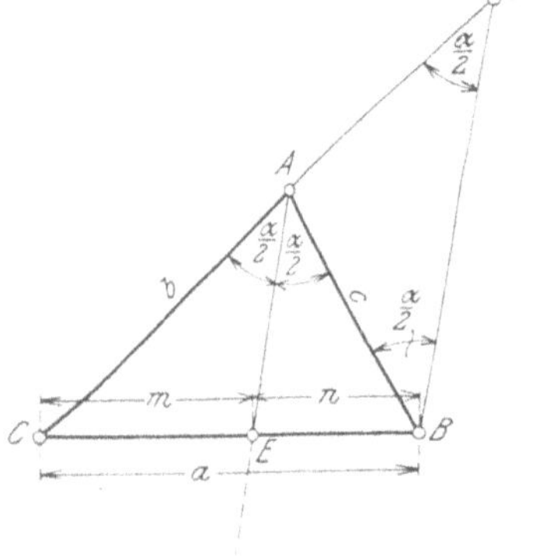


Abb. 311.

Die außerdem noch möglichen Verhältnisse bilde der Leser selbst!

c) In Abb. 311 und 312 ist je ein beliebiges Dreieck ABC dargestellt. In Abb. 311 halbiert die Gerade AE den Innenwinkel BAC, in Abb. 312 einen Außenwinkel bei A; in beiden Abbildungen ist BD parallel zur Halbierenden AE.

Nun ist zunächst in Abb. 311:

$\measuredangle ABD = \measuredangle BAE$ als Wechselwinkel[1]),
$\measuredangle CAE = \measuredangle BAE$ nach Konstruktion.
Mithin: $\measuredangle ABD = \measuredangle CAE$. Weiter ist
$\measuredangle ADB = \measuredangle CAE$ als Gegenwinkel[1]).
Mithin: $\measuredangle ABD = \measuredangle ADB$.

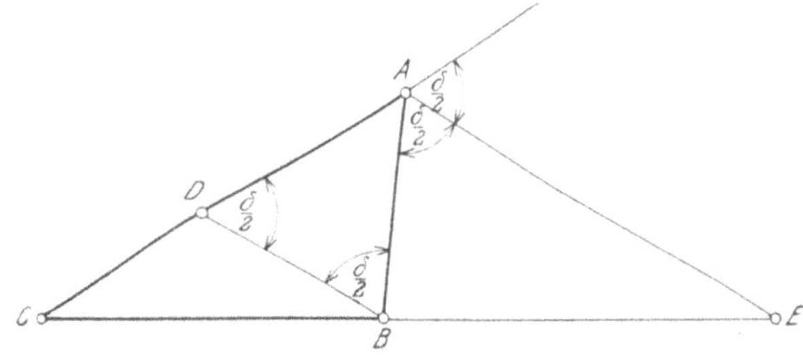


Abb. 312.

Folglich ist das Dreieck ABD gleichschenklig und damit

$$AB = AD.$$

Entsprechend Gleichung 94), Seite 190 verhält sich nun im Dreieck CBD

$$EC:AC = EB:AD.$$

Mit Vertauschung der Innenglieder folgt:

$$EC:EB = AC:AD.$$

Setzt man in dieser Gleichung an Stelle von AD den Gleichwert AB, so erhält man:

$$\mathbf{EC:EB = AC:AB} \quad \ldots\ldots\ldots\ldots \quad 99)$$

Das gleiche läßt sich sinngemäß für Abb. 312 nachweisen.

In Worten folgt aus Gleichung 99):

4. **Die Halbierungslinie eines Dreieckwinkels bzw. diejenige seines Nebenwinkels (Außenwinkels) teilt die gegenüberliegende Seite proportional den einschließenden bzw. anstoßenden Seiten,** d. h. die Abschnitte auf der gegenüberliegenden Seite, bzw. deren Verlängerung, verhalten sich wie die den Winkeln anliegenden Seiten.

Bezeichnet man in Abb. 311 die Dreieckseiten mit a, b, c, sowie die durch die Winkelhalbierende AE auf BC abgeschnittenen Stücke mit m und n, so geht Gleichung 99)

$EC : EB = AC : AB$ über in
$m : n = b : c$, woraus
$c \cdot m = b \cdot n$ und weiter
$c \cdot m - b \cdot n = 0$ folgt[2]). Nun ist
$m + n = a$ nach Konstruktion.

[1]) Vgl. S. 37, Ziffer 47.
[2]) „ W. u. St., Arithm. u. Algebra S. 133, Ziffer 108h.

Multipliziert man die letzte Gleichung mit b, so erhält man[1]):

$$b \cdot m + b \cdot n = a \cdot b.$$ Addiert man hierzu die

Gleichung $c \cdot m - b \cdot n = 0$, so ergibt sich:

$$b \cdot m + c \cdot m = a \cdot b,$$ oder auch[2])

$$m \cdot (b + c) = a \cdot b.$$ Mithin:

$$m = \frac{a \cdot b}{b + c}.$$

Auf gleiche Weise läßt sich für den anderen Abschnitt nachweisen, daß

$$n = \frac{a \cdot c}{b + c}$$ wird.

## Übungen.

1. Eine Eisenbahnstrecke von 850 m Länge steigt im Verhältnis 1 : 95. Wieviel m steigt die Bahn auf der ganzen Strecke[3])?

2. Eine Eisenbahnstrecke, vom Punkte A ausgehend,

| | | | | | |
|---|---|---|---|---|---|
| steigt von | A bis B | = 1,755 km | im Verhältnis | 1 : 650, |
| „ „ | B „ C | = 2,25 | „ „ | „ | 1 : 200, |
| fällt „ | C „ D | = 0,86 | „ „ | „ | 1 : 215, |
| „ „ | D „ E | = 3,2 | „ „ | „ | 1 : 160, |
| steigt „ | E „ F | = 0,70 | „ „ | „ | 1 : 140. |

Wieviel m liegt der eine Punkt höher bzw. tiefer als der andere, und wie groß ist der Höhenunterschied zwischen A und F?

3. Ein Dreieck besitzt eine Grundlinie BC = 15 m, die anderen Seiten sind AB = 18 m und AC = 24 m. Die Seite AB wird in 6 gleiche Teile geteilt und werden durch die Teilpunkte Parallelen zur Grundlinie gezogen. Es sind zu berechnen a) die Längen der einzelnen Teile von AB und AC; b) die Längen der einzelnen Parallelen. Der Leser entwerfe eine Skizze.

4. Von einem Dreieck, dessen Seiten mit a = 80 mm, b = 65 mm und c = 50 mm gegeben sind, sollen die Abschnitte, welche die drei Winkelhalbierenden auf den Gegenseiten erzeugen, berechnet werden. Die Ergebnisse sind mit der Zeichnung zu vergleichen.

188. **Konstruktion der vierten Proportionalen zu drei gegebenen Strecken**[4]). Um die vierte Proportionale x zu drei gegebenen Strecken a, b und c zu konstruieren, trage man auf den Schenkeln eines beliebigen Winkels die Strecken AB = a, BC = b und AE = c ab, verbinde B mit E und ziehe CD parallel zu BE. Alsdann ist

---

[1]) Vgl. W. u. St., Arithm. u. Algebra S. 131, Ziffer 108c.

[2]) „ „ „ „ „ „ „ „ 36, „ 43A, a.

[3]) „ „ „ „ Trigonometrie 1919; S. 70, „ 35.

[4]) „ „ „ „ Arithm. u. Algebra, S. 199, Ziffer 139: Das letzte Glied einer geometrischen Proportion nennt man die vierte Proportionale zu den ersten drei Gliedern. In der Proportion a : b = p : x ist x vierte Proportionale zu a, b und p.

ED = x die gesuchte vierte Proportionale zu a, b und c, denn es verhält sich entsprechend Gleichung III, Seite 188):

$$AB : BC = AE : ED, \text{ oder auch}$$
$$a : b = c : x.$$

Aus der letzten Gleichung folgt:

$$x = \frac{b \cdot c}{a},$$

so daß also die in Abb. 313 dargestellte Konstruktion auch zu derjenigen des algebraischen Ausdrucks $\frac{b \cdot c}{a}$ benutzt werden kann.

An der Konstruktion ändert sich nichts, wenn die Strecken b und c einander gleich sind. Die Proportion a : b = c : x geht damit über in

$$a : b = b : x$$

und man sagt alsdann, es ist die dritte Proportionale zu a und b zu konstruieren.

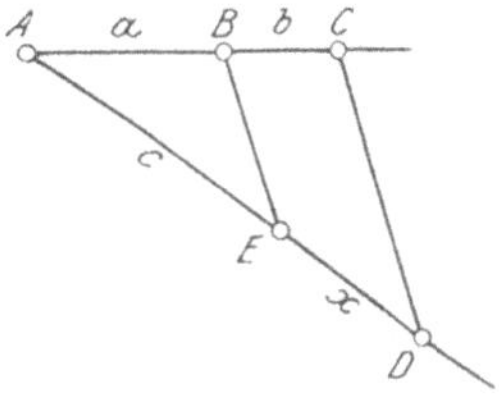

Abb. 313.

Verwechsle die dritte Proportionale nicht mit der mittleren Proportionalen[1])!

**Übungen.**

Es ist die vierte bzw. dritte Proportionale aus folgenden Proportionen zu konstruieren:

a) 3 cm : 4 cm = 5 cm : x cm.
b) 1 : 5 = a : x.
c) 3 : 7 = a : x.
d) b : a = c : x.
e) a : b = b : x.
f)[2]) a : x = b : a.

## B. Ähnlichkeit ebener, geradlinig begrenzter Figuren.

**189. Begriff der Ähnlichkeit.** a) In Ziffer 59 bis 62, Seite 47 bis 50, wurde erklärt, wie man mit Hilfe von Dreieckskonstruktionen bzw. der Kongruenzsätze zu einer gegebenen Figur eine kongruente Figur zeichnen kann, die also mit der gegebenen vollkommen gleiche Gestalt und Größe besitzt.

Häufig jedoch erscheint die Forderung, eine Figur zu zeichnen, welche einer gegebenen der Gestalt nach vollkommen gleicht, in bezug auf Größe aber durchaus verschieden ist. Als Beispiel möge

[1]) Vgl. W. u. St., Arithm. u. Algebra, S. 195, Ziffer 136.

[2]) „ zu d) und f) das in W. u. St., Arithm. u. Algebra, S. 199, Ziffer 139, über die Reihenfolge der Glieder Gesagte.

die verkleinerte Wiedergabe einer großen Zeichnung durch Photographie, oder umgekehrt, die starke Vergrößerung eines sehr kleinen Originales mittels eines Projektionsapparates auf einer geeigneten Bildfläche dienen.

Um nun von zwei Figuren den Eindruck vollkommener Gleichheit bezüglich ihrer Gestalt zu gewinnen, ist zunächst erforderlich, daß sie in allen gleichliegenden Winkeln übereinstimmen. Würde z. B. auf einer Zeichnung eine Dachstrebe unter 30°, auf einer verkleinerten Wiedergabe jedoch unter 60° geneigt erscheinen, so würde der Beschauer keineswegs den Eindruck der Übereinstimmung in der Gestalt der beiden Bilder haben.

Weiter ist erforderlich, daß jedes Längenmaß der Verkleinerung bzw. Vergrößerung zu dem gleichliegenden Längenmaße des Originales in einem und demselben, genau festgelegten Zahlenverhältnis steht, d. h. daß gleichliegende Längenmaße proportional sind. Würde z. B. in der Zusammenstellungszeichnung einer Dampfmaschine die Entfernung von Mitte bis Mitte Treibstangenlager 100 mm, in einer Verkleinerung jedoch nur 50 mm lang sein, so müßte auch jede andere Linie der letzteren dem Original im gleichen Verhältnis $50 : 100 = 1 : 2$ nachgebildet sein, soll auf den Beschauer der Eindruck vollkommen gleicher Gestalt hervorgebracht werden. Man sagt in diesem Falle, die Verkleinerung sei im Maßstabe 1 : 2 ausgeführt. Und gerade diese Übereinstimmung in den Winkeln und Längen, also in den Größenverhältnissen überhaupt, ist es, welche den Eindruck vollkommen gleicher Gestalt hervorruft.

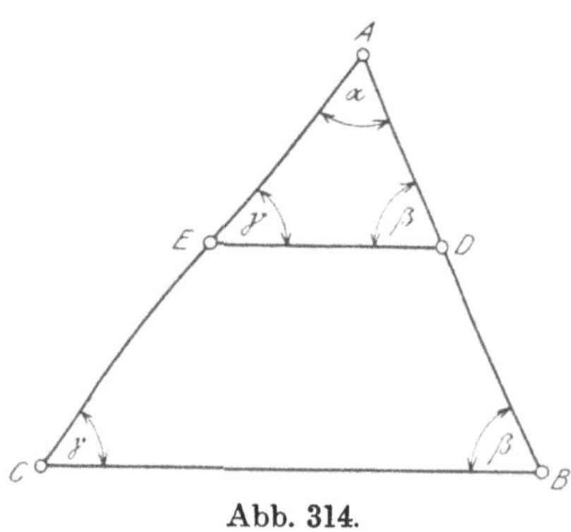

Abb. 314.

In den weiteren Entwicklungen wird sich zeigen, daß, sobald zwei Figuren in sämtlichen gleichliegenden Winkeln übereinstimmen, sich die zweite Forderung, die Übereinstimmung in den Längen, von selbst ergibt; und umgekehrt.

Man nennt zwei Figuren, die in der Gestalt vollkommen gleich sind, **ähnliche Figuren.** Das Schriftzeichen für ähnlich ist: „$\sim$".

b) In dem Dreieck ABC, Abb. 314, ist die Linie ED parallel zur Seite BC gezogen; dadurch entsteht das Dreieck ADE. In diesen Dreiecken sind die Winkel der Reihe nach einander gleich[1]), denn es ist:

$$\sphericalangle BCA = \sphericalangle DEA,$$
$$\sphericalangle ABC = \sphericalangle ADE \text{ und}$$
$$\sphericalangle ACB = \sphericalangle AED.$$

[1]) Vgl. S. 37, Ziffer 47.

Ferner verhält sich entsprechend Gleichung X, Seite 189

$$AB : AD = AC : AE = BC : DE \quad \ldots\ldots\ldots \quad \text{I)}$$

d. h. die Seiten der beiden Dreiecke stehen im gleichen Verhältnis zueinander, sie sind proportional. Mithin ist das Dreieck ABC ähnlich dem Dreieck ADE, d. h.

$$\triangle ABC \sim \triangle ADE.$$

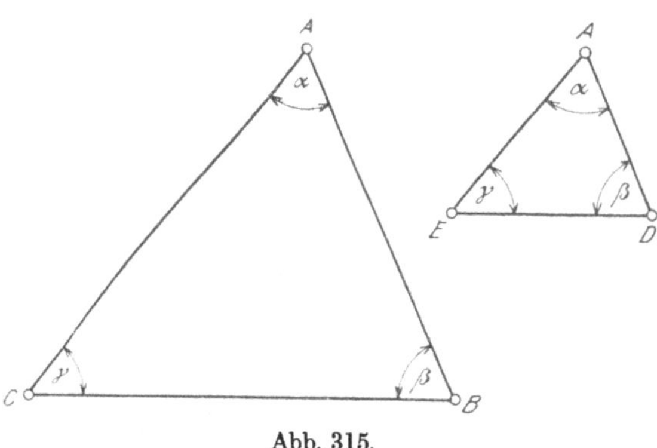


Abb. 315.

An diesen Beziehungen ändert sich nichts, wenn man das kleinere Dreieck neben das größere herauszeichnet, wie das in Abb. 315 dargestellt ist. Auch in diesem Falle ist

$$\triangle ABC \sim \triangle ADE$$

und es verhält sich

$$AB : AD = AC : AE = BC : DE.$$

Je zwei gleichliegende und gleiche Winkel bezeichnet man hierbei als entsprechende oder homologe Winkel und je zwei Seiten, welche gleichen und entsprechenden Winkeln gegenüberliegen, als entsprechende oder homologe Seiten.

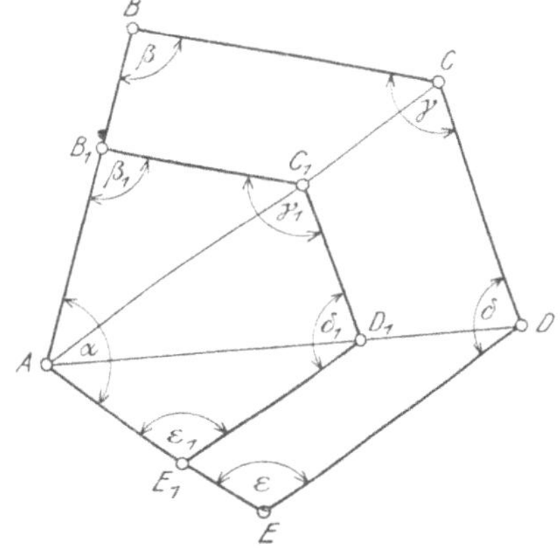


Abb. 316.

c) Zerlegt man ein beliebiges Vieleck ABCDE von einer Ecke aus durch Diagonalen in Dreiecke und zieht man, von einem beliebigen Punkte $B_1$ einer Seite ausgehend, Parallelen zu den Vieleckseiten, wie das in Abb. 316 dargestellt ist, so entsteht ein zweites, kleineres Vieleck $AB_1C_1 \ldots$, dessen Innenwinkel $\alpha$, $\beta_1$, $\gamma_1 \ldots$ gleich sind den Innenwinkeln $\alpha$, $\beta$, $\gamma \ldots$ des großen Vielecks und dessen

Seiten aus dem unter b) für das Dreieck angegebenen Grunde proportional den Seiten des großen Vielecks sind.

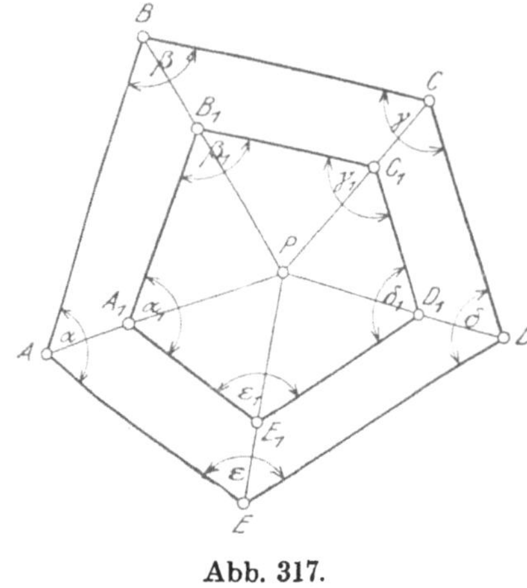


Abb. 317.

Führt man die Zerlegung eines beliebigen Vielecks in Dreiecke in der in Abb. 317 dargestellten Weise aus, indem man einen beliebigen Punkt P innerhalb des Vielecks mit dessen Ecken verbindet und, von einem beliebigen Punkte $B_1$ einer Dreieckseite ausgehend, Parallelen zu den Vieleckseiten zieht, so kommt man zu demselben Ergebnis. In beiden Fällen ist:

$$\alpha = \alpha_1;\ \beta = \beta_1;\ \gamma = \gamma_1;$$
$$\delta = \delta_1;\ \varepsilon = \varepsilon_1 \text{ und}$$
$$AB : A_1B_1 = BC : B_1C_1 =$$
$$= CD : C_1D_1 =$$
$$= DE : D_1E_1 =$$
$$= EA : E_1A_1 \ldots \text{II)}$$

Mithin ist Vieleck ABC ... ähnlich dem Vieleck $A_1B_1C_1$ ..., also im vorliegenden Falle

$$\text{Fünfeck } ABCDE \sim \text{Fünfeck } A_1B_1C_1D_1E_1.$$

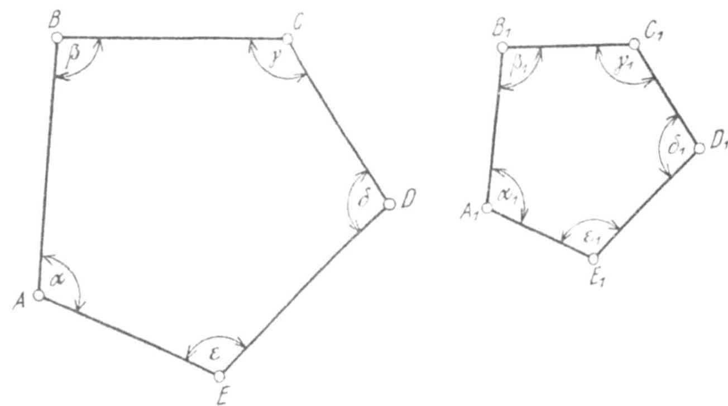


Abb. 318.

An diesen Beziehungen ändert sich nichts, wenn man das kleinere Vieleck neben das größere herauszeichnet; Abb. 318. Auch in diesem Falle ist

$$\text{Fünfeck } ABCDE \sim \text{Fünfeck } A_1B_1C_1D_1E_1.$$

Hieraus folgt:

Zwei geradlinig begrenzte, ebene Figuren — Vielecke — sind ähnlich, wenn die Winkel der einen gleich sind den entsprechenden Winkeln der anderen, und wenn je zwei aufeinanderfolgende Seiten der einen Figur sich zueinander verhalten wie die den entsprechenden Winkel einschließenden Seiten der anderen.

Je zwei entsprechende, gleiche Winkel ähnlicher Figuren heißen homologe Winkel, je zwei Seiten oder Diagonalen, welche die Scheitel je zweier entsprechenden, gleichen Winkel verbinden, homologe Seiten oder Diagonalen[1]).

Verhalten sich zwei entsprechende Seiten ähnlicher Vielecke wie m : n, so heißen die Zahlen m und n Verhältniszahlen; den Quotienten m : n nennt man das Seitenverhältnis oder den Maßstab.

Kongruente Figuren sind stets ähnlich. Die Kongruenz ist ein besonderer Fall der Ähnlichkeit, in welchem das Seitenverhältnis 1 : 1 = 1 ist.

Ferner sind ähnliche Figuren alle gleichseitigen Dreiecke, Rechtecke, Quadrate, sämtliche regelmäßigen Vielecke von gleicher Seitenzahl, sowie alle Kreise.

Zwei Figuren, welche einer dritten ähnlich sind, sind unter sich ähnlich.

d) Auf Seite 197 unter b) ist die Proportion I)

$$AB : AD = AC : AE = BC : DE$$

angegeben. Aus derselben geht hervor, daß nach Abb. 315 die Verhältnisse entsprechender Seiten der Dreiecke ABC und ADE gleich sind, also den gleichen Wert haben. Man kann mithin in anderer Form auch schreiben:

$$\frac{AB}{AD} = \frac{AC}{AE} = \frac{BC}{DE} = k,$$

in welcher Gleichung k ein Koeffizient ist, der den gemeinsamen, gleichen Wert sämtlicher Quotienten angibt.

Löst man die vorstehende, laufende Proportion in Gleichungen zwischen den Einzelverhältnissen und dem Koeffizienten k auf, so erhält man:

$$\left.\begin{array}{lll} \frac{AB}{AD} = k. & \text{Mithin:} & AB = k \cdot AD \\ \frac{AC}{AE} = k. & \text{„} & AC = k \cdot AE \\ \frac{BC}{DE} = k. & \text{„} & BC = k \cdot DE \end{array}\right\} \quad \ldots\ldots 100)$$

Man bezeichnet k als den Verhältnisfaktor. Hieraus folgt:

**Die Seiten eines Dreiecks lassen sich aus den entsprechenden Seiten eines ähnlichen Dreiecks durch Multiplikation mit dem Verhältnisfaktor k berechnen.**

Diese Folgerung ist naturgemäß auch auf jedes Vieleck anwendbar, da dasselbe in Dreiecke zerlegt werden kann. Aus der auf Seite 198

[1]) Vgl. S. 47, Ziffer 60.

angegebenen laufenden Proportion II) ließen sich in gleicher Weise die Vieleckseiten berechnen. Dasselbe gilt für die Diagonalen.

In Abb. 319 ist der Inhalt der Gleichung 100) bildlich dargestellt. Die Dreiecke ABC und $A_1B_1C_1$ sind ähnlich; die Seiten des größeren sind das k-fache der Seiten des kleineren. Der Faktor k kann jede beliebige Zahl sein, also

$$k = 2, 3, 4 \ldots {}^1/_2, {}^1/_3, {}^1/_4 \ldots 0{,}2,\ 0{,}3,\ 0{,}8,\ 1{,}25,\ 2{,}5 \ldots$$

Entsprechend Gleichung 100) erhält man nach Abb. 319:

$$\left.\begin{array}{lll} a = k \cdot a_1. & \text{Mithin:} & a_1 : a = 1 : k \\ b = k \cdot b_1. & \text{,,} & b_1 : b = 1 : k \\ c = k \cdot c_1. & \text{,,} & c_1 : c = 1 : k^{1)} \end{array}\right\} \ldots\ldots 101)$$

d. h. entsprechende Seiten beider Dreiecke verhalten sich sämtlich wie 1 : k.

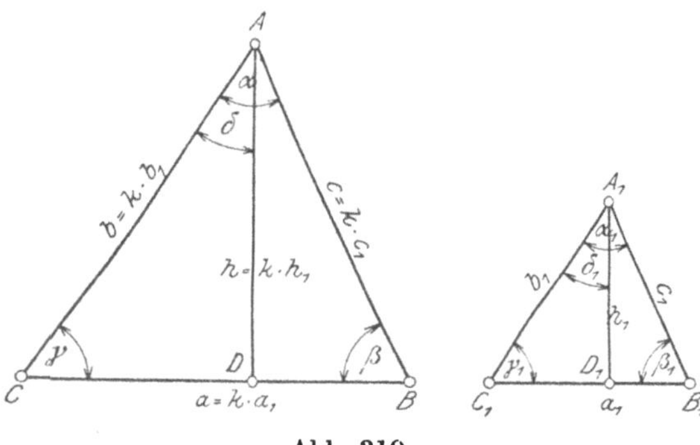

Abb. 319.

Betrachtet man die Längen der Seiten $a_1$, $b_1$ und $c_1$ als Einheiten, so erscheinen die Seitenlängen a, b und c lediglich als das k-fache derselben. Es ist also nur das Maß der Seiten ein anderes geworden und sagt man, das Dreieck ABC sei in einem anderen Maßstabe gezeichnet als das Dreieck $A_1B_1C_1$; und umgekehrt. Hieraus folgt:

Dreiecke bzw. geradlinig begrenzte Figuren überhaupt, die sich nur durch den Maßstab unterscheiden, wie die vorstehend erwähnten Verkleinerungen oder Vergrößerungen, sind ähnlich.

Daß auch sonst die in ähnlichen Dreiecken bzw. Vielecken möglichen, entsprechenden Linien, wie Höhen, Mittellinien, Winkelhalbierende, Diagonalen usw. in demselben Verhältnis 1 : k wie die Seiten stehen, läßt sich beweisen wie folgt:

Zeichnet man in die Dreiecke die Höhen h und $h_1$ ein und legt man, wie in Abb. 320 dargestellt, die beiden Dreiecke ABC und

[1]) Vgl. S. 185, Übungen: 2; Fußnote 1).

$A_1 B_1 C_1$ aus Abb. 319 so aufeinander, daß die Spitzen A und $A_1$ zusammenfallen, so wird wegen der Gleichheit der Innenwinkel $B_1 C_1$ parallel zu BC.

Nach Seite 191, Ziffer 187, b teilt nun jede durch eine Ecke eines Dreiecks gehende Gerade die gegenüberliegende Seite und eine Parallele zu dieser proportional. Demnach sind in Abb. 319 die Linien CD und $C_1 D_1$ in den rechtwinkligen Dreiecken ADC und $A_1 D_1 C_1$ entsprechende Seiten und die gleichen Winkel $\delta$ und $\delta_1$ entsprechende Winkel. Mithin:

$$\triangle ADC \sim \triangle A_1 D_1 C_1 .$$

In diesen Dreiecken verhält sich nach früherem:

$$b_1 : b = h_1 : h .$$

Nach Gleichung 101) verhält sich aber auch:

$$b_1 : b = 1 : k .$$

Aus den letzten beiden Gleichungen folgt:

$$h_1 : h = 1 : k .$$ Mithin[1]):

$$\mathbf{h = k \cdot h_1} \quad . \quad . \quad . \quad . \quad 102)$$

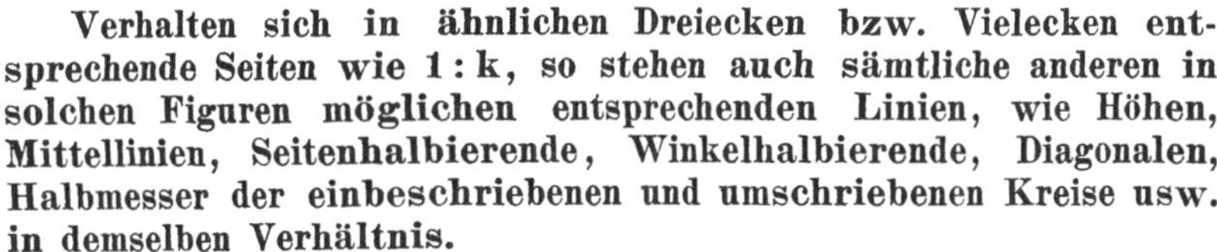


Abb. 320.

Aus dem vorstehenden ergibt sich:

**Verhalten sich in ähnlichen Dreiecken bzw. Vielecken entsprechende Seiten wie 1 : k, so stehen auch sämtliche anderen in solchen Figuren möglichen entsprechenden Linien, wie Höhen, Mittellinien, Seitenhalbierende, Winkelhalbierende, Diagonalen, Halbmesser der einbeschriebenen und umschriebenen Kreise usw. in demselben Verhältnis.**

## Übungen.

190. **Transversalmaßstab.** In Ziffer 183, Seite 183 wurde erklärt, daß man unter dem Verhältnisse zweier Strecken den Quotienten ihrer Maßzahlen versteht. Bei abzumessenden Strecken sind dies deren Längenzahlen. Aus dem Vorangegangenen ist des weiteren ersichtlich, daß man mit den Verhältnissen von Strecken wie mit Zahlenverhältnissen rechnet. Weiter wurde in Ziffer 189, c Seite 197 hervorgehoben, daß man das Verhältnis zweier entsprechenden Seiten ähnlicher Vielecke als Maßstab bezeichnet.

Dasselbe gilt für technische Zeichnungen. Auch hier nennt man das Verhältnis entsprechender Seiten ähnlicher Figuren den Maßstab der Zeichnung.

Wird nach einer in natürlicher Größe — Maßstab 1 : 1 — ausgeführten Zeichnung eine andere in kleinerem Maßstabe — 1 : 5 — hergestellt, so sagt man, die letztere sei in verjüngtem Maßstabe entworfen. Wird umgekehrt nach einem kleineren Bilde ein größeres entworfen, dann hat man in vergrößerten Maßstabe gezeichnet.

---

[1]) Vgl. W. u. St., Arithm. u. Algebra S. 189, Ziffer 131.

In jedem Falle müssen die Längen der Originalzeichnung nach dem gewählten Maßstabe (Seitenverhältnis) umgerechnet werden. In der Praxis kommt der verjüngte Maßstab vorwiegend zur Anwendung.

Sind nun sehr viele Linien nach demselben Maßstabe aufzutragen, wie das beim technischen Zeichnen durchweg der Fall ist, so kann man sich die zeitraubenden Umrechnungen der einzelnen Längen (Strecken) ersparen, indem man sich den verjüngten Maßstab selbst anfertigt. Aus Abb. 321 ist Herstellung und Einteilung eines solchen Maßstabes ohne weiteres ersichtlich.

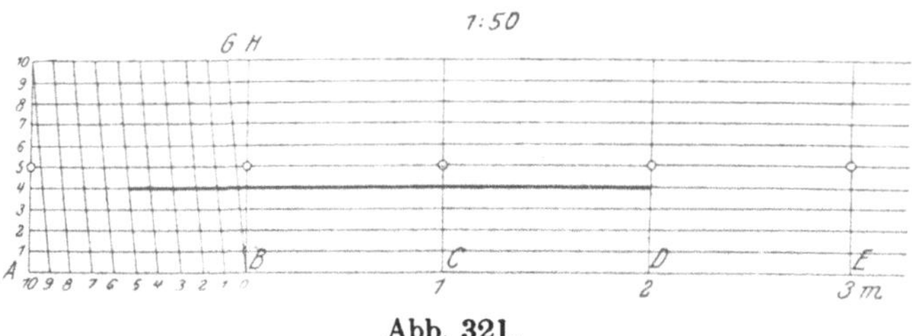


Abb. 321.

Der vorliegende Maßstab ist im Verhältnis 1:50 entworfen und stellt in der Hauptteilung einzelne Meter dar. In Zentimetern berechnet wird demnach für diesen Maßstab die Länge von

$$1 \text{ m} = \frac{1}{50} \cdot 100 \text{ cm} = \frac{100 \text{ cm}}{50} = 2 \text{ cm}.$$

Um den Maßstab aufzuzeichnen, trage man auf einer Geraden AE gleiche Längen

$$AB = BC = CD = \ldots\ldots = 2 \text{ cm}$$

ab. Teilt man weiter die erste Länge AB in 10 gleiche Teile, so stellt jeder Teilpunkt $\frac{1}{10}$ Meter, also Dezimeter, dar.

Die Höhe AF des Maßstabes ist beliebig groß. Auch diese teile man in 10 gleiche Teile und ziehe durch die Teilpunkte Parallelen zu AE. Teilt man jetzt noch die obere Teilstrecke FH in 10 gleiche Teile und verbindet man die Teilpunkte mit denjenigen der unteren Teilstrecke AB durch gerade Linien — Transversalen — in der in Abb. 321 angegebenen Weise, so ist der Maßstab gebrauchsfertig.

In dem Dreieck BHG sind alsdann nach dem Schlußsatze von Ziffer 185, Seite 187 die einzelnen Abschnitte der wagerechten Parallelen, der Reihe nach

$$= \frac{1}{10} GH, \quad \frac{2}{10} GH, \quad \frac{3}{10} GH \ldots\ldots \text{usw.},$$

sie stellen also im vorliegenden Falle Zehntel von $\frac{1}{10}$ Meter, mithin Zentimeter dar.

Die in dem Maßstabe stark ausgezogene Linie gibt demnach eine Länge von

$$2 \text{ m } 5 \text{ dm } 4 \text{ cm} = 2{,}54 \text{ m an.}$$

Der Maßstab in Abb. 321 ist für eine 50fache Verjüngung gezeichnet. Dieselbe wäre eine 500fache, wenn die Längen AB, BC, CD ..... je 10 m und eine 5000fache, wenn die genannten Längen je 100 m darstellten.

Der Leser übe sich im Anfertigen derartiger Maßstäbe und im Abgreifen von Maßen auf denselben!

## C. Ähnlichkeit der Dreiecke.

**191. Parallelsatz.** Zieht man in dem Dreieck ABC, Abb. 322, eine Parallele DE zur Seite BC, so ist nach früherem:

$$\sphericalangle C = \sphericalangle E,\ \sphericalangle B = \sphericalangle D \text{ und } \sphericalangle A = \sphericalangle A.$$

Ferner ist nach Gleichung I, Seite 197:

$$AB : AD = AC : AE = BC : DE.$$

Die Dreiecke ABC und ADE haben demnach gleiche Winkel und proportionale Seiten, sind mithin ähnlich; folglich:

$$\triangle ABC \sim \triangle ADE.$$

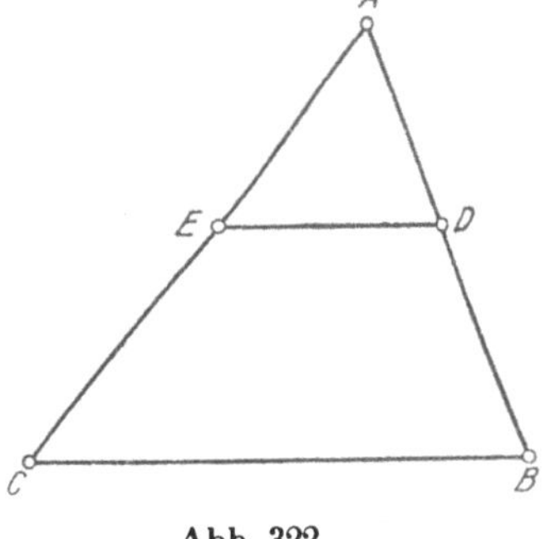

Abb. 322.

Hieraus folgt:

**Die Parallele zu einer Dreieckseite schneidet ein dem ganzen Dreieck ähnliches ab.**

Es ist durchaus gleichgültig, zu welcher der drei Seiten die Parallele gezogen wird.

**192. Konstruktion ähnlicher Dreiecke.** a) Um ein Dreieck zu zeichnen, welches einem gegebenen Dreieck ABC ähnlich ist, kann man den Parallelsatz, Ziffer 191 anwenden. Man teile irgendeine Dreieckseite in eine beliebige Anzahl (gleicher) Teile und ziehe durch die Teilpunkte Parallelen zu einer der beiden anderen Seiten; alsdann sind sämtliche Teildreiecke einander ähnlich. (Abb. 323.)

Zeichnet man ein Teildreieck, hier $\triangle ADE \cong \triangle A_1D_1E_1$, neben das gegebene Dreieck ABC heraus[1]), so bleibt naturgemäß die Ähnlichkeit bestehen, und es ist

$$\triangle A_1D_1E_1 \sim \triangle ABC.$$

Man wird demnach ganz allgemein so verfahren, daß man irgendeinen der Winkel des zu zeichnenden, ähnlichen Dreiecks, hier $\sphericalangle A_1 = \sphericalangle A$ macht und auf dessen Schenkeln Strecken aufträgt, welche durch irgendeine der Parallelen, die zu der dem Winkel A gegenüberliegenden

[1]) Vgl. S. 48, Ziffer 61, Aufgabe 1 bis 3.

Seite BC gezogen wurden, auf den Seiten AB und AC abgeschnitten werden.

b) Bei Besprechung der Kongruenzsätze[1]) wurde die Aufgabe gestellt, ein Dreieck zu zeichnen, von welchem die drei Seiten a, b und c gegeben sind.

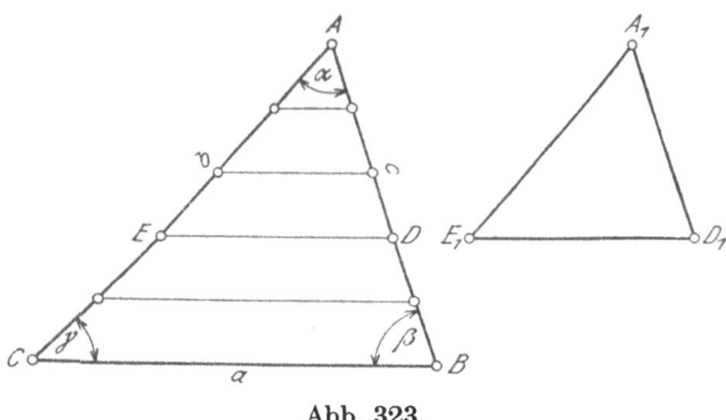


Abb. 323.

Es sei hier die Aufgabe gestellt, ein Dreieck zu zeichnen, von welchem die drei Seiten

$$a = 5, \quad b = 6, \quad c = 7$$

gegeben sind.

Da Angaben über die Längeneinheit: m, dm, cm ..., in welcher die Seiten aufzutragen sind, fehlen, so lassen sich eine ganze Reihe von Dreiecken zeichnen, deren Seiten

$$5 \div 6 \div 7 \text{ m, dm, cm} \ldots.$$

lang sind. Diese Dreiecke werden sich dann wohl in ihren Seitenlängen unterscheiden, in ihrer Gestalt werden sie jedoch übereinstimmen; im besonderen werden entsprechende Winkel gleich sein.

Hätte man z. B. in Abb. 323 die Seite AC = 1 dm gemacht und in 10 gleiche Teile von je 1 cm Länge geteilt, so könnte man die zur Konstruktion des Dreiecks $A_1D_1E_1$ erforderlichen Seitenlängen dem Dreieck ABC in cm entnehmen. Bei einer Teilung in 100 gleiche Teile zu je 1 mm, würde man entsprechend diese Seitenlängen in mm herausmessen.

Der Maßstab, in welchem diese Dreiecke gezeichnet werden, ist mithin ohne jeden Einfluß auf deren Gestalt; es kommt hierbei nur auf das Zahlenverhältnis der Seiten

$$a:b:c = 5:6:7$$

an. Demnach sind diese Dreiecke nur als Verkleinerungen bzw. Vergrößerungen des einen oder anderen anzusehen; nach Ziffer 189d, Seite 199 sind jedoch Dreiecke, die sich nur durch den Maßstab unterscheiden, ähnlich. Hieraus folgt:

[1]) Vgl. S. 48, Ziffer 61, Aufgabe 1 bis 3.

$\alpha$) Die Gestalt eines Dreiecks ist durch das Verhältnis seiner Seiten bestimmt.

$\beta$) Zwei Dreiecke, welche in dem Verhältnis der drei Seiten übereinstimmen, sind ähnlich.

In dem letzten Satze ist bereits eine der Bedingungen enthalten, unter denen Dreiecke ähnlich sind. Weitere Bedingungen der Ähnlichkeit sind in den folgenden Ähnlichkeitssätzen angegeben. Dieselben sollen, unter Anlehnung an die Kongruenzsätze, in Form von Aufgaben behandelt werden.

**193. Ähnlichkeitssätze.**

**Aufgabe 1.** Es ist ein Dreieck zu zeichnen aus zwei Seiten $b = 6$, $c = 7$ und dem von diesen Seiten eingeschlossenen Winkel $\alpha = 60^{\circ}$. (Abb. 323.)

Die Konstruktion ist wie die in Ziffer 61, Aufgabe 1 angegebene durchzuführen. Entsprechend den Erklärungen in Ziffer 192 sind aber auch hier, je nach der für die Seiten b und c angenommenen Maßeinheit, eine ganze Reihe von Dreiecken möglich, die vollkommen gleiche Gestalt haben. Hieraus folgt:

Die Gestalt eines Dreiecks ist durch das Verhältnis zweier Seiten und dem von diesen Seiten eingeschlossenen Winkel bestimmt.

Hieraus ergibt sich

**Erster Ähnlichkeitssatz: Zwei Dreiecke sind ähnlich, wenn sie in dem Verhältnisse zweier Seiten und dem von diesen Seiten eingeschlossenen Winkel übereinstimmen.**

Sind aber zwei Dreiecke ähnlich, so stimmen sie nach Früherem auch in den anderen Seitenverhältnissen und in den anderen Winkeln überein.

Beweisen läßt sich dieser Ähnlichkeitssatz wie folgt:

In Abb. 323 ist der Winkel $\alpha$ den Dreiecken ABC und $A_1D_1E_1$ gemeinsam, also $\measuredangle A = \measuredangle A_1$. Macht man im Dreieck ABC

$$AD = A_1D_1 \text{ und } AE = A_1E_1$$

und verbindet man D mit E, so ist

$$\triangle ADE \cong \triangle A_1D_1E_1$$

nach dem ersten Kongruenzsatze Nun verhält sich

$$AB : A_1D_1 = AC : A_1E_1.$$

In diese Gleichung die Werte für $A_1D_1$ und $A_1E_1$ eingesetzt, folgt

$$AB : AD = AC : AE.$$

Die letzte Proportion ist aber nur richtig, wenn DE parallel BC ist, mithin muß nach dem Parallelsatze, Ziffer 191

$$\triangle ABC \sim \triangle ADE$$

sein. Da aber, wie oben nachgewiesen,

$$\triangle ADE \cong \triangle A_1D_1E_1$$

ist, so muß auch das Dreieck $A_1D_1E_1$ ähnlich dem Dreieck ABC sein. Mithin:

$$\triangle ABC \sim \triangle A_1D_1E_1.$$

**Aufgabe 2.** Es ist ein Dreieck zu zeichnen aus einer Seite $a = 5$ und den beiden an dieser Seite liegenden Winkeln $\beta = 60^\circ$ und $\gamma = 75^\circ$. (Abb. 323.)

Die Konstruktion ist wie die in Ziffer 61, Aufgabe 2 angegebene durchzuführen. Da man auch hier für a eine beliebige Maßeinheit annehmen kann, so sind ebenfalls beliebig viele Dreiecke möglich, welche vollkommen gleiche Gestalt haben. Hieraus folgt:

Die Gestalt eines Dreiecks ist durch zwei Winkel bestimmt.

Hieraus ergibt sich

**Zweiter Ähnlichkeitssatz: Zwei Dreiecke sind ähnlich, wenn sie in zwei Winkeln übereinstimmen.**

Stimmen aber zwei Dreiecke in zwei Winkeln überein, so stimmen sie nach dem Schlußsatze von Ziffer 54b, Seite 43 auch im dritten Winkel überein. Die Proportionalität der anderen Seiten folgt unmittelbar aus der Gleichheit entsprechender Winkel.

**Aufgabe 3.** Es ist ein Dreieck zu zeichnen aus den drei Seiten $a = 5$, $b = 6$ und $c = 7$.

Die Konstruktion ist bereits in Ziffer 192b, Seite 204 besprochen; desgleichen sind dort die notwendigen Folgerungen hervorgehoben. Es ergab sich:

Die Gestalt eines Dreiecks ist durch das Verhältnis der drei Seiten bestimmt. Mithin

**Dritter Ähnlichkeitssatz: Zwei Dreiecke sind ähnlich, wenn sie in dem Verhältnis der drei Seiten übereinstimmen.**

Sind aber in zwei Dreiecken entsprechende Seiten proportional, so sind auch entsprechende Winkel einander gleich.

Wie es mehr als drei Kongruenzsätze gibt, so gibt es auch weitere Ähnlichkeitssätze. Genannt seien die folgenden:

Zwei Dreiecke sind ähnlich, wenn sie in dem Verhältnis zweier Seiten und in dem der größeren dieser Seiten gegenüberliegenden Winkel übereinstimmen.

Zwei rechtwinklige Dreiecke sind ähnlich, wenn die Hypotenuse und eine Kathete des einen Dreiecks sich verhalten wie die Hypotenuse und die entsprechende Kathete des anderen.

**194. Höhensatz.** Abbildung 324 stellt zwei ähnliche Dreiecke ABC und $A_1B_1C_1$ dar, in welche die Höhen h und $h_1$ zu den Seiten BC und $B_1C_1$ eingetragen sind. Durch diese Höhen werden die genannten Dreiecke in je zwei rechtwinklige Dreiecke zerlegt, in denen

$$\sphericalangle C = \sphericalangle C_1 \text{ als entsprechende Winkel}$$
$$\text{und } \sphericalangle ADC = \sphericalangle A_1D_1C_1 \text{ als rechte Winkel}$$

sind. Mithin ist nach dem 2. Ähnlichkeitssatze

$$\triangle ADC \sim \triangle A_1 D_1 C_1, \text{ woraus}$$
$$AC : A_1 C_1 = h : h_1 \ldots\ldots\ldots\ldots \text{I)}$$

folgt. Aus der Ähnlichkeit der beiden Dreiecke ABC und $A_1 B_1 C_1$ folgt weiter:

$$AC : A_1 C_1 = BC : B_1 C_1 \ldots\ldots\ldots\ldots \text{II)}$$

Da in den Proportionen I) und II) die linken Seiten gleich sind, so ergibt sich ohne weiteres:

$$BC : B_1 C_1 = h : h_1, \text{ d. h. } \ldots\ldots\ldots\ldots 103)$$

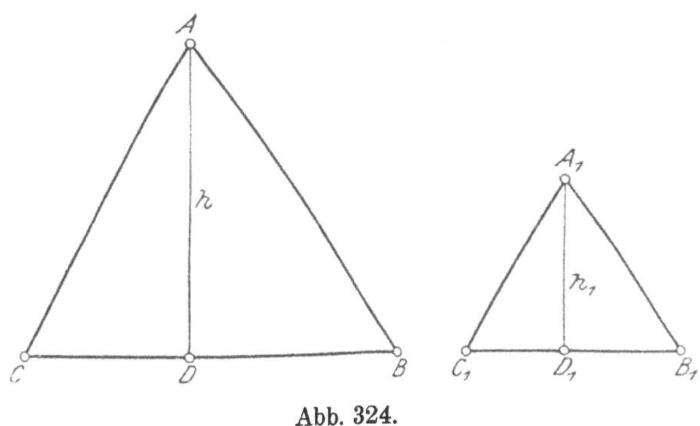


Abb. 324.

**In ähnlichen Dreiecken verhalten sich entsprechende Seiten wie die zugehörigen Höhen.**

Vertauscht man in Proportion I) die Seiten, so folgt:

$$h : h_1 = AC : A_1 C_1, \text{ d. h.}$$

In ähnlichen Dreiecken verhalten sich entsprechende Höhen wie die zugehörigen Seiten.

In gleicher Weise ließe sich der Beweis führen, daß in ähnlichen Dreiecken alle homolog gezogenen Linien, wie Mittellinien, Seitenhalbierende, Winkelhalbierende, Halbmesser der einbeschriebenen und umschriebenen Kreise usw. im Verhältnis entsprechender Seiten stehen[1]). Außerdem geht aus dem Vorstehenden hervor:

**Alle rechtwinkligen Dreiecke sind ähnlich.**

Zeichnet man in ein beliebiges Dreieck ABC zwei Höhen ein (Abb. 325), daß also $AD \perp BC$ und $CE \perp AB$ ist, so sind die rechtwinkligen Dreiecke BEC und ADB ähnlich. Aus dieser Ähnlichkeit folgt:

$$BC : CE = AB : AD.$$

Vertauscht man in dieser Proportion die Innenglieder, so erhält man:

$$BC : AB = CE : AD, \text{ d. h.}$$

[1]) Vgl. Ziffer 189, S. 201 Schlußsatz.

In ein und demselben Dreieck verhalten sich zwei Seiten umgekehrt wie die zugehörigen Höhen.

**195. Mittellinien — Schwerlinien.** Halbiert man in Abb. 326 die Dreieckseite AB, so daß AD = DB ist, und zieht man durch D

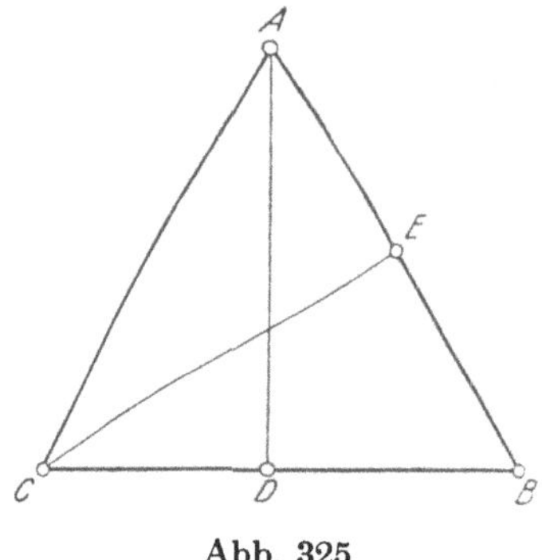


Abb. 325.

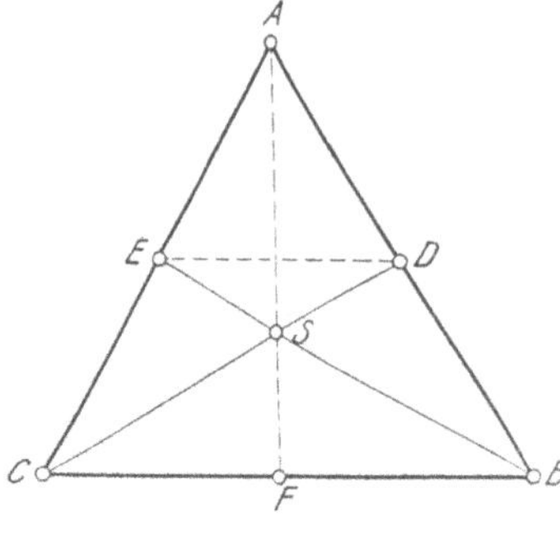


Abb. 326.

eine Parallele zu BC, so wird durch diese die Seite AC ebenfalls halbiert, so daß AE = EC ist[1]). Da auf diese Weise

$$AD = \frac{1}{2} AB \text{ und } AE = \frac{1}{2} AC$$

wird, so muß nach Seite 191, Ziffer 187, 2) auch

$$DE = \frac{1}{2} BC$$

werden, aus welcher Gleichung sich die Proportion

$$BC:DE = 2:1$$

bilden läßt[2]). Zieht man nun die Seitenhalbierenden BE und CD, so ist nach dem zweiten Ähnlichkeitssatze

$$\triangle BCS \sim \triangle EDS,$$

so daß sich verhält:

$$SC:SD = BC:DE = 2:1 \text{ und ebenso}$$
$$SB:SE = BC:DE = 2:1, \text{ d. h.}$$

Die Seitenhalbierende eines Dreiecks wird durch eine zweite stets im Verhältnis 2:1 geteilt, und zwar so, daß der nach der Spitze zu liegende Teil der größere ist.

Zeichnet man noch die dritte Seitenhalbierende oder Mittellinie AF ein, so wird auch diese die erste im Verhältnis 2:1 teilen, d. h. sie wird ebenfalls durch den Punkt S gehen. Hieraus folgt:

**Die Mittellinien eines Dreiecks schneiden sich in einem Punkte, und zwar so, daß die von diesem Punkte ausgehenden Abschnitte einer jeden sich wie 2:1 verhalten.**

---

1) Vgl. S. 186, Ziffer 185 und S. 73, Ziffer 83c, $\beta$.
2) „ W. u. St., Arithm. u. Algebra S. 190, Ziffer 131.

Der größere Abschnitt ist daher $\frac{2}{3}$, der kleinere $\frac{1}{3}$ der ganzen Mittellinie.

Die Physik lehrt, daß der Schnittpunkt S in Abb. 326 der drei Mittellinien (Seitenhalbierenden) eines Dreiecks zugleich dessen **Schwerpunkt** ist. Jede durch einen Schwerpunkt gehende Linie nennt man aber Schwerlinie. Man sagt daher:

Die drei **Schwerlinien** eines Dreiecks schneiden sich in einem Punkte, der von jeder Ecke doppelt so weit entfernt ist, als von der Mitte der gegenüberliegenden Seite.

Nach dem vorstehenden läßt sich mithin folgende Proportion bilden:

$$SA:SF = SB:SE = SC:SD = 2:1 \quad \ldots\ldots\ldots \quad 104)$$

**196. Proportionale Strecken am rechtwinkligen Dreieck. Mittlere Proportionale.** Eine Strecke AB wird auf eine Gerade xy projiziert, indem man vom Anfangs- und Endpunkte derselben Senkrechten auf die Gerade fällt. (Abb. 327.) Das Stück $A_1B_1$ zwischen den Fußpunkten der Senkrechten nennt man die Projektion der Strecke AB auf die Gerade xy[1]).

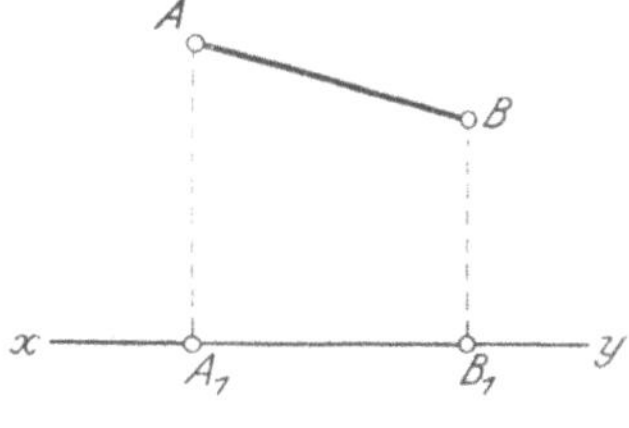

Abb. 327.

Liegt der Endpunkt B der Strecke bereits auf der Geraden xy, so ist nur eine Senkrechte $AA_1$ erforderlich und

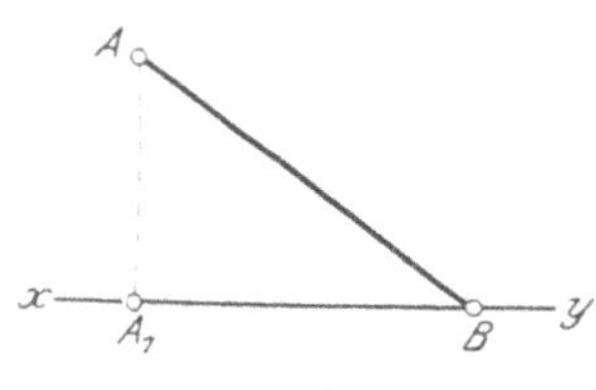

Abb. 328.

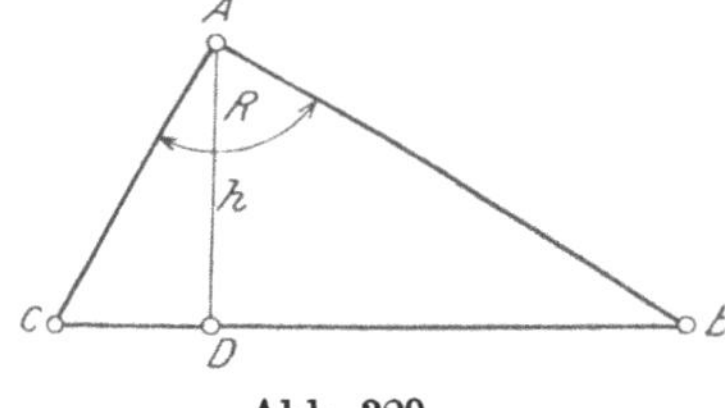

Abb. 329.

ist alsdann $A_1B$ die Projektion von AB auf xy. (Abb. 328). So ist im rechtwinkligen Dreieck ABC (Abb. 329) CD die Projektion der Kathete AC, und BD die Projektion der Kathete AB auf die Hypotenuse BC.

Die Strecken CD und BD nennt man auch Hypotenusenabschnitte.

Fällt man in dem rechtwinkligen Dreieck ABC (Abb. 329) die Höhe AD auf die Hypotenuse, so ist

$$\triangle ADC \sim BAC^{2})$$

---

1) Vgl. W. u. St., Trigonometrie 1919, S. 74, Ziffer 36.

2) Hiermit ist wiederholt darauf hingewiesen, daß rechtwinklige Dreiecke ähnlich sind. Vgl. S. 206, Ziffer 194.

nach dem 2. Ähnlichkeitssatze, denn es ist: $\measuredangle C = \measuredangle C$ und $\measuredangle ADC = \measuredangle BAC = R$. Aus dieser Ähnlichkeit folgt:

$$CD:AC = AC:BC \quad \ldots \ldots \ldots \ldots \quad 105)$$

d. h. AC ist mittlere Proportinale zwischen CD und BC.

Aus demselben Grunde ist

$$\triangle BDA \sim \triangle BAC. \text{ Mithin:}$$

$$BD:AB = AB:BC \quad \ldots \ldots \ldots \ldots \quad 106)$$

d. h. AB ist mittlere Proportionale zwischen BD und BC.

Aus Gleichung 105) und 106) folgt:

**Jede Kathete eines rechtwinkligen Dreiecks ist mittlere Proportionale zwischen ihrer Projektion auf die Hypotenuse und der ganzen Hypotenuse.**

Weiter ergibt sich aus Abb. 329:

$$\triangle CDA \sim \triangle BDA,$$

ebenfalls nach dem 2. Ähnlichkeitssatze, denn es ist

$$\measuredangle CDA = \measuredangle BDA = R \text{ und } \measuredangle ACD = \measuredangle BAD$$

als Komplementwinkel[1]). Mithin verhält sich:

$$CD:AD = AD:BD \quad \ldots \ldots \ldots \ldots \quad 107)$$

d. h. AD ist mittlere Proportionale zwischen CD und BD.

Aus dieser Proportion folgt:

**Die Höhe auf die Hypotenuse eines rechtwinkligen Dreiecks ist mittlere Proportionale zwischen den Projektionen der beiden Katheten, bzw. zwischen den Hypotenusenabschnitten.**

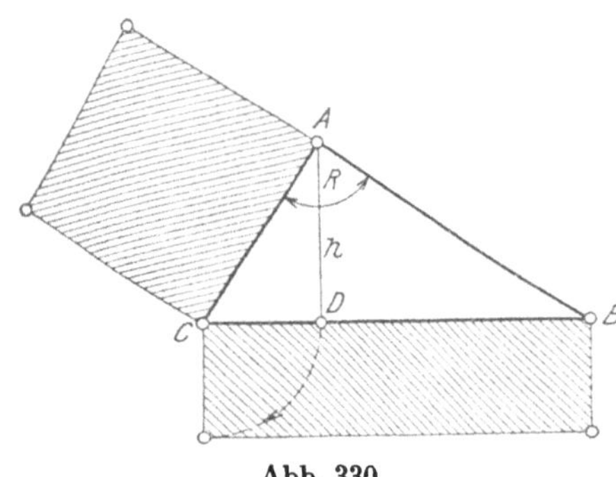

Abb. 330.

Aus Gleichung 105) erhält man:

$$AC^2 = BC \cdot CD.$$

Diese Gleichung läßt sich deuten wie folgt:

Die linke Seite ist der Flächeninhalt eines Quadrates, dessen Seite AC, die rechte Seite derjenige eines Rechtecks, dessen Grundlinie BC und dessen Höhe CD ist. (Abb. 330.) Hieraus ergibt sich der

**Kathetensatz: Das Quadrat über einer Kathete eines rechtwinkligen Dreiecks ist gleich dem Rechteck aus der Hypotenuse und der Projektion der Kathete auf die Hypothenuse.**

---

[1]) Vgl. S. 17, Ziffer 34.

Aus Gleichung 106) ergibt sich:

$$AB^2 = BC \cdot BD.$$

Der Leser entwerfe die dieser Gleichung entsprechende Figur selbst!

Aus Gleichung 107) folgt:

$$AD^2 = BD \cdot CD.$$

Deutet man die Seiten dieser Gleichung im gleichen Sinne, wie an Gleichung 105) gezeigt, so ergibt sich entsprechend Abb. 331 der

**Höhensatz: Das Quadrat über der Höhe eines rechtwinkligen Dreiecks ist gleich dem Rechteck aus den beiden Hypotenusenabschnitten.**

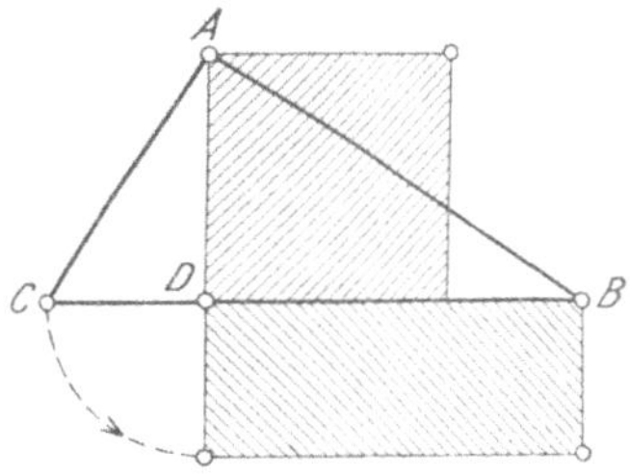

Abb. 331.

Die aus den Gleichungen 105) und 107) abgeleiteten Sätze können nun zur Konstruktion der mittleren Proportionalen benutzt werden.

**197. Konstruktion der mittleren Proportionalen.** Die Konstruktion kann sowohl nach dem Kathetensatze als auch nach dem Höhensatze ausgeführt werden. In jedem Falle ist zu beachten, daß alle Winkel im Halbkreise rechte Winkel sind[1]).

Für beide Fälle sind zwei Strecken a und b gegeben, zu welchen die mittlere Proportionale x zu konstruieren ist, so daß sich verhält

$$a : x = x : b, \text{ daß also}$$
$$x^2 = a \cdot b \text{ wird.}$$

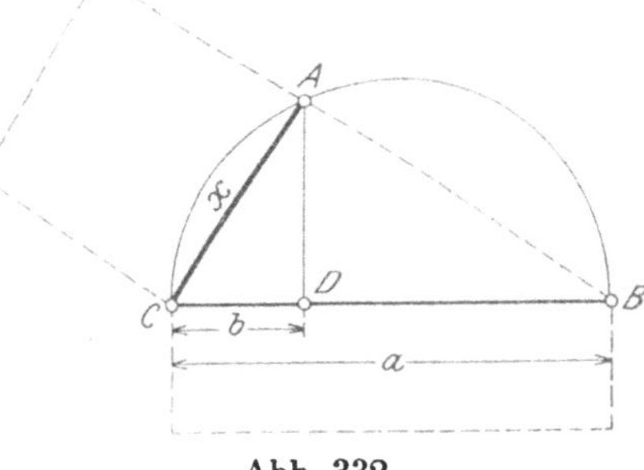

Abb. 332.

a) Konstruktion nach dem Kathetensatze. (Abb. 332.) Die größere der gegebenen Strecken a muß entsprechend Abb. 330 Grundlinie des Rechtecks, also Hypotenuse, die kleinere b muß Höhe des Rechtecks, also Projektion der gesuchten Kathete eines rechtwinkligen Dreiecks werden.

Man mache in Abb. 332 BC = a, trage von C aus CD = b ab und beschreibe über a einen Halbkreis. Errichtet man in D eine Senkrechte bis zum Schnittpunkte A mit dem Halbkreise, so ist

$$AC = x$$

die gesuchte mittlere Proportionale und

$$x^2 = a \cdot b,$$

oder in eine Proportion aufgelöst:

$$a : x = x : b.$$

[1]) Vgl. S. 146, Ziffer 157.

b) **Konstruktion nach dem Höhensatze.** (Abb. 333.) Die gegebenen Strecken a und b müssen entsprechend Abb. 331 Seiten des Rechtecks, also zu Abschnitten der Hypotenuse, die mittlere Proportionale x muß Seite des Quadrates, also Höhe eines rechtwinkligen Dreiecks werden.

Man trage a und b auf einer Geraden aneinander, so daß $BC = a + b$ wird, und beschreibe über BC einen Halbkreis. Errichtet man in D eine Senkrechte bis zum Schnittpunkte A mit dem Halbkreise, so ist

$$AD = x$$

die gesuchte mittlere Proportionale und

$$x^2 = a \cdot b,$$

oder in eine Proportion aufgelöst:

$$a : x = x : b.$$

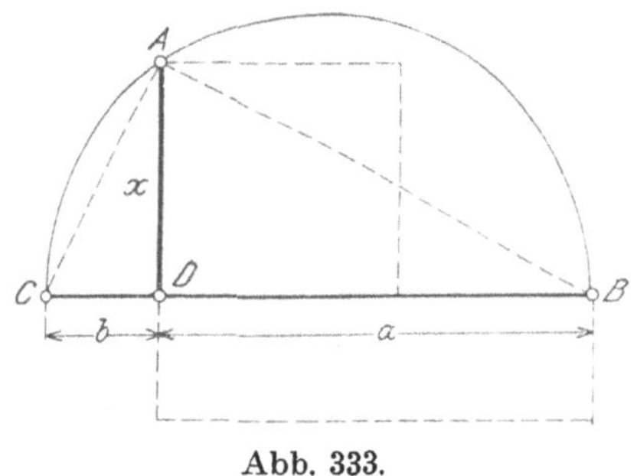

Abb. 333.

Der Leser überzeuge sich unter Zugrundelegung einer beliebigen Längeneinheit durch Nachmessen in Abb. 332 und 333 von der Richtigkeit und zeichne zur Übung diese Figuren auf.

Aus dieser Konstruktion folgt unmittelbar:

**Errichtet man in einem beliebigen Punkte eines Kreisdurchmessers eine Senkrechte bis zum Schnittpunkte mit der Kreislinie, so ist diese mittlere Proportionale zwischen den Abschnitten des Durchmessers.**

## Übungen.

1. In einem rechtwinkligen Dreieck werden durch die Höhe auf die Hypotenuse Strecken von 32 mm und 68 mm Länge abgeschnitten. Das Dreieck ist zu zeichnen und sind die Höhe sowie die Katheten zu berechnen.

2. Es ist ein Halbkreis von 56 mm Halbmesser zu zeichnen. Der Durchmesser ist in 8 gleiche Teile zu teilen und sind in den Teilpunkten Senkrechten bis zum Schnitt mit der Kreislinie zu errichten. Wie lang werden die einzelnen Senkrechten?

3. Ein rechtwinkliges Dreieck besitzt eine Hypotenuse von 120 mm Länge; ein Hypotenusenabschnitt ist 35 mm lang. Wie groß sind die Katheten und die Höhe?

4. In einem rechtwinkligen Dreieck sind die Katheten 40 mm und 75 mm lang. Wie groß sind die Höhe und die Hypotenusenabschnitte?

5. Ein rechtwinkliges Dreieck besitzt eine Hypothenuse von 100 mm und eine Höhe von 40 mm Länge. Wie groß sind die Katheten?

6. Es ist die mittlere Proportionale zu konstruieren zwischen: m und n; m und $2 \cdot m$; $3 \cdot m$ und $5 \cdot m$; m und $\frac{m}{4}$; $m + n$ und $m - n$.

**198. Stetige Teilung. Goldener Schnitt.** Eine Strecke BC stetig teilen heißt, einen Punkt D auf derselben angeben, der so gewählt ist, daß sich nach Abb. 334 die ganze Strecke BC zum größeren Abschnitt BD, wie dieser zum kleineren Abschnitt CD verhält, so daß sich die folgenden Proportionen ergeben:

$$BC:BD = BD:CD, \text{ oder}$$
$$a:x = x:(a - x).$$

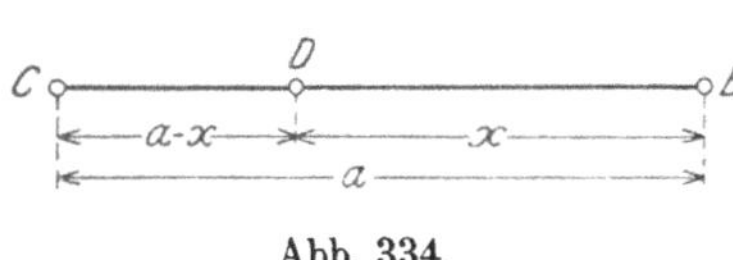


Abb. 334.

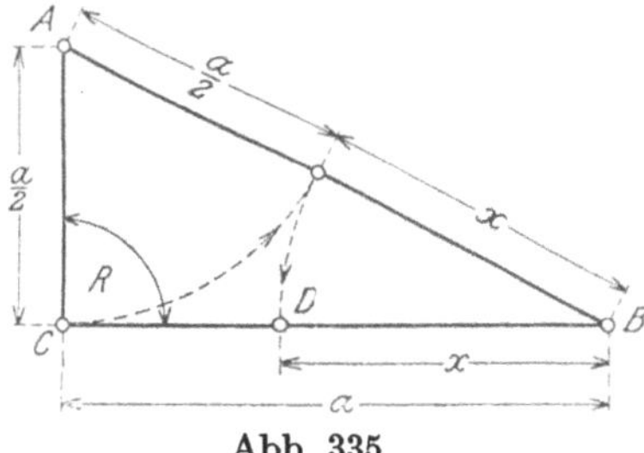


Abb. 335.

Man sagt dann auch: Die Strecke BC ist nach dem „Goldenen Schnitt" geteilt.

In Abb. 335 ist ein rechtwinkliges Dreieck dargestellt, dessen kleine Kathete $AC = \frac{1}{2} BC$, also gleich der Hälfte der großen Kathete ist. Bezeichnet man BC mit a, so ist $AC = \frac{a}{2}$. Trägt man nun $\frac{a}{2}$ von A aus auf der Hypotenuse AB ab, so bleibt als Rest das Stück x übrig, welches von B auf BC abgetragen, den Punkt D ergibt, so daß BD = x wird. Nun ist nach dem Pythagoras[1])

$$AB^2 = BC^2 + AC^2,$$

oder mit den in Abb. 335 eingetragenen Bezeichnungen

$$\left(x + \frac{a}{2}\right)^2 = a^2 + \left(\frac{a}{2}\right)^2, \text{ d. i.}^{2)}$$

$$x^2 + a\,x + \left(\frac{a}{2}\right)^2 = a^2 + \left(\frac{a}{2}\right)^2. \text{ Mithin:}$$

$$x^2 + a \cdot x = a^2, \text{ oder} \quad \ldots\ldots\ldots \quad \text{I)}$$

$$x^2 = a^2 - a \cdot x.$$

Schreibt man auf der rechten Seite a heraus, so folgt:

$$x^2 = a \cdot (a - x).$$

Aus dieser Produktengleichung läßt sich aber folgende Proportion bilden[3]):

$$a:x = x:(a - x) \quad \ldots\ldots\ldots \quad 108)$$

Die Strecke BC in Abb. 335 ist mithin im Punkte D stetig oder nach dem Goldenen Schnitt geteilt.

---

[1]) Vgl. S. 121, Ziffer 134.

[2]) „ W. u. St., Arithm. u. Algebra S. 29, Ziffer 35; 1.

[3]) „ „ „ „ „ „ „ „ 191, „ 131.

Zur Berechnung von x addiere man auf beiden Seiten der vorstehenden Gleichung I): $x^2 + ax = a^2$ den Wert

$$\left(\frac{a}{2}\right)^2 = \frac{a^2}{4}\cdot \text{ Das ergibt}$$

$$x^2 + ax + \left(\frac{a}{2}\right)^2 = a^2 + \frac{a^2}{4}$$

oder, da nun die linke Seite zum vollständigen Quadrat geworden ist[1]):

$$\left(x + \frac{a}{2}\right)^2 = \frac{4 \cdot a^2}{4} + \frac{a^2}{4} = \frac{5 \cdot a^2}{4} = 5 \cdot \frac{a^2}{4}\cdot$$

Zieht man auf beiden Seiten die Quadratwurzel, so folgt[2]):

$$x + \frac{a}{2} = \sqrt{5 \cdot \frac{a^2}{4}} = \frac{a}{2} \cdot \sqrt{5}. \text{ Mithin:}$$

$$x = \frac{a}{2} \cdot \sqrt{5} - \frac{a}{2}, \text{ d. i.}^{3)}$$

$$x = \frac{a}{2} \cdot (\sqrt{5} - 1) \; \ldots\ldots\ldots\ldots \; \text{II)}$$

Folglich: $x = \frac{a}{2} \cdot (2{,}236 - 1) = \frac{a}{2} \cdot 1{,}236$, oder

$x = 0{,}618 \cdot a.$

Das ist aber zugleich die Länge der Seite des einem Kreise vom Halbmesser a **einbeschriebenen regelmäßigen 10-Ecks.**

Bezeichnet man die Seite des regelmäßigen einbeschriebenen 10-Ecks mit s und den Halbmesser des umschriebenen Kreises mit R, so wird entsprechend Gleichung II):

$$s = \frac{R}{2} \cdot (\sqrt{5} - 1) = 0{,}618 \cdot R.^{4)}$$

Die Seite des regelmäßigen 10-Ecks ist der größere Abschnitt des stetig geteilten Halbmessers des dem 10-Eck umschriebenen Kreises.

Das regelmäßige 5-Eck läßt sich alsdann leicht zeichnen, indem man die Ecken des regelmäßigen 10-Ecks derart miteinander verbindet, daß man immer eine derselben überspringt.

**Die Konstruktion**

der „stetigen Teilung“ einer Strecke ist aus Abb. 335 klar ersichtlich.

Man zeichne ein rechtwinkliges Dreieck, dessen eine Kathete gleich der Länge der gegebenen, stetig zu teilenden Strecke und dessen an-

---

[1]) Vgl. W. u. St., Arithm. u. Algebra S. 177, Ziffer 123. Beachte $a^2 = \frac{4 \cdot a^2}{4}$!

[2]) „ „ „ „ „ „ „ „ 80, „ 77 u. S. 90, Ziffer 84b.

[3]) „ „ „ „ „ „ „ „ 36, „ 43; A, a.

[4]) „ S. 167 u. 168, Tabelle II u. III über regelmäßige Vielecke.

dere Kathete halb so lang ist; alsdann trage man vom Schnittpunkte der Hypotenuse mit der kleineren Kathete diese auf die Hypotenuse ab. Trägt man weiter das bleibende Reststück x auf die größere Kathete, also auf die stetig zu teilende Strecke ab, so ist der sich auf diese Weise ergebende Schnittpunkt der Punkt, in welchem die gegebene Strecke stetig geteilt wird[1]).

**199. Umfänge ähnlicher Dreiecke.** Bei Besprechung der Verhältnisse nach Abb. 314 u. 315 wurde auf Seite 197 in Gleichung I) folgende Proportion aufgestellt:

$$AB : AD = AC : AE = BC : DE.$$

Unter sinngemäßer Anwendung auf Abb. 324, Seite 207 erhält man

$$AB : A_1B_1 = AC : A_1C_1 = BC : B_1C_1.$$

Aus dieser laufenden Proportion läßt sich die folgende ableiten[2]):

$$(AB + AC + BC) : (A_1B_1 + A_1C_1 + B_1C_1) = AB : A_1B_1.$$

Nun ist aber das erste Glied derselben

= dem Umfange[3]) des Dreiecks $ABC = U$

und das zweite Glied

= dem Umfange des Dreiecks $A_1B_1C_1 = U_1$.

Mithin kann man schreiben:

$$U : U_1 = AB : A_1B_1.$$

Zieht man auch die anderen Seitenverhältnisse in Betracht, so folgt:

$$U : U_1 = AB : A_1B_1 = AC : A_1C_1 = BC : B_1C_1 \quad \ldots \quad 109)$$

In Worten:

**Die Umfänge zweier ähnlichen Dreiecke verhalten sich wie zwei entsprechende (homologe) Seiten.**

Dieser Satz läßt sich nach Früherem dahin erweitern[4]):

Die Umfänge ähnlicher Dreiecke verhalten sich wie irgendwelche in denselben homolog gezogenen Linien.

**200. Flächeninhalte ähnlicher Dreiecke.** In den ähnlichen Dreiecken $ABC$ und $A_1B_1C_1$ (Abb. 336) sind entsprechende Grundlinien

---

[1]) Der goldene Schnitt ist eine in Kunst und Gewerbe, namentlich in der Architektur häufig benutzte Teilung; Grundrissen von Kirchen, öffentlichen Bauwerken usw. gibt man gern Verhältnisse nach dem Goldenen Schnitt. Auch bei allgemeinen Gebrauchsgegenständen, z. B. Bildern, Briefkuverts, Visitenkarten usw. findet man dieses Verhältnis angewendet. Die Gegenstände erscheinen dadurch dem Auge besonders gefällig.

[2]) Vgl. W. u. St., Arithm. u. Algebra S. 196, Ziffer 137.

[3]) „ S. 90, Ziffer 101.

[4]) „ „ 201, „ 189d und S. 206, Ziffer 194.

mit g und $g_1$ und die zugehörigen Höhen mit h und $h_1$ bezeichnet. Nun ist der Flächeninhalt[1]) des Dreiecks ABC

$$F = \frac{1}{2} \cdot g \cdot h$$

und derjenige des Dreiecks $A_1B_1C_1$

$$F_1 = \frac{1}{2} \cdot g_1 \cdot h_1.$$

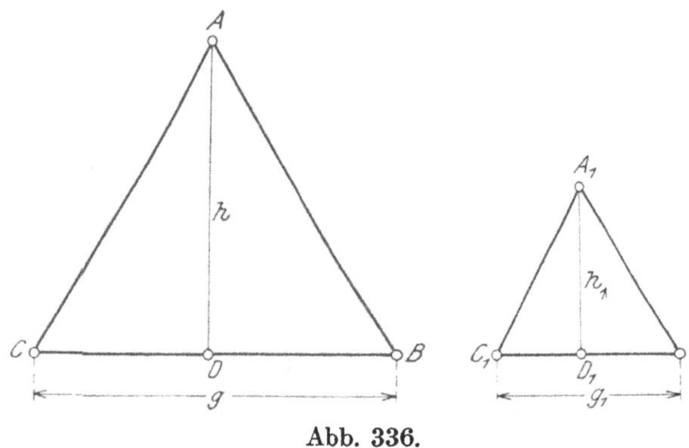


Abb. 336.

Dividiert man die erste Gleichung durch die zweite, so erhält man:

$$\frac{F}{F_1} = \frac{\frac{1}{2} \cdot g \cdot h}{\frac{1}{2} \cdot g_1 \cdot h_1} = \frac{g \cdot h}{g_1 \cdot h_1} = \frac{g}{g_1} \cdot \frac{h}{h_1}.$$

Nun verhält sich nach Ziffer 194, Seite 206: $\frac{g}{g_1} = \frac{h}{h_1}$.

Setzt man den Gleichwert von $\frac{h}{h_1}$ in die letzte Gleichung ein, so ergibt sich:

$$\frac{F}{F_1} = \frac{g}{g_1} \cdot \frac{g}{g_1}, \text{ oder}$$

$$\frac{F}{F_1} = \frac{g^2}{g_1^2} \quad \ldots\ldots\ldots \quad 110)$$

Auf gleiche Weise erhält man:

$$\frac{F}{F_1} = \frac{h^2}{h_1^2} \quad \ldots\ldots\ldots \quad 111)$$

In Worten:

**Die Flächeninhalte zweier ähnlichen Dreiecke verhalten sich wie die Quadrate zweier entsprechenden Seiten oder Höhen.**

Auch dieser Satz läßt sich erweitern wie folgt:

---

[1]) Vgl. S. 100, Ziffer 114a.

Die Flächeninhalte ähnlicher Dreiecke verhalten sich wie die Quadrate irgendwelcher in denselben homolog gezogenen Linien.

## Übungen.

1. Der Schatten eines Baumes ist 4,8 m lang. Ein parallel zum Baumstamm gestellter Stab von 1,5 m Länge wirft zu gleicher Zeit einen Schatten von 0,8 m Länge. Welche Höhe besitzt der Baum?[1])

2. Auf welche Weise läßt sich mit Hilfe eines wagerecht liegenden Spiegels die Höhe eines Gegenstandes bestimmen?

3. Von einem dreieckigen Fabrikgrundstück ABC, das bei C rechtwinklig ist, dessen Seite AC = 95 m und dessen Hypotenuse AB = 130 m lang ist, soll in einer Entfernung = 70 m von A auf AC gemessen durch eine Parallele zu BC ein dreieckiges Stück abgeteilt werden. Wie groß ist der Flächeninhalt des ganzen Grundstückes, der abgetrennten dreieckigen Fläche, des Reststückes, und wie groß sind die Längenabschnitte auf AB?[2])

4. Von dem rechtwinkligen Dreieck ABC nach Abb. 329 sind gegeben die Hypotenuse BC = 5 m sowie deren Abschnitte CD = 1,8 m und BD = 3,2 m. Wie groß werden die Katheten und die Hypotenusenhöhe?[2])

5. Eine Fläche von der Form eines gleichschenkligen Dreiecks ABC, dessen Grundlinie AB = 126 m und dessen Schenkel = 210 m lang sind, soll durch die Höhe zur Grundlinie und eine im Abstande von 60 m zur Grundlinie gezogene Parallele in vier Teilflächen zerlegt werden. Welche Abmessungen, und welchen Flächeninhalt erhält jede Teilfläche?[2])

6. Ein Grundstück besitzt die Form eines Rechtecks, dessen Grundlinie 80 m und dessen Höhe 50 m lang ist. Durch dasselbe soll ein Fahrweg so gelegt werden, daß dieser in 8 m Breite neben der Diagonalen läuft. Welchen Flächeninhalt beansprucht dieser Fahrweg?[2])

7. Von einem Kreisabschnitt ist die Sehnenlänge $2 \cdot s = 1{,}5$ m und die Höhe $h = 15$ cm gegeben. Wie groß ist der Halbmesser des zugehörigen Kreises?[3])

8. Im Anschluß an Aufgabe 7) sind $h = 20$ cm und $r = 5{,}8$ m gegeben. Wie groß wird die Sehnenlänge $2 \cdot s$?

Wie groß wird ferner die Höhe h, wenn $r = 5{,}2$ m und $2 \cdot s = 4{,}2$ m gegeben sind?

---

[1]) Bezeichnet man mit a die Länge des Baumschattens, mit b die Stablänge, mit c die Schattenlänge des Stabes und mit x die Höhe des Baumes, so verhält sich:

$$x : a = b : c. \quad \text{Mithin: } x = \frac{a \cdot b}{c}. \quad \text{Skizze!}$$

[2]) Der Leser mache sich eine Skizze!

[3]) Die Berechnung ist nach Ziffer 134, Seite 121 oder Ziffer 197, Seite 212 (Schlußsatz) durchzuführen. Beachte zur Kontrolle: $r = \frac{s^2}{2h} + \frac{h}{2}$. Skizze!

9. Die Mittellinien zweier Kanalleitungen bilden einen Winkel von 60°; sie sind durch einen Kreisbogen von 30 m Halbmesser miteinander zu verbinden. Wie weit ist der Schnittpunkt der Mittellinien vom Kreismittelpunkte, und wie weit sind die Berührungspunkte von Kreis und Mittellinien voneinander entfernt?[1])

10. Der rechteckige Querschnitt eines Holzbalkens größter Tragfähigkeit wird gefunden, indem man den Durchmesser des Baumstammes in 3 gleiche Teile teilt, in den Teilpunkten nach entgegengesetzten Richtungen Senkrechten errichtet und die Punkte, in denen diese den Umfang des Stammes schneiden, mit den Endpunkten des Durchmessers verbindet. Welches ist das Längenverhältnis der Rechteckseiten, also der Balkenabmessungen? Skizze!

## D. Ähnlichkeit der Vier- und Vielecke.

**201. Bedingungen der Ähnlichkeit.** Bereits in Ziffer 189 c) wurde gezeigt, wie man ein Vieleck von einer Ecke aus durch Diagonalen und Parallelen zu den Vieleckseiten in ähnliche Dreiecke zerlegen kann. Von welcher Ecke aus diese Zerlegung vorgenommen wird, ist gleichgültig. Hieraus folgt:

Ähnliche Vielecke werden durch homologe (gleichliegende) Diagonalen in gleich viele, gleichliegende und ähnliche Dreiecke geteilt.

Faßt man ähnliche Vierecke bereits als Vielecke auf, so findet der vorstehende Satz sinngemäße Anwendung. Für Parallelogramme und verwandte Figuren[2]) gelten alsdann, unter Berücksichtigung von Ziffer 74, Seite 67) und des ersten Ähnlichkeitssatzes im besonderen, folgende Sätze:

Zwei Parallelogramme sind ähnlich, wenn sie übereinstimmen in dem Verhältnisse zweier anstoßenden Seiten und dem von diesen eingeschlossenen Winkel.

Zwei Rechtecke sind ähnlich, wenn sie übereinstimmen in dem Verhältnisse zweier anstoßenden Seiten.

Zwei Rhomben sind ähnlich, wenn sie in einem Winkel übereinstimmen.

Zwei bzw. alle Quadrate sind ähnlich.

Zerlegt man **regelmäßige** Vielecke von ihrem Mittelpunkte aus in Teildreiecke, so sind diese kongruent[3]). Aus dieser Kongruenz und den Ähnlichkeitssätzen folgt ohne weiteres:

Zwei **regelmäßige** Vielecke von gleicher Seitenzahl sind ähnlich.

Weiter ergibt sich aus den Proportionen, die man aus den Verhältnissen der Vieleckseiten und der Diagonalen als Seiten der Teildreiecke bilden kann:

---

[1]) Der Leser mache sich eine Skizze!

[2]) Vgl. S. 69, Ziffer 77, 78 und 79.

[3]) Vgl. S. 159, Ziffer 168.

In ähnlichen Vielecken verhalten sich homologe Seiten wie homologe Diagonalen, und umgekehrt.

Wendet man das auf Seite 215, Ziffer 199 über die **Umfänge** ähnlicher Dreiecke Gesagte sinngemäß auf ähnliche Vielecke an, so folgt:

Die Umfänge zweier ähnlichen Vielecke verhalten sich wie zwei homologe Seiten oder zwei homologe Diagonalen.

Dieser Satz läßt sich, auf regelmäßige Vielecke bezogen, erweitern wie folgt:

Die Umfänge zweier **regelmäßigen** Vielecke von gleicher Seitenzahl verhalten sich wie die Halbmesser der ein- oder umbeschriebenen Kreise.

Der Beweis folgt ohne weiteres aus der Kongruenz der Bestimmungsdreiecke und aus den Ähnlichkeitssätzen.

Faßt man Kreise als Vielecke mit unendlich großer Seitenzahl auf, wie das auf Seite 170, Ziffer 178 erklärt wurde, so finden die vorstehenden Sätze für Vielecke sinngemäße Anwendung:

Die Umfänge zweier Kreise verhalten sich wie ihre Halbmesser.

Berücksichtigt man das in Ziffer 200, Seite 215, über den **Flächeninhalt** ähnlicher Dreiecke Gesagte, so ergibt sich für ähnliche Vielecke folgendes:

Die Flächeninhalte ähnlicher Vielecke verhalten sich wie die Quadrate über irgendwelchen homolog gelegenen Seiten.

Auf regelmäßige Vielecke ausgedehnt, erhält man:

Die Flächeninhalte **regelmäßiger** Vielecke von gleicher Seitenzahl verhalten sich wie die Quadrate über den Halbmessern der ein- oder umbeschriebenen Kreise.

Für Kreise gilt entsprechend:

Die Flächeninhalte von **Kreisen** verhalten sich wie die Quadrate über ihren Halbmessern.

## E. Proportionalität am Kreise.

**202. Sich schneidende Sehnen. Sehnensatz.** Zeichnet man in einen Kreis zwei Sehnen AB und CD ein, die sich im Punkte E schneiden, und verbindet man A mit D und B mit C, so ist entsprechend Abb. 337:

$\sphericalangle A = \sphericalangle C$ als Umfangswinkel[1]) über Bogen BD,
$\sphericalangle B = \sphericalangle D$ „ „ „ „ AC.

Folglich:

$$\triangle AED \sim \triangle BEC$$

[1]) Vgl. S. 145, Ziffer 156.

nach dem zweiten Ähnlichkeitssatze. Mithin verhält sich:

$$AE:DE = CE:BE.$$

Bildet man die Produkte der äußeren und inneren Glieder, so ergibt sich:

$$AE \cdot BE = CE \cdot DE \quad \ldots\ldots\ldots\ldots \quad 112)$$

Hieraus folgt der

**Sehnensatz: Schneiden sich zwei Sehnen, so ist das Produkt aus den Abschnitten der einen gleich dem Produkt aus den Abschnitten der anderen.**

Wird hierbei eine Sehne durch die andere halbiert, so ist jeder Abschnitt der einen mittlere Proportionale zwischen den Abschnitten der anderen.

Deutet man Gleichung 112) in gleicher Weise, wie das bei Gleichung 105 und 107) gezeigt wurde, so ist die linke Seite der Flächeninhalt eines Rechtecks mit den Seiten AE und BE und die rechte Seite derjenige eines Rechtecks mit den Seiten CE und DE. Aus den Abschnitten ein und derselben Sehne läßt sich also ein Rechteck zeichnen, wie das in Abb. 338 dargestellt ist. Hieraus folgt:

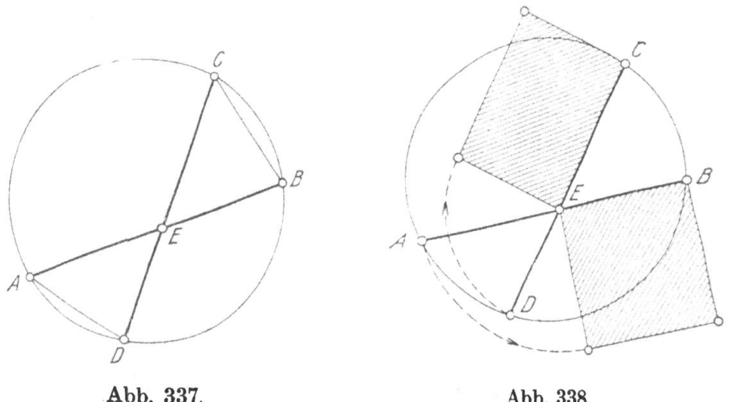


Abb. 337. Abb. 338.

Schneiden sich zwei Sehnen, so sind die Rechtecke aus den Abschnitten jeder Sehne gleich.

Da man nun durch den Punkt E in Abb. 337 beliebig viele Sehnen legen kann, so läßt sich der Sehnensatz erweitern wie folgt:

Zieht man durch irgendeinen Punkt im Innern eines Kreises beliebig viele Sehnen, so hat für jede Sehne das Produkt ihrer Abschnitte denselben Wert.

**203. Sekantensatz.** In Abb. 339 sind vom Punkte A aus zwei Sekanten[1]) AB und AC an den Kreis gezogen, welche denselben in

[1]) Vgl. S. 135, Ziffer 142.

B und D sowie in C und E schneiden. Verbindet man B mit E und C mit D, so ist

$$\sphericalangle DCE = \sphericalangle EBD \text{ als Umfangswinkel über Bogen } DE,$$
$$\sphericalangle BAC = \sphericalangle BAC \text{ sich selbst gleich. Folglich:}$$
$$\triangle ABE \sim \triangle ACD$$

nach dem zweiten Ähnlichkeitssatze. Mithin verhält sich:

$$AB : AE = AC : AD.$$

Bildet man aus dieser Proportion die Produktengleichung, so ergibt sich:

$$AB \cdot AD = AC \cdot AE \quad . \quad 113)$$

Hieraus folgt der

**Sekantensatz: Schneiden sich zwei Sekanten außerhalb eines Kreises, so ist das Produkt aus der einen ganzen Sekante und ihrem äußeren Abschnitte gleich dem Produkt aus der anderen ganzen Sekante und ihrem äußeren Abschnitte.**

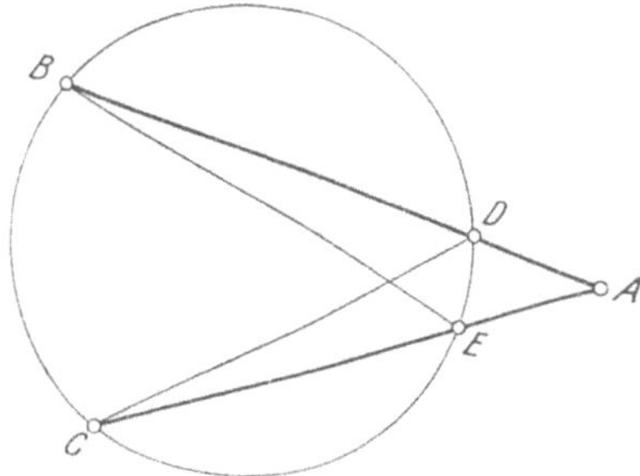

Abb. 339.

Gibt man der Gleichung 113) dieselbe Deutung wie der Gleichung 112), so stellt jede Seite derselben ebenfalls den Flächeninhalt eines Rechtecks dar, dessen Grundlinie die ganze Sekante und dessen Höhe der zugehörige äußere Sekantenabschnitt ist. Die Konstruktion dieser Rechtecke ist in Abb. 340 dargestellt. Hieraus folgt:

Schneiden sich zwei Sekanten, so sind die Rechtecke aus jeder ganzen Sekante und ihrem äußeren Abschnitte einander gleich.

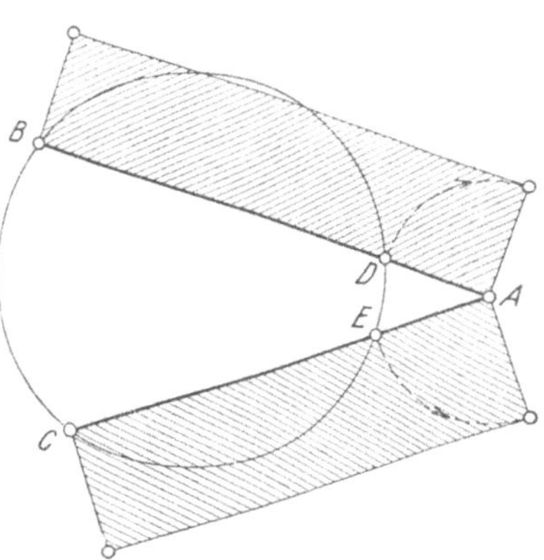

Abb. 340.

Da sich nun durch den Punkt A beliebig viele Sekanten ziehen lassen, so erfährt der Sekantensatz, ähnlich wie der Sehnensatz, folgende Erweiterung:

Zieht man durch irgendeinen Punkt außerhalb eines Kreises beliebig viele Sekanten, so hat für jede Sekante das Produkt aus der ganzen Sekante und dem zugehörigen, äußeren Abschnitte denselben Wert.

204. **Tangentensatz.** Legt man, wie in Abb. 341 dargestellt, von dem Punkte A der Sekante AC die Tangente AB an einen Kreis

und verbindet man den Berührungspunkt B mit den Schnittpunkten C und D der Sekante mit dem Kreise, so ist

$$\sphericalangle ABD = \sphericalangle ACB \text{ als Sehnen-Tangentenwinkel}^{1)},$$
$$\sphericalangle BAD = \sphericalangle BAC \text{ sich selbst gleich. Folglich:}$$
$$\triangle ABD \sim \triangle ACB$$

nach dem zweiten Ähnlichkeitssatze. Mithin verhält sich:

$$AD : AB = AB : AC.$$

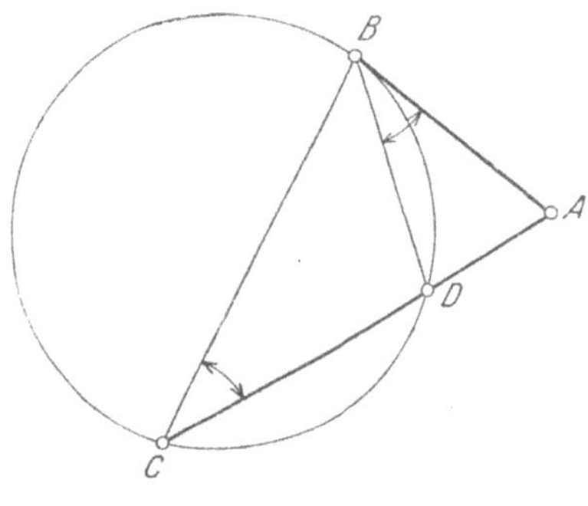

Abb. 341.

Bildet man aus dieser Proportion die Produktengleichung, so ergibt sich:

$$AB^2 = AC \cdot AD \quad . \quad . \quad 114)$$

Hieraus folgt der

**Tangentensatz: Schneiden sich an einem Kreise eine Tangente und eine Sekante, so ist das Quadrat der Tangente gleich dem Produkt aus der ganzen Sekante und ihrem äußeren Abschnitte.**

Mit anderen Worten:

Die Tangente ist mittlere Proportionale (geometrisches Mittel) zwischen der ganzen Sekante und ihrem äußeren Abschnitte.

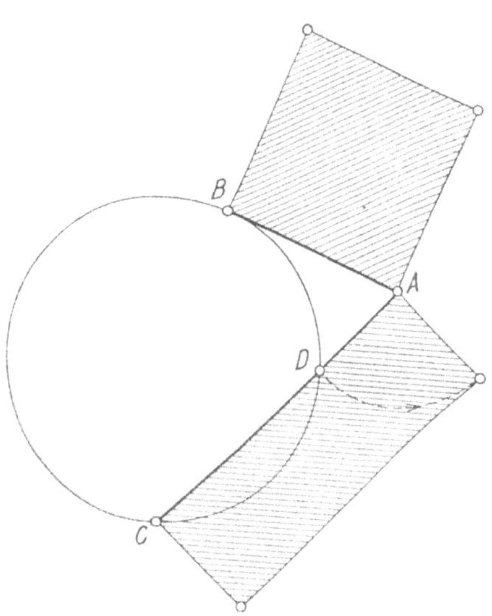

Abb. 342.

In Gleichung 114) ist aber, früheren Auslegungen entsprechend, die linke Seite der Flächeninhalt des Quadrates über der Tangente, die rechte Seite derjenige eines Rechtecks, dessen Grundlinie die ganze Sekante und dessen Höhe der zugehörige, äußere Sekantenabschnitt ist. Die Konstruktion beider Flächen ist in Abb. 342 dargestellt. Hieraus folgt:

Schneiden sich eine Tangente und eine Sekante, so ist das Quadrat über der Tangente gleich dem Rechtecke aus der ganzen Sekante und ihrem äußeren Abschnitte.

[1]) Vgl. S. 146, Ziffer 158.

Durch den Punkt A lassen sich jedoch nur eine Tangente, aber beliebig viele Sekanten legen. Man kann daher auch sagen:

Die Tangente ist mittlere Proportionale zwischen jeder vom Endpunkte der Tangente an den Kreis gezogenen Sekante und deren äußeren Abschnitte.

Ferner läßt sich noch folgender Satz, entsprechend den vorstehend wiederholt gemachten Angaben, leicht nachweisen:

Schneiden sich eine Tangente und eine Sekante, und ist der in den Kreis fallende Abschnitt der Sekante gleich der Tangente, so ist die Sekante stetig geteilt.

## Übungen.

1. Welche größtmögliche Sehweite besitzt ein Beobachter von einem erhöhten Punkte der Erde aus?

In Abb. 343 sei der Standort des Beobachters auf dem Punkte A, welcher sich um die Höhe h über die Erdoberfläche erhebt. Alsdann ist dessen Seh- oder Gesichtsweite $= AS = s$. Bezeichnet man den Erdhalbmesser mit r, so erhält man entsprechend Gleichung 114):

$$AS^2 = AC \cdot AB.$$

Nun ist $AS = s$, $AC = 2 \cdot r + h$ und $AB = h$. Diese Werte in die letzte Gleichung eingesetzt, ergibt:

$$s^2 = (2 \cdot r + h) \cdot h. \quad \text{Mithin:}$$

$$s = \sqrt{(2 \cdot r + h) \cdot h}.$$

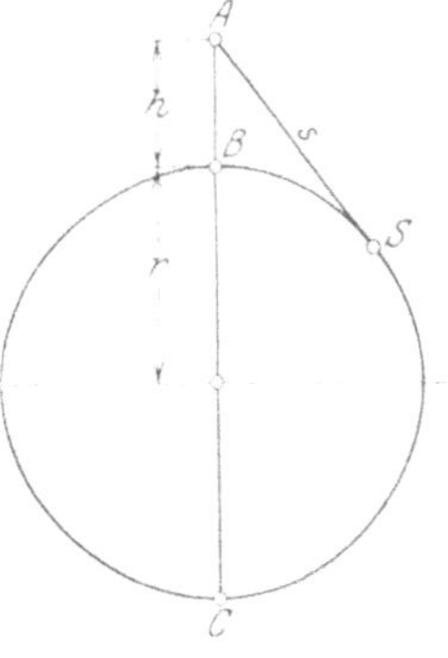

Abb. 343.

2. Der Montblanc erhebt sich 4810 m über den Meeresspiegel. Wie groß ist die Sehweite von der Spitze desselben, wenn der Erdhalbmesser zu rund 6370 km angenommen wird[1]?

Lösung: $s = 247{,}6$ km.

3. Das Licht eines Leuchtturmes befindet sich 75 m über dem Meeresspiegel. Bis zu welcher Entfernung können Seefahrer das Licht sehen? ($r = 6370$ km.)

4. Ein Seefahrer erblickt das Blinkfeuer eines Leuchtturmes auf eine Entfernung von 15 km. Wie hoch befindet sich die Lichtquelle über dem Meeresspiegel?

**205. Satz des Ptolemäus.** In den Kreis Abb. 344 ist ein Sehnenviereck[2]) ABCD mit seinen Diagonalen eingezeichnet. Macht man $\sphericalangle DAE = \sphericalangle BAC$, so schneidet der freie Schenkel des ersteren die Diagonale BD im Punkte E. Alsdann ist:

$\sphericalangle DAE = \sphericalangle BAC$ nach Konstruktion und

$\sphericalangle ACB = \sphericalangle ADE$ als Umfangswinkel über Bogen AB.

---

[1]) Sämtliche Maße in km!

[2]) Vgl. S. 153, Ziffer 163.

Mithin: $\triangle ABC \sim \triangle AED$

nach dem zweiten Ähnlichkeitssatze. Folglich verhält sich:

$$DE : AD = BC : AC.$$

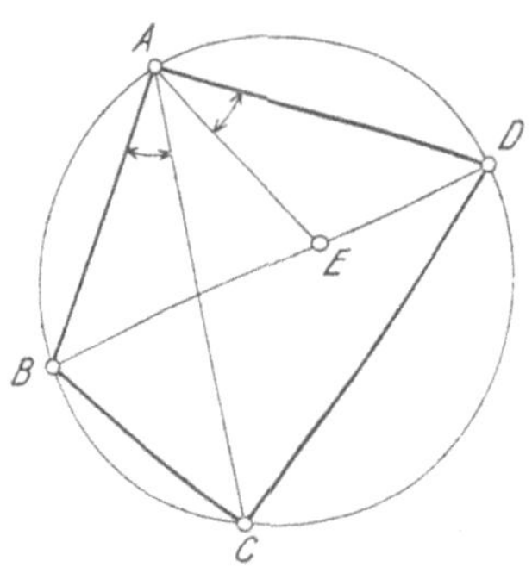

Abb. 344.

Aus der Produktengleichung folgt[1]):

$$DE = \frac{AD \cdot BC}{AC} \quad \ldots\ldots \quad \text{I)}$$

Ebenfalls nach dem zweiten Ähnlichkeitssatze ist

$\triangle AEB \sim \triangle ADC$. Mithin:

$BE : AB = CD : AC$, oder

$$BE = \frac{AB \cdot CD}{AC} \quad \ldots\ldots \quad \text{II)}$$

Addiert man Gleichung I) und II), so erhält man:

$$DE + BE = \frac{AD \cdot BC}{AC} + \frac{AB \cdot CD}{AC}, \text{ d. i.}^{2)}$$

$$BD = \frac{AD \cdot BC + AB \cdot CD}{AC}. \quad \text{Folglich}^{3)}:$$

$$AC \cdot BD = AD \cdot BC + AB \cdot CD \quad \ldots\ldots\ldots \quad 115)$$

Hieraus folgt der

**Ptolemäische Satz: In jedem Sehnenviereck ist das Produkt aus den Diagonalen gleich der Summe der Produkte aus je zwei Gegenseiten.**

Oder in der wiederholt gezeigten Deutung:

In jedem Sehnenviereck ist das Rechteck aus den beiden Diagonalen gleich der Summe der Rechtecke aus den Gegenseiten.

Der Leser entwerfe die Figur mit den Rechtecken und stelle außerdem entsprechend Gleichung **115**) die Gleichungen für das einbeschriebene Rechteck, Quadrat und gleichschenklige Trapez[4]) auf.

## F. Proportionalität der Flächeninhalte ebener Figuren.

**206. Allgemeines.** Ist eine Fläche das n-fache einer anderen, so nennt man die zweite Fläche die Einheit der ersteren und n das Maß der ersten Fläche für die zweite. Als Flächeneinheit nimmt man ein Quadrat an, dessen Seite gleich der Längeneinheit ist[5]).

---

[1]) Vgl. W. u. St., Arithm. u. Algebra S. 192, Ziffer 133; 1.
[2]) „ „ „ „ „ „ „ „ 53, „ 53.
[3]) „ „ „ „ „ „ „ „ 132, „ 108 f.
[4]) „ S. 71, Ziffer 82 b. [5]) Vgl. S. 81, „ 91 bis 95.

Verhalten sich die Maße zweier Flächen $F_1$ und $F_2$ für irgendeine Einheit wie die Zahlen m und n, so sagt man, die Fläche $F_1$ verhält sich zur Fläche $F_2$ wie m zu n. Und verhalten sich zwei andere Flächen $F_3$ und $F_4$ ebenfalls wie m zu n, so sagt man, die Flächen $F_1$ und $F_2$ verhalten sich wie die Flächen $F_3$ und $F_4$ und bringt das durch die Proportion

$$F_1 : F_2 = F_3 : F_4 .$$

zum Ausdruck.

Verhalten sich zwei Flächen $F_1$ und $F_2$ wie m zu n und verhalten sich auch zwei Linien a und b wie m zu n, so sagt man, die Flächen verhalten sich wie die Linien und schreibt:

$$F_1 : F_2 = a : b .$$

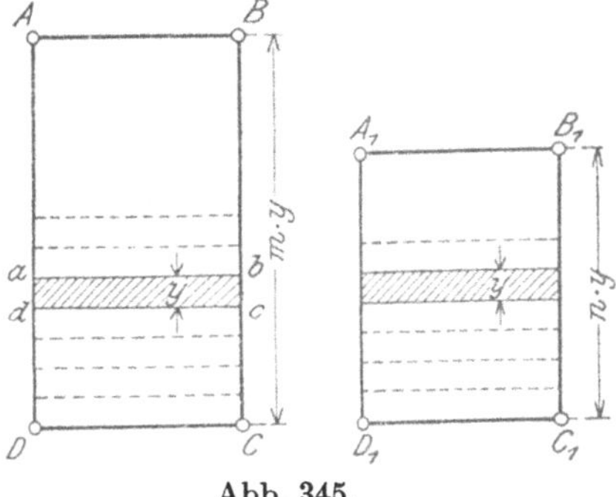

Abb. 345.

**207. Rechtecke.** In Abb. 345 sind zwei Rechtecke gezeichnet, deren Grundlinien CD und $C_1D_1$ gleich, deren Höhen jedoch verschieden sind.

Es wären nun zwei Fälle zu untersuchen, je nachdem die Höhen AD und $A_1D_1$ kommensurabel oder inkommensurabel sind. Hier soll nur der erste Fall erläutert werden[1]).

Sind AD und $A_1D_1$ kommensurabel, so haben sie einen aliquoten Teil[2]) y gemeinsam, welcher in AD = m mal und in $A_1D_1$ = n mal enthalten sein soll, so daß

$$AD = m \cdot y \text{ und}$$
$$A_1D_1 = n \cdot y \text{ ist.}$$

Dividiert man die erste Gleichung durch die zweite, so folgt:

$$\frac{AD}{A_1D_1} = \frac{m \cdot y}{n \cdot y}$$

oder in Form einer Proportion, und da sich y heraushebt:

$$AD : A_1D_1 = m : n \quad \ldots\ldots\ldots\ldots\ldots \quad \text{I)}$$

Trägt man den aliquoten Teil y auf den Höhen AD und $A_1D_1$ der beiden Rechtecke ab und zieht man durch die Teilpunkte Parallelen zu den Grundlinien, so wird das Rechteck ABCD in m und das Rechteck $A_1B_1C_1D_1$ in n Teilrechtecke abcd zerlegt, so daß[3])

$$\square\, ABCD = m \cdot \square\, abcd \text{ und}$$
$$\square\, A_1B_1C_1D_1 = n \cdot \square\, abcd$$

[1]) Vgl. S. 184, Ziffer 184. [2]) Vgl. S. 180, Ziffer 181.
[3]) „ „ 82, „ 92, Fußnote.

wird. Dividiert man auch hier die erste Gleichung durch die zweite, so folgt entsprechend:

$$\square\, ABCD : \square\, A_1B_1C_1D_1 = m : n \quad \ldots\ldots\ldots \quad \text{II)}$$

Aus Gleichung I) und II), deren rechte Seiten gleich sind, erhält man alsdann:

$$\square\, ABCD : \square\, A_1B_1C_1D_1 = AD : A_1D_1 \quad \ldots\ldots \quad 116)$$

Hieraus folgt:

**Zwei Rechtecke von gleichen Grundlinien** verhalten sich wie **die zugehörigen Höhen**; und umgekehrt:

**Zwei Rechtecke von gleichen Höhen verhalten sich wie die zugehörigen Grundlinien.**

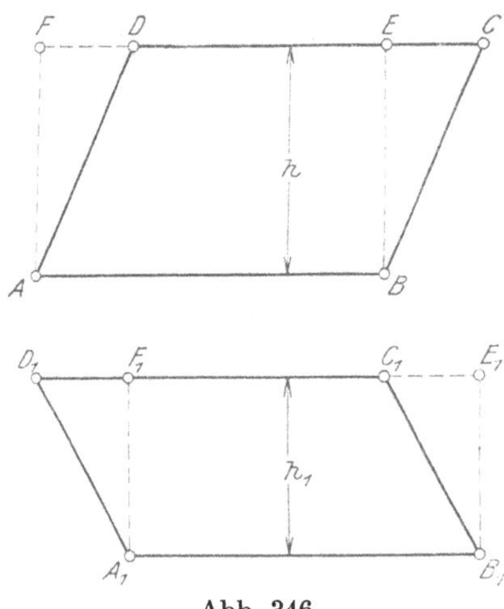


Abb. 346.

Der zweite Satz folgt unmittelbar aus dem ersten, da jede Seite als Grundlinie betrachtet werden kann, wodurch die anstoßende zur zugehörigen Höhe wird. Ganz allgemein kann man daher sagen:

**Rechtecke, welche eine Seite gleich haben, verhalten sich wie die ungleichen Seiten.**

**208. Parallelogramme.** a) Betrachtet man die beiden Parallelogramme ABCD und $A_1B_1C_1D_1$ in Abb. 346, deren Grundlinien AB und $A_1B_1$ gleich, deren Höhen h und $h_1$ jedoch verschieden sind, so entstehen durch Einzeichnen von Senkrechten aus den Endpunkten der Grundlinien die Rechtecke ABEF und $A_1B_1E_1F_1$, welche nach Seite 86, Ziffer 96 den zugehörigen Parallelogrammen inhaltsgleich sind, daß also

$$\text{▱}\, ABCD = \square\, ABEF \text{ und}$$
$$\text{▱}\, A_1B_1C_1D_1 = \square\, A_1B_1E_1F_1 \text{ ist.}$$

Da sich nun nach Ziffer 207, Seite 225

$$\square\, ABEF : \square\, A_1B_1E_1F_1 = h : h_1$$

verhält, so müssen die flächengleichen Parallelogramme in demselben Verhältnis stehen, d. h. es muß sich auch

$$\text{▱}\, ABCD : \text{▱}\, A_1B_1C_1D_1 = h : h_1 \quad \ldots\ldots \quad 117)$$

verhalten. Hieraus folgt:

**Parallelogramme von gleichen Grundlinien** verhalten sich wie **die zugehörigen Höhen**; und umgekehrt:

**Parallelogramme von gleichen Höhen verhalten sich wie die zugehörigen Grundlinien.**

Der letzte Satz wird in entsprechender Weise bewiesen wie der vorhergehende.

b) Die Parallelogramme I und II in Abb. 347 besitzen verschiedene Grundlinien $g_1$ und $g_2$ sowie verschiedene Höhen $h_1$ und $h_2$. Parallelogramm III hat gleiche Grundlinie $g_1$ mit I und gleiche Höhe $h_2$ mit II. Alsdann verhält sich nach den unter a) entwickelten Sätzen:

$$\square\ \text{I} : \square\ \text{III} = h_1 : h_2 \text{ und}$$
$$\square\ \text{III} : \square\ \text{II} = g_1 : g_2 .$$

Multipliziert man die zweite Proportion mit der ersten, so erhält man[1]:

$$\text{III} \cdot \text{I} : \text{II} \cdot \text{III} = g_1 \cdot h_1 : g_2 \cdot h_2 .$$

Da sich auf der linken Seite dieser Gleichung der Faktor III heraushebt, so ergibt sich:

$$\square\ \text{I} : \square\ \text{II} = g_1 \cdot h_1 : g_2 \cdot h_2 \quad 118)$$

Hieraus folgt:

**Parallelogramme verhalten sich wie die Produkte aus ihren Grundlinien und den zugehörigen Höhen.**

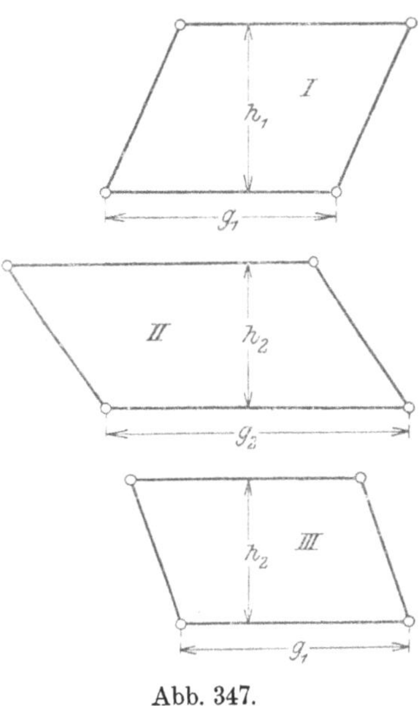

Abb. 347.

c) In den Parallelogrammen ABCD = I und $A_1B_1C_1D_1$ = II (Abb. 348) ist

$$\sphericalangle BAD = \sphericalangle B_1A_1D_1 \text{ bzw. } \sphericalangle \alpha = \sphericalangle \alpha_1 ,$$

Höhen und Grundlinien sind jedoch verschieden. Legt man die Parallelogramme I und II so aufeinander, daß sich die gleichen

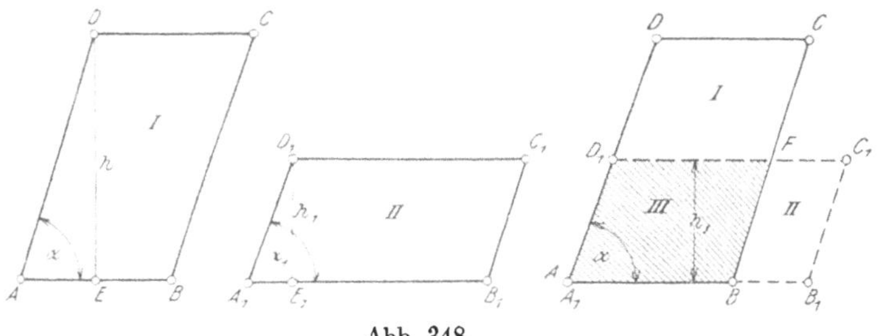

Abb. 348.

Winkel $\alpha$ und $\alpha_1$ decken, so haben sie das schraffierte Parallelogramm $ABFD_1$ = III gemeinsam, und es verhält sich

$$\square\ \text{I} : \square\ \text{III} = h : h_1 ,$$

[1]) Vgl. W. u. St., Arithm. u. Algebra S. 198, Ziffer 138; 1.

da sie gleiche Grundlinien haben. Nun sind die beiden Dreiecke AED und $A_1E_1D_1$ als rechtwinklige Dreiecke ähnlich, mithin[1]):

$$AD : A_1D_1 = h : h_1.$$

Aus den letzten beiden Gleichungen, deren rechte Seiten gleich sind, folgt:

$$\text{▱ I} : \text{▱ III} = AD : A_1D_1 \quad \ldots\ldots\ldots\ldots \quad \text{I)}$$

Die Parallelogramme II und III haben gleiche Höhen, mithin verhält sich

$$\text{▱ III} : \text{▱ II} = AB : A_1B_1 \quad \ldots\ldots\ldots\ldots \quad \text{II)}$$

Multipliziert man die Proportionen II und I miteinander, so ergibt sich:

$$\text{III} \cdot \text{I} : \text{II} \cdot \text{III} = AB \cdot AD : A_1B_1 \cdot A_1D_1$$

oder, da sich links der Faktor III heraushebt:

$$\text{I} : \text{II} = AB \cdot AD : A_1B_1 \cdot A_1D_1. \quad \text{Mithin:}$$

$$\text{▱ } \mathbf{ABCD} : \text{▱ } \mathbf{A_1B_1C_1D_1} = \mathbf{AB \cdot AD : A_1B_1 \cdot A_1D_1} \quad .\ . \quad \mathbf{119)}$$

Hieraus folgt:

**Parallelogramme, welche in einem Winkel übereinstimmen, verhalten sich wie die Produkte der diesen Winkel einschließenden Seiten.**

Deutet man die rechte Seite von Gleichung 119) in wiederholt angegebener Weise, so entsprechen die beiden Produkte aus den homologen Parallelogrammseiten den Flächeninhalten von Rechtecken, und man kann auch sagen:

Parallelogramme, welche in einem Winkel übereinstimmen, verhalten sich wie die Rechtecke über den diesen Winkel einschließenden Seiten.

209. **Allgemeine Dreiecke.** Die vorstehend für Parallelogramme entwickelten Sätze finden unmittelbare Anwendung auf Dreiecke, da man einmal jedes Dreieck zu einem Parallelogramm vervollständigen kann und das andere Mal jedes Dreieck die Hälfte eines Parallelogramms ist[2]). Man kann daher sagen:

a) **Dreiecke von gleichen Grundlinien verhalten sich wie die zugehörigen Höhen.**

**Dreiecke von gleichen Höhen verhalten sich wie die zugehörigen Grundlinien.**

b) **Dreiecke verhalten sich wie die Produkte aus den Grundlinien und den zugehörigen Höhen.**

c) **Dreiecke, welche in einem Winkel übereinstimmen, verhalten sich wie die Produkte der diesen Winkel einschließenden Seiten.**

210. **Ähnliche Dreiecke.** Über das Verhältnis der Flächeninhalte ähnlicher Dreiecke ist das Erforderliche bereits auf Seite 215, Ziffer 200 gesagt. Hier sei wiederholt:

---

[1]) Vgl. S. 206, Ziffer 194. [2]) Vgl. S. 67, Ziffer 74.

**Ähnliche Dreiecke verhalten sich wie die Quadrate entsprechender Seiten oder entsprechender Höhen.**

211. **Änliche Vielecke.** Hier ist das bereits auf Seite 218, Ziffer 201 über das Verhältnis der Flächeninhalte ähnlicher Vielecke Gesagte zu berücksichtigen. Es sei wiederholt:

**Ähnliche Vielecke verhalten sich wie die Quadrate entsprechender Seiten oder entsprechender Diagonalen.**

212. **Regelmäßige Vielecke.** Auch hier sei auf Seite 218, Ziffer 201 verwiesen:

**Regelmäßige Vielecke von gleicher Seitenzahl verhalten sich wie die Quadrate der Halbmesser der ein- oder umbeschriebenen Kreise.**

213. Kreise. Unter Bezugnahme auf Seite 218, Ziffer 201 sei hier wiederholt:

**Kreisflächen verhalten sich wie die Quadrate der zugehörigen Halbmesser.**

In bezug auf Kreise sollen hier noch folgende Sätze Erwähnung finden:

214. **Verhältnis entsprechender Kreisteile zueinander.**

a) Die Mittelpunktswinkel eines Kreises verhalten sich wie die zugehörigen Bogen; und umgekehrt.

Aus diesem Grunde können die Mittelpunktswinkel durch die zugehörigen Bogen gemessen werden, und diese durch jene.

b) Jeder Bogen verhält sich zu seinem Mittelpunktswinkel wie der Kreisumfang zu 4R.

c) Jeder Sektor verhält sich zur ganzen Kreisfläche wie der zugehörige Mittelpunktswinkel zu 4R.

d) Die Sektoren ein und desselben Kreises verhalten sich wie die zugehörigen Mittelpunktswinkel oder Bogen.

e) Die Bogen gleicher Mittelpunktswinkel verschiedener Kreise verhalten sich wie die Umfänge oder Halbmesser dieser Kreise.

Die Bogen ungleicher Mittelpunktswinkel verschiedener Kreise verhalten sich wie die Produkte aus den Radien und Mittelpunktswinkeln.

f) Kreisausschnitte, deren Mittelpunktswinkel gleich sind, verhalten sich wie die Quadrate der zugehörigen Halbmesser; Kreisausschnitte, deren Mittelpunktswinkel ungleich sind, verhalten sich wie die Produkte aus den Quadraten der Halbmesser und der Mittelpunktswinkel.

## Quadratwurzeln vielgebrauchter Zahlenwerte.

| n | $\sqrt{n}$ | n | $\sqrt{n}$ |
|---|---|---|---|
| 0,01 | 0,100 | 0,5 = $^1/_2$ | 0,707 |
| 0,02 | 0,141 | 0,6 = $^3/_5$ | 0,775 |
| 0,03 | 0,173 | 0,66 = $^2/_3$ | 0,816 |
| 0,04 | 0,200 | 0,7 | 0,837 |
| 0,05 | 0,224 | 0,75 = $^3/_4$ | 0,866 |
| 0,06 | 0,245 | 0,8 = $^4/_5$ | 0,894 |
| 0,07 | 0,265 | 0,9 | 0,949 |
| 0,08 | 0,283 | $^1/_6$ | 0,408 |
| 0,09 | 0,300 | $^5/_6$ | 0,913 |
| 0,1 | 0,316 | $^1/_8$ | 0,354 |
| 0,2 = $^1/_5$ | 0,447 | 2,0 | 1,4142 |
| 0,25 = $^1/_4$ | 0,500 | 3,0 | 1,73205 |
| 0,3 | 0,548 | 5,0 | 2,2361 |
| $0,3\overline{3}$ = $^1/_3$ | 0,577 | 6,0 | 2,4495 |
| 0,4 = $^2/_5$ | 0,632 | | |

## Griechisches Alphabet.

| | |
|---|---|
| $A = \alpha$ = Alpha, | $N = \nu$ = Ny, |
| $B = \beta$ = Beta, | $\Xi = \xi$ = Xi, |
| $\Gamma = \gamma$ = Gamma, | $O = o$ = Omikron, |
| $\Delta = \delta$ = Delta, | $\Pi = \pi$ = Pi, |
| $E = \varepsilon$ = Epsilon, | $P = \varrho$ = Rho, |
| $Z = \zeta$ = Zeta, | $\Sigma = \sigma$ = Sigma, |
| $H = \eta$ = Eta, | $T = \tau$ = Tau, |
| $\Theta = \vartheta$ = Theta, | $Y = \upsilon$ = Ypsilon, |
| $I = \iota$ = Iota, | $\Phi = \varphi$ = Phi, |
| $K = \varkappa$ = Kappa, | $X = \chi$ = Chi, |
| $\Lambda = \lambda$ = Lamda, | $\Psi = \psi$ = Psi, |
| $M = \mu$ = My, | $\Omega = \omega$ = Omega. |

**Lehrbuch der Mathematik.** Für mittlere technische Fachschulen der Maschinenindustrie. Von Professor Dr. **R. Neuendorff,** Oberlehrer an der Staatlichen Höheren Schiff- und Maschinenbauschule, Privatdozent an der Universität Kiel. Zweite, verbesserte Auflage. Mit 262 Textfiguren. 1919. Gebunden Preis M. 360.—

**Planimetrie** mit einem Abriß über die Kegelschnitte. Ein Lehr- und Übungsbuch zum Gebrauche an technischen Mittelschulen. Von Dr. **Adolf Heß,** Professor am Kantonalen Technikum in Winterthur. Zweite Auflage. Mit 207 Texfiguren. 1920. Preis M. 150.—

**Trigonometrie** für Maschinenbauer und Elektrotechniker. Ein Lehr- und Aufgabenbuch für den Unterricht und zum Selbststudium. Von Dr. **Adolf Heß,** Professor am Kantonalen Technikum in Winterthur. Vierte, unveränderte Auflage. Mit 112 Textfiguren. 1922. Preis M. 180.—

**Technische Elementar-Mechanik.** Grundsätze mit Beispielen aus dem Maschinenbau. Von Dipl.-Ing. **Rudolf Vogdt,** Professor an der Staatlichen Höheren Maschinenbauschule in Aachen, Regierungsbaumeister a. D. Zweite, verbesserte und erweiterte Auflage. Mit 197 Textfiguren. 1922. Preis M. 150.—

**Leitfaden der Mechanik für Maschinenbauer.** Mit zahlreichen Beispielen für den Selbstunterricht. Von Professor Dr.-Ing. **Karl Laudien,** Breslau. Mit 229 Textfiguren. 1921. Preis M. 336.—

**Leitfaden der technischen Wärmemechanik.** Kurzes Lehrbuch der Mechanik der Gase und Dämpfe und der mechanischen Wärmelehre. Von Professor Dipl.-Ing. **W. Schüle.** Dritte, vermehrte und verbesserte Auflage. Mit 93 Textfiguren und 3 Tafeln. 1922. Preis M. 228.—

**Der Dreher als Rechner.** Wechselräder-, Touren-, Zeit- und Konusberechnung in einfachster und anschaulichster Darstellung, darum zum Selbstunterricht wirklich geeignet. Von **E. Busch.** Mit 28 Textabbildungen. 1919. Gebunden Preis M. 300.—

**Der Fräser als Rechner.** Berechnungen an den Universal-Fräsmaschinen und -Teilköpfen in einfachster und anschaulichster Darstellung, darum zum Selbstunterricht wirklich geeignet. Von **E. Busch.** Mit 69 Textabbildungen und 14 Tabellen. 1922. Preis M. 216.—; gebunden M. 228.—

**Leitfaden der Werkzeugmaschinenkunde.** Von Professor Dipl.-Ing. **H. Meyer,** Magdeburg. Zweite, neubearbeitete Auflage. Mit 330 Textfiguren. 1921. Gebunden Preis M. 324.—

Die Preise sind die zur Zeit, Anfang Oktober, geltenden.
Erhöhungen infolge der Markentwertung vorbehalten.